工业和信息化普通高等教育
"十二五"规划教材立项项目

U0689027

蒋青 于秀兰 范馨月 编著

刘光明 主审

纪高等院校信息与通信工程规划教材

ury University Planned Textbooks of Information and Communication Engineering

# 通信原理（第3版）

# Communication Principles (3rd Edition)

人民邮电出版社

北京

高校系列

图书在版编目（CIP）数据

通信原理 / 蒋青，于秀兰，范馨月编著. -- 3版
. -- 北京 ：人民邮电出版社，2011.9（2023.7重印）
21世纪高等院校信息与通信工程规划教材
ISBN 978-7-115-25493-1

Ⅰ. ①通… Ⅱ. ①蒋… ②于… ③范… Ⅲ. ①通信理
论－高等学校－教材 Ⅳ. ①TN911

中国版本图书馆CIP数据核字（2011）第150701号

## 内 容 提 要

本书系统地介绍通信的基本概念、基本理论和基本分析方法。在保持一定理论深度的基础上，本书尽
可能简化数学分析过程，突出对概念、新技术的介绍；叙述上力求概念清楚、重点突出、深入浅出、通俗
易懂；内容上力求科学性、先进性、系统性与实用性的统一。

本书共10章，内容包括：绪论、信号与噪声分析、模拟调制系统、模拟信号的数字传输、数字信号
的基带传输、数字信号的载波传输、现代数字调制技术、信道、信道编码和扩频通信。内容涵盖国内通信
原理教学的全部基本内容，每章配有例题和习题，且书末附有习题参考答案。

本书可作为高等学校电子、通信类及其相关专业的本科生教材，也可供相关工程技术人员参考。

◆ 编　著　蒋　青　于秀兰　范馨月

　　主　审　刘光明

　　责任编辑　刘　博

◆ 人民邮电出版社出版发行　　北京市丰台区成寿寺路11号
　　邮编　100164　电子邮件　315@ptpress.com.cn
　　网址　http://www.ptpress.com.cn

北京七彩京通数码快印有限公司印刷

◆ 开本：787×1092　1/16
　　印张：21　　　　　　　　　　2011年9月第3版
　　字数：512千字　　　　　　　2023年7月北京第15次印刷

ISBN 978-7-115-25493-1

定价：39.00元

读者服务热线：(010)81055256　印装质量热线：(010)81055316
反盗版热线：(010)81055315

# 前　言

　　人类进入现代社会后，社会的分工与协作越来越密切，呈现大生产的特征，国民经济各部门、各行业、各环节之间日渐形成一个相互依存、制约、影响的有机整体。而信息成为这个整体的"神经系统"，深刻地影响着社会的运行效率。由于人类在经历农业、工业社会之后，开始进入信息社会。信息的采集、加工处理、存储、传递和交换的过程，主要依靠现代通信技术、计算机技术为之实现。庞大的通信网、计算机网、广播电视节目网的兼容结合，成为信息社会的物质支柱和社会经济发展、社会进步的"倍增器"。20 世纪后期以来，许多国家和地区十分重视由工业化向信息化过渡的研究，积极投入巨资建设国家、地区和全球范围的信息基础设施。

　　在此形势下，高等学校肩负着培养信息网络研究、设计、运行、维护、业务开发的高级技术人才的重任。"通信原理"是电子、信息工程、自控类及其相近专业的主干技术基础课程之一，重在介绍各种现代通信系统的基本原理和分析计算方法，为后续课程奠定坚实的通信理论基础。这些基本理论和分析方法将在信息化带动工业化的各个领域中得到广泛的应用。

　　《通信原理（第 3 版）》是在前两版的基础上，根据使用院校老师的参考意见及教学实践，加以修订和完善的。在保持第 2 版特色的基础上，根据近年来电子信息技术的新发展以及注重学生能力培养，加强基础和拓宽专业的新要求，对部分章节进行了较为细致的加工，减少过时的通信技术并增加新型通信技术原理的介绍，做到经典内容与新增内容的有机结合，同时进一步扩充了各章的习题数量。

　　本书参考学时为 64～80 学时。主要内容包括模拟通信和数字通信，侧重数字通信。全书共 10 章。由于"信息论基础"、"信号检测与估计"、"编码理论基础"等已单独开设了选修课，因此有关这方面的内容在本书中只做简要介绍。

　　本书由蒋青担任主编，并编写第 1 章、第 2 章、第 3 章、第 5 章、第 6 章、第 8 章；于秀兰编写第 4 章、第 7 章、第 9 章；范馨月编写第 10 章。全书由蒋青统稿。

　　重庆邮电大学刘光明教授担任主审，对本书进行仔细审阅，提出了许多宝贵意见和修改建议；在编写过程中还得到了重庆邮电大学雷维嘉教授、陈善学教授和张祖凡教授等多位同行的帮助；在出版过程中得到了人民邮电出版社的鼎力支持，在此一并表示诚挚的谢意。

　　由于作者水平有限，书中错误难免，敬请读者批评指正。

编者

2011 年 6 月

# 目　录

第 **1** 章 绪论

## 1.1 引言

在人类社会历史的长河中，人们为满足生产和生活的需要，人际之间进行思想情感的交流离不开信息的传递。古代的烽火台、驿站；现代的电报、电话、传真、电子信箱、广播、电视等都是传递信息的手段和方式。自然界中，人们听到、观察到的现象，可用语言、文字、图像等信息来表达、存储或传递。随着人类社会生产力的发展、科学技术的进步、全球经济一体化，信息被认为是人类社会重要的资源之一，在政治、军事、生产乃至人们的日常生活中起着十分重要的作用。谁掌握了信息，谁就拥有未来，信息是决策的基础。

近代社会，人们常将信息的传递和交换，俗称通信——异地间人与人、人与机器、机器与机器进行信息的传递和交换。通信的目的是为了获取信息。信息是人类社会和自然界中需要传递、交换、存储和提取的抽象内容。如打一次电话，甲告诉乙所不知道的消息，就说甲发出了信息；而乙在电话中得知了原来不知道的消息，就说乙得到了信息。由于信息是抽象的内容，为了传送和交换信息，必须通过语言、文字、图像和数据等将它表示出来。即信息通过消息来表示。

我们将表示信息的语言、文字、图像和数据等称为消息。消息在许多情况下是不便于传送和交换的，如语言就不宜远距离直接传送，为此需要用光、声、电等物理量来运载消息。如打电话，它是利用电话（系统）来传递消息；两个人之间的对话，是利用声音来传递消息；古代的"消息树"、"烽火台"和现代仍使用的"信号灯"等则是利用光的方式传递消息的。随着社会的发展，消息的种类越来越多，人们对传递消息的要求和手段也越来越高。

通信中消息的传送是通过信号来进行的，如电压、电流信号等。我们将运载消息的光、声、电等物理量称为信号。信号是消息的载荷者。在各种各样的通信方式中，利用"电信号"来承载信息的通信方式称之为电通信，这种通信具有迅速、准确、可靠等特点，而且几乎不受时间、空间、地点、距离的限制，因而得到了飞速发展和广泛应用。如今，在自然科学中，"通信"与"电通信"几乎是同义词。本书中的通信均指电通信。

## 1.2 通信系统的组成

### 1.2.1 通信系统的一般模型

我们把实现消息传输所需一切设备和传输媒介所构成的总体称为通信系统。以点对点通信为例，通信系统的一般模型如图1-1所示。

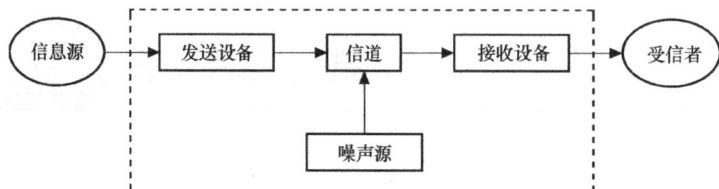

图1-1 通信系统的一般模型

图1-1中，信源（信息源）的作用是把待传输的消息转换成原始电信号，该原始电信号称为基带信号。基带信号的特点是信号频谱从零频附近开始，具有低通形式。根据原始电信号的特征，基带信号可分为数字基带信号和模拟基带信号，相应地，信源也分为数字信源和模拟信源。

发送设备的基本功能是将信源产生的原始电信号（基带信号）变换成适合在信道中传输的信号。它所要完成的功能很多，如调制、放大、滤波和发射等，在数字通信系统中发送设备又常常包含信源编码和信道编码等。

信道是指信号传输的通道，按传输媒介的不同，可分为有线信道和无线信道两大类。

通信系统还要受到系统内外各种噪声干扰的影响，这些噪声来自发送设备、接收设备和传输媒介等几个方面。图1-1中的噪声源，是信道中的所有噪声以及分散在通信系统中其他各处噪声的集中表示。

在接收端，接收设备的功能与发送设备相反，即进行解调、译码等。它的任务是从带有干扰的接收信号中恢复出相应的原始电信号。

信宿（也称受信者）是将复原的原始电信号转换成相应的消息，如电话机将对方传来的电信号还原成声音。

按照信号参量的取值方式及其与消息之间的关系，可将信号划分为模拟信号和数字信号。模拟信号是指代表消息的信号参量（幅度、频率或相位）随消息连续变化的信号。如代表消息的信号参量是幅度，则模拟信号的幅度应随消息连续变化，即幅度取值有无限多个。但在时间上可以连续，也可以离散。图1-2所示为时间连续和时间离散的模拟信号。数字信号是指在时间上和幅度取值上均离散的信号。图1-3所示的二进制数字信号就是以"1"和"0"两种状态的不同组合来表示不同的消息。

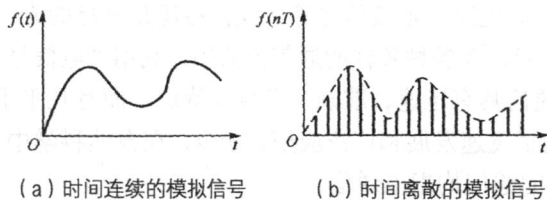

（a）时间连续的模拟信号　（b）时间离散的模拟信号

图1-2　模拟信号

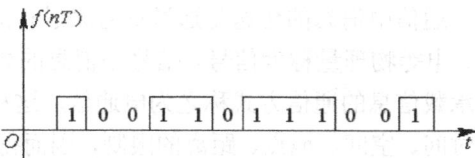

图1-3　数字信号

## 1.2.2 模拟通信系统模型

传输模拟信号的系统称为模拟通信系统，如图 1-4 所示。

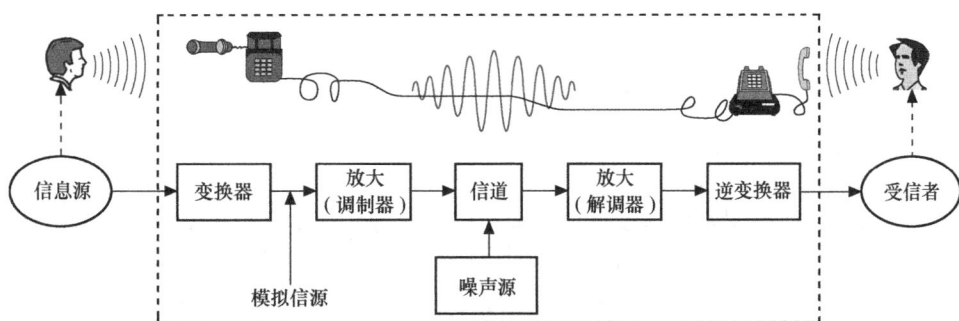

图 1-4 模拟通信系统模型

我们以语音信号为例来说明图 1-4 中模拟通信系统模型各部分的作用。

发信人讲话的语音信号首先经变换器将语音信号变成电信号，然后电信号经放大设备后可以直接在信道中传输。为了提高频带利用率，使多路信号同时在信道中传输，原始的电信号（基带信号）一般要进行调制才能传输到信道中去。调制是信号的一种变换，通常是将不便于信道直接传输的基带信号变换成适合信道中传输的信号，这一过程由调制器完成，经过调制后的信号称为已调信号。在收端，经解调器和逆变换器还原成语音信息。

实际通信系统中可能还有滤波、放大、天线辐射、控制等过程。由于调制与解调对信号的传输起决定性作用，它们是保证通信质量的关键。至于滤波、放大、天线辐射等过程对信号不会发生质的变化，只是对信号进行了放大或改善了信号特性，因而被看作是理想线性的，可将其合并到信道中去。

模拟通信系统在信道中传输的是模拟信号，其占有频带一般都比较窄，因此其频带利用率较高。缺点是抗干扰能力差，不易保密，设备元器件不易大规模集成，不能适应飞速发展的数字通信的要求。

## 1.2.3 数字通信系统模型

信道中传输数字信号的系统称为数字通信系统。数字通信系统可进一步细分为数字基带传输通信系统和数字频带传输通信系统。

**1. 数字基带传输通信系统**

信源发出的数字信号未经调制或频谱变换，直接在有效频带与信号频谱相对应的信道上传输的数字通信系统称为数字基带传输通信系统，如图 1-5 所示。

图 1-5 中基带信号形成器可能包括编码器、加密器以及波形变换等，接收滤波器亦可能包括译码器、解密器等。这些具体内容，将在第 5 章详细讨论。

**2. 数字频带传输通信系统**

数字频带传输通信系统如图 1-6 所示。

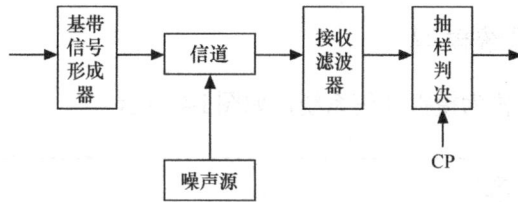

图 1-5 数字基带传输系统模型

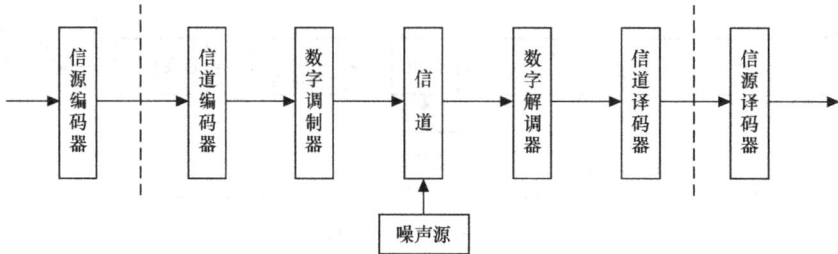

图 1-6 数字通信系统模型

信源编码器的作用主要有两个，其一是当信息源给出的是模拟信号时，信源编码器将其转换成数字信号，以实现模拟信号的数字化传输；其二就是设法用适当的方法降低数字信号的码元速率以压缩频带。信源编码的目的是提高数字信号传输的有效性。接收端信源译码则是信源编码的逆过程。

信道编码的任务是提高数字信号传输的可靠性。其基本做法是在信息码组中按一定的规则附加一些监督码元，以使接收端根据相应的规则进行检错和纠错。信道编码也称纠错编码。接收端信道译码是其相反的过程。

数字调制是把所传输的数字序列的频谱搬移到适合信道传输的频带范围内，使之适应信道传输的要求。基本的数字调制方式有幅移键控（ASK）、频移键控（FSK）和相移键控（PSK）等。其具体内容将在第 6 章详细讨论。

数字通信系统还有一个非常重要的控制单元，即同步系统（图 1-6 中没有画出），它对通信系统的收、发两端或整个通信系统提供时钟同步，使接收端接收的数据流能与发送端同步，从而有序而准确地接收与恢复原信息。

**3. 数字通信的主要特点**

目前，无论是模拟通信还是数字通信，在不同的通信业务中都得到了广泛的应用。但是，数字通信更能适应现代社会对通信技术越来越高的要求，数字通信技术已成为当代通信技术的主流。与模拟通信相比，它有如下优点。

（1）抗干扰、抗噪声性能好

在数字通信系统中，传输的信号是数字信号。以二进制为例，信号的取值只有两个，这样发端传输的和收端接收和判决的电平也只有两个值，如"1"码时取值为 A，"0"码时取值为 0。传输过程中由于信道噪声的影响，必然会使波形失真。在接收端恢复信号时，首先对其进行抽样判决，确定是"1"码还是"0"码，然后再生"1"，"0"码的波形。只要不影响判决的正确性，即使波形有失真也不会影响再生后的信号波形。而在模拟通信中，如果模拟信号叠加上噪声后，即使噪声很小，也很难消除它。

数字通信抗噪声性能好，还表现在数字中继通信时，它可以消除噪声积累。这是因为数字信号在每次再生后，只要不发生错码，它仍然像信源中发出的信号一样，没有噪声叠加在上面，因而中继站再多，仍具有良好的通信质量。而模拟通信随着传输距离的增大，信号受到衰减，为保证通信质量，须当信噪比尚高时，即时对信号进行放大，但不能消除噪声积累。

（2）差错可控

数字信号在传输过程中出现的错误（差错），可通过纠错编码技术来控制。

（3）易加密

数字信号与模拟信号相比，容易加密和解密。因此，数字通信保密性好。

（4）数字通信设备和模拟通信设备相比，设计和制造更容易，体积更小，重量更轻。

（5）数字信号可以通过信源编码进行压缩，以减少冗余度，提高信道利用率。

（6）易于与现代技术相结合。

由于计算机技术、数字存储技术、数字交换技术以及数字处理技术等现代技术飞速发展，许多设备、终端接口均是数字信号，因此极易与数字通信系统相连接。正因为如此，数字通信才得以高速发展。

但是，数字通信的许多优点都是用比模拟通信占据更宽的系统频带为代价而换取的。以电话为例，一路模拟电话通常只占据 4kHz 带宽，但一路接近同样话音质量的数字电话要占 20~60kHz 的带宽，因此数字通信的频带利用率不高。另外，由于数字通信对同步要求高，因而系统设备比较复杂。不过，随着新的宽带传输信道（如光导纤维）的采用，窄带调制技术、信源编码技术和超大规模集成电路的发展，数字通信的这些缺点已经弱化。随着传输技术的发展，数字信道占用频带宽的矛盾越来越显得不成问题了。

## 1.3 通信系统分类及通信方式

### 1.3.1 通信系统的分类

按照不同的分法，通信可分成许多类别，下面我们介绍几种较常用的分类方法。

**1. 按传输媒质分类**

按传输媒质分，通信系统可分为有线通信系统和无线通信系统两大类。有线通信系统是用导线或导引体作为传输媒质完成通信的，如架空明线、同轴电缆、海底电缆、光导纤维、波导等。无线通信系统是依靠电磁波在空间传播达到传递信息的目的，如短波电离层传播、微波视距传播、卫星中继等。

**2. 按信号的特征分类**

前面已经指出，按照携带信息的信号是模拟信号还是数字信号，可以相应地把通信系统分为模拟通信系统与数字通信系统。

**3. 按工作频段分类**

按通信设备的工作频段不同，通信系统可分为长波通信、中波通信、短波通信、微波通信等。表 1-1 列出了通信中使用的频段、常用传输媒质及主要用途。

**表 1-1** 通信频段、常用传输媒质及主要用途

| 频率范围 | 波 长 | 符 号 | 传输媒质 | 用 途 |
|---|---|---|---|---|
| 3Hz～30kHz | $10^4$～$10^8$m | 甚低频 VLF | 有线线对 长波无线电 | 音频、电话、数据终端长距离 导航、时标 |
| 30～300kHz | $10^1$～$10^4$m | 低频 LF | 有线线对 长波无线电 | 导航、信标、电力线通信 |
| 300Hz～3MHz | $10^2$～$10^3$m | 中频 MF | 同轴电缆 短波无线电 | 调幅广播、移动陆地通信、业余无线电 |
| 3～30kHz | 10～$10^2$m | 高频 HF | 同轴电缆 短波无线电 | 移动无线电话、短波广播、定点军用通信、业余无线电 |
| 30～300MHz | 1～10m | 甚高频 VH | 同轴电缆 米波无线电 | 电视、调频广播、空中管制、车辆、通信、导航 |
| 300MHz～3GHz | 10～100cm | 待高频 UHF | 波导分米 波无线电 | 微波接力、卫星和空间通信、雷达 |
| 3～30GHz | 1～10cm | 超高频 SHF | 波导厘米 波无线电 | 微波接力、卫星和空间通信、雷达 |
| 30～300GHz | 1～10mm | 极高频 EHF | 波导毫米 波无线电 | 雷达、微波接力、射电天文学 |
| $10^5$～$10^6$GHz | $3 \times 10^{-5}$～$3 \times 10^{-6}$cm | 紫外 可见光红外 | 光纤激光 空间传播 | 光通信 |

表 1-1 中，工作波长和频率的换算公式为

$$\lambda = \frac{c}{f} = \frac{3 \times 10^8}{f} \tag{1.3-1}$$

式（1.3-1）中，$\lambda$ 为工作波长（m），$f$ 为最高工作频率（Hz），$c$ 为光速（m/s）。

### 4. 按调制方式分类

根据信道中传输的信号是否经过调制，可将通信系统分为基带传输系统和频带（调制）传输系统。基带传输是将没有经过调制的信号直接传送，如音频市内电话；频带传输是对基带信号调制后再送到信道中传输。常用的调制方式及相关理论将在本书第 3 章、第 6 章和第 7 章中详细介绍。

### 5. 按通信业务类型分类

根据通信业务类型的不同，通信系统可分为电报通信系统、电话通信系统、数据通信系统和图像通信系统等。

### 6. 按信号复用方式分类

按信号复用方式，通信系统又可分为频分复用（FDM）通信系统、时分复用（TDM）通信系统和码分复用（CDM）通信系统等。频分复用通信系统是用频谱搬移的方式使不同信号占据不同的频率范围；时分复用通信系统是用抽样或脉冲调制方式使不同信号占据不同的时间间隙；码分复用通信系统则是用相互正交的码型来区分多路信号。传统的模拟通信中大多采用频分复用，如广播通信。随着数字通信的发展，时分复用通信系统得到了广泛的应用。

码分复用多用在扩频通信系统中。

## 1.3.2 通信方式

通信的工作方式通常有以下几种。

### 1. 按信息传输的方向与时间关系划分通信方式

对于点对点之间的通信，按信息传送的方向与时间关系，通信方式可分为单工通信、半双工通信及全双工通信 3 种。

单工通信是指信息只能单方向进行传输的一种通信工作方式，如图 1-7（a）所示。单工通信的例子很多，如广播、遥控、无线寻呼等。这里，信号只从广播发射台、遥控器和无线寻呼中心分别传到收音机、遥控对象和 BP 机上。

半双工通信方式是指通信双方都能收发信息，但不能同时进行收和发的工作方式，如图 1-7（b）所示。无线对讲机、收发报机等都是这种通信方式。

全双工通信是指通信双方可同时进行双向传输信息的工作方式，如图 1-7（c）所示。普通电话、计算机通信网络等采用的就是全双工通信方式。

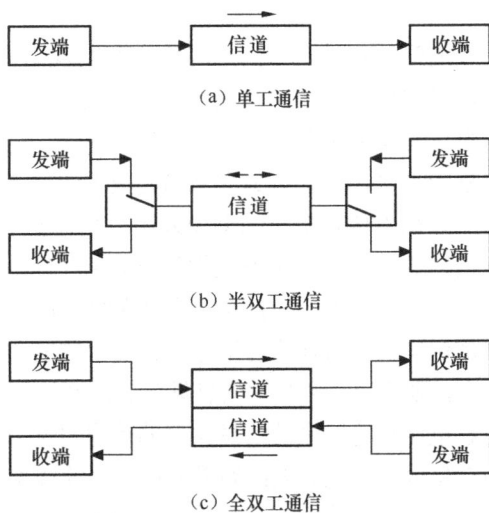

（a）单工通信

（b）半双工通信

（c）全双工通信

图 1-7 通信方式示意图

### 2. 按数字信号码元排列方式划分通信方式

在数字通信中按照数字码元排列顺序的方式不同，可将通信方式分为串行传输和并行传输。

并行传输是将代表信息的数字信号码元序列分割成两路或两路以上的数字信号序列同时在信道上传输，则称为并行传输通信方式，如图 1-8（a）所示。并行传输的优点是速度快、节省传输时间，但需占用频带宽，设备复杂，成本高，故较少采用，一般适用于计算机和其他高速数字系统，特别适用于设备之间或设备内部的近距离通信。

串行传输是将代表信息的数字信号码元序列按时间顺序一个接一个地在信道中传输，如图 1-8（b）所示。通常，一般的远距离数字通信都采用这种传输方式。

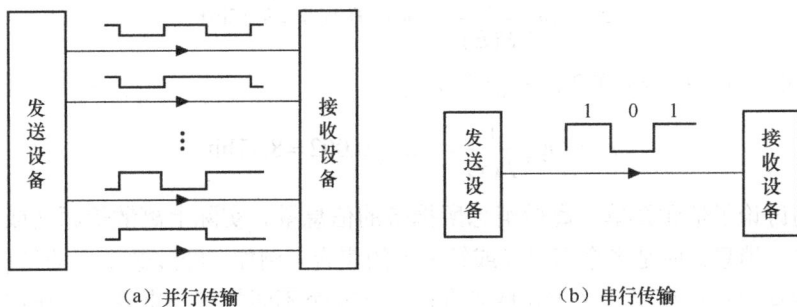

（a）并行传输

（b）串行传输

图 1-8 并行和串行通信方式

### 3．按照网络结构划分通信方式

通信系统按照网络结构可分为线型、星型、树型、环型等类型。专门为两点之间设立传输线的通信称之为点对点通信。多点间的通信属于网通信。网通信的基础仍是点对点通信。因此，本书重点讨论点对点通信的原理。

## 1.4　信息及其度量

通信的目的在于信息的传递和交换。人们常将语言、文字、图像和数据等信息的传递俗称消息的传递。信息与消息在概念上相近，但信息一词对通信来说，更贴切、更具普遍性，信息可理解为消息中所含有的特定内容。各种各样的消息，其中有意义的特定内容，均可用信息一词来表述。如铁路系统运送货物量多少采用"货运量"（不管运送什么货物）来度量，通信系统中传输信息的多少采用"信息量"来度量。当人们在通信中获得消息之前，对它的特定内容有一种"不确定性"，事件的不确定程度只能就其出现的概率来描述。

信息量与消息的种类、特定内容及重要程度无关，它仅与消息中包含的不确定度有关。也就是说消息中所含信息量与消息发生的概率密切相关。消息发生概率愈小，愈使人感到意外和惊奇，则此消息所含的信息量愈大。例如，一方告诉另一方一件几乎不可能发生的消息包含的信息量比可能发生的消息包含的信息量大。如果消息发生的概率趋于零（不可能事件），则它的信息量趋于无穷大；如果消息发生的概率为1（必然事件），则此消息所含的信息量为零。

在信息论中，消息所含的信息量 $I$ 与消息 $x$ 出现的概率 $P(x)$ 的关系式为

$$I = \log_a \frac{1}{P(x_i)} = -\log_a P(x_i) \tag{1.4-1}$$

$I$ 代表两种含义：当事件 $x$ 发生以前，表示事件 $x$ 发生的不确定性；当事件 $x$ 发生以后，表示事件 $x$ 所含有（或所提供）的信息量。

信息量的单位由对数底 $a$ 的取值决定。若对数以 2 为底时单位是"比特"（bit — binary unit 的缩写）；若以 e 为底时单位是"奈特"（nat—nature unit 的缩写）；若以 10 为底时单位是"哈特"（Hart — Hartley 的缩写）。通常采用"比特"作为信息量的实用单位。

【例 1.4.1】　设英文字母 $E$ 出现的概率为 0.105，$x$ 出现的概率为 0.002。试求 $E$ 及 $x$ 的信息量。

**解**：英文字母 $E$ 出现的概率为 $P(E) = 0.105$，其信息量为

$$I_E = \log_a \frac{1}{P(E)} = -\log_a 0.105 = 3.25 \text{bit}$$

字母 $x$ 出现的概率为 $P(x) = 0.002$，其信息量为

$$I_x = \log_a \frac{1}{P(x)} = -\log_a 0.002 = 8.97 \text{bit}$$

上面我们讨论了信源发单一离散消息所携带的信息量。实际上离散信源（或消息源）发出的并不是单一消息，而是多个消息（或符号）的集合。例如，经过数字化的黑白图像信号，每个像素可能有 256 种灰度，这 256 种灰度可用 256 个不同的符号来表示。在这种情况下，我们希望计算出每个消息或符号能够给出的平均信息量。

设离散信息源是一个由 $n$ 个符号组成的集合，称符号集。符号集中的每一个符号 $x_i$ 在消息中是按一定概率 $p(x_i)$ 独立出现的，又设符号集中各符号出现的概率为

$$\begin{bmatrix} x_1, & x_2, & \cdots & ,x_n \\ P(x_1), & P(x_2), & \cdots, & P(x_n) \end{bmatrix}, \quad 且有 \sum_{i=1}^{n} P(x_i) = 1$$

则 $x_1, x_2, \cdots x_n$ 所包含的信息量分别为 $-\log_2 P(x_1)$，$-\log_2 P(x_2)$，...，$-\log_2 P(x_n)$。于是，该信源每个符号所含信息量的统计平均值，即平均信息量为

$$H(x) = -\sum_{i=1}^{n} P(x_i) \log_2 P(x_i) \quad (\text{bit}/符号) \tag{1.4-2}$$

由于 $H$ 同热力学中熵的定义式类似，故通常又称它为信息源的熵，其单位为 bit/符号。

由式（1.4-2）可知，不同的离散信息源可能有不同的熵值。可以证明，当离散信源的每一符号等概率出现时，即 $P(x_i) = 1/n (i = 1, 2, \cdots, n)$，此时的熵最大。最大熵值为 $\log_2 n(\text{bit}/符号)$。

**【例 1.4.2】** 某信息源的符号集由 A，B，C，D 和 E 组成，设每一符号独立出现，其出现概率分别为 1/4，1/8，1/8，3/16 和 5/16。试求该信息源符号的平均信息量。

**解：** 该信息源符号的平均信息量为

$$\begin{aligned} H(x) &= -\sum_{i=1}^{n} P(x_i) \log_2 P(x_i) \\ &= -\frac{1}{4} \log_2 \frac{1}{4} - 2 \times \frac{1}{8} \log_2 \frac{1}{8} - \frac{3}{16} \log_2 \frac{3}{16} - \frac{5}{16} \log_2 \frac{5}{16} = 2.23 \text{bit}/符号 \end{aligned}$$

以上我们讨论了离散消息的度量。类似，关于连续消息的信息量可用概率密度来描述。可以证明，连续消息的平均信息量（相对熵）为

$$H_c(x) = -\int_{-\infty}^{+\infty} f(x) \log_a f(x) \mathrm{d}x \tag{1.4-3}$$

式中 $f(x)$ 是连续消息出现的概率密度。有兴趣的读者，可参考信息论有关专著。

## 1.5 通信系统的主要性能指标

设计和评价一个通信系统，往往要涉及到许多性能指标，如系统的有效性、可靠性、适应性、经济性及使用维护方便性等。这些指标可从各个方面评价通信系统的性能，但从研究信息传输方面考虑，通信的有效性和可靠性是通信系统中最主要的性能指标。

所谓有效性，是指消息传输的"速度"问题，而可靠性主要是指消息传输的"质量"问题。在实际通信系统中，对有效性和可靠性这两个指标的要求经常是矛盾的，提高系统的有效性会降低可靠性，反之亦然。因此在设计通信系统时，对两者应统筹考虑。

### 1.5.1 模拟通信系统的主要性能指标

模拟通信系统的有效性指标用所传信号的有效传输带宽来表征。当信道容许传输带宽一定，而进行多路频分复用时，每路信号所需的有效带宽越窄，信道内复用的路数就越多。显然，信道复用的程度越高，信号传输的有效性就越好。信号的有效传输带宽与系统采用的调制方法有关。同样的信号用不同的方法调制得到的有效传输带宽是不一样的。

模拟通信系统的可靠性指标用整个通信系统的输出信噪比来衡量。信噪比是信号的平均功率 $S$ 与噪声的平均功率 $N$ 之比。信噪比越高，说明噪声对信号的影响越小。显然，信噪比越高，通信质量就越好。输出信噪比一方面与信道内噪声的大小和信号的功率有关，同时又和调制方式有很大关系。例如宽带调频系统的有效性不如调幅系统，但是调频系统的可靠性往往比调幅系统好。

### 1.5.2 数字通信系统的主要性能指标

#### 1. 有效性指标

数字通信系统的有效性指标用传输速率和频带利用率来表征。

（1）传输速率

传输速率有两种表示方法：码元传输速率 $R_B$ 和信息传输速率 $R_b$

① 码元传输速率 $R_b$（又称为码元速率），简称传码率，它是指系统每秒钟传送码元的数目，单位是波特（Baud），常用符号 "Bd" 表示。

② 信息传输速率 $R_b$（又称为信息速率），简称传信率，它是指系统每秒钟传送的信息量，单位是比特/秒，常用符号 "bit/s" 表示。

传码率和传信率都是用来衡量数字通信系统有效性指标的，但是注意二者既有联系又有区别。

在 $N$ 进制下，设信息速率为 $R_b$(bit/s)，码元速率为 $R_{BN}$(Baud)，由于每个码元或符号通常都含有一定比特的信息量，因此码元速率和信息速率有确定的关系，即

$$R_b = R_{BN}H(x)(\text{bit/s}) \tag{1.5-1}$$

式中，$H(x)$ 为信源中每个符号所含的平均信息量（熵）。当离散信源的每一符号等概率出现时，熵有最大值 $\log_2 N$(bit/符号)，信息速率也达到最大，即

$$R_b = R_{BN} \log_2 N(\text{bit/s}) \tag{1.5-2}$$

或

$$R_{BN} = \frac{R_b}{\log_2 N}(\text{Baud}) \tag{1.5-3}$$

式中，$N$ 为符号的进制数，在二进制下，码元速率与信息速率数值相等，但单位不同。

对于不同进制的通信系统来说，码元速率高的通信系统其信息速率不一定高。因此在对它们的传输速度进行比较时，一般不能直接比较码元速率，需将码元速率换算成信息速率后再进行比较。

（2）频带利用率 $\eta$

在比较不同通信系统的有效性时，单看它们的传输速率是不够的，还应看在这样的传输速率下所占信道的频带宽度。频带利用率有两种表示方式：码元频带利用率和信息频带利用率。

码元频带利用率是指单位频带内的码元传输速率，即

$$\eta = \frac{R_B}{B}(\text{Baud/Hz}) \tag{1.5-4}$$

信息频带利用率是指每秒钟在单位频带上传输的信息量，即

$$\eta = \frac{R_b}{B} \text{bit/(s·Hz)} \tag{1.5-5}$$

### 2．可靠性指标

数字通信系统的可靠性指标用差错率来衡量。差错率越小，可靠性越高。差错率也有两种表示方法：误码率和误信率。

（1）误码率：指接收到的错误码元数和总的传输码元个数之比，即在传输中出现错误码元的概率，记为

$$P_e = \frac{接收的错误码元数}{传输总码元数} \qquad (1.5\text{-}6)$$

（2）误信率：又叫误比特率，是指接收到的错误比特数和总的传输比特数之比，即在传输中出现错误信息量的概率，记为

$$P_b = \frac{接收的错误比特数}{传输总比特数} \qquad (1.5\text{-}7)$$

【例 1.5.1】 设一信息源的输出由 128 个不同符号组成。其中 16 个出现的概率为 1/32，其余 112 个出现概率为 1/224。信息源每秒发出 1000 个符号，且每个符号彼此独立。试计算该信息源的平均信息速率。

**解**：每个符号的平均信息量为

$$H(x) = 16 \times \frac{1}{32}\log_2 32 + 112 \times \frac{1}{224}\log_2 224 = 6.404\text{bit}/符号$$

已知码元速率 $R_B = 1000\text{Baud}$，故该信息源的平均信息速率为

$$R_b = R_B \cdot H(x) = 6404\text{bit/s}$$

【例 1.5.2】 已知某八进制数字通信系统的信息速率为 3000bit/s，在收端 10 分钟内共测得出现 18 个错误码元，试求该系统的误码率。

**解**：依题意 $R_b = 3000\text{bit/s}$

则 $R_{B8} = R_b / \log_2 8 = 1000\text{Baud}$

由式（1.5-6）得系统的误码率 $P_e = \frac{18}{1000 \times 10 \times 60} = 3 \times 10^{-5}$

## 1.6 通信系统中的噪声

在图 1-1 的通信系统一般模型中，我们将信道中不需要的电信号统称为噪声。通信系统中没有传输信号时也有噪声，噪声永远存在于通信系统中。噪声对于信号的传输是有害的，它能使模拟信号失真，使数字信号发生错码，并随之限制着信息的传输速率。

### 1．按照来源分类

噪声可以分为人为噪声和自然噪声两大类。

（1）人为噪声。它是由人类的活动产生的，如电钻和电气开关瞬态造成的电火花、汽车点火系统产生的电火花、荧光灯产生的干扰、其他电台和家电用具产生的电磁波辐射等。

（2）自然噪声。它是自然界中存在的各种电磁波辐射，如闪电、大气噪声，以及来自太阳和银河系等的宇宙噪声。此外还有一种很重要的自然噪声，即热噪声。热噪声来自一切电

子器件中电子的热运动。例如，导线、电阻和半导体器件等均会产生热噪声。所以热噪声无处不在，不可避免地存在于一切电子设备中。

### 2．按噪声对信号的作用功能分类

噪声可以分为加性噪声和乘性噪声两类。

（1）加性噪声。信道中的噪声对传输信号的干扰作用表现为与信号相加的关系，则此噪声称为加性噪声。

（2）乘性噪声。信道中的噪声对传输信号的干扰作用表现为与信号相乘的关系，则此噪声称为乘性噪声。

### 3．按照性质分类

噪声可以分为脉冲噪声、窄带噪声和起伏噪声 3 类。

（1）脉冲噪声。它是突发性地产生幅度很大、持续时间很短、间隔时间很长的干扰。由于其持续时间很短，故其频谱较宽，可以从低频一直分布到甚高频，但是频率越高其频谱的强度越小。电火花就是一种典型的脉冲噪声。

（2）窄带噪声。它可以看作是一种非所需的连续的已调正弦波，简单地说，就是一个幅度恒定的单一频率的正弦波。通常它来自相邻电台或其他电子设备。窄带噪声的频率位置通常是确知的或可以测知的。

（3）起伏噪声。它是在时域和频域内都普遍存在的随机噪声。热噪声、电子管内产生的散弹噪声和宇宙噪声等都属于起伏噪声。

上述各种噪声中，脉冲噪声不是普遍地、持续地存在的，对于语音通信的影响也较小，但是对于数字通信可能有较大影响。同样，窄带噪声也是只存在于特定频率、特定时间和特定地点，所以它的影响也是有限的。只有起伏噪声无处不在。所以，在讨论噪声对于通信系统的影响时，主要是考虑起伏噪声（特别是热噪声），它是通信系统最基本的噪声源。大量的实践证明，起伏噪声是一种高斯噪声，且在相当宽的频率范围内其频谱是均匀分布的，就像白光的频谱在可见光的频谱范围内均匀分布那样，所以起伏噪声又常称为白噪声。

通信系统模型中的"噪声源"就是分散在通信系统各处加性噪声（主要是起伏噪声）的集中表示，它概括了信道内所有的热噪声、散弹噪声和宇宙噪声等。因此，通信系统中的噪声常常被近似地描述成加性高斯白噪声。所谓高斯白噪声是指既服从高斯分布，功率谱密度又是均匀分布的噪声称为高斯白噪声。在讨论通信系统性能受噪声的影响时，我们主要分析的就是加性高斯白噪声的影响。关于加性高斯白噪声的性能特征我们将在第 2 章中详细讨论。

## 1.7 通信系统运载信息的能力

信息是通过信道传输的，如果信道受到加性高斯白噪声的干扰，传输信号的功率和带宽又都受到限制，这时信道的传输能力如何？对于这个问题，香农在信息论中已经给出了回答，这就是著名的香农公式。其表达式为

$$C = B\log_2\left(1+\frac{S}{N}\right)(\text{bit/s}) \tag{1.7-1}$$

式中，$C$ 为信道容量，是指以任意小的差错率传输时信道可能传输的最大信息速率，它是信道能够达到的最大传输能力；$B$ 为信道带宽；$S$ 为信号的平均功率；$N$ 为高斯白噪声的平均功率；$S/N$ 为信噪比。

由于噪声功率 $N$ 与信道带宽 $B$ 有关，若设单位频带内的噪声功率为 $n_0$，单位为 W/Hz（$n_0$ 又称为单边功率谱密度）。则噪声功率 $N = n_0B$。因此，香农公式的另一种形式为

$$C = B\log_2\left(1 + \frac{S}{n_0B}\right)(\text{bit/s}) \tag{1.7-2}$$

公式（1.7-1）或式（1.7-2）给出了通信系统运载能力的极限值 $C$，它也常被称为"香农极限"。这个公式来自于信息理论，它对于所有的技术都适用。香农公式说明信息的运载能力与信道带宽成正比，其中带宽就是信号进行传输且没有衰减的频率范围。

不同传输媒介可供传输使用的工作频率范围各不相同，媒介的工作频率越高，其传输信号的带宽就越宽，系统的信息传输能力也就越大。对该值进行估算的经验规则是：信号带宽大概是媒介工作频率的 10%。所以，如果一个微波信道使用 10 GHz 的工作频率，那么其传输信号的带宽大约为 1000MHz。

香农公式同时也讨论了信道容量 $C$、带宽 $B$ 和信噪比 $S/N$ 三者之间的关系，它是信息传输中非常重要的公式，也是目前通信系统设计和性能分析的理论基础。

由香农公式可得以下结论。

（1）当给定 $B$、$S/N$ 时，信道的极限传输能力（信道容量）$C$ 即确定。如果信道实际的传输信息速率 $R$ 小于或等于 $C$ 时，此时能做到无差错传输（差错率可任意小）。如果 $R$ 大于 $C$，那么无差错传输在理论上是不可能的。

（2）提高信噪比 $S/N$（通过减少 $n_0$ 或增大 $S$），可提高信道容量 $C$。特别是，若 $n_0 \to 0$，则 $C \to \infty$，这意味着无干扰信道容量为无穷大。

（3）当信道容量 $C$ 一定时，带宽 $B$ 和信噪比 $S/N$ 之间可以互换。换句话说，要使信道保持一定的容量，可以通过调整带宽 $B$ 和信噪比 $S/N$ 之间的关系来达到。

（4）增加信道带宽 $B$ 并不能无限制地增大信道容量。当信道噪声为高斯白噪声时，随着带宽 $B$ 的增大，噪声功率 $N = n_0B$ 也增大，信道容量的极限值为

$$\lim_{B\to\infty} C = \lim_{B\to\infty} B\log_2\left(1 + \frac{S}{n_0B}\right) \approx 1.44\frac{S}{n_0} \tag{1.7-3}$$

由式（1.7-3）可见，即使信道带宽无限大，信道容量仍然是有限的。

香农公式给出了通信系统所能达到的极限信息传输速率，达到极限信息速率并且差错率为 0 的通信系统称为理想通信系统。但是，香农公式只证明了理想通信系统的"存在性"，却没有指出这种通信系统的实现方法。因此，理想通信系统的实现还需要我们不断地努力。

**【例 1.7.1】**　某一待传输的图片约含 $2.25 \times 10^6$ 个像素。为了能较好地重现图片，需要 12 个亮度电平。假如各像素间的亮度取值相互独立，且各亮度电平等概率出现，试计算用 3 分钟传送一张图片时所需的信道带宽（设信道中信噪功率比为 30dB）。

**解：** 因为每一像元需要 12 个亮度电平，所以每个像元所含的平均信息量为

$$H(x) = \log_2 12 = 3.58\text{bit}/\text{符号}$$

每幅图片的平均信息量为

$$I = 2.25 \times 10^6 \times 3.58 = 8.07 \times 10^6 \text{bit}$$

用 3 分钟传送一张图片所需的传信率为

$$R_b = \frac{I}{T} = \frac{8.07 \times 10^6}{3 \times 60} = 4.48 \times 10^4 \text{bit/s}$$

由信道容量 $C \geqslant R_b$，得到

$$C = B \log_2 \left(1 + \frac{S}{N}\right) \geqslant R_b$$

所以

$$B \geqslant \frac{R_b}{\log_2\left(1 + \frac{S}{N}\right)} = \frac{4.48 \times 10^4}{\log_2(1 + 1000)} \approx 4.49 \times 10^3 \text{Hz}$$

即信道带宽至少应为 4.49kHz。

## 1.8　通信技术的发展

通信技术是随着科学技术的不断发展，由低级到高级，由简单到复杂逐渐发展起来的。而各种各样性能不断改善的通信系统的应用，又促进了人类社会进步和文明。

现代通信技术的发展从 1838 年莫尔斯发明有线电报和 1876 年贝尔发明电话的有线电话技术开始算起，至今已有 100 多年的历史，而通信技术的面貌早已是焕然一新，回顾这一历史将有助于我们对其有一个更全面的了解。现将通信及其相关技术发展中的一些重大事件罗列如下：

1838 年　莫尔斯发明有线电报，标志着人类社会从此进入了电通信时代。

1876 年　贝尔发明电话。

1895 年　马可历（意大利）、波波夫（俄罗斯）发明无线电。

1906 年　发明电子管，开辟了模拟通信的新纪元。

1918 年　出现无线电广播。

1925 年　载波电话问世，实现在同一路介质上传输多路电话信号。

1938 年　电视广播开始。

1940—1945 年　载波通信系统得到发展（第二次世界大战刺激了雷达和微波通信系统的发展）。

1948 年　信息论问世（香农提出），奠定了经典信息论基础。

1949 年　晶体管问世。

1956 年　第一条越洋（大西洋）海缆建成。

1957 年　发射第一颗人造卫星。

1961 年　集成电路问世，使得数字通信得到进一步发展，对电子产品的发展、更新，起着非常重要的作用。

1961 年　发射第一颗同步通信卫星，开辟了空间通信的新纪元。

1969 年　因特网（Internet）的前身 ARPAnet 出现，被后人称为网络之父。

20 世纪 70 年代　大规模集成电路，程控数字交换机，光纤通信系统，微处理机等迅速发展。

80 年代　超大规模集成电路迅速发展，综合业务数字网（ISDN）的发展，移动通信系统进入实用阶段。

90 年代　Windows 95 出现，间接推动了互联网的大发展。

进入新世纪以来,通信技术向数字化、智能化、综合化、宽带化、个人化方向迅速发展,各种新的电信业务也应运而生,信息服务正沿着多种领域广泛延伸。

人们期待着早日实现通信的最终目标,即无论何时、何地都能实现与任何人进行任何形式的信息交换——全球个人通信。

# 小　　结

本章主要讨论通信系统的组成、分类和主要性能指标,以及信息的度量和信道容量等。

通信就是异地间人与人、人与机器、机器与机器进行信息的传递和交换。通信的目的在于信息的传递和交换。信息可理解为消息中所含有的特定内容。通信中信息的传送是通过信号来进行的。信号是消息的运载者。

我们把实现信息传输过程的全部设备和传输媒介所构成的总体称为通信系统。传输模拟信号的系统称为模拟通信系统,数字通信系统是利用数字信号来传递信息的通信系统。

数字通信系统的主要优点是抗干扰性强,无噪声积累,便于加密处理,采用时分复用实现多路通信,设备便于集成化、微型化,数字通信便于利用现代数字信号处理技术对数字信息进行处理。但其缺点是数字信号占用频带较宽。

通信系统传输信息的多少用"信息量"来衡量,它与消息出现的概率有关。

衡量通信系统性能的指标是有效性和可靠性。模拟通信系统的有效性指标用所传信号的有效传输带宽来表征,可靠性指标用整个通信系统的输出信噪比来衡量。数字通信系统的有效性指标用传输速率(传输速率 $R_B$ 和信息传输速率 $R_b$)和频带利用率(码元频带利用率和信息频带利用率)来表征。数字通信系统的可靠性指标用差错率(误码率和误信率)来衡量。

通信系统中的噪声常常被近似地表述成高斯白噪声。在讨论通信系统性能受噪声的影响时,我们主要分析的就是高斯白噪声的影响。

通信系统的主要特征无疑是它运载信息的能力。信息是通过信道传输的,如果信道受到加性高斯白噪声的干扰,传输信号的功率和带宽又都受到限制,这时信道的传输能力可用香农公式来计算,该公式给出了通信系统中无差错传输的最大信息速率。

# 思　考　题

1. 信息、信号、通信的含义是什么?
2. 通信系统如何分类?
3. 试画出数字通信系统的一般模型,并简要说明各部分的作用。
4. 通信的方式如何确定?
5. 衡量通信系统的主要性能指标有哪些?
6. 什么是码元速率?什么是信息速率?它们之间的关系如何?
7. 通信系统中的噪声有哪几种?

# 习　　题

1-1　设有 4 个消息 A,B,C,D 分别以概率 1/4,1/8,1/8 和 1/2 传送,每一消息的出现是互相独立的。试计算其平均信息量。

1-2　掷两粒骰子,当其向上的面的小圆点数之和是 3 时,该消息所包含的信息量是多少？当小圆点数之和是 7 时，该消息所包含的信息量是多少？

1-3　一个由字母 A，B，C，D 组成的字，对于传输的每一个字母用二进制脉冲编码，00 代替 A，01 代替 B，10 代替 C，11 代替 D，每个脉冲宽度为 10 ms。

（1）不同的字母是等可能出现的，试计算传输的平均信息速率；

（2）若每个字母出现的可能性分别为

$$P_A = \frac{1}{5}, \quad P_B = \frac{1}{4}, \quad P_C = \frac{1}{4}, \quad P_D = \frac{3}{10}$$

试计算传输的平均信息速率。

1-4　设有一离散无记忆信源，其概率空间为

$$\begin{bmatrix} X \\ P(x) \end{bmatrix} = \begin{bmatrix} 0 & 1 & 2 & 3 \\ 3/8 & 1/4 & 1/4 & 1/8 \end{bmatrix}$$

（1）求每个符号的信息量；

（2）信源发出一消息符号序列为（202 120 130 213 001 203 210110 321 010 021 032011 223 210），求该消息序列的信息量和平均每个符号携带的信息量。

1-5　国际莫尔斯电码用点和划的序列发送英文字母，划用持续 3 单位的电流脉冲表示，点用持续 1 个单位的电流脉冲表示；且划出现的概率是点出现概率的 1/3。

（1）计算点和划的信息量；

（2）计算点和划的平均信息量。

1-6　某一无记忆信源的符号集为 $\{0,1\}$，已知 $p_0 = 1/4$，$p_1 = 3/4$。

（1）求信源符号的平均信息量；

（2）由 100 个符号构成的序列，求某一特定序列（如有 $m$ 个 0 和 $100-m$ 个 1）的信息量的表达式；

（3）计算（2）中的序列熵。

1-7　若一个通信系统 2 分钟内传送了 $1.2 \times 10^8$ 个码元，求它的传码速率。若该段时间共有 3 个码元的错误，试求出该时间段的误码率。

1-8　设一数字传输系统传送二进制码元的速率为 1200Baud，试求该系统的信息速率；若该系统改成传送十六进制信号码元，码元速率为 2400Baud，则这时的系统信息速率为多少？

1-9　若一个信号源输出四进制等概数字信号，其码元宽度为 1μs。试求其码元速率和信息速率。

1-10　若题 1-9 中数字信号在传输过程中 2 秒误 1 个比特，求误信率。

1-11　计算机终端通过电话信道（设信道带宽为 3400Hz）传输数据。

（1）设要求信道的 $S/N = 30$dB，试求该信道的信道容量是多少？

（2）设线路上的最大信息传输速率为 4800bit/s，试求所需最小信噪比为多少？

1-12　具有 6.5MHz 带宽的某高斯信道，若信道中信号功率与噪声功率谱密度之比为 45.5 MHz，试求其信道容量。

1-13　设高斯信道的带宽为 4 kHz，信号与噪声的功率比为 63，试确定利用这种信道的理想通信系统之传信率和差错率。

# 第 2 章　信号与噪声分析

通信的过程是如何保障信号正常传送及抑制噪声的过程,通信系统中最根本的问题就是研究信号在系统中的传输和变换的问题。通信系统中载荷信息的各种信号通常都是随机的,加上通信系统中普遍存在的噪声也是随机的,因此,分析和研究通信系统离不开对信号和噪声的分析。

为了后面分析问题的需要,本章首先对确知信号的分析做概要性的复习,然后重点讨论随机变量和平稳随机过程的统计特性,以及随机过程通过线性系统的基本分析方法。

## 2.1　信号的分类

信号的分类方法有很多,可以从不同的角度对信号进行分类。例如,信号可以分为确知信号与随机信号、周期信号与非周期信号、能量信号与功率信号等。下面简要介绍这些信号的概念。

### 2.1.1　确知信号与随机信号

确知信号是指能够以确定的时间函数表示的信号,它在定义域内任意时刻都有确定的函数值,如电路中的正弦信号、各种形状的周期信号等。

在事件发生之前无法预知信号的取值,即写不出明确的数学表达式,通常只知道它取某一数值的概率,这种具有随机性的信号称为随机信号。例如,半导体载流子随机运动所产生的噪声和从目标反射回来的雷达信号(其出现的时间与强度是随机的)等都是随机信号。所有的实际信号在一定程度上都是随机信号。

### 2.1.2　周期信号与非周期信号

周期信号是每隔一个固定的时间间隔重复变化的信号。周期信号 $f(t)$ 满足下列条件:

$$f(t) = f(t + nT), n = 0, \pm 1, \pm 2, \pm 3, \cdots, \quad -\infty < t < \infty \tag{2.1-1}$$

式中,$T$ 为 $f(t)$ 的周期,是满足式(2.1-1)条件的最小时段。

非周期信号是不具有重复性的信号。

### 2.1.3　功率信号与能量信号

如果一个信号在整个时间域( $-\infty, +\infty$ )内都存在,因此它具有无限大的能量,但其平均功率是有限的,我们称这种信号为功率信号。

设信号 $f(t)$ 为时间的实函数，通常把信号 $f(t)$ 看作是随时间变化的电压或电流，则当信号 $f(t)$ 通过 $1\Omega$ 电阻时，其瞬时功率为 $|f(t)|^2$，而平均功率定义为

$$P = \lim_{T \to \infty} \frac{1}{T} \int_{-T/2}^{T/2} f^2(t) \mathrm{d}t \tag{2.1-2}$$

一般地，平均功率（在整个时间轴上平均）等于 0，但其能量有限的信号我们称为能量信号。

设能量信号 $f(t)$ 为时间的实函数，通常把能量信号 $f(t)$ 的归一化能量（简称能量）定义为由电压 $f(t)$ 加于单位电阻上所消耗的能量，即

$$E = \int_{-\infty}^{\infty} f^2(t) \mathrm{d}t \tag{2.1-3}$$

## 2.2  确知信号的分析

确知信号的性质可以从频域和时域两方面进行分析。频域分析常采用傅里叶分析法，时域分析主要包括卷积和相关函数。本节我们将概括性地介绍傅里叶分析法，重点介绍相关函数、功率谱密度、能量谱密度等概念

### 2.2.1  周期信号的傅里叶级数

#### 1. 三角形式的傅里叶级数

任何一个周期为 $T$ 的周期信号 $f(t)$，只要满足狄里赫利条件，则可展开为傅里叶级数

$$f(t) = \frac{a_0}{2} + \sum_{n=1}^{\infty} \left[ a_n \cos n\omega_0 t + b_n \sin n\omega_0 t \right] \tag{2.2-1}$$

其中，$\omega_0 = 2\pi/T$，为基波角频率；

$$\frac{a_0}{2} = \frac{1}{T} \int_{-T/2}^{T/2} f(t) \mathrm{d}t \quad\text{——}\ f(t)\ \text{的均值（直流分量）；} \tag{2.2-2}$$

$$a_n = \frac{2}{T} \int_{-T/2}^{T/2} f(t) \cos n\omega_0 t \mathrm{d}t \quad\text{——}\ f(t)\ \text{的第}\ n\ \text{次余弦波的振幅；} \tag{2.2-3}$$

$$b_n = \frac{2}{T} \int_{-T/2}^{T/2} f(t) \sin n\omega_0 t \mathrm{d}t \quad\text{——}\ f(t)\ \text{的第}\ n\ \text{次正弦波的振幅。} \tag{2.2-4}$$

式（2.2-1）中，由 $a_n \cos n\omega_0 t + b_n \sin n\omega_0 t = c_n \cos(n\omega_0 t - \varphi_n)$ 可得 $f(t)$ 的另一种表达式，即

$$f(t) = \frac{c_0}{2} + \sum_{n=1}^{\infty} c_n \cos(n\omega_0 t - \varphi_n) \tag{2.2-5}$$

其中，$c_n = \sqrt{a_n^2 + b_n^2}$；$\varphi_n = \arctan \dfrac{b_n}{a_n}$；$c_0 = a_0$。

#### 2. 指数形式的傅里叶级数

利用尤拉公式 $\cos x = \dfrac{\mathrm{e}^{jx} + \mathrm{e}^{-jx}}{2}$ 可得 $f(t)$ 的指数表达式为

$$f(t) = \sum_{n=-\infty}^{\infty} F_n \mathrm{e}^{jn\omega_0 t} \tag{2.2-6}$$

式中，$F_n = \dfrac{1}{T}\displaystyle\int_{-T/2}^{T/2} f(t)\mathrm{e}^{-jn\omega_0 t}\mathrm{d}t$ （$n = 0, \pm 1, \pm 2. \pm 3, \cdots,$ ）；$F_0 = c_0 = a_0$；$F_n = \dfrac{c_n}{2}\mathrm{e}^{-j\varphi_n}$ （称为复振幅）；$F_{-n} = \dfrac{c_n}{2}\mathrm{e}^{j\varphi_n} = F_n^*$ （是 $F_n$ 的共轭）。

一般地，$F_n$ 是一个复数，由 $F_n$ 确定周期信号 $f(t)$ 的第 $n$ 次谐波分量的幅度，它与频率之间的关系图形称为信号的幅度频谱。由于它不连续，仅存在于 $\omega_0$ 的整数倍处，故这种频谱是离散谱。

### 2.2.2 非周期信号的傅里叶变换

前面介绍了用傅里叶级数表示一个周期信号的方法，对非周期信号，不能用傅里叶级数直接表示，但非周期信号可看作是 $T \to \infty$ 的周期信号。这样周期信号的频谱分析可以推广到非周期信号。

让我们考虑图 2-1（a）所示非周期信号 $f(t)$，由其构造一个周期信号 $f_T(t)$，其周期为 $T$，如图 2-1（b）所示。不难看出，当 $T \to \infty$ 时，则在 $-\infty < t < +\infty$ 区间 $f_T(t) = f(t)$，即 $\lim\limits_{T \to \infty} f_T(t) = f(t)$。因此，我们可以研究当 $T \to \infty$ 时，周期信号 $f_T(t)$ 的傅里叶级数的变化情况。

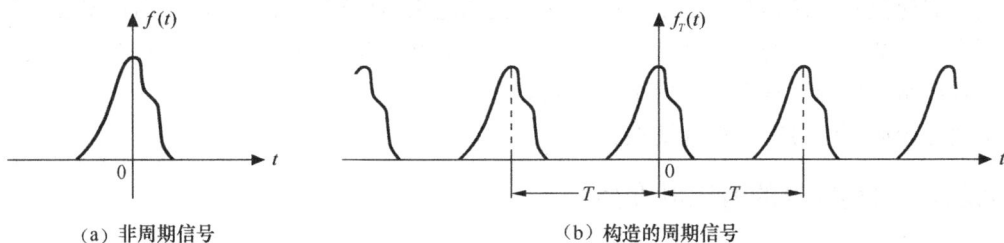

(a) 非周期信号　　　　　　　　　　(b) 构造的周期信号

图 2-1　非周期信号

令 $f_T(t)$ 满足狄里赫利条件，则可展开为傅里叶级数，即

$$f_T(t) = \sum_{n=-\infty}^{\infty} F_n\mathrm{e}^{jn\omega_0 t} \qquad (-\infty < t < \infty) \tag{2.2-7}$$

其中，

$$F_n = \frac{1}{T}\int_{-T/2}^{T/2} f_T(t)\mathrm{e}^{-jn\omega_0 t}\mathrm{d}t \quad \omega_0 = \frac{2\pi}{T} = \Delta\omega \quad （相邻角频率分量间隔） \tag{2.2-8}$$

将式（2.2-8）代入式（2.2-7）得

$$\begin{aligned} f_T(t) &= \sum_{n=-\infty}^{\infty}\left[\frac{1}{T}\int_{-T/2}^{T/2} f_T(t)\mathrm{e}^{-jn\omega_0 t}\mathrm{d}t\right]\mathrm{e}^{jn\omega_0 t} \\ &= \frac{1}{2\pi}\sum_{n=-\infty}^{\infty}\left[\int_{-T/2}^{T/2} f_T(t)\mathrm{e}^{-jn\omega_0 t}\mathrm{d}t\right]\mathrm{e}^{jn\omega_0 t}\Delta\omega \end{aligned}$$

当 $T \to \infty$ 时，$\Delta\omega \to d\omega$，$n\omega_0 \to \omega$，$\sum \to \int$，则有

$$f(t) = \lim_{T \to \infty} f_T(t) = \frac{1}{2\pi}\int_{-\infty}^{\infty}\left[\int_{-\infty}^{\infty} f(t)\mathrm{e}^{-j\omega t}\mathrm{d}t\right]\mathrm{e}^{j\omega t}\mathrm{d}\omega$$

$$令\ F(\omega) = \int_{-\infty}^{\infty} f(t)\mathrm{e}^{-j\omega t}\mathrm{d}t \tag{2.2-9}$$

$$则 \quad f(t) = \frac{1}{2\pi}\int_{-\infty}^{\infty} F(\omega)\mathrm{e}^{j\omega t}\mathrm{d}\omega \tag{2.2-10}$$

式（2.2-9）和式（2.2-10）分别称为傅里叶正变换和傅里叶反变换，两式称为 $f(t)$ 傅里

叶变换对，表示为

$$f(t) \Leftrightarrow F(\omega)$$

式（2.2-9）和式（2.2-10）可简记为

$$\begin{cases} F(\omega) = \mathscr{F}[f(t)] \\ f(t) = \mathscr{F}^{-1}[F(\omega)] \end{cases} \qquad (2.2\text{-}11)$$

下面我们进一步说明函数 $f(t)$ 在什么样的条件下，才能利用式（2.2-9）进行傅里叶变换，再由式（2.2-10）的傅里叶反变换得到原函数 $f(t)$。

一般来说，如果 $f(t)$ 在每个有限区间都满足狄里赫利条件，并且满足下式

$$\int_{-\infty}^{\infty} |f(t)| \mathrm{d}t < \infty \qquad (2.2\text{-}12)$$

则它的傅里叶变换 $F(\omega)$ 存在。

需要注意的是，式（2.2-12）只是充分条件而并不是必要条件。有些信号并不满足上述条件，但也存在傅里叶变换。冲激函数 $\delta(t)$ 就是一个例子。

信号的傅里叶变换具有一些重要的特性，灵活运用这些特性可较快地求出许多复杂信号的频谱密度函数，或从谱密度函数中求出原信号，因此掌握这些特性是非常有益的。其中较为重要且经常用到的一些性质和傅里叶变换对见附录二。

下面讨论周期信号的傅里叶变换。

### 2.2.3　周期信号的傅里叶变换

按照经典数学函数的定义，周期信号的傅里叶变换是不存在的，但如果扩大函数定义范围，引入广义函数 $\delta(t)$，则可求得周期信号的傅里叶变换。

设 $f(t)$ 为周期信号，其周期为 T，将其展开成指数傅里叶级数，得

$$f(t) = \sum_{n=-\infty}^{\infty} F_n \mathrm{e}^{jn\omega_0 t}$$

式中，$\omega_0 = 2\pi / T$；$F_n = \dfrac{1}{T} \int_{-T/2}^{T/2} f(t) \mathrm{e}^{-jn\omega_0 t} \mathrm{d}t$。

对周期信号 $f(t)$ 求傅里叶变换

$$\begin{aligned} \mathscr{F}[f(t)] &= \mathscr{F}\left[\sum_{n=-\infty}^{\infty} F_n \mathrm{e}^{jn\omega_0 t}\right] \\ &= \sum_{n=-\infty}^{\infty} F_n F\left[\mathrm{e}^{jn\omega_0 t}\right] \end{aligned} \qquad (2.2\text{-}13)$$

由傅里叶变换的频移特性可知

$$\mathrm{e}^{jn\omega_0 t} \Leftrightarrow 2\pi\delta(\omega - n\omega_0) \qquad (2.2\text{-}14)$$

所以

$$\mathscr{F}[f(t)] = 2\pi\left[\sum_{n=-\infty}^{\infty} F_n \delta(\omega - n\omega_0)\right] \qquad (2.2\text{-}15)$$

由式（2.2-15）可见，周期信号的傅里叶变换由一系列位于各谐波频率 $n\omega_0$ 上的冲激函数组成，各冲激函数的强度为 $2\pi F_n$。从上面分析还可以看出，引入冲激函数之后，对周期信号也能进行傅里叶变换，从而对周期信号和非周期信号可以统一处理，这给信号的频域分析带来了很大的方便。

### 2.2.4　卷积与相关函数

**1. 卷积**

（1）卷积的定义

设有函数 $f_1(t)$ 和 $f_2(t)$，称积分 $\int_{-\infty}^{\infty} f_1(\tau)f_2(t-\tau)\mathrm{d}\tau$ 为 $f_1(t)$ 和 $f_2(t)$ 的卷积，常用 $f_1(t)*f_2(t)$ 表示，即

$$f_1(t)*f_2(t) = \int_{-\infty}^{\infty} f_1(\tau)f_2(t-\tau)\mathrm{d}\tau \tag{2.2-16}$$

卷积的物理含义：表示一个函数与另一个函数折叠之积的曲线下的面积，因而卷积又称为折积积分。

（2）卷积的性质

① 交换律

$$f_1(t)*f_2(t) = f_2(t)*f_1(t) \tag{2.2-17}$$

② 分配律

$$f_1(t)*[f_2(t)+f_3(t)] = f_1(t)*f_2(t)+f_1(t)*f_3(t) \tag{2.2-18}$$

③ 结合律

$$f_1(t)*[f_2(t)*f_3(t)] = [f_1(t)*f_2(t)]*f_3(t) \tag{2.2-19}$$

④ 卷积的微分

$$\frac{\mathrm{d}[f_1(t)*f_2(t)]}{\mathrm{d}t} = f_1'(t)*f_2(t) = f_1(t)*f_2'(t) \tag{2.2-20}$$

（3）卷积定理

① 时域卷积定理

令 $f_1(t) \Leftrightarrow F_1(\omega)$，$f_2(t) \Leftrightarrow F_2(\omega)$，则有

$$f_1(t)*f_2(t) \Leftrightarrow F_1(\omega)F_2(\omega) \tag{2.2-21}$$

② 频域卷积定理

令 $f_1(t) \Leftrightarrow F_1(\omega)$，$f_2(t) \Leftrightarrow F_2(\omega)$，则有

$$f_1(t)f_2(t) \Leftrightarrow \frac{1}{2\pi}[F_1(\omega)*F_2(\omega)] \tag{2.2-22}$$

**2. 相关函数**

信号之间的相关程度，通常采用相关函数来表征，它是衡量信号之间关联或相似程度的一个函数。相关函数表示了两个信号之间或同一个信号间隔时间 $\tau$ 的相互关系。

（1）自相关函数

能量信号 $f(t)$ 的自相关函数定义为

$$R(\tau) = \int_{-\infty}^{\infty} f(t)f(t+\tau)\mathrm{d}t \qquad -\infty < \tau < \infty \tag{2.2-23}$$

功率信号 $f(t)$ 的自相关函数定义为

$$R(\tau) = \lim_{T \to \infty} \frac{1}{T} \int_{-\frac{T}{2}}^{\frac{T}{2}} f(t)f(t+\tau)\mathrm{d}t \qquad -\infty < \tau < \infty \tag{2.2-24}$$

由以上两式可见，自相关函数反映了一个信号与其延迟 $\tau$ 秒后的信号之间相关的程度。当 $\tau=0$ 时，能量信号的自相关函数 $R(0)$ 等于信号的能量；而功率信号的自相关函数 $R(0)$ 等于信号的平均功率。

自相关函数的其他有用性质，将在讨论随机信号的自相关函数时介绍。

（2）互相关函数

两个能量信号 $f_1(t)$ 和 $f_2(t)$ 的互相关函数定义为

$$R_{12}(\tau) = \int_{-\infty}^{\infty} f_1(t) f_2(t+\tau) \mathrm{d}t \qquad -\infty < \tau < \infty \qquad (2.2\text{-}25)$$

两个功率信号 $f_1(t)$ 和 $f_2(t)$ 的互相关函数定义为

$$R_{12}(\tau) = \lim_{T \to \infty} \frac{1}{T} \int_{-\frac{T}{2}}^{\frac{T}{2}} f_1(t) f_2(t+\tau) \mathrm{d}t \qquad -\infty < \tau < \infty \qquad (2.2\text{-}26)$$

由以上两式可见，互相关函数反映了一个信号与另一个延迟 $\tau$ 秒后的信号间相关的程度。需要注意的是，互相关函数和两个信号的前后次序有关，即有

$$R_{21}(\tau) = R_{12}(-\tau)$$

### 2.2.5 能量谱密度与功率谱密度

#### 1. 能量谱密度

前面已经介绍，能量信号 $f(t)$ 的能量从时域的角度定义为

$$E = \int_{-\infty}^{\infty} f^2(t) \mathrm{d}t$$

也可以从频域的角度来研究信号的能量。由于

$$f(t) = \frac{1}{2\pi} \int_{-\infty}^{\infty} F(\omega) \mathrm{e}^{j\omega t} \mathrm{d}\omega$$

所以信号的能量可写成

$$E = \int_{-\infty}^{\infty} f^2(t) \mathrm{d}t = \int_{-\infty}^{\infty} f(t) \left[ \frac{1}{2\pi} \int_{-\infty}^{\infty} F(\omega) \mathrm{e}^{j\omega t} \mathrm{d}\omega \right] \mathrm{d}t$$

$$= \frac{1}{2\pi} \int_{-\infty}^{\infty} F(\omega) \left[ \int_{-\infty}^{\infty} f(t) \mathrm{e}^{j\omega t} \mathrm{d}t \right] \mathrm{d}\omega = \frac{1}{2\pi} \int_{-\infty}^{\infty} F(\omega) F(-\omega) \mathrm{d}\omega = \frac{1}{2\pi} \int_{-\infty}^{\infty} |F(\omega)|^2 \mathrm{d}\omega \qquad (2.2\text{-}27)$$

为了描述信号的能量在各个频率分量上的分布情况，定义单位频带内信号的能量为能量谱密度（简称能量谱），单位：焦/赫，用 $E_\mathrm{f}(\omega)$ 来表示，即

$$E_\mathrm{f}(\omega) = |F(\omega)|^2 \qquad (2.2\text{-}28)$$

由式（2.2-27）可见，能量信号在整个频率范围内的全部能量与能量谱之间的关系可表示为

$$E = \frac{1}{2\pi} \int_{-\infty}^{\infty} E_\mathrm{f}(\omega) \mathrm{d}\omega \qquad (2.2\text{-}29)$$

可以证明：能量信号 $f(t)$ 的自相关函数和能量谱密度是一对傅里叶变换，即 $R_f(\tau) \Leftrightarrow E_\mathrm{f}(\omega)$。

#### 2. 功率谱密度

式（2.1-2）从时域的角度定义了功率信号 $f(t)$ 的功率为

$$P = \lim_{T \to \infty} \frac{1}{T} \int_{-T/2}^{T/2} f^2(t) \mathrm{d}t$$

也可以从频域的角度来研究信号的功率。由于

$$P = \lim_{T \to \infty} \frac{1}{T} \int_{-T/2}^{T/2} f^2(t) \mathrm{d}t = \frac{1}{2\pi} \int_{-\infty}^{\infty} \lim_{T \to \infty} \frac{\left| F_T(\omega) \right|^2}{T} \mathrm{d}\omega \tag{2.2-30}$$

式中，$F_T(\omega)$ 是 $f(t)$ 的截短函数 $f_T(t)$ 的频谱函数。

类似能量谱密度的定义，单位频带内信号的平均功率定义为功率谱密度（简称功率谱），单位：瓦/赫，用 $P_f(\omega)$ 来表示，即

$$P_f(\omega) = \lim_{T \to \infty} \frac{\left| F(\omega) \right|^2}{T} \tag{2.2-31}$$

则整个频率范围内信号的总功率与功率谱之间的关系可表示为

$$P = \frac{1}{2\pi} \int_{-\infty}^{\infty} P_f(\omega) \mathrm{d}\omega \tag{2.2-32}$$

可以证明：功率信号 $f(t)$ 的自相关函数和功率谱密度是一对傅里叶变换，即 $R_f(\tau) \Leftrightarrow P_f(\omega)$。

**【例 2.2.1】**  若确知信号 $x(t) = \cos \omega_0 t$，试求其自相关函数、功率谱密度和功率。

**解：** 由自相关函数的定义得

$$\begin{aligned}
R(\tau) &= \lim_{T \to \infty} \frac{1}{T} \int_{-\frac{T}{2}}^{\frac{T}{2}} x(t) x(t + \tau) \mathrm{d}t \\
&= \lim_{T \to \infty} \frac{1}{T} \int_{-\frac{T}{2}}^{\frac{T}{2}} \cos \omega_0 t \cos \omega_0 (t + \tau) \mathrm{d}t \\
&= \lim_{T \to \infty} \frac{1}{T} \int_{-\frac{T}{2}}^{\frac{T}{2}} \frac{1}{2} [\cos(2\omega_0 t + \omega_0 \tau) + \cos \omega_0 \tau] \mathrm{d}t \\
&= \frac{1}{2} \cos \omega_0 \tau
\end{aligned}$$

由于 $x(t)$ 的自相关函数和功率谱密度是一对傅里叶变换，即

$$\begin{aligned}
P(\omega) &= \int_{-\infty}^{\infty} R(\tau) \mathrm{e}^{-j\omega\tau} \mathrm{d}\tau = \int_{-\infty}^{\infty} \frac{1}{2} \cos \omega_0 \tau \mathrm{e}^{-j\omega\tau} \mathrm{d}\tau \\
&= \frac{1}{4} \int_{-\infty}^{\infty} (\mathrm{e}^{j\omega\tau} + \mathrm{e}^{-j\omega\tau}) \mathrm{e}^{-j\omega\tau} \mathrm{d}\tau \\
&= \frac{\pi}{2} [\delta(\omega + \omega_0) + \delta(\omega - \omega_0)]
\end{aligned}$$

$$\begin{aligned}
S &= \frac{1}{2\pi} \int_{-\infty}^{\infty} P(\omega) \mathrm{d}\omega = \frac{1}{2\pi} \int_{-\infty}^{\infty} \frac{\pi}{2} [\delta(\omega + \omega_0) + \delta(\omega - \omega_0)] \mathrm{d}\omega \\
&= \frac{1}{2}
\end{aligned}$$

**【例 2.2.2】**  求周期信号 $f(t)$ 的功率谱密度。

**解：** 周期为 $T$ 的周期信号 $f(t)$，其瞬时功率等于 $\left| f(t) \right|^2$，在周期 $T$ 内的平均功率为

$$P = \frac{1}{T} \int_{-T/2}^{T/2} f^2(t) \mathrm{d}t$$

由式（2.2-6）可知

$$f(t) = \sum_{n=-\infty}^{\infty} F_n \mathrm{e}^{jn\omega_0 t}$$

于是

$$P = \frac{1}{T} \int_{-T/2}^{T/2} f(t) \sum_{n=-\infty}^{\infty} F_n \mathrm{e}^{jn\omega_0 t} \mathrm{d}t$$

交换积分号和求和号的次序后，得

$$P = \frac{1}{T} \sum_{n=-\infty}^{\infty} F_n \int_{-T/2}^{T/2} f(t) \mathrm{e}^{jn\omega_0 t} \mathrm{d}t$$

因此

$$P = \sum_{n=-\infty}^{\infty} F_n F_{-n} = \sum_{n=-\infty}^{\infty} F_n F_n^* = \sum_{n=-\infty}^{\infty} |F_n|^2 \qquad (2.2\text{-}33)$$

由于 $|F_n|^2$ 是 $n\omega_0$ 分量的平均功率。则由 $\delta$ 函数的抽样性质可得

$$|F_n|^2 = \int_{-\infty}^{\infty} |F_n|^2 \, \delta(\omega - n\omega_0) \mathrm{d}\omega$$

故

$$P = \sum_{n=-\infty}^{\infty} |F_n|^2 = \sum_{n=-\infty}^{\infty} \int_{-\infty}^{\infty} |F_n|^2 \, \delta(\omega - n\omega_0) \mathrm{d}\omega$$

交换求和号和求积分号的次序后，得

$$P = \int_{-\infty}^{\infty} \sum_{n=-\infty}^{\infty} |F_n|^2 \, \delta(\omega - n\omega_0) \mathrm{d}\omega \qquad (2.2\text{-}34)$$

将式（2.2-34）和式（2.2-32）比较可得

$$P_f(\omega) = 2\pi \sum_{n=-\infty}^{\infty} |F_n|^2 \, \delta(\omega - n\omega_0) \qquad (2.2\text{-}35)$$

结论：周期信号的功率谱由一系列位于 $n\omega_0$ 处的冲激函数组成，其冲激强度为 $2\pi |F_n|^2$。

## 2.3 随机变量的统计特征

前面我们对确知信号进行了分析。但实际通信系统中由信源发出的信息是随机的，或者说是不可预知的，因而携带信息的信号也都是随机的，如语言信号等。另外，通信系统中还必然存在噪声，它也是随机的，这种具有随机性的信号称为随机信号。尽管随机信号和随机噪声具有不可预测性和随机性，我们不可能用一个或几个时间函数准确地描述它们，但它们都遵循一定的统计规律性。在给定时刻上，随机信号的取值就是一个随机变量。

本节介绍基于概率论的随机变量及其统计特征，它是随机过程和随机信号分析的基础。

### 2.3.1 随机变量

在概率论中，将每次实验的结果用一个变量 $X$ 来表示，如果变量的取值 $X$ 是随机的，则称变量 $X$ 为随机变量。例如，在一定时间内电话交换台收到的呼叫次数是一个随机变量。

当随机变量 $X$ 的取值个数是有限个时，则称它为离散随机变量，否则就称为连续随机变量。随机变量的统计规律用概率分布函数或概率密度函数来描述。

### 2.3.2 概率分布函数和概率密度函数

**1. 概率分布函数 $F(x)$**

定义随机变量 $X$ 的概率分布函数 $F(x)$ 是 $X$ 取值小于或等于某个数值 $x$ 的概率 $P(X \leq x)$，即

$$F(x) = P(X \leq x) \tag{2.3-1}$$

上述定义中，随机变量 $X$ 可以是连续随机变量，也可以是离散随机变量。

对于离散随机变量，其分布函数也可表示为

$$F(x) = P(X \leq x) = \sum_{x_i \leq x} P(x_i) \qquad i = 1, 2, 3, \cdots \tag{2.3-2}$$

式中，$P(x_i)(i=1,2,3,\cdots)$ 是随机变量 $X$ 取值为 $x_i$ 的概率。

**2. 概率密度函数 $f(x)$**

在许多实际问题中，采用概率密度函数比采用概率分布函数能更方便地描述连续随机变量的统计特性。

对于连续随机变量 $X$，其分布函数 $F(x)$ 对于一个非负函数 $f(x)$ 有下式成立

$$F(x) = \int_{-\infty}^{x} f(u) \mathrm{d}u \tag{2.3-3}$$

则称 $f(x)$ 为随机变量 $X$ 的概率密度函数（简称概率密度）。由于式（2.3-3）表示随机变量 $X$ 在 $(-\infty, x]$ 区间上取值的概率，故 $f(x)$ 具有概率密度的含义，式（2.3-3）也可表示为

$$f(x) = \frac{\mathrm{d}F(x)}{\mathrm{d}x} \tag{2.3-4}$$

可见，概率密度函数是分布函数的导数。从图形上看，概率密度就是分布函数曲线的斜率。概率密度函数有如下性质：

（1）$f(x) \geq 0$  (2.3-5)

（2）$\int_{-\infty}^{\infty} f(x)\mathrm{d}x = 1$  (2.3-6)

（3）$\int_{a}^{b} f(x)\mathrm{d}x = P(a < X \leq b)$  (2.3-7)

对于离散随机变量，其概率密度函数为

$$f(x) = \sum_{i=1}^{n} P(x_i)\delta(x-x_i) = \begin{cases} 0 & x \neq x_i \\ \infty & x = x_i \end{cases} \tag{2.3-8}$$

### 2.3.3 通信系统中几种典型的随机变量

**1. 均匀分布随机变量**

设 $-\infty < a < b < +\infty$，则概率密度函数为

$$f(x) = \begin{cases} 1/(b-a) & a \leq x \leq b \\ 0 & \text{其他} \end{cases} \tag{2.3-9}$$

的随机变量 $X$ 称为服从均匀分布的随机变量。

均匀分布的概率密度函数的曲线如图 2-2 所示。

均匀分布是常见的概率分布之一。

### 2. 高斯（Gauss）分布随机变量

概率密度函数为

$$f(x) = \frac{1}{\sqrt{2\pi}\sigma} \exp\left[-\frac{(x-a)^2}{2\sigma^2}\right] \qquad (2.3\text{-}10)$$

的随机变量 $X$ 称为服从高斯分布（也称正态分布）的随机变量，式中，$a$ 为高斯随机变量的数学期望，$\sigma^2$ 为方差。

高斯分布的概率密度函数的曲线如图 2-3 所示。

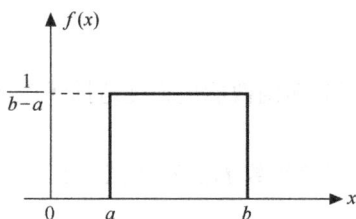

图 2-2　均匀分布的概率密度函数

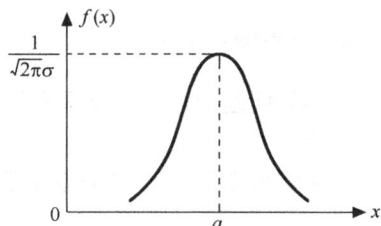

图 2-3　高斯分布的概率密度函数

高斯分布是一种重要而又常见的分布，并具有一些有用的特性。在后面我们将专门进行讨论。

### 3. 瑞利（Rayleigh）分布随机变量

概率密度函数为

$$f(x) = \begin{cases} \dfrac{x}{\sigma^2}\exp\left(-\dfrac{x^2}{2\sigma^2}\right) & x \geqslant 0 \\ 0 & x < 0 \end{cases} \qquad (2.3\text{-}11)$$

图 2-4　瑞利分布

的随机变量 $X$ 称为服从瑞利分布的随机变量，其中 $\sigma > 0$，是一个常数。其概率密度函数的曲线如图 2-4 所示。

后面我们将介绍的窄带高斯噪声的包络就是服从瑞利分布。

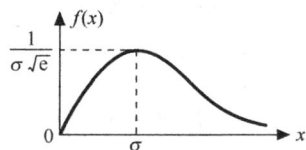

## 2.3.4　随机变量的数字特征

前面讨论的分布函数和概率密度函数，能够较全面地描述随机变量的统计特性。然而，在许多实际问题中，我们往往并不关心随机变量的概率分布，而只想了解随机变量的某些特征，如随机变量的统计平均值，以及随机变量的取值相对于这个平均值的偏离程度等。这些描述随机变量某些特征的数值就称为随机变量的数字特征。

### 1. 数学期望

数学期望（简称均值）是用来描述随机变量 $X$ 的统计平均值，它反映随机变量取值的集中位置。

对于离散随机变量 $X$，设 $P(x_i)(i=1,2,\cdots,k)$ 是其取值 $x_i$ 的概率，则其数学期望定义为

$$E(X) = \sum_{i=1}^{k} x_i P(x_i) \tag{2.3-12}$$

对于连续随机变量 $X$，其数学期望定义为

$$E(X) = \int_{-\infty}^{\infty} x f(x) \mathrm{d}x \tag{2.3-13}$$

式中，$f(x)$ 为随机变量 $X$ 的概率密度。

数学期望的性质如下：

（1）若 $C$ 为一常数，则常数的数学期望等于常数，即 $E(C) = C$ \qquad (2.3-14)

（2）若有两个随机变量 $X$ 和 $Y$，它们的数学期望 $E(X)$ 和 $E(Y)$ 存在，则 $E(X+Y)$ 也存在，且有

$$E(X+Y) = E(X) + E(Y) \tag{2.3-15}$$

我们把式（2.3-15）推广到多个随机变量的情况。若随机变量 $X_1, X_2, \cdots X_n$ 的数学期望都存在，则 $E(X_1 + X_2 + \cdots + X_n)$ 也存在，且有

$$E(X_1 + X_2 + \cdots + X_n) = E(X_1) + E(X_2) + \cdots + E(X_n) \tag{2.3-16}$$

（3）若随机变量 $X$ 和 $Y$ 相互独立，且 $E(X)$ 和 $E(Y)$ 存在，则 $E(XY)$ 也存在，且有

$$E(XY) = E(X)E(Y) \tag{2.3-17}$$

### 2．方差

方差反映随机变量的取值偏离均值的程度。方差定义为随机变量 $X$ 与其数学期望 $E(X)$ 之差的平方的数学期望。即

$$D[X] = E\left[X - E(X)\right]^2 \tag{2.3-18}$$

对于离散随机变量，上式方差的定义可表示为

$$D[X] = \sum_i \left[x_i - E(X)\right]^2 P(x_i) \tag{2.3-19}$$

式中，$P(x_i)$ 是随机变量 $X$ 取值为 $x_i$ 的概率。

对于连续随机变量，方差的定义可表示为

$$D[X] = \int_{-\infty}^{\infty} \left[x - E(X)\right]^2 f(x)\mathrm{d}x \tag{2.3-20}$$

另外，式（2.3-18）还可以表示为

$$D[X] = E\left[X - E(X)\right]^2 = E\left[X^2 - 2XE(X) + E^2(X)\right] = E(X^2) - E^2(X) \tag{2.3-21}$$

$D[X]$ 也常记为 $\sigma^2$。

方差的性质如下：

（1）常数的方差等于 0，即 $D[X] = 0$ \qquad (2.3-22)

（2）设 $D[X]$ 存在，$C$ 为常数，则

$$D[X + C] = D[X] \tag{2.3-23}$$

$$D(CX) = C^2 D(X) \tag{2.3-24}$$

（3）设 $D[X]$ 和 $D[Y]$ 都存在，且 $X$ 和 $Y$ 相互独立，则

$$D[X + Y] = D(X) + D(Y) \tag{2.3-25}$$

对于多个独立的随机变量 $X_1, X_2, \cdots X_n$，不难证明有

$$D(X_1 + X_2 + \cdots + X_n) = D(X_1) + D(X_2) + \cdots + D(X_n) \qquad (2.3\text{-}26)$$

### 3. $n$阶矩

矩是随机变量更一般的数字特征。上面讨论的数学期望和方差都是矩的特例。随机变量 $X$ 的 $n$ 阶矩（又称 $n$ 阶原点矩）定义为

$$E(X^n) = \int_{-\infty}^{\infty} x^n f(x)\mathrm{d}x \qquad (2.3\text{-}27)$$

显然，上面讨论的数学期望 $E(X)$ 就是一阶矩。它常用 $a$ 表示。即 $a = E(X)$。

除了原点矩外，还定义相对于均值 $a$ 的 $n$ 阶矩为 $n$ 阶中心矩，即

$$E[(X-a)^n] = \int_{-\infty}^{\infty} (x-a)^n f(x)\mathrm{d}x \qquad (2.3\text{-}28)$$

显然，随机变量的二阶中心矩就是它的方差，即

$$D[X] = E\{(X-a)^2\} = \sigma^2$$

**【例 2.3.1】** 设 $X$ 是取值 0、1、2、3、4、5 等概率分布的离散随机变量，求其均值和方差。

**解：**

$$E(X) = \sum_{i=1}^{k} x_i P(x_i) = 0 \times \frac{1}{6} + 1 \times \frac{1}{6} + 2 \times \frac{1}{6} + 3 \times \frac{1}{6} + 4 \times \frac{1}{6} + 5 \times \frac{1}{6}$$
$$= 2.5$$

$$E(X^2) = \sum_{i=1}^{k} x_i^2 P(x_i) = 0 \times \frac{1}{6} + 1^2 \times \frac{1}{6} + 2^2 \times \frac{1}{6} + 3^2 \times \frac{1}{6} + 4^2 \times \frac{1}{6} + 5^2 \times \frac{1}{6}$$
$$= 9.17$$

则 $D[X] = E(X^2) - E^2(X) = 9.17 - 2.5^2 = 2.92$

## 2.4 随机过程的一般表述

### 2.4.1 随机过程的概念

前面所讨论的随机变量是与试验结果有关的某一个随机取值的量。例如，在给定的某一瞬间测量接收机输出端上的噪声，所测得的输出噪声的瞬时值就是一个随机变量。显然，如果连续不断地进行试验，那么在任一瞬间都有一个与之相应的随机变量，于是这时的试验结果就不仅是一个随机变量，而是一个在时间上不断变化的随机变量的集合。

我们定义随时间变化的无数个随机变量的集合为随机过程。随机过程的基本特征是：它是时间 $t$ 的函数，但在任一确定时刻上的取值是不确定的，是一个随机变量；或者，可将它看成是一个事件的全部可能实现构成的总体，其中每个实现都是一个确定的时间函数，而随机性就体现在出现哪一个实现是不确定的。通信过程中的随机信号和噪声均可归纳为依赖于时间 $t$ 的随机过程。

为了比较直观地理解随机过程，我们举例来加以说明。设有 $n$ 台性能完全相同的接收机。在相同的工作环境和测试条件下记录各台接收机的输出噪声波形（这也可以理解为对一台接收机在一段时间内持续地进行 $n$ 次观测）。测试结果表明，尽管设备和测试条件相同，记录的 $n$ 条曲线中找不到两个完全相同的波形。这就是说，接收机输出的噪声电压随时间的变化是不可预知的，因而它是一个随机过程。这里的一次记录就是一个实现，无数个记录构成的总

体称为一个样本空间。

由此从数学的角度，我们给出随机过程这样的定义：设 $S_k(k=1,2,\cdots)$ 是随机试验，每一次试验都有一个时间波形（称为样本函数或实现），记作 $x_i(t)$，所有可能出现的结果的总体 $\{x_1(t),x_2(t),\cdots x_n(t),\cdots\}$ 就构成一随机过程，记作 $\xi(t)$。简言之，无穷多个样本函数的总体称为随机过程，如图 2-5 所示。

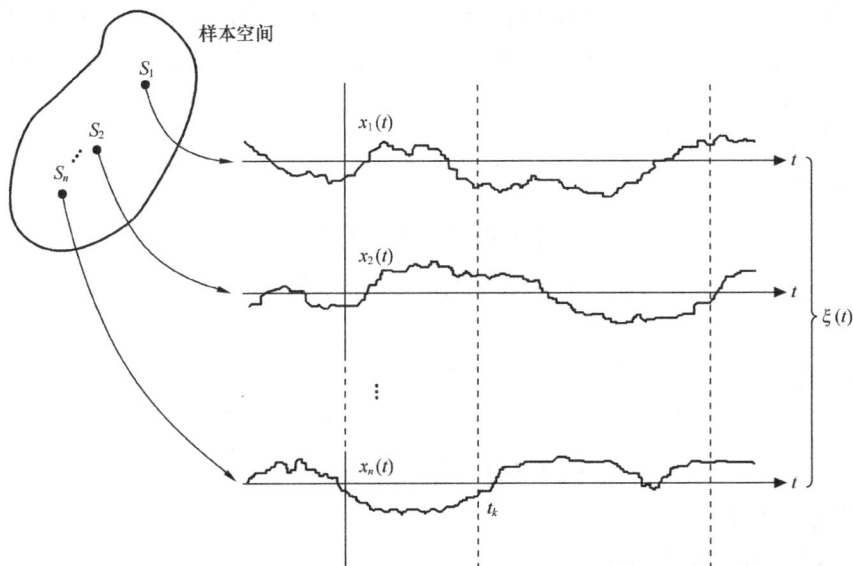

图 2-5　随机过程波形

## 2.4.2　随机过程的统计特征

随机过程的统计特性是通过其概率分布函数或数字特征来表述的。

**1. 随机过程的分布函数和概率密度函数**

设 $\xi(t)$ 表示一个随机过程，在任意给定的时刻 $t_1$ 其取值 $\xi(t_1)$ 是一个随机变量。显然，这个随机变量的统计特性可以用分布函数或概率密度函数来描述，我们称

$$F_1(x_1;t_1)=P[\xi(t_1)\leqslant x_1] \tag{2.4-1}$$

为随机过程 $\xi(t)$ 的一维分布函数。如果 $F_1(x_1,t_1)$ 对 $x_1$ 的偏导数存在，即有

$$\frac{\partial F_1(x_1;t_1)}{\partial x_1}=f_1(x_1;t_1) \tag{2.4-2}$$

则称 $f_1(x_1;t_1)$ 为 $\xi(t)$ 的一维概率密度函数。显然，随机过程的一维分布函数或一维概率密度函数仅仅描述了随机过程在各个孤立时刻的统计特性，而没有说明随机过程在不同时刻取值之间的内在联系，为此需要在足够多的时间上考虑随机过程的多维分布函数。

任意给定 $t_1,t_2,\cdots t_n$，则 $\xi(t)$ 的 n 维分布函数被定义为

$$F_n(x_1,x_2,...x_n;t_1,t_2,...t_n)=P(\xi(t_1)\leqslant x_1,\xi(t_2)\leqslant x_2,...,\xi(t_n)\leqslant x_n) \tag{2.4-3}$$

如果存在

$$\frac{\partial^n F_n(x_1,x_2,...x_n;t_1,t_2,...t_n)}{\partial x_1\partial x_2\cdots\partial x_n}=f_n(x_1,x_2,...x_n;t_1,t_2,...t_n) \tag{2.4-4}$$

则称 $f_n(x_1,x_2,...x_n;t_1,t_2,...t_n)$ 为 $\xi(t)$ 的 $n$ 维概率密度函数。显然，$n$ 越大，对随机过程统计特性的描述就越充分，但问题的复杂性也随之增加。在一般实际问题中，引用二维概率密度函数即可解决问题。

### 2. 随机过程的数字特征

分布函数或概率密度函数虽然能够较全面地描述随机过程的统计特性，但在实际工作中，有时不易或不需求出分布函数和概率密度函数，而用随机过程的数字特征来描述随机过程的统计特性，更简单直观。

（1）数学期望（统计平均值）

随机过程 $\xi(t)$ 的数学期望定义为

$$E[\xi(t)] = \int_{-\infty}^{\infty} x f_1(x,t)\mathrm{d}x \tag{2.4-5}$$

并记为 $E[\xi(t)] = a(t)$。随机过程的数学期望是时间 $t$ 的函数。

（2）方差

随机过程 $\xi(t)$ 的方差定义为

$$D[\xi(t)] = E\{\xi(t) - E[\xi(t)]\}^2 = E[\xi^2(t)] - [a(t)]^2$$
$$= \int_{-\infty}^{\infty} x^2 f_1(x,t)\mathrm{d}x - [a(t)]^2 \tag{2.4-6}$$

$D[\xi(t)]$ 也常记为 $\sigma^2(t)$。

（3）自协方差和自相关函数

衡量同一随机过程在任意两个时刻上获得的随机变量的统计相关特性时，常用自协方差和自相关函数来表示。

自协方差函数定义为

$$B(t_1,t_2) = E\{[\xi(t_1) - a(t_1)][\xi(t_2) - a(t_2)]\}$$
$$= E[\xi(t_1)\xi(t_2)] - a(t_1)a(t_2) \tag{2.4-7}$$
$$= \int_{-\infty}^{\infty}\int_{-\infty}^{\infty} [x_1 - a(t_1)][x_2 - a(t_2)] f_2(x_1,x_2;t_1,t_2)\mathrm{d}x_1\mathrm{d}x_2$$

式中，$t_1$ 与 $t_2$ 是任取的两个时刻；$a(t_1)$ 与 $a(t_2)$ 为在 $t_1$ 及 $t_2$ 时刻得到的数学期望；$f_2(x_1,x_2;t_1,t_2)$ 为二维概率密度函数。

自相关函数定义为

$$R(t_1,t_2) = E[\xi(t_1)\xi(t_2)]$$
$$= \int_{-\infty}^{\infty}\int_{-\infty}^{\infty} x_1 x_2 f_2(x_1,x_2;t_1,t_2)\mathrm{d}x_1\mathrm{d}x_2 \tag{2.4-8}$$

若 $t_2 > t_1$，并令 $t_2 = t_1 + \tau$，则 $R(t_1,t_2)$ 可表示为 $R(t_1,t_1+\tau)$。

可见，相关函数是 $t_1$ 和 $\tau$ 的函数。

显然，由式（2.4-7）和式（2.4-8）可得自协方差函数与自相关函数之间的关系式

$$B(t_1,t_2) = R(t_1,t_2) - a(t_1)a(t_2) \tag{2.4-9}$$

（4）互协方差函数

自协方差函数和自相关函数也可引入到两个或更多个随机过程中去，从而得到互协方差函数和互相关函数。

设 $\xi(t)$ 和 $\eta(t)$ 分别表示两个随机过程，则互协方差函数定义为

$$B_{\xi\eta}(t_1,t_2) = E\{[\xi(t_1)-a_\xi(t_1)][\eta(t_2)-a_\eta(t_2)]\} \tag{2.4-10}$$

互相关函数定义为

$$R_{\xi\eta}(t_1,t_2) = E[\xi(t_1)\eta(t_2)] \tag{2.4-11}$$

若对于任意 $t_1$，$t_2$ 有 $B_{\xi\eta}(t_1,t_2)=0$，则称 $\xi(t)$ 和 $\eta(t)$ 不相关。

不难证明，相互独立的 $\xi(t)$ 和 $\eta(t)$ 必定不相关；反之，不一定。但对于高斯随机过程，不相关和统计独立是等价的。

**【例 2.4.1】** 设随机过程 $\xi(t)$ 可表示成 $\xi(t)=2\cos(2\pi t+\theta)$，式中 $\theta$ 是一个离散随机变量，且 $P(\theta=0)=1/2$，$P(\theta=\pi/2)=1/2$，试求 $E_\xi(1)$ 及 $R_\xi(0,1)$。

**解：** 在 $t=1$ 时，$\xi(t)$ 的数学期望

$$\begin{aligned}
E_\xi(1) &= E[2\cos(2\pi t+\theta)]|_{t=1} \\
&= P(\theta=0)\cdot 2\cos(2\pi+\theta)|_{\theta=0} + P(\theta=\pi/2)\cdot 2\cos(2\pi+\theta)|_{\theta=\pi/2} \\
&= 1
\end{aligned}$$

在 $t_1=0$，$t_2=1$ 时，$\xi(t)$ 的自相关函数

$$\begin{aligned}
R_\xi(0,1) &= E[2\cos(2\pi t_1+\theta)\cdot 2\cos(2\pi t_2+\theta)]|_{t_1=0,t_2=1} \\
&= E[2\cos\theta\cdot 2\cos(2\pi+\theta)] \\
&= P(\theta=0)\cdot 4\cos^2\theta|_{\theta=0} + P(\theta=\pi/2)\cdot 4\cos^2\theta|_{\theta=\pi/2} \\
&= 2
\end{aligned}$$

**【例 2.4.2】** 设随机过程 $X(t)=At+b$，$t>0$，其中 $A$ 为高斯随机变量，$b$ 为常数，且 $A$ 的一维概率密度函数 $f_A(x)=\dfrac{1}{\sqrt{2\pi}}\mathrm{e}^{-(x-1)^2/2}$，求 $X(t)$ 的均值和方差。

**解：** 由

$$f_A(x)=\frac{1}{\sqrt{2\pi}}\mathrm{e}^{-(x-1)^2/2}$$

得出随机变量 $A$ 的均值为 1，方差为 1，即 $E(A)=1$，$D(A)=1$。

因为 $X(t)=At+b$，所以 $E[X(t)]=E[At+b]=t+b$

同理，$D[X(t)]=D[At+b]=t^2$

## 2.5 平稳随机过程

### 2.5.1 严平稳随机过程

严平稳随机过程是指它的任意 $n$ 维分布函数或概率密度函数与时间起点无关。也就是说，对于任意正整数 $n$ 和任何实数 $t_1,t_2,\cdots t_n$ 以及 $\varDelta$，随机过程 $\xi(t)$ 的 $n$ 维概率密度函数满足

$$f_n(x_1,x_2,\cdots x_n;t_1,t_2,\cdots t_n) = f_n(x_1,x_2,\cdots x_n;t_1+\varDelta,t_2+\varDelta,\cdots t_n+\varDelta) \tag{2.5-1}$$

则称 $\xi(t)$ 为严平稳随机过程，或称狭义平稳随机过程。

特别地，对于一维分布有

$$f_1(x,t)=f_1(x,t+\tau)=f_1(x)$$

对二维分布有

$$f_2(x_1,x_2;t_1,t_2) = f_2(x_1,x_2;t_1+\Delta,t_2+\Delta) = f_2(x_1,x_2;\tau) \quad 其中 \tau = t_2 - t_1$$

### 2.5.2　宽平稳随机过程

若随机过程 $\xi(t)$ 的均值为常数，与时间 $t$ 无关，而自相关函数仅是两时间间隔 $\tau$ 的函数，则称其为宽平稳随机过程或广义平稳随机过程。按此定义得知，对于宽平稳随机过程，有

$$E[\xi(t)] = a = 常数 \tag{2.5-2}$$

$$R(t_1,t_2) = E[\xi(t_1)\xi(t_1+\tau)] = R(\tau) \tag{2.5-3}$$

由于均值和自相关函数只是统计特性的一部分，所以严平稳随机过程一定也是宽平稳随机过程。反之，宽平稳随机过程就不一定是严平稳随机过程。但对于高斯随机过程两者是等价的。

通信系统中所遇到的信号及噪声，大多数可视为宽平稳随机过程。以后讨论的随机过程除特殊说明外，均假设是宽平稳随机过程，简称平稳随机过程。

**【例 2.5.1】**　已知 $x(t)$ 与 $y(t)$ 是统计独立的平稳随机过程，且它们的自相关函数分别为 $R_x(\tau)$、$R_y(\tau)$。求乘积 $z(t) = x(t)y(t)$ 的自相关函数。

**解：**根据自相关函数的定义有

$$\begin{aligned}
R_z(t_1,t_2) &= E[x(t_1)y(t_1)x(t_2)y(t_2)] \\
&= E[x(t_1)x(t_2)]E[y_1(t)y_2(t)] \quad [x(t)与y(t)统计独立] \\
&= R_x(\tau)R_y(\tau) \quad\quad\quad\quad\quad\quad [x(t)与y(t)的平稳性]
\end{aligned}$$

### 2.5.3　各态历经性

一个平稳随机过程若按定义求其均值和自相关函数，则需要对其所有的实现计算统计平均值。实际上，这是做不到的。然而，若一个随机过程具有各态历经性，则它的统计平均值可以由任一实现的时间平均值来代替。

顾名思义，各态历经性表示一个平稳随机过程的任一个实现能够经历此过程的所有状态。若一个平稳随机过程具有各态历经性，则它的统计平均值就等于其时间的平均值。也就是说，假设 $x(t)$ 是平稳随机过程 $\xi(t)$ 的任意一个实现，若满足

$$a = \lim_{T\to\infty} \frac{1}{T}\int_{-\frac{T}{2}}^{\frac{T}{2}} x(t)\mathrm{d}t = \overline{a}$$

$$\tag{2.5-4}$$

$$R(\tau) = \lim_{T\to\infty} \frac{1}{T}\int_{-\frac{T}{2}}^{\frac{T}{2}} x(t)x(t+\tau)\mathrm{d}t = \overline{R(\tau)}$$

则称此随机过程为具有各态历经性的随机过程。

可见，具有各态历经性的随机过程的统计特性可以用时间平均来代替，对于这种随机过程无需（实际中也不可能）考察无限多个实现，而只考察一个实现就可获得随机过程的数字特征，因而可使计算大大简化。

需要注意的是，一个随机过程若具有各态历经性，则它必定是严平稳随机过程，但严平稳随机过程不一定具有各态历经性。在通信系统中所遇到的随机信号和噪声，一般均能满足各态历经性。

### 2.5.4　平稳随机过程的自相关函数和功率谱密度

对于平稳随机过程而言，它的自相关函数是特别重要的一个函数。其一，平稳随机过程的统计特性，如数字特征等，可通过自相关函数来描述；其二，平稳随机过程的自相关函数与功率谱

密度之间存在傅里叶变换的关系。因此，我们有必要了解平稳随机过程自相关函数的性质。

### 1. 平稳随机过程自相关函数的性质

设 $\xi(t)$ 为一平稳随机过程，则其自相关函数 $R(\tau)$ 有如下性质：

（1）$R(0) = E[\xi^2(t)] = S$　　[$\xi(t)$ 的平均功率]　　　　　　　　　　　　　（2.5-5）

上式表明，随机过程的总能量是无穷的，但其平均功率是有限的。

（2）$R(\tau) = R(-\tau)$　　[$R(\tau)$ 是偶函数]　　　　　　　　　　　　　　　（2.5-6）

证明：根据定义 $R(\tau) = E[\xi(t)\xi(t+\tau)]$，令 $t' = t+\tau$，则 $t = t'-\tau$，代入上式中，有

$$R(\tau) = E[\xi(t)\xi(t+\tau)] = E[\xi(t'-\tau)\xi(t')] = R(-\tau)$$　　　　证毕。

（3）$|R(\tau)| \leqslant R(0)$　　[R($\tau$) 的上界]　　　　　　　　　　　　　　　（2.5-7）

证明：显然有 $E[\xi(t) \pm \xi(t+\tau)]^2 \geqslant 0$，展开后可以得到

$$E[\xi(t) \pm \xi(t+\tau)]^2 = E[\xi^2(t)] \pm 2E[\xi(t)\xi(t+\tau)] + E[\xi^2(t+\tau)]$$
$$= 2[R(0) \pm R(\tau)] \geqslant 0$$

则有 $|R(\tau)| \leqslant R(0)$　　　　　　　　　　　　　　　　　　　　　　　证毕。

（4）$R(\infty) = E^2[\xi(t)]$　　[$\xi(t)$ 的直流功率]　　　　　　　　　　　　　（2.5-8）

证明：$\lim\limits_{\tau \to \infty} R(\tau) = \lim\limits_{\tau \to \infty} E[\xi(t)\xi(t+\tau)] = E[\xi(t)]E[\xi(t+\tau)] = E^2[\xi(t)]$

这里利用了当 $\tau \to \infty$ 时 $\xi(t)$ 与 $\xi(t+\tau)$ 变得没有依赖关系，即统计独立。

（5）$R(0) - R(\infty) = \sigma^2$　　[方差，$\xi(t)$ 的交流功率]　　　　　　　　　（2.5-9）

这一点直接由式（2.4-6）得到。

由上述性质可知，用自相关函数几乎可以表述 $\xi(t)$ 的主要特征，因而上述性质有明显的实用价值。

【**例 2.5.2**】　设一平稳随机过程 $X(t)$ 的自相关函数为 $R_X(\tau) = 25 + \dfrac{4}{1+\tau^2}$，求其均值和方差。

**解**：由自相关函数的性质可得：

$$R(0) = E[X^2(t)] = 25 + \frac{4}{1+0} = 29 \quad R(\infty) = E^2[X(t)] = 25$$

所以均值为：$E[X(t)] = \pm 5$

方差为：$\sigma^2 = R(0) - R(\infty) = 29 - 25 = 4$

### 2. 平稳随机过程的功率谱密度

随机过程的频谱特性是用它的功率谱密度来表述的。

由式（2.2-31）可知，对于任意的确定功率信号 $f(t)$ 其功率谱密度为

$$P_f(\omega) = \lim_{T \to \infty} \frac{|F_T(\omega)|^2}{T}$$　　　　　　　　　　　　（2.5-10）

式中，$F_T(\omega)$ 是 $f(t)$ 的截短函数 $f_T(t)$ 的频谱函数。$f(t)$ 和 $f_T(t)$ 的波形如图 2-6 所示。

对功率型的平稳随机过程而言，它的每一实现的功率谱也可以由上式确定。但是，随机信号的每一个实现是不能预知的，因此，某一实现的功率谱密度不能作为过程的功率谱密度。随机过程的功率谱密度应看作每一可能实现的功率谱的统计平均。

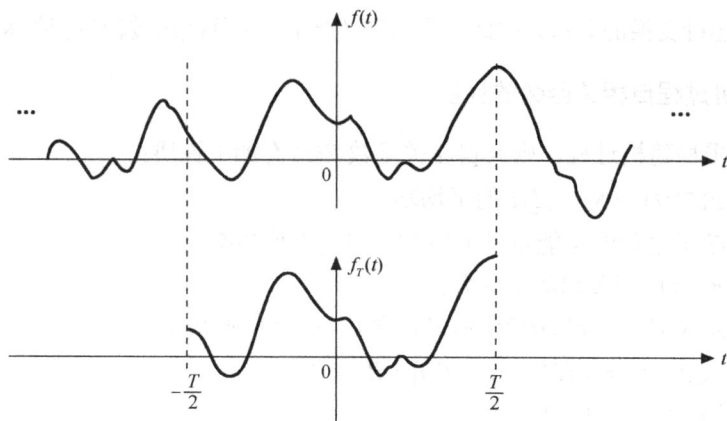

图 2-6　功率信号 $f(t)$ 及其截短函数

设 $\xi(t)$ 的功率谱密度为 $P_\xi(\omega)$，$\xi(t)$ 的某一实现的截短函数为 $\xi_T(t)$，且 $\xi_T(t) \Leftrightarrow F_T(\omega)$，于是有

$$P_\xi(\omega) = E[P_f(\omega)] = \lim_{T \to \infty} \frac{E[|F_T(\omega)|^2]}{T} \qquad (2.5\text{-}11)$$

$\xi(t)$ 的平均功率 S 可以表示为

$$S = \frac{1}{2\pi} \int_{-\infty}^{\infty} P_\xi(\omega) \mathrm{d}\omega = \frac{1}{2\pi} \int_{-\infty}^{\infty} \lim_{T \to \infty} \frac{E[|F_T(\omega)|^2]}{T} \mathrm{d}\omega \qquad (2.5\text{-}12)$$

### 3．平稳随机过程的功率谱密度与自相关函数的关系（维纳—辛钦定理）

平稳随机过程的自相关函数与功率谱密度之间互为傅里叶变换的关系，即

$$R(\tau) \Leftrightarrow P_\xi(\omega)$$

$$\begin{cases} R(\tau) = \dfrac{1}{2\pi} \displaystyle\int_{-\infty}^{\infty} P_\xi(\omega) \mathrm{e}^{j\omega\tau} \mathrm{d}\omega \\[2mm] P_\xi(\omega) = \displaystyle\int_{-\infty}^{\infty} R(\tau) \mathrm{e}^{-j\omega\tau} \mathrm{d}\tau \end{cases} \qquad (2.5\text{-}13)$$

下面我们给出式（2.5-13）的证明过程。因为

$$\begin{aligned} \frac{E[|F_T(\omega)|^2]}{T} &= E\left\{ \frac{1}{T} \int_{-T/2}^{T/2} \xi_T(t) \mathrm{e}^{-j\omega t} \mathrm{d}t \int_{-T/2}^{T/2} \xi_T(t') \mathrm{e}^{j\omega t'} \mathrm{d}t' \right\} \\ &= E\left\{ \frac{1}{T} \int_{-T/2}^{T/2} \xi(t) \mathrm{e}^{-j\omega t} \mathrm{d}t \int_{-T/2}^{T/2} \xi(t') \mathrm{e}^{j\omega t'} \mathrm{d}t' \right\} \\ &= \frac{1}{T} \int_{-T/2}^{T/2} \int_{-T/2}^{T/2} R(t-t') \mathrm{e}^{-j\omega(t-t')} \mathrm{d}t' \mathrm{d}t \end{aligned}$$

令 $\tau = t - t'$，则 $t = \tau + t'$，$\mathrm{d}t = \mathrm{d}\tau$，则上式可简化为[18]

$$\frac{E[|F_T(\omega)|^2]}{T} = \int_{-T}^{T} \left(1 - \frac{|\tau|}{T}\right) R(\tau) \mathrm{e}^{-j\omega\tau} \mathrm{d}\tau$$

于是

$$P_\xi(\omega) = \lim_{T\to\infty} \frac{E[|F_T(\omega)|^2]}{T} = \lim_{T\to\infty} \int_{-T}^{T} (1 - \frac{|\tau|}{T}) R(\tau) e^{-j\omega\tau} d\tau \qquad (2.5\text{-}14)$$

$$= \int_{-\infty}^{\infty} R(\tau) e^{-j\omega\tau} d\tau$$

可见 $$R(\tau) \Leftrightarrow P_\xi(\omega)$$

这就是著名的维纳—辛钦定理。

下面结合自相关函数的性质，归纳功率谱的性质如下：

（1）$P_\xi(\omega) \geqslant 0$ （非负性）

（2）$R(0) = \dfrac{1}{2\pi} \displaystyle\int_{-\infty}^{\infty} P_\xi(\omega) d\omega = S$

（3）$P_\xi(-\omega) = P_\xi(\omega)$ （偶函数）

【例 2.5.3】　已知平稳随机过程 $n(t)$ 的功率谱为 $P_n(\omega)$，试求 $Y(t) = n(t) - n(t-T)$ 的功率谱。

**解：**先求自相关函数

$$R_Y(\tau) = E\{[n(t) - n(t-T)][n(t+\tau) - n(t-T+\tau)]\} = 2R(\tau) - R(\tau+T) - R(\tau-T)$$

由维纳—辛钦定理可得，相应的功率谱为

$$P_Y(\omega) = 2P_n(\omega) - P_n(\omega)e^{j\omega T} - P_n(\omega)e^{-j\omega T}$$

$$= P_n(\omega)(2 - e^{j\omega T} - e^{-j\omega T}) = 2(1 - \cos\omega T)P_n(\omega)$$

【例 2.5.4】　求随机相位正弦波 $\xi(t) = \cos(\omega_0 t + \theta)$ 的自相关函数、功率谱密度和功率。其中，$\omega_0$ 是常数，$\theta$ 是在区间 $[0, 2\pi]$ 上均匀分布的随机变量。

**解：**

$$R(\tau) = E[\cos(\omega_0 t + \theta)\cos(\omega_0 t + \omega_0\tau + \theta)]$$

$$= E\{\cos(\omega_0 t + \theta)[\cos(\omega_0 t + \theta)\cos\omega_0\tau - \sin(\omega_0 t + \theta)\sin\omega_0\tau]\}$$

$$= \cos\omega_0\tau E[\cos^2(\omega_0 t + \theta)] - \sin\omega_0\tau E\left[\frac{1}{2}\sin(2\omega_0 t + 2\theta)\right]$$

$$= \frac{1}{2}\cos\omega_0\tau$$

$$P(\omega) = \int_{-\infty}^{\infty} R(\tau) e^{-j\omega\tau} d\tau = \frac{\pi}{2}[\delta(\omega + \omega_0) + \delta(\omega - \omega_0)]$$

$$S = \frac{1}{2\pi} \int_{-\infty}^{\infty} P(\omega) d\omega = \frac{1}{2}$$

**结论：**由【例 2.2.1】和【例 2.5.4】可知，确知信号 $\cos\omega_0 t$ 和随机相位正弦波信号 $\cos(\omega_0 t + \theta)$ 的相关函数、功率谱密度是相同的。

## 2.6　高斯随机过程

高斯随机过程又称正态随机过程，是通信领域中普遍存在的随机过程。在实践中观察到的大多数噪声都是高斯过程，例如通信信道中的噪声通常是一种高斯过程。

### 2.6.1 高斯过程的定义

若高斯过程 $\xi(t)$ 的任意 $n$ 维（$n=1, 2, \cdots$）分布都是正态分布，则称它为高斯随机过程或正态过程。其 $n$ 维正态概率密度函数可表示为

$$f_n(x_1,\cdots,x_n;t_1,\cdots,t_n) =$$

$$\frac{1}{(2\pi)^{n/2}\sigma_1\cdots\sigma_n|B|^{1/2}} \times \exp\left[\frac{-1}{2|B|}\sum_{j=1}^{n}\sum_{k=1}^{n}|B|_{jk}\left(\frac{x_j-a_j}{\sigma_j}\right)\left(\frac{x_k-a_k}{\sigma_k}\right)\right] \quad (2.6\text{-}1)$$

式中， $a_k = E[\xi(t_k)]$    $\sigma_k^2 = E[\xi(t_k)-a_k]^2$

$$|B| = \begin{vmatrix} 1 & b_{12} & \cdots & b_{1n} \\ b_{21} & 1 & \cdots & \\ \vdots & \vdots & \vdots & \vdots \\ b_{n1} & b_{n2} & \cdots & 1 \end{vmatrix}：归一化协方差矩阵的行列式；$$

$|B|_{jk}$：行列式 $|B|$ 中元素 $b_{jk}$ 的代数余因子；

$$b_{jk} = \frac{E\{[\xi(t_j)-a_j][\xi(t_k)-a_k]\}}{\sigma_j\sigma_k}：归一化协方差函数。 \quad (2.6\text{-}2)$$

由式（2.6-1）可见，正态随机过程的 $n$ 维分布仅由各随机变量的数学期望、方差和两两之间的归一化协方差函数所决定。

### 2.6.2 高斯过程的性质

1. 若高斯过程是宽平稳随机过程，则它也是严平稳随机过程。也就是说，对于高斯过程来说，宽平稳和严平稳是等价的。
2. 若高斯过程中的随机变量之间互不相关，则它们也是统计独立的。
3. 若干个高斯过程之和的过程仍是高斯过程。
4. 高斯过程经过线性变换（或线性系统）后的过程仍是高斯过程。

### 2.6.3 一维高斯分布

#### 1. 一维概率密度函数

由 2.5 节分析知，一维严平稳随机过程的概率密度函数与时间 $t$ 无关，故高斯过程的一维概率密度函数表示为

$$f(x) = \frac{1}{\sqrt{2\pi}\sigma}\exp\left[-\frac{(x-a)^2}{2\sigma^2}\right] \quad (2.6\text{-}3)$$

式中，$a$ 为高斯随机变量的数字期望；$\sigma^2$ 为方差。$f(x)$ 的曲线如图 2-7 所示。

由式（2.6-3）和图 2-7 可知 $f(x)$ 具有如下特性：
（1） $f(x)$ 对称于 $x=a$ 的直线 $aa'$。

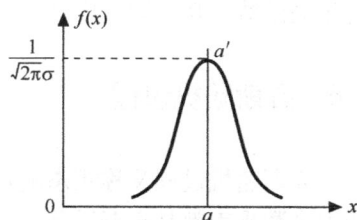

图 2-7  一维概率密度函数

（2）$\int_{-\infty}^{\infty} f(x)\mathrm{d}x = 1$　(2.6-4)

且有

$$\int_{-\infty}^{a} f(x)\mathrm{d}x = \int_{a}^{\infty} f(x)\mathrm{d}x = \frac{1}{2}$$　(2.6-5)

（3）$a$ 表示分布中心，$\sigma$ 表示集中程度，$f(x)$ 图形将随着 $\sigma$ 的减小而变高和变窄。当 $a=0$，$\sigma=1$ 时，称 $f(x)$ 为标准正态分布的密度函数。

### 2. 正态分布函数

正态分布函数是概率密度函数的积分，即

$$F(x) = \int_{-\infty}^{x} \frac{1}{\sqrt{2\pi}\sigma} \exp\left[-\frac{(z-a)^2}{2\sigma^2}\right]\mathrm{d}z$$

$$= \frac{1}{\sqrt{2\pi}\sigma} \int_{-\infty}^{x} \exp\left[-\frac{(z-a)^2}{2\sigma^2}\right]\mathrm{d}z = \phi\left(\frac{x-a}{\sigma}\right)$$　(2.6-6)

式中，$\phi(x)$ 称为概率积分函数，其定义为

$$\phi(x) = \frac{1}{\sqrt{2\pi}} \int_{-\infty}^{x} \exp\left[-\frac{z^2}{2}\right]\mathrm{d}z$$　(2.6-7)

式（2.6-6）积分不易计算。在通信工程中，常引入误差函数和互补误差函数表示正态分布。

### 3. 误差函数和互补误差函数

误差函数的定义式：$\mathrm{erf}(x) = \frac{2}{\sqrt{\pi}} \int_{0}^{x} \mathrm{e}^{-z^2}\mathrm{d}z$　(2.6-8)

互补误差函数的定义式：$\mathrm{erfc}(x) = 1 - \mathrm{erf}(x) = \frac{2}{\sqrt{\pi}} \int_{x}^{\infty} \mathrm{e}^{-z^2}\mathrm{d}z$　(2.6-9)

误差函数、互补误差函数和概率积分函数之间的关系如下

$$\mathrm{erf}(x) = 2\phi(\sqrt{2}x) - 1$$　(2.6-10)

$$\mathrm{erfc}(x) = 2 - 2\phi(\sqrt{2}x)$$　(2.6-11)

引入误差函数和互补误差函数后，不难求得

$$F(x) = \begin{cases} \frac{1}{2} + \frac{1}{2}\mathrm{erf}\left(\frac{x-a}{\sqrt{2}\sigma}\right), & \text{当}x \geqslant a\text{时} \\ 1 - \frac{1}{2}\mathrm{erfc}\left(\frac{x-a}{\sqrt{2}\sigma}\right), & \text{当}x \leqslant a\text{时} \end{cases}$$　(2.6-12)

在后面分析通信系统的抗噪声性能时，常用到误差函数和互补误差函数来表示 $F(x)$。其好处是：借助于一般数学手册所提供的误差函数表，可方便查出不同 $x$ 值时误差函数的近似值（参见附录四），避免了式（2.6-6）的复杂积分运算。此外，误差函数的简明特性特别有助于通信系统的抗噪性能分析。

为了方便以后分析，在此给出误差函数和互补误差函数的主要性质。

（1）误差函数是自变量的递增函数，它具有如下性质：

① $\text{erf}(-x) = -\text{erf}(x)$                    (2.6-13)

② $\text{erf}(0) = 0$                    (2.6-14)

③ $\text{erf}(\infty) = 1$                    (2.6-15)

（2）互补误差函数是自变量的递减函数，它具有如下性质

① $\text{erfc}(-x) = 2 - \text{erfc}(x)$               (2.6-16)

② $\text{erfc}(0) = 1$                    (2.6-17)

③ $\text{erfc}(\infty) = 0$                   (2.6-18)

④ $\text{erfc}(x) \approx \dfrac{1}{\sqrt{\pi}x} e^{-x^2}$       $x \gg 1$          (2.6-19)

### 2.6.4 高斯白噪声

信号在信道中传输时，常会遇到这样一类噪声，它的功率谱密度均匀分布在整个频率范围内，即

双边功率谱为

$$P_{\xi}(\omega) = \frac{n_0}{2} \qquad (-\infty < \omega < \infty) \qquad (2.6\text{-}20)$$

单边功率谱为

$$P_{\xi}(\omega) = n_0 \qquad (0 \leqslant \omega < \infty) \qquad (2.6\text{-}21)$$

这种噪声被称为白噪声，它是一个理想的宽带随机过程。式中 $n_0$ 为一常数，单位是瓦/赫兹。显然，白噪声的自相关函数可借助于下式求得，即

$$R(\tau) = \frac{1}{2\pi} \int_{-\infty}^{\infty} \frac{n_0}{2} e^{j\omega\tau} d\omega = \frac{n_0}{2} \delta(\tau) \qquad (2.6\text{-}22)$$

这说明，白噪声只有在 $\tau = 0$ 时才相关，而它在任意两个时刻上的随机变量都是互不相关的。图 2-8（a）所示为白噪声的自相关函数和功率谱的图形。

如果白噪声被限制在 $(-f_0, f_0)$ 之内，即在该频率区间上有 $P_{\xi}(\omega) = n_0/2$，而在该区间外 $P_{\xi}(\omega) = 0$，则这样的噪声被称为带限白噪声。带限白噪声的自相关函数为

$$R(\tau) = \int_{-f_0}^{f_0} \frac{n_0}{2} e^{j2\pi f\tau} df = f_0 n_0 \frac{\sin \omega_0 \tau}{\omega_0 \tau} \qquad (2.6\text{-}23)$$

式中，$\omega_0 = 2\pi f_0$。由此看到，带限白噪声只有在 $\tau = k/2f_0 (k = 1, 2, 3, \cdots)$ 上得到的随机变量才不相关。它告诉我们，如果对带限白噪声按抽样定理抽样的话，则各抽样值是互不相关的随机变量。带限白噪声的自相关函数与功率谱密度如图 2-8（b）所示。

如果白噪声又是高斯分布的，我们就称之为高斯白噪声。由式（2.6-22）可以看出，高斯白噪声在任意两个不同时刻上的取值之间，不仅是互不相关的，而且还是统计独立的。应当指出，我们所定义的这种理想化的白噪声在实际中是不存在的。但是，如果噪声的功率谱均匀分布的频率范围远远大于通信系统的工作频带，我们就可以把它视为白噪声。

【例 2.6.1】 均值为 0，自相关函数为 $e^{-|\tau|}$ 的高斯过程 $X(t)$，通过 $Y(t) = A + BX(t)$（$A$、$B$ 为常数）的网络，试求：

（1）高斯过程 $X(t)$ 的一维概率密度函数；

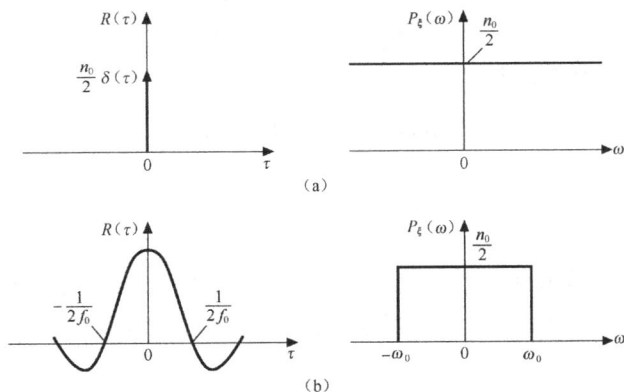

图 2-8　白噪声与带限白噪声的自相关函数和功率谱密度

（2）随机过程 $Y(t)$ 的一维概率密度函数；

（3）随机过程 $Y(t)$ 的噪声功率。

**解：**

（1）输入过程 $X(t)$ 均值为 0，$R_x(\tau) = e^{-|\tau|}$，所以是宽平稳随机过程，它的总平均功率，即方差 $\sigma_x^2 = D[X(t)] = R(0) = E[X^2(t)] = 1$，所以可以直接写出 $X(t)$ 的一维概率密度函数为

$$f_x(x) = \frac{1}{\sqrt{2\pi}} e^{-x^2/2}$$

（2）因为 $X(t)$ 为高斯过程，所以 $Y(t) = A + BX(t)$ 也是高斯过程。则

$$f_y(y) = \frac{1}{\sqrt{2\pi}\sigma_y} e^{-(y-a_y)^2/2\sigma_y^2}$$

其中，均值 $a_y = E[Y(t)] = E[BX(t) + A] = A$

方差 $\sigma_y^2 = D[Y(t)] = D[A + BX(t)] = B^2 D[X(t)] = B^2$

这样随机过程 $Y(t)$ 的一维概率密度函数为

$$f_y(y) = \frac{1}{\sqrt{2\pi}B} e^{-(y-A)^2/2B^2}$$

（3）$Y(t)$ 的噪声功率

$$S_Y = E[Y^2(t)] = D[Y(t)] + a_y^2 = A^2 + B^2$$

## 2.7　随机过程通过系统的分析

### 2.7.1　随机过程通过线性系统

我们知道，随机过程是以某一概率出现的样本函数的集合。因此，我们可以将随机过程加到线性系统的输入端理解为是随机过程的某一可能的样本函数出现在线性系统的输入端。所以，我们可以认为确知信号通过线性系统的分析方法仍然适用于平稳随机过程通过线性系统的情况。

线性系统的输出响应 $v_o(t)$ 等于输入信号 $v_i(t)$ 与冲激响应 $h(t)$ 的卷积，即

$$v_o(t) = v_i(t) * h(t) = \int_{-\infty}^{\infty} v_i(\tau)h(t-\tau)\mathrm{d}\tau \qquad (2.7\text{-}1)$$

若　　　　　　$v_o(t) \Leftrightarrow V_o(\omega)$，$v_i(t) \Leftrightarrow V_i(\omega)$，$h(t) \Leftrightarrow H(\omega)$，则有

$$V_o(\omega) = H(\omega)V_i(\omega) \qquad (2.7\text{-}2)$$

若线性系统是物理可实现的，则

$$v_o(t) = \int_{-\infty}^{t} v_i(\tau)h(t-\tau)\mathrm{d}\tau$$

或

$$v_o(t) = \int_{0}^{\infty} h(\tau)v_i(t-\tau)\mathrm{d}\tau \qquad (2.7\text{-}3)$$

如果把 $v_i(t)$ 看作是输入随机过程的一个实现，则 $v_o(t)$ 可看作是输出随机过程的一个实现。因此，只要输入有界且系统是物理可实现的，则当输入是随机过程 $\xi_i(t)$ 时，便有一个输出随机过程 $\xi_0(t)$，且有

$$\xi_0(t) = \int_{0}^{\infty} h(\tau)\xi_i(t-\tau)\mathrm{d}\tau \qquad (2.7\text{-}4)$$

图 2-9 所示为平稳随机过程通过线性系统的框图，假定输入 $\xi_i(t)$ 是平稳随机过程，现在来分析系统的输出过程 $\xi_o(t)$ 的统计特性。

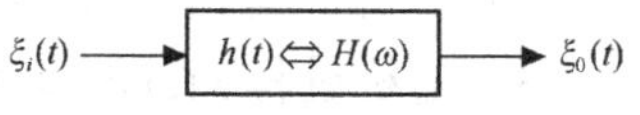

$$\xi_i(t) \longrightarrow \boxed{h(t) \Leftrightarrow H(\omega)} \longrightarrow \xi_0(t)$$

图 2-9　平稳随机过程通过线性系统

**1. 输出随机过程 $\xi_o(t)$ 的数学期望 $E[\xi_o(t)]$ 为**

$$E[\xi_o(t)] = E\Big[\int_{0}^{\infty} h(\tau)\xi_i(t-\tau)\mathrm{d}\tau\Big] = \int_{0}^{\infty} h(\tau)E[\xi_i(t-\tau)]\mathrm{d}\tau$$
$$= E[\xi_i(t)]\int_{0}^{\infty} h(\tau)\mathrm{d}\tau = a\int_{0}^{\infty} h(\tau)\mathrm{d}\tau \qquad (2.7\text{-}5)$$

上式中利用了平稳性 $E[\xi_i(t-\tau)] = E[\xi_i(t)] = a$（常数）。又因为

$$H(\omega) = \int_{0}^{\infty} h(t)\mathrm{e}^{-j\omega t}\mathrm{d}t$$

求得

$$H(0) = \int_{0}^{\infty} h(t)\mathrm{d}t$$

所以

$$E[\xi_o(t)] = a \cdot H(0) \qquad (2.7\text{-}6)$$

由此可见，输出过程的数学期望等于输入过程的数学期望与 $H(0)$ 的乘积，并且 $E[\xi_o(t)]$ 与 $t$ 无关。

**2. 输出随机过程 $\xi_o(t)$ 的自相关函数 $R_0(t_1, t_1+\tau)$**

$$R_o(t_1, t_1+\tau) = E[\xi_o(t_1)\xi_o(t_1+\tau)]$$
$$= E\Big[\int_{0}^{\infty} h(\alpha)\xi_i(t_1-\alpha)\mathrm{d}\alpha \int_{0}^{\infty} h(\beta)\xi_i(t_1-\beta+\tau)\mathrm{d}\beta\Big]$$
$$= \int_{0}^{\infty}\int_{0}^{\infty} h(\alpha)h(\beta)E[\xi_i(t_1-\alpha)\xi_i(t_1-\beta+\tau)]\mathrm{d}\alpha\mathrm{d}\beta$$

根据平稳性　$E\big[\xi_i(t-\alpha)\xi_i(t-\beta+\tau)\big] = R_i(\tau+\alpha-\beta)$

有

$$R_o(t_1, t_1+\tau) = \int_{0}^{\infty}\int_{0}^{\infty} h(\alpha)h(\beta)R_i(\tau+\alpha-\beta)\mathrm{d}\alpha\mathrm{d}\beta = R_o(\tau) \qquad (2.7\text{-}7)$$

可见，自相关函数只依赖时间间隔 $\tau$ 而与时间起点 $t_1$ 无关。从数学期望与自相关函数的性质可见，这时的输出过程是一个宽平稳随机过程。

**3. $\xi_o(t)$ 的功率谱密度 $P_{\xi_o}(\omega)$**

利用公式 $P_\xi(\omega) \Leftrightarrow R(\tau)$，有

$$P_{\xi_o}(\omega) = \int_{-\infty}^{\infty} R_o(\tau) \mathrm{e}^{-j\omega\tau} \mathrm{d}\tau$$

$$= \int_{-\infty}^{\infty} \mathrm{d}\tau \int_{0}^{\infty} \mathrm{d}\alpha \int_{0}^{\infty} [h(\alpha)h(\beta)R_i(\tau+\alpha-\beta)\mathrm{e}^{-j\omega\tau}]\mathrm{d}\beta$$

令 $\tau' = \tau + \alpha - \beta$，则有

$$P_{\xi_o}(\omega) = \int_{0}^{\infty} h(\alpha)\mathrm{e}^{j\omega\alpha}\mathrm{d}\alpha \int_{0}^{\infty} h(\beta)\mathrm{e}^{-j\omega\beta}\mathrm{d}\beta \int_{-\infty}^{\infty} R_i(\tau')\mathrm{e}^{-j\omega\tau'}\mathrm{d}\tau'$$

$$= H^*(\omega)H(\omega)P_{\xi_i}(\omega) \tag{2.7-8}$$

$$= |H(\omega)|^2 P_{\xi_i}(\omega)$$

可见，系统输出功率谱密度是输入功率谱密度 $P_{\xi_i}(\omega)$ 与 $|H(\omega)|^2$ 的乘积。

**4. 输出过程 $\xi_o(t)$ 的概率分布**

在已知输入随机过程 $\xi_i(t)$ 的概率分布情况下，通过（2.7-4）式，即

$$\xi_o(t) = \int_{0}^{\infty} h(\tau)\xi_i(t-\tau)\mathrm{d}\tau$$

可以求出输出随机过程 $\xi_0(t)$ 的概率分布。如果线性系统的输入过程是高斯过程，则系统输出随机过程也是高斯过程。因为按积分的定义，式（2.7-4）可以表示为一个和式的极限，即

$$\xi_o(t) = \lim_{\Delta\tau_k \to 0} \sum_{k=0}^{\infty} \xi_i(t-\tau_k)h(\tau_k)\Delta\tau_k \tag{2.7-9}$$

由于已假定输入过程是高斯的，因此在任一个时刻上的每一项 $\xi_i(t-\tau_k)h(\tau_k)\Delta\tau_k$ 都是一个服从正态分布的随机变量。所以在任一时刻上得到的输出随机变量，将是无限多个正态随机变量之和，且这"和"也是正态随机变量。

这就证明，高斯随机过程经过线性系统后其输出过程仍为高斯过程。但要注意的是，由于线性系统的介入，与输入高斯过程相比，输出过程的数字特征已经改变了。

**【例 2.7.1】** 将一个均值为零，功率谱密度为 $\dfrac{n_0}{2}$ 的高斯白噪声加到一个中心频率为 $f_c$，带宽为 $B$ 的理想带通滤波器（BPF）上，如图 2-10 所示。试求：

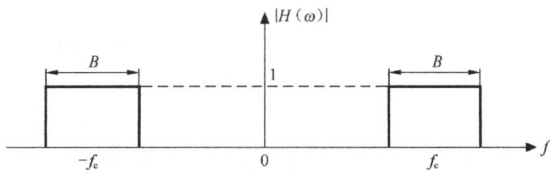

图 2-10 带通滤波器的幅频特性

（1）滤波器输出噪声的功率谱密度；
（2）滤波器输出噪声的自相关函数；
（3）滤波器输出噪声的一维概率密度函数。

**解：**
（1）滤波器输出噪声的功率谱密度

$$P_{\xi_o}(\omega) = P_{\xi_i}(\omega)|H(\omega)|^2 = \begin{cases} \dfrac{n_0}{2}; & f_c - \dfrac{B}{2} \leqslant |f| \leqslant f_c + \dfrac{B}{2} \\ 0; & f_c - \dfrac{B}{2} \geqslant |f| \text{或} |f| \geqslant f_c + \dfrac{B}{2} \end{cases}$$

（2）利用公式 $\mathrm{R}(\tau) \Leftrightarrow \mathrm{P}_\xi(\omega)$，则滤波器输出噪声的自相关函数

$$R_o(\tau) = \frac{1}{2\pi}\int_{-\infty}^{\infty} P_{\xi_o}(\omega)e^{j\omega\tau}d\omega$$

$$= n_0 B Sa(\pi B\tau)\cos(\omega_c\tau)$$

（3）因为高斯过程通过线性系统的输出仍然是高斯过程。而且

$$E[\xi_o(t)] = E[\xi_i(t)]H(0) = 0$$

$$D[\xi_o(t)] = R_o(0) - R_o(\infty) = n_o B$$

所以，滤波器输出噪声的一维概率密度函数

$$f(x) = \frac{1}{\sqrt{2\pi n_0 B}}\exp\left(-\frac{x^2}{2n_0 B}\right)$$

### 2.7.2 随机过程通过乘法器

在通信系统中，经常需要进行乘法运算，所以乘法器在通信系统中应用非常广泛，下面我们计算平稳随机过程通过乘法器后，输出过程的功率谱密度。

平稳随机过程通过乘法器的数学模型如图 2-11 所示。

设一平稳随机过程 $\xi_i(t)$ 和正弦波信号 $\cos\omega_0 t$ 同时通过乘法器，则其输出响应为

$$\xi_o(t) = \xi_i(t)\cos\omega_0 t \qquad (2.7\text{-}10)$$

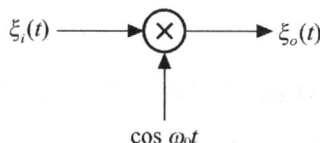

图 2-11　平稳随机过程通过乘法器

首先计算输出过程的自相关函数。由自相关函数的定义得

$$R_o(t,t+\tau) = E[\xi_o(t)\xi_o(t+\tau)]$$

$$= E[\xi_i(t)\xi_i(t+\tau)\cos\omega_0 t\cos\omega_0(t+\tau)]$$

$$= \frac{E[\xi_i(t)\xi_i(t+\tau)]}{2}[\cos(\omega_0\tau) + \cos(2\omega_0 t + \omega_0\tau)] \qquad (2.7\text{-}11)$$

$$= \frac{R_i(\tau)}{2}[\cos(\omega_0\tau) + \cos(2\omega_0 t + \omega_0\tau)]$$

$$= \frac{R_i(\tau)}{2}\cos(\omega_0\tau) + \frac{R_i(\tau)}{2}\cos(2\omega_0 t + \omega_0\tau)$$

上式中，$R_i(\tau) = E[\xi_i(t)\xi_i(t+\tau)]$ 是输入平稳随机过程的自相关函数，它只与时间间隔 $\tau$ 有关。但由式（2.7-11）可知 $R_o(t,t+\tau)$ 是时间 $t$ 的函数，故乘法器的输出过程不是平稳随机过程。

为了求输出过程的功率谱，式（2.7-11）中第 1 项可按常规的傅里叶变换得到功率谱密度，但第 2 项却包含有 $\tau$ 和 $t$ 两种时间变量，它的功率谱与 $t$ 有关，这种与 $t$ 有关的动态谱分析比较复杂，这里介绍一种求非平稳随机过程功率谱的近似方法。

对于非平稳随机过程，其功率谱密度可表示为

$$P_{\xi_o}(\omega) = \int_{-\infty}^{\infty}\overline{R_o(t,t+\tau)}e^{-j\omega\tau}d\tau \qquad (2.7\text{-}12)$$

式中，$\overline{R_o(t,t+\tau)}$ 是输出过程自相关函数的时间平均值，由式（2.7-11）可得

$$\overline{R_o(t,t+\tau)} = \frac{R_i(\tau)}{2}\cos(\omega_0\tau) + \overline{\frac{R_i(\tau)}{2}\cos(2\omega_0 t + \omega_0\tau)}$$

$$= \frac{R_i(\tau)}{2}\cos(\omega_0\tau)$$

又由于

$$\frac{R_i(\tau)}{2}\cos(\omega_0\tau) \Leftrightarrow \frac{1}{4}[P_{\xi i}(\omega+\omega_0)+P_{\xi i}(\omega-\omega_0)]$$

而 $\overline{R_o(t,t+\tau)}$ 的傅里叶变换就是乘法器输出响应的功率谱。即

$$P_{\xi o}(\omega) = \frac{1}{4}[P_{\xi i}(\omega+\omega_0)+P_{\xi i}(\omega-\omega_0)] \tag{2.7-13}$$

**【例 2.7.2】** 随机过程 $X(t)=\xi\cos\pi t$，这里 $\xi$ 是均值为 $a$、方差为 $\sigma_\xi^2$ 的高斯随机变量，试求：

（1）$X(t)|_{t=0}$ 及 $X(t)|_{t=1}$ 的两个一维概率密度函数；

（2）$X(t)$ 是否宽平稳；

（3）$X(t)$ 的功率谱；

（4）$X(t)$ 的平均功率。

**解：**

（1）$X(t)|_{t=0}=X(0)=\xi$，由题意知，$\xi$ 是均值为 $a$、方差为 $\sigma_\xi^2$ 的高斯随机变量，则

$$f_{X_0}(x) = \frac{1}{\sqrt{2\pi}\sigma_\xi}\exp[-\frac{(x-a)^2}{2\sigma_\xi^2}]$$

同理 $X(t)|_{t=1}=X(1)=-\xi$，则 $f_{X_1}(x) = \frac{1}{\sqrt{2\pi}\sigma_\xi}\exp[-\frac{(x+a)^2}{2\sigma_\xi^2}]$

（2）由（1）的结果表明，$X(t)$ 在 $t=0$ 和 $t=1$ 时均值不同，所以，其均值与 $t$ 有关，不是常数。下面再求 $X(t)$ 的自相关函数，即

$$\begin{aligned}R_X(t,t+\tau) &= E[X(t)X(t+\tau)] = E[\xi^2\cos\pi t\cos\pi(t+\tau)]\\ &= \frac{1}{2}\cos\pi\tau E(\xi^2)+\frac{1}{2}E[\xi^2\cos(2\pi t+\pi\tau)]\\ &= \frac{1}{2}(a^2+\sigma_\xi^2)\cos\pi\tau+\frac{1}{2}(a^2+\sigma_\xi^2)\cos(2\pi t+\pi\tau)\end{aligned}$$

可见，$X(t)$ 的自相关函数是 $t$ 和 $\tau$ 的函数。综合（1）和（2）的结果知，$X(t)$ 不是宽平稳随机过程。

（3）为求 $X(t)$ 的功率谱，先对由（2）求出的自相关函数进行时间平均，即

$$\overline{R_X(t,t+\tau)} = \frac{1}{2}(a^2+\sigma_\xi^2)\cos\pi\tau$$

然后对上结果进行傅里叶变换，求出 $X(t)$ 的功率谱为

$$P_X(\omega) = \frac{\pi(a^2+\sigma_\xi^2)}{2}[\delta(\omega+\pi)+\delta(\omega-\pi)]$$

（4）$X(t)$ 的平均功率为

$$S_X = \overline{R_X(t,t+\tau)}|_{\tau=0} = \frac{1}{2}(a^2+\sigma_\xi^2)$$

## 2.8 窄带高斯噪声

### 2.8.1 窄带高斯噪声的统计特征

#### 1. 窄带高斯噪声的概念

设系统的带宽为 $\Delta f$，中心频率为 $f_c$，当 $\Delta f \ll f_c$ 时称该系统为窄带系统。当高斯白噪声

通过窄带系统时，其输出噪声只能集中在中心频率 $f_c$ 附近的带宽 $\Delta f$ 之内，称这种噪声为窄带高斯噪声。窄带高斯噪声的原理框图及相关波形如图 2-12 所示。

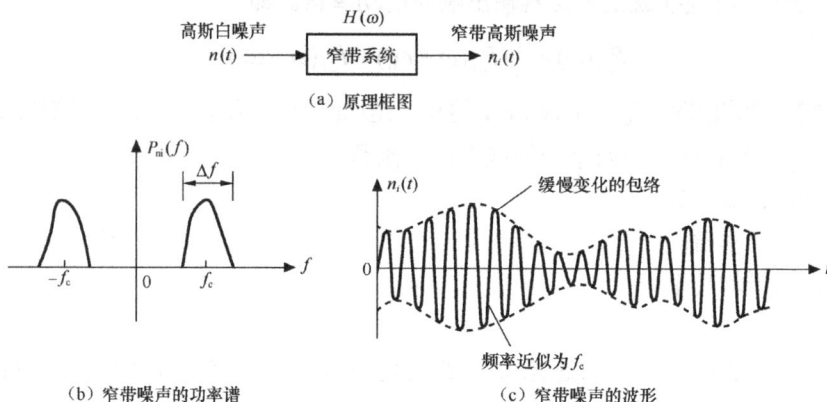

（a）原理框图

（b）窄带噪声的功率谱　　　　　　（c）窄带噪声的波形

图 2-12　窄带噪声的原理框图及波形

如果用示波器观察窄带噪声的波形，可以发现它是一个包络和相位都在缓慢变化、频率近似为 $f_c$ 的正弦波。因此，窄带高斯噪声可以用下式表示，即

$$n_i(t) = a(t)\cos[\omega_c t + \varphi(t)] \qquad a(t) \geqslant 0 \qquad (2.8\text{-}1)$$

式中，$a(t)$ 和 $\varphi(t)$ 分别表示窄带高斯噪声的包络和相位，它们都是随机过程，且变化与 $\cos\omega_c t$ 相比要缓慢得多。将上式展开可得

$$n_i(t) = a(t)\cos[\varphi(t)]\cos\omega_c t - a(t)\sin[\varphi(t)]\sin\omega_c t$$
$$= n_c(t)\cos\omega_c t - n_s(t)\sin\omega_c t \qquad (2.8\text{-}2)$$

式中，
$$n_c(t) = a(t)\cos[\varphi(t)] \qquad (2.8\text{-}3)$$
$$n_s(t) = a(t)\sin[\varphi(t)] \qquad (2.8\text{-}4)$$

式（2.8-3）和式（2.8-4）中的 $n_c(t)$ 和 $n_s(t)$ 分别称为 $n_i(t)$ 的同相分量和正交分量。

### 2. 平稳窄带高斯噪声的统计特性

由式（2.8-1）和式（2.8-2）可以看到，$n_i(t)$ 的统计特性可以由 $a(t)$ 和 $\varphi(t)$，或者 $n_c(t)$ 和 $n_s(t)$ 的统计特性确定。反之，若 $n_i(t)$ 的统计特性已知，则 $a(t)$ 和 $\varphi(t)$，或者 $n_c(t)$ 和 $n_s(t)$ 的统计特性也随之确定。如果已知平稳窄带高斯噪声 $n_i(t)$ 的均值为 0，方差为 $\sigma_n^2$，则 $n_c(t)$、$n_s(t)$ 或者 $a(t)$、$\varphi(t)$ 的统计特性如何确定呢？

（1）$n_c(t)$ 和 $n_s(t)$ 的统计特性

对式（2.8-2）求数学期望

$$E[n_i(t)] = E[n_c(t)\cos\omega_c t - n_s(t)\sin\omega_c t]$$
$$= E[n_c(t)]\cos\omega_c t - E[n_s(t)]\sin\omega_c t \qquad (2.8\text{-}5)$$

因为 $n_i(t)$ 是均值为 0 的平稳随机过程，即对于任意的时间 $t$，$E[n_i(t)]$ 都等于 0，故由式（2.8-5）可以得到

$$\begin{cases} E[n_c(t)] = 0 \\ E[n_s(t)] = 0 \end{cases} \qquad (2.8\text{-}6)$$

再来看 $n_i(t)$ 的自相关函数。由式（2.8-2）可知，自相关函数可以表示为

$R_n(t,t+\tau)$

$= E[n_i(t)n_i(t+\tau)]$

$= E\{[n_c(t)\cos\omega_c t - n_s(t)\sin\omega_c t][n_c(t+\tau)\cos\omega_c(t+\tau) - n_s(t+\tau)\sin\omega_c(t+\tau)]\}$ （2.8-7）

$= R_c(t,t+\tau)\cos(\omega_c t)\cos[\omega_c(t+\tau)] - R_{cs}(t,t+\tau)\cos(\omega_c t)\sin[\omega_c(t+\tau)]$

$\quad - R_{sc}(t,t+\tau)\sin(\omega_c t)\cos[\omega_c(t+\tau)] + R_s(t,t+\tau)\sin(\omega_c t)\sin[\omega_c(t+\tau)]$

其中，

$$R_c(t,t+\tau) = E[n_c(t)n_c(t+\tau)]$$
$$R_{cs}(t,t+\tau) = E[n_c(t)n_s(t+\tau)]$$
$$R_{sc}(t,t+\tau) = E[n_s(t)n_c(t+\tau)]$$
$$R_s(t,t+\tau) = E[n_s(t)n_s(t+\tau)]$$

因为 $n_i(t)$ 是平稳随机过程，所以

$$R_n(t,t+\tau) = R_n(\tau)$$

即式（2.8-7）右边与时间 $t$ 无关，而仅与 $\tau$ 有关。若令 $t=0$，则式（2.8-7）仍可以成立，即

$$R_n(\tau) = [R_c(t,t+\tau)|_{t=0}]\cos\omega_c\tau - [R_{cs}(t,t+\tau)|_{t=0}]\sin\omega_c\tau \qquad (2.8\text{-}8)$$

这显然要求

$$\begin{cases} R_c(t,t+\tau) = R_c(\tau) \\ R_{cs}(t,t+\tau) = R_{cs}(\tau) \end{cases}$$

则由式（2.8-8）可得

$$R_n(\tau) = R_c(\tau)\cos\omega_c\tau - R_{cs}(\tau)\sin\omega_c\tau \qquad (2.8\text{-}9)$$

同理，若令 $t=\dfrac{\pi}{2\omega_c}$，即 $\omega_c t=\dfrac{\pi}{2}$，则由式（2.8-7）可得

$$R_n(\tau) = R_s(\tau)\cos\omega_c\tau + R_{sc}(\tau)\sin\omega_c\tau \qquad (2.8\text{-}10)$$

可见，如果 $n_i(t)$ 是平稳随机过程，则 $n_c(t)$ 和 $n_s(t)$ 也是平稳的。

为了使式（2.8-9）和式（2.8-10）同时成立，则应有

$$R_c(\tau) = R_s(\tau) \qquad (2.8\text{-}11)$$
$$R_{cs}(\tau) = -R_{sc}(\tau) \qquad (2.8\text{-}12)$$

由互相关函数的性质

$$R_{cs}(\tau) = R_{sc}(-\tau)$$

将上式代入式（2.8-12），则有

$$R_{sc}(\tau) = -R_{sc}(-\tau) \qquad (2.8\text{-}13)$$

即 $R_{sc}(\tau)$ 是一个奇函数，故 $R_{sc}(0)=0$。同理可得，$R_{cs}(0)=0$。

从而由式（2.8-9）和式（2.8-10），得到

$$R_n(0) = R_c(0) = R_s(0) \qquad (2.8\text{-}14)$$

即

$$\sigma_n^2 = \sigma_s^2 = \sigma_c^2 \qquad (2.8\text{-}15)$$

因为 $n_i(t)$ 是平稳过程，则当 $t_1=0$ 时，$n_i(t_1)=n_c(t_1)$；当 $t_2=\dfrac{\pi}{2\omega_c}$ 时，$n_i(t_2)=-n_s(t_2)$。又

因为 $n_i(t)$ 是高斯过程，故 $n_c(t_1)$ 和 $n_s(t_2)$ 是高斯随机变量，从而 $n_c(t)$ 和 $n_s(t)$ 是高斯过程。

因此，均值为 0，方差为 $\sigma_n^2$ 的平稳窄带高斯噪声 $n_i(t)$ 的同相分量 $n_c(t)$ 和正交分量 $n_s(t)$ 有如下性质：

① 高斯窄带噪声 $n_i(t)$ 的同相分量 $n_c(t)$ 和正交分量 $n_s(t)$ 也是平稳的。

② 同相分量 $n_c(t)$ 和正交分量 $n_s(t)$ 的均值都为 0，即 $E[n_c(t)] = E[n_s(t)] = 0$

③ 同相分量 $n_c(t)$ 和正交分量 $n_s(t)$ 的自相关函数相同，即 $R_c(\tau) = R_s(\tau)$。而且它们的平均功率（方差）均等于窄带噪声 $n_i(t)$ 的平均功率（方差），即 $\sigma_c^2 = \sigma_s^2 = \sigma_n^2$。

④ 同相分量和正交分量的互相关函数均为 $\tau$ 的奇函数，如式（2.8-13）所示。这说明 $n_c(t)$ 和 $n_c(t)$ 在同一时刻 t（$\tau = 0$）不相关，又由于它们是高斯过程，则 $n_c(t)$ 和 $n_s(t)$ 也是统计独立的。

综上所述，我们得到一个重要结论：一个均值为 0 的窄带平稳高斯过程，它的同相分量 $n_c(t)$ 和正交分量 $n_s(t)$ 同样是平稳高斯过程，而且均值都为 0，方差也相同。另外，同一时刻上得到的 $n_c$ 及 $n_s$ 是不相关的或统计独立的。

（2）$a(t)$ 和 $\varphi(t)$ 的统计特性

由上面分析可知，同相分量 $n_c(t)$ 和正交分量 $n_s(t)$ 的二维分布密度函数为

$$f(n_s, n_c) = \frac{1}{2\pi\sigma_n^2} \exp[-\frac{n_c^2 + n_s^2}{2\sigma_n^2}]$$

设 $a(t)$、$\varphi(t)$ 的二维分布密度函数为 $f(a, \varphi)$，则根据概率论知识有

$$f(a, \varphi) = f(n_s, n_c) \left| \frac{\partial(n_s, n_c)}{\partial(a, \varphi)} \right|$$

利用 $a(t)$、$\varphi(t)$ 与 $n_c(t)$、$n_s(t)$ 的关系式我们可以得到：

$$\frac{\partial(n_s, n_c)}{\partial(a, \varphi)} = \begin{vmatrix} \dfrac{\partial n_c}{\partial a} & \dfrac{\partial n_s}{\partial a} \\ \dfrac{\partial n_c}{\partial \varphi} & \dfrac{\partial n_s}{\partial \varphi} \end{vmatrix} = \begin{vmatrix} \cos\varphi & \sin\varphi \\ -a\sin\varphi & a\cos\varphi \end{vmatrix} = a$$

所以，可得

$$f(a, \varphi) = af(n_s, n_c) = \frac{a}{2\pi\sigma_n^2} \exp[-\frac{a^2}{2\sigma_n^2}] \tag{2.8-16}$$

其中，$a \geqslant 0$，$\varphi$ 在 $(0, 2\pi)$ 内取值。

利用概率论中的边缘分布知识，可以求得窄带高斯噪声的包络 $a(t)$ 和相位 $\varphi(t)$ 的一维概率密度函数分别为

$$f(a) = \frac{a}{\sigma_n^2} \exp\left[-\frac{a^2}{2\sigma_n^2}\right] \qquad a \geqslant 0 \tag{2.8-17}$$

$$f(\varphi) = \frac{1}{2\pi} \qquad (0 \leqslant \varphi \leqslant 2\pi) \tag{2.8-18}$$

可见，一个均值为零，方差为 $\sigma_n^2$ 的窄带平稳高斯噪声 $n_i(t)$，其包络 $a(t)$ 的一维概率密度服从瑞利分布；其相位 $\varphi(t)$ 的一维概率密度服从均匀分布。

### 2.8.2 正弦波加窄带高斯噪声

通信系统中传输的信号通常是一个正弦波作为载波的已调信号，信号经过信道传输时总会受到噪声的干扰，为了减少噪声的影响，通常在接收机前端设置一个带通滤波器，以滤除信号频带以外的噪声。因此，带通滤波器的输出是正弦波信号与窄带噪声的合成信号。这是通信系统中常会遇到的一种情况，所以有必要了解合成信号的包络和相位的统计特性。

设正弦波加窄带高斯噪声 $n_i(t)$ 的合成信号为

$$
\begin{aligned}
r(t) &= A\cos(\omega_c t + \theta) + n_i(t) \\
&= A\cos(\omega_c t + \theta) + [n_c(t)\cos\omega_c t - n_s(t)\sin\omega_c t] \\
&= [A\cos\theta + n_c(t)]\cos\omega_c t - [A\sin\theta + n_s(t)]\sin\omega_c t \\
&= z(t)\cos[\omega_c t + \varphi(t)]
\end{aligned}
\tag{2.8-19}
$$

式（2.8-19）中，

$$
z(t) = \sqrt{[A\cos\theta + n_c(t)]^2 + [A\sin\theta + n_s(t)]^2} \qquad z \geqslant 0 \tag{2.8-20}
$$

$$
\varphi(t) = \arctan\frac{A\sin\theta + n_s(t)}{A\cos\theta + n_c(t)} \tag{2.8-21}
$$

分别为合成信号的随机包络和随机相位。可以证明，正弦信号加窄带高斯噪声所形成的合成信号具有如下统计特性：

（1）正弦信号加窄带高斯噪声的随机包络服从广义瑞利分布（也称莱斯（Rice）分布），即其包络的概率密度函数为

$$
f(z) = \frac{z}{\sigma^2}\exp[-\frac{1}{2\sigma^2}(z^2 + A^2)]I_0(\frac{Az}{\sigma^2}) \qquad z \geqslant 0 \tag{2.8-22}
$$

式中，$\sigma^2$ 是 $n_i(t)$ 的方差，$I_0(x)$ 为零阶修正贝塞尔函数。$x \geqslant 0$ 时，$I_0(x)$ 是单调上升函数，且有 $I_0(0) = 1$。

由上式可以得出结论，第一，当信号很小，$A \to 0$，即信号功率与噪声功率之比 $r = \dfrac{A^2}{2\sigma^2} \to 0$ 时，$I_0(0) \approx 1$，这时合成波 $r(t)$ 中只存在窄带高斯噪声，式（2.8-22）近似为式（2.8-17），即由广义瑞利分布退化为瑞利分布。第二，当信噪比 $r$ 很大时，$f(z)$ 接近于高斯分布；第三，在一般情况下 $f(z)$ 是莱斯分布。图 2-13（a）给出了不同的 $r$ 值时 $f(z)$ 的曲线。

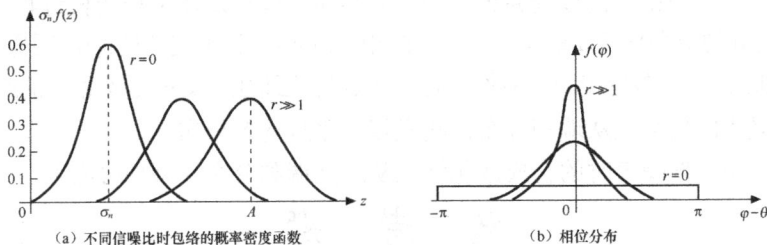

图 2-13 正弦波加窄带高斯噪声的包络与相位分布曲线

（2）正弦信号加窄带高斯噪声的随机合成波相位分布 $f(\varphi)$，由于比较复杂，这里就不再演算了。不难推想，$f(\varphi)$ 也与信噪比 $r$ 有关。小信噪比时，它接近于均匀分布，大信噪比时，相位趋近于一个在原点的冲激函数。图 2-13（b）给出了不同的 $r$ 值时 $f(\varphi)$ 的曲线。

# 小　　结

本章首先对确知信号的分析作概要性的复习，然后重点讨论随机变量和平稳随机过程的统计特性，以及随机过程通过线性系统的基本分析方法。

信号的分类方法有多种，可以分为确知信号和随机信号、周期信号和非周期信号、能量信号和功率信号等等。一般地说，能量有限的信号称为能量信号；平均功率有限的信号称为功率信号。功率信号对应的频谱是功率谱，能量信号对应的频谱是能量谱。

确知信号可以从频域和时域两方面进行分析。频域分析常采用傅里叶分析法。时域分析主要有自相关函数和互相关函数。能量信号的自相关函数等于信号的能量；而功率信号的自相关函数等于信号的平均功率。互相关函数反映两个信号的相关程度，它和时间无关，只和时间差有关，并且互相关函数和两个信号的前后次序有关。

随机信号的统计特性既可由其概率分布和概率密度函数表示，也可由其数字特征来描述。

我们定义随时间变化的无数个随机变量的集合为随机过程。随机过程的基本特征是：它是时间 $t$ 的函数，但在任一确定时刻上的取值是不确定的，是一个随机变量；或者，可将它看成是一个事件的全部可能实现构成的总体，其中每个实现都是一个确定的时间函数，而随机性就体现在出现哪一个实现是不确定的。通信过程中的随机信号和噪声均可归纳为依赖于时间 $t$ 的随机过程。通信系统中的信号和噪声都可以看作是随时间变化的随机过程。

随机过程的统计特征可通过它的概率分布或数字特征加以表述，其主要的数字特征有：数学期望（均值）、方差、相关函数和协方差函数。

若一个随机过程的统计特性与时间起点无关，则称其为严平稳随机过程（或狭义平稳随机过程）。若随机过程的均值和方差为常数，而自相关函数与时间的起点无关，仅与时间间隔 $\tau$ 有关，则称其为宽平稳随机过程（或广义平稳随机过程）。严平稳随机过程一定也是宽平稳随机过程。反之，宽平稳随机过程就不一定是严平稳随机过程。但对于高斯随机过程两者是等价的。在通信系统理论中讨论的大都是宽平稳随机过程，简称平稳随机过程。平稳随机过程一般具有各态历经性。

平稳随机过程的自相关函数与其功率谱密度之间互为傅里叶变换的关系。平稳随机过程通过线性系统后其输出过程仍然是平稳的。高斯过程通过线性系统后仍为高斯过程，但其数字特征发生了变化。平稳随机过程通过乘法器后其输出过程是非平稳随机过程。

一个均值为 0 的窄带平稳高斯噪声，它的同相分量 $n_c(t)$ 和正交分量 $n_s(t)$ 同样是平稳高斯过程，而且均值都为 0，方差也相同。另外，同一时刻上得到的 $n_c$ 及 $n_s$ 是不相关的或统计独立的。

窄带高斯噪声的包络服从瑞利分布，随机相位服从均匀分布。

正弦波加窄带高斯噪声时的合成波包络服从广义瑞利分布（莱斯分布）。

# 思　考　题

1. 什么确知信号？什么是随机信号？
2. 请分别说明能量信号和功率信号的特征。
3. 试说明随机过程几个主要数字特征的意义。
4. 随机过程的自相关函数有哪些性质？
5. 什么是高斯型白噪声？它的概率密度函数，功率谱密度函数如何表示？

6. 高斯噪声和白噪声的区别？

7. 什么是窄带高斯噪声？它在波形上有什么特点？它的包络和相位各服从什么分布？

8. 窄带高斯噪声的同相分量和正交分量各具有什么样的统计特性？

9. 正弦波加窄带高斯噪声的合成波包络服从什么概率分布？

10. 什么是随机过程的各态历经性？

11. 随机过程通过线性系统时，系统输出功率谱密度和输入功率谱密度之间有什么关系？

12. 平稳随机过程通过乘法器后，输出过程是否仍是平稳随机过程？

# 习　　题

2-1　试求下列均匀概率密度函数的数学期望和方差。

已知 $f(x) = \begin{cases} \dfrac{1}{2a} & -a \leqslant x \leqslant a \\ 0 & 其他 \end{cases}$

2-2　已知随机变量具有均值为 0，方差为 4 的正态概率密度函数。试求：

（1）当 $x > 2$ 时的概率；

（2）当 $x > 4$ 时的概率；

（3）当均值变为 1.5 时，重复（1）、（2），并进行比较。

2-3　已知功率信号 $f(t) = A\cos(200\pi t)\sin(200\pi t)$，试求：

（1）该信号的平均功率；

（2）该信号的自相关函数；

（3）该信号的功率谱密度。

2-4　试计算电压 $V(t) = Sa(W_0 t)$ 在 $100\,\Omega$ 电阻上消耗的总能量。

2-5　设 $z(t) = x_1 \cos\omega_0 t - x_2 \sin\omega_0 t$ 是一随机过程，若 $x_1$ 和 $x_2$ 是彼此独立且具有均值为 0、方差为 $\sigma^2$ 的正态随机变量，试求

（1）$E[z(t)]$，$E[z^2(t)]$；

（2）$z(t)$ 的一维分布密度函数 $f(z)$；

（3）$B(t_1, t_2)$ 与 $R(t_1, t_2)$。

2-6　若随机过程 $z(t) = m(t)\cos(\omega_0 t + \theta)$，其中，$m(t)$ 是宽平稳随机过程，且自相关函数 $R_m(\tau)$ 为

$$R_m(\tau) = \begin{cases} 1+\tau, & -1 < \tau < 0 \\ 1-\tau, & 0 \leqslant \tau < 1 \\ 0, & 其他\,\tau \end{cases}$$

$\theta$ 是服从均匀分布的随机变量，它与 $m(t)$ 彼此统计独立。

（1）证明 $z(t)$ 是宽平稳的；

（2）绘出自相关函数 $R_z(\tau)$ 的波形；

（3）求功率谱密度 $P_z(\omega)$ 及功率 S。

2-7　平稳随机过程 $X(t)$，均值为 1，方差为 2，现有另一个随机过程 $Y(t) = 2 + 3X(t)$，试求：

（1）$Y(t)$ 是否为宽平稳过程？

（2）$Y(t)$ 的总的平均功率。

（3）$Y(t)$ 的方差是多少？

**2-8** 某平稳随机过程 $X(t)=(\eta+\varepsilon)\cos\omega_0 t$ ，其中 $\eta$ 和 $\varepsilon$ 是具有均值为 0，方差为 $\sigma_\eta^2=\sigma_\varepsilon^2=2$ 的互不相关的随机变量，试求：

（1）$X(t)$ 的均值 $a_x(t)$ ；

（2）自相关 $R_x(t_1,t_2)$ ；

（3）是否宽平稳？

**2-9** 某平稳随机过程 $X(t)$ 的自相关函数 $R_x(\tau)$ 如图 P2-1 所示。试求：

（1）$E[X(t)]=?$ ；（2）均方值 $E\left[X^2(t)\right]=?$ ；（3）方差 $\sigma_x^2=?$ 。

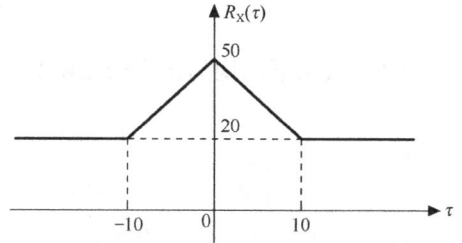

图 P2-1

**2-10** 已知平稳随机过程 $X(t)$ 的自相关函数为 $R_x(\tau)=1+e^{-|\tau|}$ ，若该 $X(t)$ 通过 $Y(t)=2X(t)+1$ 的系统，求 $Y(t)$ 的均值、方差和功率谱密度（设 $X(t)$ 的均值为正）。

**2-11** 已知随机过程 $X(t)=A_0+A_1\cos(\omega_1 t+\theta)$ ，式中，$A_0$、$A_1$ 是常数；$\theta$ 是在区间 $(0,2\pi)$ 上的均匀分布的随机变量

（1）试求 $X(t)$ 的自相关函数 $R(\tau)$ ；

（2）试求 $R(0)$、直流功率、交流功率、功率谱密度。

**2-12** 设 $Y(t)=X(t)\cos(\omega_0 t+\theta)$ 。其中，$\omega_0$ 是常数，$\theta$ 是在区间 $[0,2\pi]$ 上均匀分布的随机变量，$X(t)$ 是均值为 0，方差为 $\sigma_X^2$ 的平稳随机过程，且 $X(t)$ 与 $\theta$ 统计独立。

（1）$Y(t)$ 是否宽平稳？

（2）求 $Y(t)$ 的功率谱密度。

**2-13** 已知窄带高斯噪声 $n_i(t)=n_c(t)\cos\omega_c t-n_s(t)\sin\omega_c t$ ，已知 $n_i(t)$ 的功率谱密度为 $P_n(\omega)$ ，试求其同相分量 $n_c(t)$ 和正交分量 $n_s(t)$ 的功率谱密度 $P_c(\omega)$ 和 $P_s(\omega)$ 。

**2-14** 广义平稳过程 $X(t)$ ，其功率谱密度 $P_x(\omega)$ 如图 P2-2 所示，求该过程的自相关函数 $R_x(\tau)$ 。

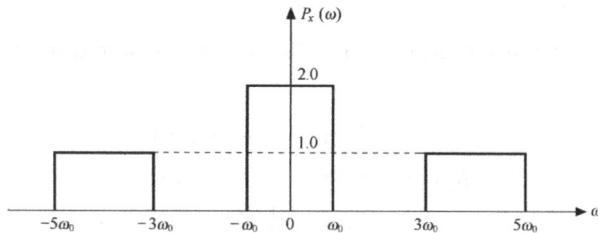

图 P2-2

**2-15** 随机过程 $X(t)$ 的功率谱如图 P2-3 所示。

（1）确定并画出 $X(t)$ 的自相关函数 $R_x(\tau)$ 。

（2）$X(t)$ 所含直流功率是多少？

（3）$X(t)$ 所含交流功率是多少？

**2-16** 设 RC 低通滤波器如图 P2-4 所示，求当输入均值为 0、功率谱密度为 $n_0/2$ 的白噪声时，输出过程的功率谱密度和自相关函数。

2-17 将均值为零、功率谱密度为 $n_0/2$ 的高斯白噪声加到图 P2-5 所示的低通滤波器的输入端。

（1）求输出噪声 $n_0(t)$ 的自相关函数；

（2）求输出噪声 $n_0(t)$ 的方差。

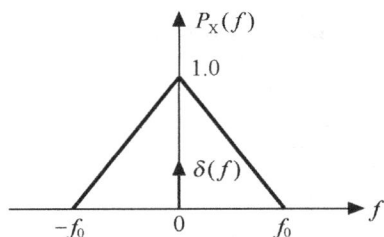

图 P2-3

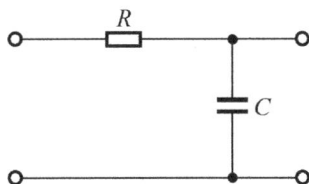

图 P2-4

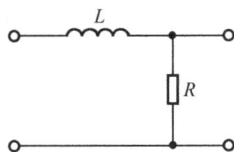

图 P2-5

2-18 已知某线性系统的输出为 $Y(t) = X(t+a) - X(t-a)$，这里输入 $X(t)$ 是平稳过程。试求：

（1）$Y(t)$ 的自相关函数；

（2）$Y(t)$ 的功率谱。

2-19 已知一随机信号 $X(t)$ 的双边功率谱密度为

$$P_X(f) = \begin{cases} 10^{-5}f^2 & -10\text{kHz} < f < 10\text{kHz} \\ 0, & \text{其他} \end{cases}$$

试求其平均功率。

2-20 某平稳随机过程的功率谱为 $\dfrac{n_0}{2} = 10^{-10}$ W/Hz，加于冲激响应为 $h(t) = 5e^{-5t}u(t)$ 的线性滤波器的输入端。求输出的自相关函数 $R_y(\tau)$ 及功率谱 $P_Y(\omega)$，以及总的平均功率 $S_Y$。

2-21 $\xi(t)$ 是一个平稳随机过程，它的自相关函数是周期为 2s 的周期函数。在区间（-1,1）s 上，该自相关函数 $R(\tau) = 1 - |\tau|$。试求 $\xi(t)$ 的功率谱密度 $P_\xi(\omega)$，并用图形表示。

2-22 设 $n(t)$ 是均值为 0、双边功率谱密度为 $\dfrac{n_0}{2} = 10^{-6}$ W/Hz 的白噪声，$y(t) = \dfrac{\mathrm{d}n(t)}{\mathrm{d}t}$，将 $y(t)$ 通过一个截止频率为 B=10Hz 的理想低通滤波器得到 $y_o(t)$，求

（1）$y(t)$ 的双边功率谱密度；

（2）$y_o(t)$ 的平均功率。

2-23 已知平稳高斯白噪声的功率谱密度为 $\dfrac{n_0}{2}$。此噪声经过一个冲激响应为 $h(t)$ 的线性系统成为 $y(t)$。若已知 $h(t)$ 的能量为 $E$，求 $y(t)$ 的功率。

2-24 如图 P2-6 所示的线性时不变系统。其中，系统的频率响应 $|H(\omega)| = 3$，输入 $X(t)$ 与 $Y(t)$ 是均值为 0 又互不相关的平稳随机过程，且已知 $X(t)$ 的相关函数为

$$R_X(\tau) = 2\pi\alpha \cdot e^{-\beta|\tau|}, \quad -\infty < \tau < +\infty$$

式中，$\alpha$ 和 $\beta$ 为正常数。而 $Y(t)$ 的功率谱密度为

$$P_Y(\omega) = \begin{cases} \dfrac{b}{2W}, & |\omega| \leq W \\ 0, & \text{其他} \end{cases}$$

式中，b、W 为正常数。试求输出 $Z(t)$ 的功率谱密度 $P_Z(\omega)$。

2-25　若 $\xi(t)$ 是平稳随机过程，自相关函数为 $R_\xi(\tau)$，试求它通过如图 P2-7 所示系统后的自相关函数及功率谱密度。

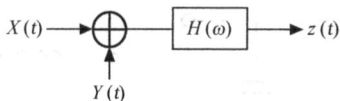

图 P2-6

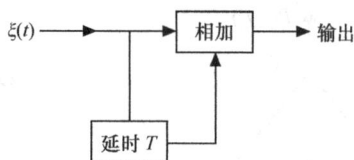

图 P2-7

2-26　正弦波 $A\cos\omega_c t$ 加窄带高斯噪声 $n_i(t)$ 通过乘法器后，再经过一低通滤波器输出 $Y(t)$，如图 P2-8 所示。$Y(t)=s_o(t)+n_o(t)$，其中 $s_o(t)$ 是与 $A\cos\omega_c t$ 对应的输出，$n_o(t)$ 是与 $n_i(t)$ 对应的输出。其中，$n_i(t)=n_c(t)\cos\omega_c t-n_s(t)\sin\omega_c t$，其均值为 0，方差为 $\sigma_n^2$，且 $n_c(t)$ 和 $n_s(t)$ 的带宽与低通滤波器带宽相同。

（1）若 $\theta$ 为常数，求 $s_o(t)$ 和 $n_o(t)$ 的平均功率之比；

（2）若 $\theta$ 是与 $n_i(t)$ 独立的均值为零的高斯随机变量，其方差为 $\sigma^2$，求 $s_o(t)$ 和 $n_o(t)$ 的平均功率之比。

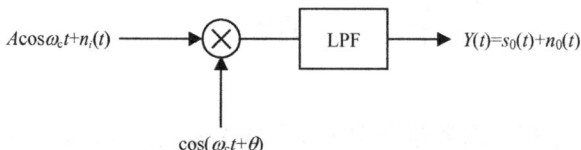

图 P2-8

2-27　信号 $s(t)$ 与高斯白噪声 $n(t)$ 通过信道后，先经过理想带通滤波器（中心频率为 $f_0=1\text{MHz}$，带宽 $B_1=10\text{kHz}$），然后通过乘法器，最后通过带宽 $B_2=5\text{kHz}$ 的理想低通滤波器输出，其原理框图如图 P2-9 所示。图中，高斯白噪声双边功率谱密度 $\dfrac{n_0}{2}=1\times10^{-10}\,\text{W/Hz}$。

（1）请画出图 P2-9 中①、②、③、④各点的噪声功率谱。

（2）计算②、④两点的噪声功率。

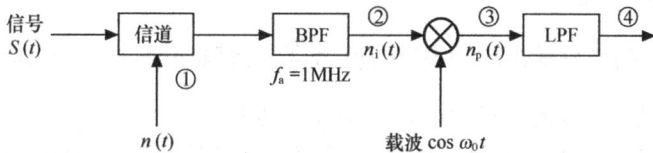

图 P2-9　带通系统及其噪声

# 第 3 章　模拟调制系统

## 3.1　引言

从语言、音乐、图像等信息源直接转换得到的电信号是频率很低的电信号，其频谱特点是包括（或不包括）直流分量的低通频谱，其最高频率和最低频率之比远大于 1。如电话信号的频率范围在 300～3400Hz，我们称这种信号为基带信号。通常基带信号不宜直接在信道中传输。因此在通信系统的发送端需将基带信号的频谱搬移（调制）到适合信道传输的频率范围内，而在接收端，再将它们搬移（解调到原来的频率范围），这就是调制和解调。

所谓调制就是使基带信号（调制信号）控制载波的某个（或几个）参数，使这一（或几个）参数按照基带信号的变化规律而变化的过程。调制后所得到的信号称为已调信号或频带信号。

调制在通信系统中具有十分重要的作用。一方面，通过调制可以把基带信号的频谱搬移到所希望的位置上去，从而将调制信号转换成适合于信道传输或便于信道多路复用的已调信号。另一方面，通过调制可以提高信号通过信道传输时的抗干扰能力，同时，它还和传输效率有关。具体地讲，不同的调制方式产生的已调信号的带宽不同，因此调制影响传输带宽的利用率。可见，调制方式往往决定一个通信系统的性能。

调制的类型根据调制信号的形式可分为模拟调制和数字调制；根据载波的不同可分为以正弦波作为载波的连续载波调制和以脉冲串作为载波的脉冲调制；根据调制器频谱搬移特性的不同可分为线性调制和非线性调制。

线性调制是指输出已调信号的频谱和调制信号的频谱之间呈线性搬移关系。线性调制的已调信号种类有幅度调制（AM）、抑制载波双边带调幅（DSB）、单边带调幅（SSB）和残留边带调幅（VSB）等。

非线性调制又称角度调制。其已调信号的频谱和调制信号的频谱结构有很大的不同，除了频谱搬移外，还增加了许多新的频率成分。非线性调制包括调频（FM）和调相（PM）两大类。

现代通信已进入数字化时代，模拟通信越来越多地被先进的数字或数据通信所取代。但是作为通信的重要基本理论知识与技术来说，通过本章的学习，我们将认识通信中的各种重要因素、分析方法，以及传输环境对通信质量的影响等。因此，模拟通信原理的学习会对深入了解各种通信系统奠定坚实的理论基础。

本章主要研究各种模拟调制的时域表达、波形和频谱、调制与解调原理以及系统的抗干扰性能。

## 3.2 线性调制的原理

### 3.2.1 幅度调制（AM）

#### 1. AM 信号的数学模型

幅度调制（AM）是指用调制信号去控制高频载波的幅度，使其随调制信号呈线性变化的过程。AM 信号的数学模型如图 3-1 所示。

图中，$m(t)$ 为基带信号，它可以是确知信号，也可以是随机信号，但通常认为平均值为 0，即无直流分量。$A_0$ 为外加的直流分量，如果基带信号中有直流分量，也可以把基带信号中的直流分量归到 $A_0$ 中。载波为

图 3-1 AM 信号的数学模型

$$C(t) = \cos(\omega_c t + \varphi_0) \qquad (3.2\text{-}1)$$

式中，$\omega_c$ 为载波角频率，$\varphi_0$ 为载波的初始相位。

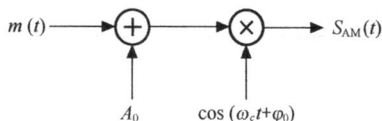

#### 2. AM 信号的时域表达

由图 3-1 可得 AM 的时域表达式为

$$S_{\mathrm{AM}}(t) = [A_0 + m(t)]\cos(\omega_c t + \varphi_0) \qquad (3.2\text{-}2)$$

为了分析问题的方便，令 $\varphi_0 = 0$，这样假设并不影响我们讨论的一般性。

#### 3. 调制信号为确知信号时 AM 信号的频谱特性

虽然实际模拟基带信号 $m(t)$ 是随机的，但我们还是从简单入手，先考虑 $m(t)$ 是确知信号时 AM 信号的傅氏频谱，然后再分析 $m(t)$ 是随机信号时调幅信号的功率谱密度。

由式（3.2-2）可知

$$
\begin{aligned}
S_{\mathrm{AM}}(t) &= [A_0 + m(t)]\cos\omega_c t \\
&= A_0\cos\omega_c t + m(t)\cos\omega_c t
\end{aligned}
$$

设 $m(t)$ 的频谱为 $M(\omega)$，由傅氏变换的理论可得已调信号 $S_{\mathrm{AM}}(t)$ 的频谱 $S_{\mathrm{AM}}(\omega)$ 为

$$S_{\mathrm{AM}}(\omega) = \pi A_0[\delta(\omega - \omega_c) + \delta(\omega + \omega_c)] + \frac{1}{2}[M(\omega - \omega_c) + M(\omega + \omega_c)] \qquad (3.2\text{-}3)$$

图 3-2 所示为 AM 的波形和相应的频谱图。

由图 3-2 可以看出：

（1）AM 波的频谱与基带信号的频谱呈线性关系，只是将基带信号的频谱搬移到 $\pm\omega_c$ 处，并没有产生新的频率成分，因此 AM 调制属于线性调制。

（2）AM 信号波形的包络与基带信号 $m(t)$ 成正比，所以 AM 信号的解调既可采用相干解调，也可采用非相干解调（包络检波）。但为了使非相干解调时不发生失真，必须满足

$$A_0 + m(t) \geqslant 0 \text{ 或 } |m(t)|_{\max} \leqslant A_0 \qquad (3.2\text{-}4)$$

否则，就会出现过调制现象，即在 $A_0 + m(t) = 0$ 处使载波相位产生 $180°$ 的反转，因而形成包络失真。

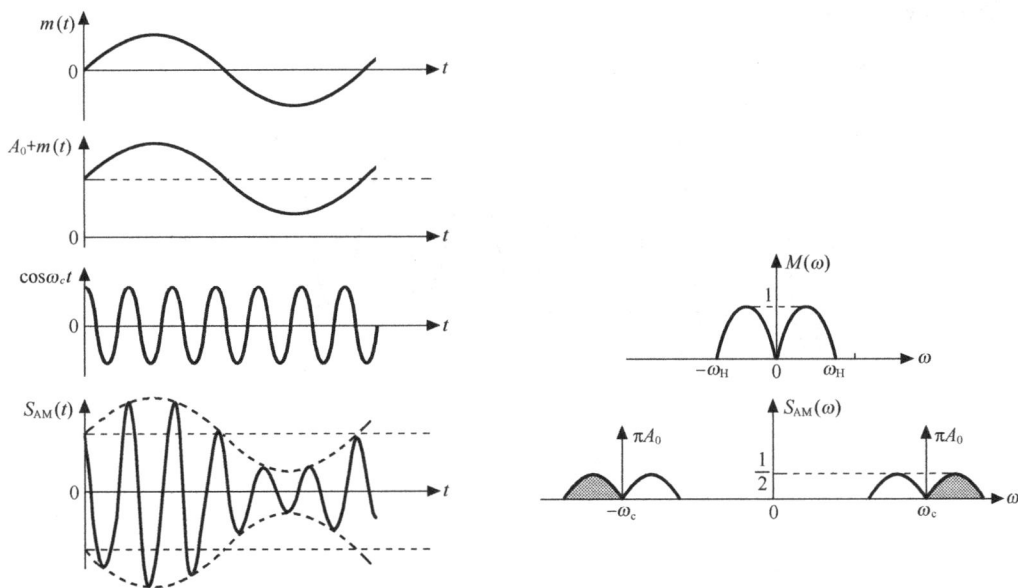

图 3-2 调幅过程的波形及频谱

如果调制信号为单频信号，即

$$m(t) = A_m \cos \omega_m t$$

则

$$
\begin{aligned}
S_{AM}(t) &= [A_0 + m(t)]\cos \omega_c t \\
&= [A_0 + A_m \cos \omega_m t]\cos \omega_c t \\
&= A_0(1 + \beta_{AM} \cos \omega_m t)\cos \omega_c t
\end{aligned}
\tag{3.2-5}
$$

式中，$\beta_{AM} = \dfrac{A_m}{A_0}$ 称为调幅指数或调幅度。为了避免过调，必须使 $\beta_{AM} \leqslant 1$。

（3）AM 的频谱中含有上、下两个边带。无论是上边带还是下边带，都含有原调制信号的完整信息，故已调波的带宽为原基带信号带宽的两倍，即

$$B_{AM} = 2f_H \tag{3.2-6}$$

（4）AM 的频谱中含有载波成分，表现为其频谱在 $\omega_0$ 处有一个冲激函数。

式中，$f_H$ 为调制信号的最高频率。

【例 3.2.1】 已知 AM 已调信号表达式

$$S_{AM}(t) = (1 + 0.5\sin \Omega t)\cos \omega_c t$$

式中，$\omega_c = 6\Omega$。试分别画出它们的波形图和频谱图。

**解：**$S_{AM}(t) = (1 + 0.5\sin \Omega t)\cos \omega_c t$ 的波形如图 3-3（a）所示，其频谱表达式为

$$S_{AM}(\omega) = \pi[\delta(\omega + \omega_c) + \delta(\omega - \omega_c)]$$

$$+ \frac{j\pi}{4}[\delta(\omega + \Omega + \omega_c) + \delta(\omega + \Omega - \omega_c) - \delta(\omega - \Omega + \omega_c) - \delta(\omega - \Omega - \omega_c)]$$

$$= \pi[\delta(\omega + 6\Omega) + \delta(\omega - 6\Omega)]$$

$$+ \frac{j\pi}{4}[\delta(\omega + 7\Omega) - \delta(\omega - 7\Omega) - \delta(\omega + 5\Omega) + \delta(\omega - 5\Omega)]$$

频谱图如图 3-3（b）所示。

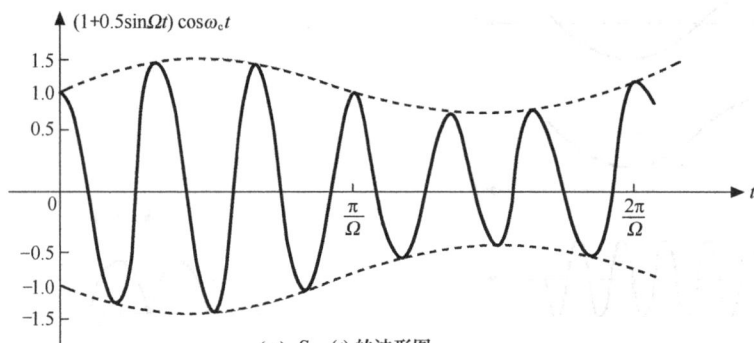

（a）$S_{AM}(t)$ 的波形图

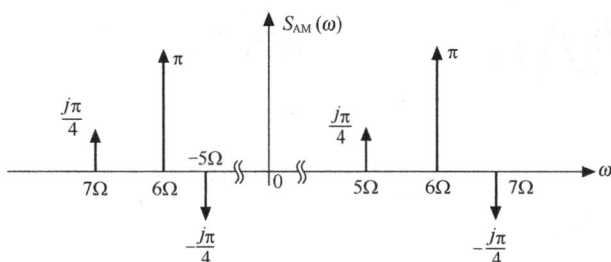

（b）$S_{AM}(t)$ 的频谱图

图 3-3　波形图和频谱图

### 4．AM 信号的功率分配与调制效率

幅度调制（AM）信号在 $1\Omega$ 电阻上的平均功率应等于 $S_{AM}(t)$ 的均方值。当 $m(t)$ 为确知信号时，$S_{AM}(t)$ 的均方值即为其平方的时间平均，即

$$P_{AM} = \lim_{T \to \infty} \frac{1}{T} \int_{\frac{T}{2}}^{\frac{T}{2}} S_{AM}^2(t)\, dt = \overline{S_{AM}^2(t)}$$

$$= \overline{[A_0 + m(t)]^2 \cos^2 \omega_c t} = \frac{A_0^2}{2} + \frac{\overline{m^2(t)}}{2} \tag{3.2-7}$$

$$= P_c + P_{边}$$

式中
$$P_c = \frac{A_0^2}{2} \quad \text{为不携带信息的载波功率} \tag{3.2-8}$$

$$P_{边} = \frac{\overline{m^2(t)}}{2} \quad \text{为携带信息的边带功率} \tag{3.2-9}$$

可见，AM 调幅波的平均功率由不携带信息的载波功率与携带信息的边带功率两部分组成，所以涉及调制效率的概念。

定义边带功率 $P_{边}$ 与 $P_{AM}$ 的比值为调制效率，记为 $\eta_{AM}$。即

$$\eta_{AM} = \frac{P_{边}}{P_{AM}} = \frac{\overline{m^2(t)}}{A_0^2 + \overline{m^2(t)}} \tag{3.2-10}$$

显然，AM 信号的调制效率总是小于 1。下面看一个具体例子，以便对 $\eta_{AM}$ 有一个量的概念。

**【例 3.2.2】** 设 $m(t)$ 为正弦信号，进行 100% 的标准调幅，求此时的调制效率。

**解**：依题意可设 $m(t) = A_m \cos \omega_m t$，而 100% 调制就是 $\beta_{AM} = 1$，即 $A_0 = A_m$

因此

$$\overline{m^2(t)} = \frac{A_m^2}{2} = \frac{A_0^2}{2}$$

$$\eta_{AM} = \frac{\overline{m^2(t)}}{A_0^2 + \overline{m^2(t)}} = \frac{1}{3} = 33.3\%$$

可见，正弦波做 100% 调制时，调制效率仅为 33.3%。

综上所述，AM 信号的总功率包括载波功率和边带功率两部分。只有边带功率才与调制信号有关，也就是说，载波分量不携带信息，所以，调制效率低是 AM 调制的一个最大缺点。如果抑制载波分量的传送，则可演变出另一种调制方式，即抑制载波双边带调制。AM 调制的优点是可用包络检波法解调，不需要本地同步载波信号，设备简单。

**5. 调制信号为随机信号时已调信号的频谱特性**

前面讨论了调制信号为确知信号时已调信号的频谱。在一般情况下，调制信号常常是随机信号，如语音信号。此时，已调信号的频谱特性必须用功率谱密度来表示。

在通信系统中，我们所遇到的调制信号通常被认为是具有各态历经性的宽平稳随机过程。这里假设 $m(t)$ 是均值为 0、具有各态历经性的平稳随机过程，其统计平均与时间平均是相同的。由 2.7 节知，AM 已调信号是一非平稳随机过程，其功率谱密度为其自相关函数时间平均值的傅里叶变换。

AM 已调信号的自相关函数为

$$\begin{aligned}
R_{AM}(t, t+\tau) &= E[S_{AM}(t) S_{AM}(t+\tau)] \\
&= E\{[A_0 + m(t)][A_0 + m(t+\tau)] \cos \omega_c t \cos \omega_c (t+\tau)\} \\
&= \frac{1}{2}\{A_0^2 + E[m(t)m(t+\tau)]\} \cdot \{\cos \omega_c \tau + \cos(2\omega_c t + \omega_c \tau)\} \\
&= \frac{1}{2}\{A_0^2 + R_m(\tau)\} \cdot \{\cos \omega_c \tau + \cos(2\omega_c t + \omega_c \tau)\}
\end{aligned} \tag{3.2-11}$$

上式中，$R_m(\tau)$ 为基带信号 $m(t)$ 的自相关函数。对式（3-11）求时间平均，得

$$\overline{R_{AM}(t, t+\tau)} = \frac{A_0^2}{2} \cos \omega_c \tau + \frac{1}{2} R_m(\tau) \cos \omega_c \tau \tag{3.2-12}$$

对式（3.2-12）进行傅氏变换，可得已调信号的功率谱密度为

$$P_{AM}(\omega) = \frac{\pi A_0^2}{2}[\delta(\omega - \omega_c) + \delta(\omega + \omega_c)] + \frac{1}{4}[P_m(\omega - \omega_c) + P_m(\omega + \omega_c)] \tag{3.2-13}$$

上式中 $P_m(\omega)$ 为调制信号 $m(t)$ 的功率谱密度。由式（3.2-13）可以看出，幅度调制（AM）信号的功率谱是将模拟基带信号的功率谱线性搬移到载频上，所以称幅度调制为线性调制。

由功率谱密度可以求出已调信号的平均功率

$$P_{AM} = \frac{1}{2\pi} \int_{-\infty}^{\infty} P_{AM}(\omega) \mathrm{d}\omega = P_c + P_{边} \tag{3.2-14}$$

其中

$$P_c = \frac{1}{2\pi} \int_{-\infty}^{\infty} \frac{\pi A_0^2}{2} [\delta(\omega - \omega_c) + \delta(\omega + \omega_c)] \mathrm{d}\omega = \frac{1}{2} A_0^2 \tag{3.2-15}$$

$$P_{边} = \frac{1}{2\pi} \int_{-\infty}^{\infty} \frac{1}{4} [P_m(\omega - \omega_c) + P_m(\omega + \omega_c)] \mathrm{d}\omega = \frac{1}{4\pi} \int_{-\infty}^{\infty} P_m(\omega) \mathrm{d}\omega$$

$$= \frac{1}{2} \overline{m^2(t)} \tag{3.2-16}$$

比较式（3.2-15）和式（3.2-8）以及（3.2-16）和（3.2-9）可见，在调制信号为确知信号和随机信号两种情况下，分别求出的已调信号功率表达式是相同的。考虑到本章模拟通信系统的抗噪声能力是由信号平均功率和噪声平均功率之比（信噪比）来度量。因此，为了后面分析问题的简便，我们均假设调制信号（基带信号）为确知信号。

### 3.2.2 双边带调制（DSB）

#### 1. DSB 信号的模型

在 AM 信号中，载波分量并不携带信息，信息完全由边带传送。如果将载波抑制，只需在图 3-1 中将直流 $A_0$ 去掉，即可输出抑制载波双边带信号，简称双边带信号（DSB）。DSB 调制器模型如图 3-4 所示。

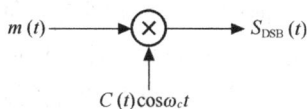

图 3-4 DSB 调制器模型

#### 2. DSB 信号的表达式、频谱及带宽

由图 3-4 可得 DSB 信号的时域表达式为

$$S_{\mathrm{DSB}}(t) = m(t)\cos\omega_c t \tag{3.2-17}$$

当调制信号 $m(t)$ 为确知信号时，已调信号的频谱为

$$S_{\mathrm{DSB}}(\omega) = \frac{1}{2}[M(\omega - \omega_c) + M(\omega + \omega_c)] \tag{3.2-18}$$

其波形和频谱如图 3-5 所示。

由图 3-5 可见：

（1）$S_{\mathrm{DSB}}(t)$ 波形包络不再与 $m(t)$ 的形状相同，而是按 $|m(t)|$ 的规律变化。这就是说，信息包含在幅度和相位两者之中。因此，在接收端恢复 $m(t)$ 时必须同时提取幅度信息和相位信息。所以 DSB 信号的解调必须采用相干解调（同步解调），而不能采用非相干解调（包络检波）。

（2）除不再含有载频分量离散谱外，DSB 信号的频谱与 AM 信号的频谱完全相同，仍由上下对称的两个边带组成。所以 DSB 信号的带宽与 AM 信号的带宽相同，也为基带信号带宽的两倍，即

$$B_{\mathrm{DSB}} = B_{\mathrm{AM}} = 2f_{\mathrm{H}} \tag{3.2-19}$$

式中，$f_{\mathrm{H}}$ 为调制信号的最高频率。

#### 3. DSB 信号的功率分配及调制效率

由于不再包含载波成分，因此，DSB 信号的功率就等于边带功率，是调制信号功率的一半，即

$$P_{\mathrm{DSB}} = \overline{s_{\mathrm{DSB}}^2(t)} = P_{边} = \frac{1}{2} \overline{m^2(t)} \tag{3.2-20}$$

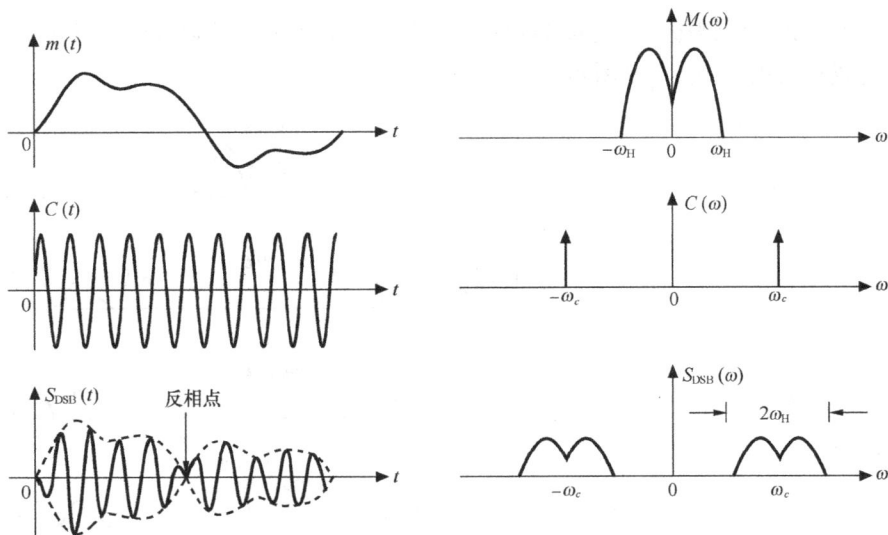

图 3-5　DSB 调制过程的波形及频谱

式中，$P_边$ 为边带功率，显然，DSB 信号的调制效率为 100%。

### 3.2.3　单边带调制（SSB）

DSB 信号虽然节省了载波功率，调制效率提高了，但它的频带宽度仍是调制信号带宽的两倍，与 AM 信号带宽相同。由于 DSB 信号的上、下两个边带是完全对称的，它们都携带了调制信号的全部信息，因此仅传输其中一个边带即可，这是单边带调制能解决的问题。

产生 SSB 信号的方法有很多，其中最基本的方法有滤波法和相移法。

#### 1. SSB 信号的产生

（1）用滤波法形成单边带信号

由于单边带调制只传送双边带调制信号的一个边带。因此产生单边带信号的最直观的方法是让双边带信号通过一个单边带滤波器，滤除不要的边带，即可得到单边带信号。我们把这种方法称为滤波法，它是最简单的也是最常用的方法。滤波法产生 SSB 信号的数学模型如图 3-6 所示。

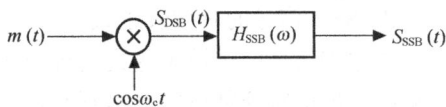

图 3-6　SSB 信号的滤波法产生

由图 3-6 可见，只需将滤波器 $H_{SSB}(\omega)$ 设计成如图 3-7 所示的理想高通特性 $H_{USB}(\omega)$ 或理想低通特性 $H_{LSB}(\omega)$，就可以分别得到上边带信号和下边带信号。

显然，SSB 信号的频谱可表示为

$$S_{SSB}(\omega) = S_{DSB}(\omega)H_{SSB}(\omega) = \frac{1}{2}[M(\omega+\omega_c)+M(\omega-\omega_c)]H_{SSB}(\omega) \qquad (3.2\text{-}21)$$

滤波法的频谱变换关系如图 3-8 所示。

用滤波法形成 SSB 信号的技术难点是：由于一般调制信号都具有丰富的低频成分，经调制后得到的 DSB 信号的上、下边带之间的间隔很窄，这就要求单边带滤波器在 $f_c$ 附近具有陡峭的截止特性，才能有效地抑制无用的一个边带。这就使滤波器的设计和制作很困难，有时甚至难以实现。为此，在工程中往往采用多级调制滤波的方法，即在低载频上形成单边带信号，然后通过变频将频谱搬移到更高的载频。实际上，频谱搬移可以连续分几步进行，直至达到所需的载频为止，如图 3-9 所示。

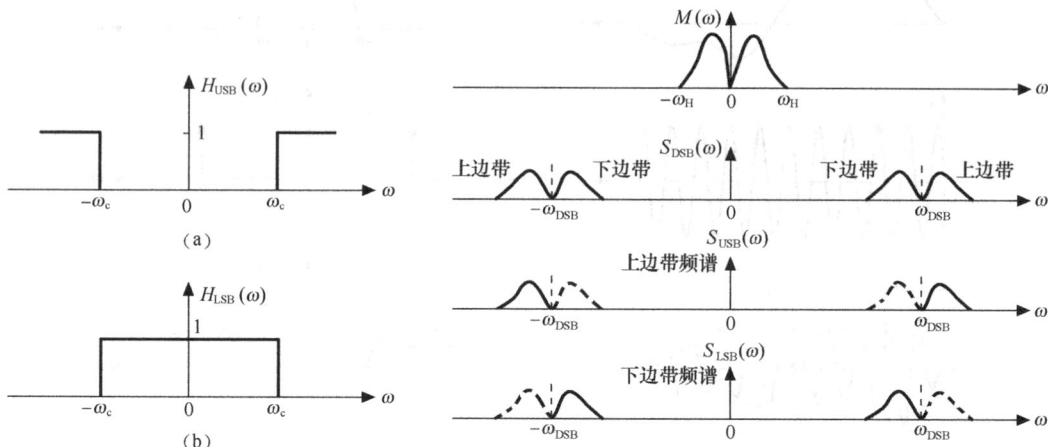

图 3-7　形成 SSB 信号的滤波特性

图 3-8　单边带信号的频谱

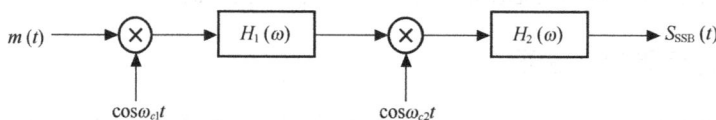

图 3-9　滤波法产生 SSB 的多级频率搬移过程

　　多级调制滤波法对于基带信号为语音或音乐时比较合适，因为它们频谱中的低频成分很小或没有。但对图像信号，滤波法就不太适用了，因为它的频谱低端接近零频，而且低频端的幅度也比较大，如果仍用边带滤波器来滤出有用边带，抑制无用边带就更为困难了，这时容易引起单边带信号本身的失真；另一方面，在多路复用时，也容易产生对邻路的干扰，影响了通信质量。因此需要采用其他的方法形成 SSB 信号，下面我们介绍相移法。

　　（2）用相移法形成 SSB 信号

　　① SSB 信号的时域表达式

　　单边带信号的时域表达式的推导比较困难，一般需借助希尔伯特变换来表述。但我们可以从简单的单频调制出发，得到 SSB 信号的时域表达式，然后再推广到一般表示式。

　　设单频调制信号 $m(t) = A_m \cos \omega_m t$ ，载波为 $c(t) = \cos \omega_c t$

则双边带信号的时域表达式为

$$S_{\text{DSB}}(t) = A_m \cos \omega_m t \cos \omega_c t = \frac{1}{2} A_m \cos(\omega_c + \omega_m)t + \frac{1}{2} A_m \cos(\omega_c - \omega_m)t \qquad (3.2\text{-}22)$$

式（3.2-22）中，保留上边带的单边带调制信号为

$$S_{\text{USB}}(t) = \frac{1}{2} A_m \cos(\omega_c + \omega_m)t = \frac{A_m}{2}(\cos \omega_c t \cos \omega_m t - \sin \omega_c t \sin \omega_m t) \qquad (3.2\text{-}23)$$

式（3.2-22）中，保留下边带的单边带调制信号为

$$S_{\text{LSB}}(t) = \frac{1}{2} A_m \cos(\omega_c - \omega_m)t = \frac{A_m}{2} \cos \omega_c t \cos \omega_m t + \frac{A_m}{2} \sin \omega_c t \sin \omega_m t \qquad (3.2\text{-}24)$$

将式（3.2-23）和式（3.2-24）合并起来可以表示为

$$S_{\text{SSB}}(t) = \frac{A_m}{2}\cos\omega_c t \cos\omega_m t \mp \frac{A_m}{2}\sin\omega_c t \sin\omega_m t \qquad (3.2\text{-}25)$$

式中,"－"表示上边带信号,"＋"表示下边带信号。

$A_m \sin\omega_c t$ 可以看成是 $A_m \cos\omega_c t$ 相移 $-\pi/2$,而幅度大小保持不变。我们将这种变换称为希尔伯特变换,记为"$\wedge$",即 $\overset{\wedge}{A_m \cos\omega_c t} = A_m \sin\omega_c t$

上述关系虽然是在单频调制下得到的,但是它不失一般性,因为任一个基带信号波形总可以表示成许多正弦信号之和。因此,将上述表示方法运用到式(3.2-25),就可以得到调制信号为任意信号的 SSB 信号的时域表达式

$$S_{\text{SSB}}(t) = \frac{1}{2}m(t)\cos\omega_c t \mp \frac{1}{2}\overset{\wedge}{m}(t)\sin\omega_c t \qquad (3.2\text{-}26)$$

式中,$\overset{\wedge}{m}(t)$ 是 $m(t)$ 的希尔伯特变换。

为更好地理解单边带信号,这里有必要简要叙述希尔伯特变换的概念及其性质。

② 希尔伯特变换

设 $f(t)$ 为实函数,称 $\frac{1}{\pi}\int_{-\infty}^{\infty}\frac{f(\tau)}{t-\tau}\mathrm{d}\tau$ 为 $f(t)$ 的希尔伯特变换,记为

$$\overset{\wedge}{f}(t) = H[f(t)] = \frac{1}{\pi}\int_{-\infty}^{\infty}\frac{f(\tau)}{t-\tau}\mathrm{d}\tau \qquad (3.2\text{-}27)$$

其反变换为

$$f(t) = H^{-1}[\overset{\wedge}{f}(t)] = -\frac{1}{\pi}\int_{-\infty}^{\infty}\frac{\overset{\wedge}{f}(\tau)}{t-\tau}\mathrm{d}\tau \qquad (3.2\text{-}28)$$

由卷积的定义

$$f_1(t) * f_2(t) = \int_{-\infty}^{\infty}f_1(\tau)f_2(t-\tau)\mathrm{d}\tau \qquad (3.2\text{-}29)$$

不难得出希尔伯特变换的卷积形式

$$\overset{\wedge}{f}(t) = f(t) * \frac{1}{\pi t} \qquad (3.2\text{-}30)$$

由式(3.2-30)可见,希氏变换相当于 $f(t)$ 通过一个冲激响应为 $h_h(t) = \frac{1}{\pi t}$ 的线性网络,其等效系统模型如图 3-10 所示。

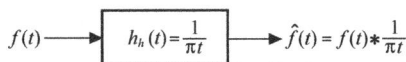

$f(t) \longrightarrow \boxed{h_h(t) = \frac{1}{\pi t}} \longrightarrow \hat{f}(t) = f(t) * \frac{1}{\pi t}$

图 3-10 希尔伯特变换等效系统

又因为

$$\frac{1}{\pi t} \Leftrightarrow -j\,\text{sgn}(\omega) \qquad (3.2\text{-}31)$$

所以可得

$$H_h(\omega) = -j\,\text{sgn}\,\omega = \begin{cases} -j & \omega > 0 \\ j & \omega < 0 \end{cases} \qquad (3.2\text{-}32)$$

由 $\mathrm{e}^{-j\pi/2} = -j$ 和 $\mathrm{e}^{j\pi/2} = j$ 可以看出,希尔伯特变换实质上是一个理想相移网络,在 $\omega > 0$ 域相移 $-\pi/2$,在 $\omega < 0$ 域相移 $\pi/2$,而信号的幅度保持不变。称传输函数 $H_h(\omega)$ 为希尔伯特滤波器。

希尔伯特变换及其以下性质对于分析单边带信号是十分有用的。

a.　$H[\cos(\omega_c t + \varphi)] = \sin(\omega_c t + \varphi)$　　　　　　　　　　　　　　　（3.2-33）

b.　$H[\sin(\omega_c t + \varphi)] = -\cos(\omega_c t + \varphi)$　　　　　　　　　　　　　　（3.2-34）

c.　若 $f(t)$ 的频带限于 $|\omega| \leqslant \omega_c$，则有

$$H[f(t)\cos\omega_c t] = f(t)\sin\omega_c t \qquad\qquad (3.2\text{-}35a)$$

$$H[f(t)\sin\omega_c t] = -f(t)\cos\omega_c t \qquad\qquad (3.2\text{-}35b)$$

由式（3.2-26）可画出单边带调制相移法的模型，如图 3-11 所示。

### 2. SSB 信号的带宽、功率和调制效率

从图 3-8 可以清楚地看出，SSB 信号的频谱是 DSB 信号频谱的一个边带，其带宽为 DSB 信号的一半，与基带信号带宽相同，即

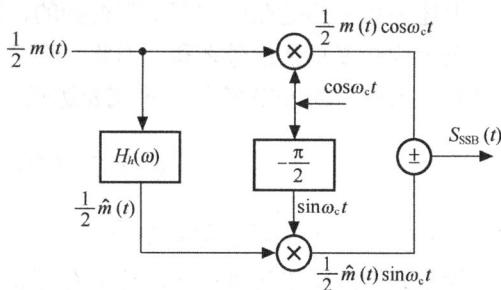

图 3-11　相移法形成 SSB 信号

$$B_{\text{SSB}} = \frac{1}{2}B_{\text{DSB}} = f_{\text{H}} \qquad\qquad (3.2\text{-}36)$$

式中，$f_{\text{H}}$ 为调制信号的最高频率。

由于 SSB 信号仅包含一个边带，因此其功率为 DSB 信号的一半，即

$$P_{\text{SSB}} = \frac{1}{2}P_{\text{DSB}} = \frac{1}{4}\overline{m^2(t)} \qquad\qquad (3.2\text{-}37)$$

当然，SSB 信号的平均功率也可以直接按定义求出，即

$$P_{\text{SSB}} = \overline{S_{\text{SSB}}^2(t)} = \frac{1}{4}\overline{[m(t)\cos\omega_c t \mp \hat{m}(t)\sin\omega_c t]^2}$$

$$= \frac{1}{4}[\frac{1}{2}\overline{m^2(t)} + \frac{1}{2}\overline{\hat{m}^2(t)} \mp \overline{2m(t)\hat{m}(t)\cos\omega_c \sin\omega_c t}] \qquad (3.2\text{-}38)$$

由于调制信号 $m(t)$ 的平均功率与调制信号经过 $90°$ 相移后的信号，其功率是一样的，即

$$\frac{1}{2}\overline{m^2(t)} = \frac{1}{2}\overline{\hat{m}^2(t)}$$

则式（3.2-38）可简化为

$$P_{\text{SSB}} = \frac{1}{4}\overline{m^2(t)}$$

显然，SSB 信号的调制效率也为 100%。

由于 SSB 信号也是抑制载波的已调信号，它的包络不能直接反映调制信号的变化，所以 SSB 信号的解调和 DSB 一样不能采用简单的包络检波，仍需采用相干解调。

【例 3.2.3】　已知调制信号 $m(t) = \cos(2000\pi t) + \cos(4000\pi t)$，载波为 $\cos 10^4 \pi t$，进行单边带调制，请写出上边带信号的表达式。

**解**：根据单边带信号的时域表达式，可确定上边带信号

$$S_{\text{USB}}(t) = \frac{1}{2}m(t)\cos\omega_c t - \frac{1}{2}\hat{m}(t)\sin\omega_c t$$

$$= \frac{1}{2}[\cos(2000\pi t) + \cos(4000\pi t)]\cos 10^4\pi t - \frac{1}{2}[\sin(2000\pi t) + \sin(4000\pi t)]\sin 10^4\pi t$$

$$= \frac{1}{2}\cos 12000\pi t + \frac{1}{2}\cos 14000\pi t$$

### 3.2.4 残留边带调制（VSB）

单边带传输信号具有节约一半频谱和节省功率的优点。但是付出的代价是设备制作非常困难，如用滤波法则边带滤波器不容易得到陡峭的频率特性，如用相移法则基带信号各频率成分不可能都做到-90°的移相等。如果传输电视信号、传真信号和高速数据信号的话，由于它们的频谱范围较宽，而且极低频分量的幅度也比较大，这样边带滤波器和宽带相移网络的制作都更为困难，为了解决这个问题，可以采用残留边带调制（VSB）。VSB 是介于 SSB 和 DSB 之间的一个折衷方案。在这种调制中，一个边带绝大部分顺利通过，而另一个边带残留一小部分，如图 3-12（d）所示。

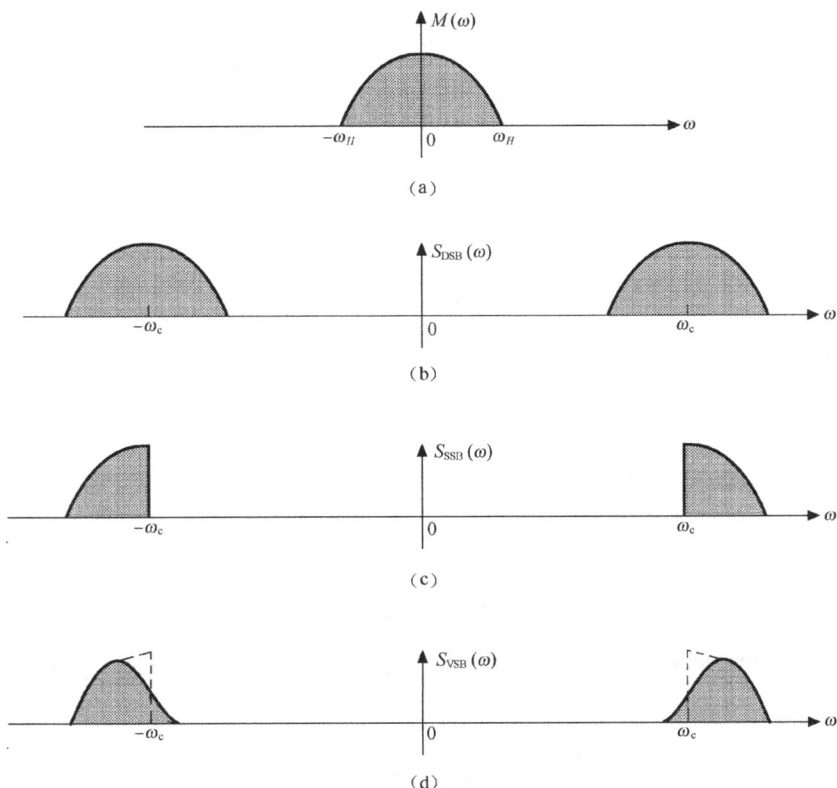

（a）

（b）

（c）

（d）

图 3-12　DSB、SSB 和 VSB 信号的频谱

#### 1. VSB 信号的产生与解调

残留边带调制信号的产生与解调框图如图 3-13 所示。

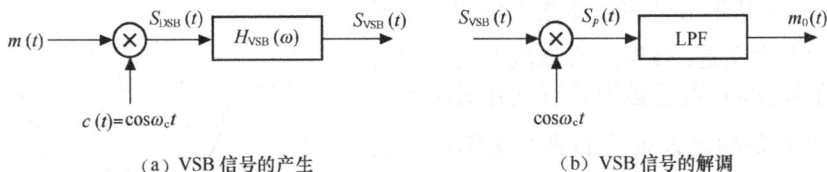

（a）VSB 信号的产生　　　　　　　　（b）VSB 信号的解调

图 3-13　VSB 信号的产生与解调

由图 3-13（a）可以看出，VSB 信号的产生与 DSB、SSB 的产生框图相似，都是由基带

信号和载波信号相乘后得到双边带信号，所不同的是后面接的滤波器。不同的滤波器得到不同的调制方式。

如何选择残留边带滤波器的滤波特性使残留边带信号解调后不产生失真呢？从图 3-12 我们直观可以想象，如果解调后一个边带损失部分能够让另一个边带保留部分完全补偿的话，那么输出信号是不会失真的。

为了确定残留边带滤波器传输特性 $H_{VSB}(\omega)$ 应满足的条件，我们来分析接收端是如何从该信号中恢复原基带信号的。

**2. 残留边带滤波器传输特性 $H_{VSB}(\omega)$ 的确定**

图 3-13（b）中，$S_{VSB}(t)$ 信号经乘法器后输出 $S_p(t)$ 的表达式为

$$S_p(t) = S_{VSB}(t)\cos\omega_c t \tag{3.2-39}$$

上式对应的频谱为

$$\begin{aligned} S_P(\omega) &= \frac{1}{2\pi}S_{VSB}(\omega) * \pi[\delta(\omega+\omega_c) + \delta(\omega-\omega_c)] \\ &= \frac{1}{2}[S_{VSB}(\omega+\omega_c) + S_{VSB}(\omega-\omega_c)] \end{aligned} \tag{3.2-40}$$

由图 3-13（a）知

$$S_{VSB}(\omega) = \frac{1}{2}[M(\omega+\omega_c) + M(\omega-\omega_c)]H_{VSB}(\omega) \tag{3.2-41}$$

将式（3.2-41）带入式（3.2-40）得

$$\begin{aligned} S_p(\omega) &= \frac{1}{4}\{[M(\omega+2\omega_c) + M(\omega)]H_{VSB}(\omega+\omega_c)\} + \\ &\quad \frac{1}{4}\{[M(\omega-2\omega_c) + M(\omega)]H_{VSB}(\omega-\omega_c)\} \end{aligned} \tag{3.2-42}$$

理想低通滤波器抑制上式中的二倍载频分量，仅通过 $|\omega| \le \omega_H$ 的低频分量，其输出信号 $m_0(t)$ 的频谱为

$$M_0(\omega) = \frac{1}{4}M(\omega)[H_{VSB}(\omega+\omega_c) + H_{VSB}(\omega-\omega_c)] \tag{3.2-43}$$

显然，为了在接收端不失真地恢复原基带信号，要求残留边带滤波器传输特性必须满足下述条件

$$H_{VSB}(\omega+\omega_c) + H_{VSB}(\omega-\omega_c) = 常数 \qquad |\omega| \le \omega_H \tag{3.2-44}$$

式中，$\omega_H$ 是基带信号的最高截止角频率。式（3.2-44）的物理含义是：残留边带滤波器的传输函数 $H_{VSB}(\omega)$ 在载频 $|\omega_c|$ 附近必须具有互补对称性。图 3-14 示出的是满足该条件的典型实例：上边带残留的下边带滤波器传输函数如图 3-14（a）所示，下边带残留的上边带滤波器的传递函数如图 3-14（b）所示。

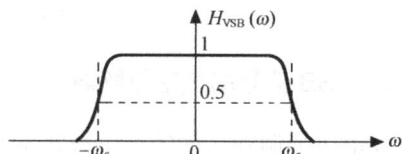

（a）上边带残留的下边带滤波器特性

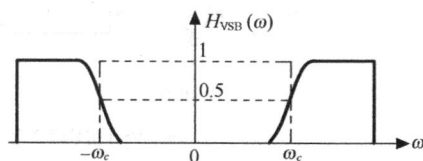

（b）下边带残留的上边带滤波器特性

图 3-14　残留边带滤波器特性

## 3.3 线性调制系统的解调

调制过程是一个频谱搬移的过程，它是将低频信号的频谱搬移到载频位置。而解调是将位于载频的信号频谱再搬回来，并且不失真地恢复出原始基带信号。

解调的方式有两种：相干解调与非相干解调。相干解调适用于各种线性调制系统，非相干解调一般只适用于幅度调制（AM）信号。

### 3.3.1 线性调制系统的相干解调

所谓相干解调是为了从接收的已调信号中，不失真地恢复原调制信号，要求本地载波和接收信号的载波保证同频同相。相干解调的一般数学模型如图 3-15 所示。

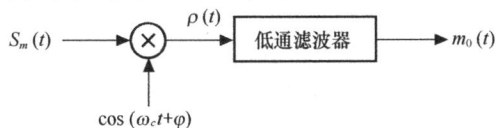

图 3-15 相干解调器的数学模型

**1. 幅度调制（AM）和双边带调制（DSB）信号的解调**

设图 3-15 的输入为 AM 信号

$$S_m(t) = S_{AM}(t) = [A_0 + m(t)]\cos(\omega_c t + \varphi_0)$$

乘法器输出为

$$\begin{aligned}\rho(t) &= [A_0 + m(t)]\cos(\omega_c t + \varphi_0)\cos(\omega_c t + \varphi)\\ &= \frac{1}{2}[A_0 + m(t)][\cos(\varphi_0 - \varphi) + \cos(2\omega_c t + \varphi_0 + \varphi)]\end{aligned} \tag{3.3-1}$$

通过低通滤波器后

$$m_o(t) = \frac{1}{2}[A_0 + m(t)]\cos(\varphi_0 - \varphi) \tag{3.3-2}$$

当 $\varphi_0 = \varphi =$ 常数时，解调输出信号为

$$m_o(t) = \frac{1}{2}[A_0 + m(t)] \tag{3.3-3}$$

上式含有直流分量，通常在低通滤波器后加一简单隔直流电容，隔去无用的直流，从而恢复原信号。

可见，只有当本地载波与接收的已调信号同频同相时，信号才能正确地恢复，否则就会产生失真。

同理，当 $A_0 = 0$ 时，上述分析即为 DSB 的结果。其解调输出信号为

$$m_o(t) = \frac{1}{2}m(t) \tag{3.3-4}$$

**2. 单边带（SSB）信号的解调**

设图 3-15 的输入为 SSB 信号

$$S_m(t) = S_{SSB}(t) = \frac{1}{2}m(t)\cos(\omega_c t + \varphi_0) \mp \frac{1}{2}\hat{m}(t)\sin(\omega_c t + \varphi_0)$$

与本地载波 $\cos(\omega_c t + \varphi)$ 相乘后输出为

$$\rho(t) = \frac{1}{4}[m(t)\cos(\varphi_0 - \varphi) \mp \hat{m}(t)\sin(\varphi_0 - \varphi)]$$

$$+ \frac{1}{4}[m(t)\cos(2\omega_c t + \varphi_0 + \varphi) \mp \hat{m}(t)\sin(2\omega_c t + \varphi_0 + \varphi)]$$

经低通滤波后的解调输出为

$$m_o(t) = \frac{1}{4}[m(t)\cos(\varphi_0 - \varphi) \mp \hat{m}(t)\sin(\varphi_0 - \varphi)]$$

当 $\varphi_0 = \varphi = $ 常数时，解调输出信号为

$$m_o(t) = \frac{1}{4}m(t) \tag{3.3-5}$$

可见，只有当本地载波与接收的已调信号同频同相时，才能得到无失真的调制信号。

VSB 信号的解调方式与上面类似。当满足同步条件时，经分析可得解调输出信号为

$$m_o(t) = \frac{1}{4}m(t)$$

### 3.3.2 线性调制系统的非相干解调

所谓非相干解调就是在接收端解调信号时不需要本地载波，而是利用已调信号中的包络信息来恢复原基带信号。因此，非相干解调一般只适用幅度调制（AM）系统。由于包络解调器电路简单，效率高，所以几乎所有的幅度调制（AM）接收机都采用这种电路。图 3-16 为串联型包络检波器的具体电路。

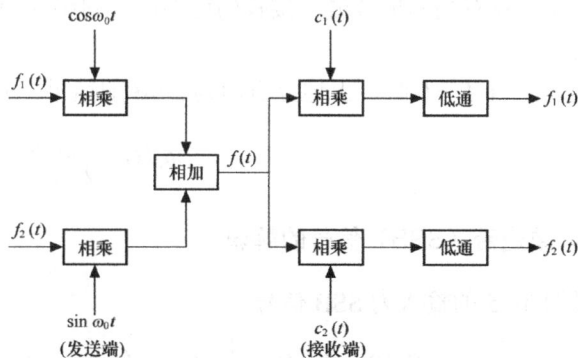

当 RC 满足条件 $1/\omega_c \ll RC \ll 1/\omega_H$ 时，包络检波器的输出基本上与输入信号的包络变化呈线性关系，即

$$m_o(t) = A_0 + m(t) \tag{3.3-6}$$

其中，$A_0 \geq |m(t)|_{\max}$。隔去直流后就得到原信号 $m(t)$。

**【例 3.3.1】** 某调制系统如图 3-17 所示。为了在输出端同时分别得到 $f_1(t)$ 及 $f_2(t)$，试确定接收端的 $c_1(t)$ 及 $c_2(t)$。

**解**：发送端的合成信号 $f(t) = f_1(t)\cos\omega_0 t + f_2(t)\sin\omega_0 t$。根据图 3-17 的原理框图可知，接收端采用的是相干解调，若假设相干载波为 $\cos\omega_0 t$，则解调后的输出

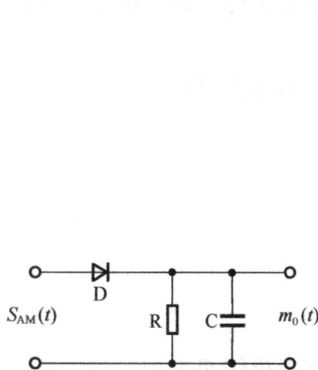

图 3-16　串联型包络检波器电路

图 3-17

$$f_0(t) = f(t)\cos\omega_0 t|_{LPF}$$
$$= [f_1(t)\cos\omega_0 t + f_2(t)\sin\omega_0 t]\cos\omega_0 t|_{LPF}$$
$$= [\frac{1}{2}f_1(t) + \frac{1}{2}f_1(t)\cos 2\omega_0 t + \frac{1}{2}f_2(t)\sin 2\omega_0 t]|_{LPF}$$
$$= \frac{1}{2}f_1(t)$$

这时可以得到 $f_1(t)$。

同理，假设接收端的相干载波为 $\sin\omega_0 t$，则解调后的输出为

$$f_0(t) = f(t)\sin\omega_0 t|_{LPF}$$
$$= [f_1(t)\cos\omega_0 t + f_2(t)\sin\omega_0 t]\sin\omega_0 t|_{LPF}$$
$$= [\frac{1}{2}f_2(t) + \frac{1}{2}f_1(t)\sin 2\omega_0 t - \frac{1}{2}f_2(t)\cos 2\omega_0 t]|_{LPF}$$
$$= \frac{1}{2}f_2(t)$$

综上所述，可以确定 $c_1(t) = \cos\omega_0 t$，$c_2(t) = \sin\omega_0 t$。

## 3.4 线性调制系统的抗噪声性能分析

### 3.4.1 抗噪声性能的分析模型

各种线性已调信号在传输过程中不可避免地要受到噪声的干扰，为了讨论问题的简单起见，我们这里只研究加性噪声对信号的影响。因此，接收端收到的信号是发送信号与加性噪声之和。

由于加性噪声只对已调信号的接收产生影响，因而调制系统的抗噪声性能主要用解调器的抗噪声性能来衡量。为了对不同调制方式下各种解调器性能进行度量，通常采用信噪比增益 G（又称为调制制度增益）来表示解调器的抗噪声性能，即

$$G = \frac{输出信噪比}{输入信噪比} = \frac{S_0/N_0}{S_i/N_i} \tag{3.4-1}$$

有加性噪声时解调器的数学模型如图 3-18 所示。

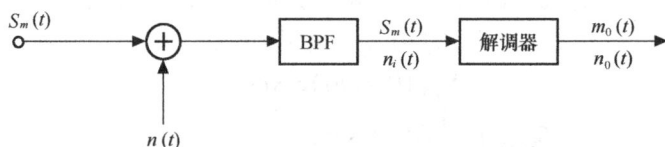

图 3-18 有加性噪声时解调器的数学模型

图中 $S_m(t)$ 为已调信号，$n(t)$ 为加性高斯白噪声。$S_m(t)$ 和 $n(t)$ 首先经过一带通滤波器，滤出有用信号，滤除带外的噪声。经过带通滤波器后到达解调器输入端的信号为 $S_m(t)$、噪声为高斯窄带噪声 $n_i(t)$，显然解调器输入端的噪声带宽与已调信号的带宽是相同的。最后经解调器解调输出的有用信号为 $m_o(t)$，噪声为 $n_o(t)$。

由式（2.8-2）可知，高斯窄带噪声 $n_i(t)$ 可表示为

$$n_i(t) = n_c(t)\cos\omega_c t - n_s(t)\sin\omega_c t \tag{3.4-2}$$

其中，高斯窄带噪声 $n_i(t)$ 的同相分量 $n_c(t)$ 和正交分量 $n_s(t)$ 都是高斯变量，它们的均值都为 0，方差（平均功率）都与 $n_i(t)$ 的方差相同，即

$$\sigma_{n_i}^2 = \sigma_{n_c}^2 = \sigma_{n_s}^2 = N_i \tag{3.4-3}$$

或者记为

$$\overline{n_c^2(t)} = \overline{n_s^2(t)} = \overline{n_i^2(t)} = N_i \tag{3.4-4}$$

式中，$N_i$ 为解调器的输入噪声功率。

若高斯白噪声的双边功率谱密度为 $n_0/2$，带通滤波器的传输特性是高度为 1、带宽为 $B$ 的理想矩形函数，其传输特性如图3-19所示，则

$$N_i = n_0 B \tag{3.4-5}$$

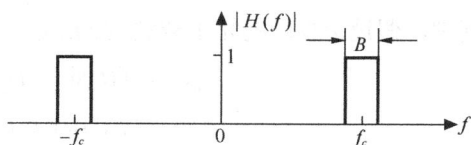

图 3-19　带通滤波器传输特性

为了使已调信号无失真地进入解调器，同时又最大限度地抑制噪声，带通滤波器的带宽 $B$ 应等于已调信号的带宽。

### 3.4.2　相干解调的抗噪声性能

各种线性调制系统的相干解调模型如图 3-20 所示。图中 $S_m(t)$ 可以是各种调幅信号，如 AM、DSB、SSB 和 VSB，带通滤波器的带宽等于已调信号带宽。下面讨论各种线性调制系统的抗噪声性能。

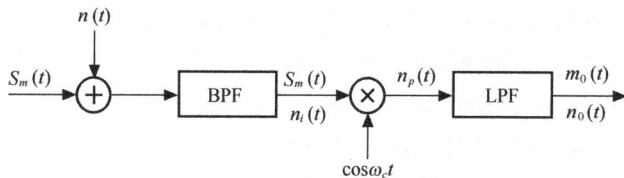

图 3-20　有加性噪声的相干解调模型

#### 1．解调器的输入信噪比

（1）解调器的输入信号功率 $S_i$

由前面的分析已知，各线性调制系统已调信号的时域表达式分别为

$$S_{AM}(t) = [A_0 + m(t)]\cos\omega_c t \tag{3.4-6}$$

$$S_{DSB}(t) = m(t)\cos\omega_c t \tag{3.4-7}$$

$$S_{SSB}(t) = \frac{1}{2}m(t)\cos\omega_c t \mp \frac{1}{2}\hat{m}(t)\sin\omega_c t \tag{3.4-8}$$

由前面的分析已知，各输入已调信号的平均功率为

$$(S_i)_{AM} = \frac{A_0^2}{2} + \frac{\overline{m^2(t)}}{2} \tag{3.4-9}$$

$$(S_i)_{DSB} = \frac{\overline{m^2(t)}}{2} \tag{3.4-10}$$

$$(S_i)_{SSB} = \frac{1}{4}\overline{m^2(t)} \tag{3.4-11}$$

（2）解调器的输入噪声功率 $N_i$

由前面分析已知

$$N_i = n_0 B \tag{3.4-12}$$

上式中，$B$ 表示各已调信号的带宽。其中，$B_{\text{AM}} = B_{\text{DSB}} = 2f_{\text{H}}$，$B_{\text{SSB}} = f_{\text{H}}$

（3）解调器的输入信噪比

由上面的分析可得各种线性调制信号在解调器的输入信噪比分别为

$$(S_i / N_i)_{\text{AM}} = \frac{A_0^2 + \overline{m^2(t)}}{2n_0 B_{\text{AM}}} = \frac{A_0^2 + \overline{m^2(t)}}{4n_0 f_{\text{H}}} \tag{3.4-13}$$

$$(S_i / N_i)_{\text{DSB}} = \frac{\overline{m^2(t)}}{2n_0 B_{\text{DSB}}} = \frac{\overline{m^2(t)}}{4n_0 f_{\text{H}}} \tag{3.4-14}$$

$$(S_i / N_i)_{\text{SSB}} = \frac{\overline{m^2(t)}}{4n_0 B_{\text{SSB}}} = \frac{\overline{m^2(t)}}{4n_0 f_{\text{H}}} \tag{3.4-15}$$

**2. 解调器的输出信噪比**

（1）解调器的输出信号功率 $S_o$

由前面分析已知，AM、DSB 调制信号经相干解调器的输出信号为

$$m_o(t) = \frac{1}{2} m(t) \tag{3.4-16}$$

因此，AM、DSB 解调后的输出信号的功率为

$$(S_o)_{\text{AM、DSB}} = \overline{m_o^2(t)} = \frac{1}{4} \overline{m^2(t)} \tag{3.4-17}$$

由式（3.3-5）可知，SSB 调制信号经过相干解调器的输出信号为

$$m_o(t) = \frac{1}{4} m(t) \tag{3.4-18}$$

因此，SSB 解调后输出信号的功率为

$$(S_o)_{\text{SSB}} = \overline{m_o^2(t)} = \frac{1}{16} \overline{m^2(t)} \tag{3.4-19}$$

（2）解调器的输出噪声功率 $N_o$

在图 3-20 中，各线性调制系统的输入噪声通过带通滤波器（BPF）之后，变成窄带噪声 $n_i(t)$，经乘法器相乘后的输出噪声为

$$n_p(t) = n_i(t)\cos\omega_c t = [n_c(t)\cos\omega_c t - n_s(t)\sin\omega_c t]\cos\omega_c t$$
$$= \frac{1}{2} n_c(t) + \frac{1}{2}[n_c(t)\cos 2\omega_c t - n_S(t)\sin 2\omega_c t] \tag{3.4-20}$$

经 LPF 后，$n_o(t) = \frac{1}{2} n_c(t)$

因此，解调器输出的噪声功率为

$$N_o = \overline{n_o^2(t)} = \frac{1}{4} \overline{n_c^2(t)} = \frac{1}{4} N_i \tag{3.4-21}$$

（3）解调器的输出信噪比

由上面的分析可得各种线性已调信号经过解调器后的输出信噪比分别为

$$(S_o / N_o)_{\text{AM、DSB}} = \frac{\overline{m^2(t)}}{n_0 B} = \frac{\overline{m^2(t)}}{2n_0 f_H} \qquad (3.4\text{-}22)$$

$$(S_o / N_o)_{\text{SSB}} = \frac{\overline{m^2(t)}}{4n_0 B} = \frac{\overline{m^2(t)}}{4n_0 f_H} \qquad (3.4\text{-}23)$$

### 3．解调器的信噪比增益

由上面分析的解调器输入信噪比和输出信噪比，可得各种线性调制系统的信噪比增益为

$$G_{\text{AM}} = \frac{S_o / N_o}{S_i / N_i} = \frac{2\overline{m^2(t)}}{A_0^2 + \overline{m^2(t)}} \qquad (3.4\text{-}24)$$

$$G_{\text{DSB}} = 2 \qquad (3.4\text{-}25)$$

$$G_{\text{SSB}} = 1 \qquad (3.4\text{-}26)$$

上面的结果说明：

（1）由于 $A_0$ 一般比调制信号幅度大，所以，$G_{\text{AM}} < 1$。对于单音调制信号，设 $m(t) = A_m \cos \omega_m t$，则 $\overline{m^2(t)} = \frac{1}{2} A_m^2$，如果采用 100% 调制，即 $A_0 = A_m$，此时调制制度增益最大值为 $G_{\text{AM}} = \frac{2}{3}$，即 AM 信号经相干解调后，即使在最好的情况下，输出信噪比也小于输入信噪比，原因是 AM 信号中的载波不携带信息。

（2）$G_{\text{DSB}} = 2$，表明双边带信号的解调器使信噪比改善了一倍，原因是相干解调把噪声中的正交分量抑制掉了，从而使噪声功率减半。

（3）$G_{\text{SSB}} = 1$，表明 SSB 信号的解调器对信噪比没有改善。这是因为在 SSB 系统中，由于信号和噪声有相同表示形式，所以在相干解调过程中，信号和噪声的正交分量均被抑制掉，故信噪比没有改善。

$G_{\text{DSB}} = 2 G_{\text{SSB}}$。但不能说双边带系统的抗噪声性能优于单边带系统性能。因为 $B_{\text{SSB}} = \frac{1}{2} B_{\text{DSB}}$，在相同的输入噪声功率谱密度时，$N_{\text{iDSB}} = 2 N_{\text{iSSB}}$。因而在相同的 $S_i$ 和 $n_0$ 时，两者输出信噪比相同，即抗噪声性能相同。

### 4．VSB 调制系统的抗噪声性能

VSB 调制系统抗噪性能的分析方法与上面类似。但是，由于所采用的残留边带滤波器的频率特性形状可能不同，所以难以确定抗噪性能的一般计算公式。不过，在残留边带滤波器滚降范围不大的情况下，可将 VSB 信号近似看成 SSB 信号，即

$$S_{\text{VSB}}(t) \approx S_{\text{SSB}}(t) \qquad (3.4\text{-}27)$$

在这种情况下，VSB 调制系统的抗噪声性能与 SSB 系统相同。

## 3.4.3 非相干解调的抗噪声性能

只有 AM 信号可以直接采用非相干解调。实际中，AM 信号常采用包络检波器解调，有

噪声时包络检波器的数学模型如图 3-21 所示。

设包络检波器输入信号 $S_m(t)$ 为

$$S_m(t) = [A_0 + m(t)]\cos\omega_c t \qquad (3.4\text{-}28)$$

式中，$A_0 \geqslant |m(t)|_{\max}$。

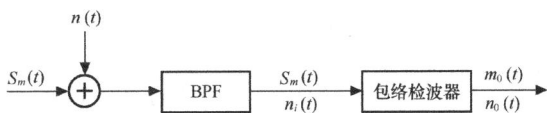

图 3-21 有噪声时的包络检波器模型

输入噪声 $n_i(t)$ 为

$$n_i(t) = n_c(t)\cos\omega_c t - n_s(t)\sin\omega_c t \qquad (3.4\text{-}29)$$

显然，解调器输入的信号功率 $S_i$ 和噪声功率 $N_i$ 为

$$S_i = \frac{A_0^2}{2} + \frac{\overline{m^2(t)}}{2} \qquad (3.4\text{-}30)$$

$$N_i = \overline{n_i^2(t)} = n_0 B \qquad$$

为了求得包络检波器输出端的信号功率 $S_o$ 和噪声功率 $N_o$，可以从包络检波器输入端的信号加噪声的合成包络开始分析。由式（3.4-28）和式（3.4-29）可得

$$S_m(t) + n_i(t) = [A_0 + m(t) + n_c(t)]\cos\omega_c t - n_s(t)\sin\omega_c t$$
$$= E(t)\cos[\omega_c t + \varphi(t)] \qquad (3.4\text{-}31)$$

其中

$$E(t) = \sqrt{[A_0 + m(t) + n_c(t)]^2 + n_s^2(t)} \qquad (3.4\text{-}32)$$

由于包络检波时相位不起作用，我们感兴趣的是包络，而包络 $E(t)$ 中的信号与噪声存在非线性关系。因此，如何从 $E(t)$ 中求出有用调制信号功率和无用的噪声功率，这是我们需要解决的问题。但作一般的分析比较困难。为了使问题简化起见，我们来考虑两种特殊的情形。

### 1. 大信噪比情况

所谓大信噪比是指输入信号幅度远大于噪声幅度。即满足下列条件

$$A_0 + m(t) \gg n_i(t)$$

从而有 $A_0 + m(t) \gg n_c(t)$ 及 $A_0 + m(t) \gg n_s(t)$。于是式（3.4-32）可变为

$$E(t) = \sqrt{[A_0 + m(t)]^2 + 2[A_0 + m(t)]n_c(t) + n_c^2(t) + n_s^2(t)}$$
$$\approx \sqrt{[A_0 + m(t)]^2 + 2[A_0 + m(t)]n_c(t)}$$
$$\approx [A_0 + m(t)]\sqrt{1 + \frac{2n_c(t)}{A_0 + m(t)}} \qquad (3.4\text{-}33)$$
$$\approx [A_0 + m(t)][1 + \frac{n_c(t)}{A_0 + m(t)}]$$
$$\approx A_0 + m(t) + n_c(t)$$

这里，我们采用了近似公式

$$(1+x)^{1/2} \approx 1 + \frac{x}{2}, \quad 当 |x| \ll 1 时 \qquad 。$$

由此可见，包络检波器输出的有用信号是 $m(t)$，输出噪声是 $n_c(t)$，信号与噪声是分开的。直流成分 $A_0$ 可被低通滤波器滤除。故输出的平均信号功率及平均噪声功率分别为

$$S_o = \overline{m^2(t)}$$

$$N_o = \overline{n_c^2(t)} = \overline{n_i^2(t)} = n_0 B \quad (3.4\text{-}34)$$

于是，可以得到

$$G_{AM} = \frac{S_o / N_o}{S_i / N_i} = \frac{2\overline{m^2(t)}}{A_0^2 + \overline{m^2(t)}} \quad (3.4\text{-}35)$$

此结果与相干解调时得到的信噪比增益公式相同。可见，在大信噪比情况下，AM 信号包络检波器的性能几乎与相干解调性能相同。

**2. 小信噪比情况**

所谓小信噪比是指噪声幅度远大于信号幅度。即满足下列条件：

$$A_0 + m(t) \ll n_i(t)$$

从而有 $A_0 + m(t) \ll n_c(t)$ 及 $A_0 + m(t) \ll n_s(t)$。于是式（3.4-33）变为

$$E(t) \approx \sqrt{n_c^2(t) + n_s^2(t) + 2n_c(t)[A_0 + m(t)]}$$

$$= \sqrt{[n_c^2(t) + n_s^2(t)]\{1 + \frac{2n_c(t)[A_0 + m(t)]}{[n_c^2(t) + n_s^2(t)]}\}}$$

$$= R(t)\sqrt{1 + \frac{2[A_0 + m(t)]}{R(t)}\theta(t)}$$

其中 $R(t) = \sqrt{[n_c^2(t) + n_s^2(t)]}$；$\theta(t) = \dfrac{n_c(t)}{R(t)}$，是一个依赖于噪声变化的随机函数，也就是说 $\theta(t)$ 实际上是一个随机噪声。

由于噪声幅度远大于信号幅度即 $A_0 + m(t) \ll n_c(t)$ 及 $A_0 + m(t) \ll n_s(t)$，因而 $R(t) \gg [A_0 + m(t)]$，则

$$E(t) \approx R(t)[1 + \frac{A_0 + m(t)}{R(t)}\theta(t)] = R(t) + [A_0 + m(t)]\theta(t) \quad (3.4\text{-}36)$$

式（3.4-36）中，调制信号 $m(t)$ 与随机噪声 $\theta(t)$ 相乘，故调制信号 $m(t)$ 无法与噪声分开，即有用信号"淹没"在噪声中，这种现象通常称为门限效应。进一步说，所谓门限效应，就是当包络检波器的输入信噪比降低到一个特定的数值后，检波器输出信噪比出现急剧恶化的一种现象。开始出现门限效应的输入信噪比值称为门限值。这种门限效应是由包络检波器的非线性解调作用所引起的。

小信噪比输入时，包络检波器输出信噪比计算很复杂，而且详细计算它一般也无必要。根据实践及有关资料可近似认为

$$S_o / N_o \approx 0.925(S_i / N_i)^2 \qquad S_i / N_i \ll 1$$

值得注意的是，采用相干解调法解调各种线性已调信号时，由于其解调过程可视为信号与噪声分别的解调，故解调器的输出端总是单独存在有用信号，因而，相干解调（同步解调）不存在门限效应。正因为在相干解调器中不存在门限效应，所以在噪声条件恶劣的情况下常采用相干解调。

**【例 3.4.1】** 某线性调制系统的输出信噪比为 20dB，输出噪声功率为 $10^{-9}\,\text{W}$，由发射机输出端到解调器输入之间总的传输损耗为 100dB，试求：

（1）DSB/SC 时的发射机输出功率；

（2）SSB/SC 时的发射机输出功率。

**解：**（1）在 DSB/SC 方式中，信噪比增益 $G=2$，则调制器输入信噪比为

$$\frac{S_i}{N_i}=\frac{1}{2}\frac{S_o}{N_o}=\frac{1}{2}\times10^{\frac{20}{10}}=50$$

同时，在相干解调时，

$$N_i=4N_o=4\times10^{-9}\,\mathrm{W}$$

因此解调器输入端的信号功率

$$S_i=50N_i=2\times10^{-7}\,\mathrm{W}$$

考虑发射机输出端到解调器输入端之间的 100dB 传输损耗，可得发射机输出功率

$$S_{发}=10^{\frac{100}{10}}\times S_i=2\times10^{3}\,\mathrm{W}$$

（2）在 SSB/SC 方式中，信噪比增益 $G=1$，则调制器输入信噪比为

$$\frac{S_i}{N_i}=\frac{S_o}{N_o}=100$$

$$N_i=4N_o=4\times10^{-9}\,\mathrm{W}$$

因此，解调器输入端的信号功率

$$S_i=100N_i=4\times10^{-7}\,\mathrm{W}$$

发射机输出功率

$$S_{发}=10^{10}\times S_i=4\times10^{3}\,\mathrm{W}$$

【**例 3.4.2**】 设信道的双边噪声功率谱密度 $P_n(f)=0.5\times10^{-3}\,\mathrm{W/Hz}$，在该信道中传输 AM 信号，并设调制信号 $m(t)$ 的频带限制在 5kHz，而载波频率是 100kHz，已调信号的边带功率为 10kW，载波功率为 40kW。若接收机的输入信号，先经过一个理想的 BPF，再加至解调器。试问：

（1）在保证已调信号顺利通过的前提下，为了尽可能滤出噪声，理想 BPF 的传输特性是多少？

（2）不考虑信道的传输损耗，解调器输入端的信噪比？

（3）采用相干解调，解调器输出端的信号功率和噪声功率分别为多少？

（4）采用非相干解调，解调器输出端的信号功率和噪声功率分别为多少？

（5）调制制度增益为多少？

**解：**

（1）因为调制信号 $m(t)$ 的频带限制在 5kHz，而载波频率是 100kHz，所以 AM 信号的中心频率为 100kHz，带宽为 10kHz。在保证已调信号顺利通过的前提下，为了尽可能滤出噪声，理想 BPF 的传输特性为

$$H(\omega)=\begin{cases}1; & 95\mathrm{kHz}\leqslant|f|\leqslant105\mathrm{kHz}\\0; & \text{其他}\end{cases}$$

（2）AM 信号的平均功率

$$P_{\mathrm{AM}}=P_c+P_{边}=\frac{A_0^2}{2}+\frac{\overline{m^2(t)}}{2}=40+10=50\mathrm{KW}$$

即解调器输入端的信号功率

$$S_i=50\mathrm{KW}$$

解调器输入端的噪声功率

$$N_i = 2P_n(f) \cdot B_{\text{BPF}} = 10\text{W}$$

解调器输入端的信噪比

$$\frac{S_i}{N_i} = 5000$$

（3）采用相干解调，解调器输出端的信号功率

$$S_o = \frac{\overline{m^2(t)}}{4} = 5\text{KW}$$

输出端的噪声功率

$$N_o = \frac{1}{4}N_i = 2.5\text{W}$$

（4）采用非相干解调，解调器输出端的信号功率

$$S_o = \overline{m^2(t)} = 20\text{KW}$$

输出端的噪声功率

$$N_o = N_i = 10\text{W}$$

（5）由（3）和（4）可知，不管是采用相干解调还是非相干解调，解调器的输出信噪比为

$$\frac{S_o}{N_o} = 2000$$

所以，调制制度增益

$$G = \frac{S_o/N_o}{S_i/N_i} = 0.4$$

可见在大信噪比情况下，AM 信号相干解调与非相干解调性能相同。

## 3.5 非线性调制系统的原理及抗噪声性能

前面所讨论的各种线性调制方式均有共同的特点，就是调制后的信号频谱只是调制信号的频谱在频率轴上的搬移，以适应信道的要求，虽然频率位置发生了变化，但频谱的结构没有变。

非线性调制又称角度调制，是指调制信号控制高频载波的频率或相位，而载波的幅度保持不变。角度调制后信号的频谱不再保持调制信号的频谱结构，会产生与频谱搬移不同的新的频率成分，而且调制后信号的带宽一般要比调制信号的带宽大得多。

从传输频带的利用率来讲非线性调制是不经济的，但它具有较好的抗噪声性能，在不增加信号发送功率的前提下，可以用增加带宽的方法来换取输出信噪比的提高，且传输带宽越宽，抗噪声性能越好。

非线性调制分为频率调制（FM）和相位调制（PM），它们之间可相互转换，FM 用得较多，因此我们着重讨论频率调制。

### 3.5.1 非线性调制的基本概念

前面所说的线性调制是通过调制信号改变载波的幅度来实现的，而非线性调制是通过调制信号改变载波的角度来实现的。

**1. 角度调制的基本概念**

（1）任意未调制的正弦载波可表示为

$$C(t) = A\cos(\omega_c t + \varphi_0) \qquad (3.5\text{-}1)$$

式中，$A$ 为载波的振幅，$(\omega_c t + \varphi_0)$ 称为载波信号的瞬时相位；$\omega_c$ 称为载波信号的角频率；$\varphi_0$ 为初相。

（2）调制后正弦载波可表示为

$$S_m(t) = A\cos[\omega_c t + \varphi(t)] = A\cos\theta(t) \qquad (3.5\text{-}2)$$

式中，$\theta(t) = \omega_c t + \varphi(t)$ 称为信号的瞬时相位，$\varphi(t)$ 称为瞬时相位偏移；$\dfrac{\mathrm{d}\theta(t)}{\mathrm{d}t} = \omega_c + \dfrac{\mathrm{d}\varphi(t)}{\mathrm{d}t}$ 称为信号的瞬时角频率，$\dfrac{\mathrm{d}\varphi(t)}{\mathrm{d}t}$ 称为瞬时角频率偏移。

**2. 调相波与调频波的一般表达式**

（1）相位调制（PM）

载波的幅度不变，调制信号 $m(t)$ 控制载波的瞬时相位偏移 $\varphi(t)$，使 $\varphi(t)$ 按 $m(t)$ 的规律变化，则称之为相位调制（PM）。

令 $\varphi(t) = K_p m(t)$，其中 $K_p$ 为调相器灵敏度，其含义是单位调制信号幅度引起 PM 信号的相位偏移量，单位是弧度/伏（rad/V）。

所以，调相波的表达式为

$$S_{\mathrm{PM}}(t) = A\cos[\omega_c t + K_p m(t)] \qquad (3.5\text{-}3)$$

对于调相波，其最大相位偏移为

$$\Delta\varphi_{\max} = K_p |m(t)|_{\max} \qquad (3.5\text{-}4)$$

（2）频率调制（FM）

载波的振幅不变，调制信号 $m(t)$ 控制载波的瞬时角频率偏移，使载波的瞬时角频率偏移按 $m(t)$ 的规律变化，则称之为频率调制（FM）。

令 $\dfrac{\mathrm{d}\varphi(t)}{\mathrm{d}t} = K_f m(t)$

即 $\varphi(t) = \displaystyle\int_{-\infty}^{t} K_f m(\tau)\,\mathrm{d}\tau$，其中 $K_f$ 为调频器灵敏度，其含义是单位调制信号幅度引起 FM 信号的频率偏移量，单位是弧度/秒·伏 $(\mathrm{rad/s.v})$。

所以，调频波的表达式为

$$S_{\mathrm{FM}}(t) = A\cos\left[\omega_c t + \int_{-\infty}^{t} K_f m(\tau)\,\mathrm{d}\tau\right] \qquad (3.5\text{-}5)$$

对于调频波，其最大角频率偏移为

$$\Delta\omega_{\max} = \left|\frac{\mathrm{d}\varphi(t)}{\mathrm{d}t}\right|_{\max} = K_f |m(t)|_{\max} \qquad (3.5\text{-}6)$$

（3）单频调制时的调相波与调频波

令 $m(t) = A_m \cos\omega_m t,$ 　　　　$\omega_m \ll \omega_c$

由式（3.5-3）可得

$$S_{PM}(t) = A\cos[\omega_c t + K_p A_m \cos \omega_m t]$$
$$= A\cos[\omega_c t + m_p \cos \omega_m t] \tag{3.5-7}$$

上式中，$m_p = K_p A_m$ 称为调相指数，代表 PM 波的最大相位偏移。

由式（3.5-5）可得

$$S_{FM}(t) = A\cos\left[\omega_c t + \int_{-\infty}^{t} K_f A_m \cos \omega_m \tau \mathrm{d}\tau\right]$$
$$= A\cos\left[\omega_c t + \frac{K_f A_m}{\omega_m}\sin \omega_m t\right] \tag{3.5-8}$$
$$= A\cos\left[\omega_c t + m_f \sin \omega_m t\right]$$

上式中，$m_f = \dfrac{K_f A_m}{\omega_m}$ 称为调频指数，代表 FM 波的最大相位偏移；

$\Delta\omega_{max} = K_f A_m$ 称为最大角频率偏移。

因此

$$m_f = \frac{\Delta\omega_{max}}{\omega_m} = \frac{\Delta f_{max}}{f_m} \tag{3.5-9}$$

### 3．PM 与 FM 之间的关系

比较式（3.5-3）和式（3.5-5）可以得出结论：尽管 PM 和 FM 是角调制的两种不同形式，但它们并无本质区别。PM 和 FM 只是频率和相位的变化规律不同而已。在 PM 中，角度随调制信号线性变化，而在 FM 中，角度随调制信号的积分线性变化。若将 $m(t)$ 先积分而后使它对载波进行 PM 即得 FM；而若将 $m(t)$ 先微分而后使它对载波进行 FM 即得 PM；所以 PM 与 FM 波的产生方法有两种：直接法和间接法，如图 3-22 和图 3-23 所示。

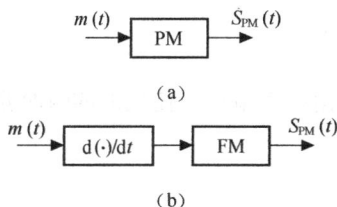

图 3-22　直接调相和间接调相　　　　图 3-23　直接调频和间接调频

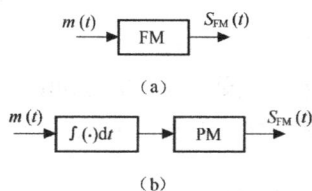

从以上分析可见，调频与调相并无本质区别，两者之间可相互转换。鉴于在实际应用中多采用 FM 波，下面将集中讨论频率调制。

## 3.5.2　调频信号的频谱和带宽

### 1．窄带调频（NBFM）

调频波的最大相位偏移满足如下条件

$$\left|\int_{-\infty}^{t} K_f m(\tau)\,\mathrm{d}\tau\right| << \frac{\pi}{6} \tag{3.5-10}$$

时，称为窄带调频（NBFM）。在这种情况下，调频波的频谱只占比较窄的频带宽度。由式（3.5-5）可以得到 NBFM 波的时域表达式为

$$S_{\text{NBFM}}(t) = A\cos[\omega_c t + \int_{-\infty}^{t} K_f m(\tau)\, d\tau]$$

$$= A\cos\omega_c t.\cos[\int_{-\infty}^{t} K_f m(\tau)\, d\tau] - A\sin\omega_c t.\sin[\int_{-\infty}^{t} K_f m(\tau)\, d\tau] \qquad (3.5\text{-}11)$$

由于 $|\int K_f m(t)\, dt|$ 较小，运用公式 $\cos x \approx 1$ 和 $\sin x \approx x$，式（3.5-11）可以简化为

$$S_{\text{NBFM}}(t) = A\cos\omega_c t - A[\int_{-\infty}^{t} K_f m(\tau)\, d\tau]\sin\omega_c t \qquad (3.5\text{-}12)$$

因此，窄带调频的频域表达式为

$$S_{\text{NBFM}}(\omega) = \pi A[\delta(\omega-\omega_c)+\delta(\omega+\omega_c)] + \frac{AK_f}{2}[\frac{M(\omega-\omega_c)}{\omega-\omega_c} - \frac{M(\omega+\omega_c)}{\omega+\omega_c}] \qquad (3.5\text{-}13)$$

由式（3.5-13）可见，NBFM 与 AM 的频谱类似，都包含载波和两个边带。NBFM 信号的带宽与 AM 信号的带宽相同，均为基带信号最高频率分量的两倍。不同的是，NBFM 的两个边频分量分别乘了因式 $1/(\omega-\omega_c)$ 和 $1/(\omega+\omega_c)$，由于因式是频率的函数，所以这种加权是频率加权，加权的结果引起已调信号频谱的失真，造成了 NBFM 与 AM 的本质区别。

由于 NBFM 信号最大相位偏移较小，占据的带宽较窄，使得其抗干扰性强的优点不能充分发挥，因此目前仅用于抗干扰性能要求不高的短距离通信中。在长距离高质量的通信系统中，如微波或卫星通信、调频立体声广播、超短波电台等多采用宽带调频。

**2. 宽带调频（WBFM）**

当式（3.5-10）不成立时，调频信号的时域表达式不能简化为式（3.5-12），此时调制信号对载波进行频率调制将产生较大的频偏，使已调信号在传输时占用较宽的频带，所以称为宽带调频。

一般信号的宽带调频时域表达式非常复杂。为使问题简化，我们只研究单频调制的情况，然后把分析的结论推广到一般的情况。

（1）单频调制时 WBFM 的频域特性

设单频调制信号为

$$m(t) = A_m \cos\omega_m t, \qquad \omega_m \ll \omega_c$$

则由式（3.5-8）可得

$$S_{\text{FM}}(t) = A\cos[\omega_c t + m_f \sin\omega_m t] \qquad (3.5\text{-}14)$$

利用三角公式展开上式，则有

$$S_{\text{FM}}(t) = A[\cos\omega_c t \cos(m_f \sin\omega_m t) - \sin\omega_c t \sin(m_f \sin\omega_m t)] \qquad (3.5\text{-}15)$$

将两个因子 $\cos(m_f \sin\omega_m t)$ 和 $\sin(m_f \sin\omega_m t)$ 分别展成傅里叶级数形式

$$\cos(m_f \sin\omega_m t) = J_0(m_f) + \sum_{n=1}^{\infty} 2J_{2n}(m_f)\cos 2n\omega_m t \qquad (3.5\text{-}16)$$

$$\sin(m_f \sin\omega_m t) = 2\sum_{n=1}^{\infty} J_{2n-1}(m_f)\sin(2n-1)\omega_m t \qquad (3.5\text{-}17)$$

经推导，式（3.5-15）可展开成如下级数形式

$$S_{\text{FM}}(t) = A\sum_{n=-\infty}^{\infty} J_n(m_f)\cos(\omega_c + n\omega_m)t \qquad (3.5\text{-}18)$$

式中，$J_n(m_f)$ 为第一类 $n$ 阶贝塞尔函数，它是调频指数 $m_f$ 的函数。图 3-24 给出了 $J_n(m_f)$ 随 $m_f$ 变化的关系曲线。详细数据可查阅附录三的贝塞尔函数表。

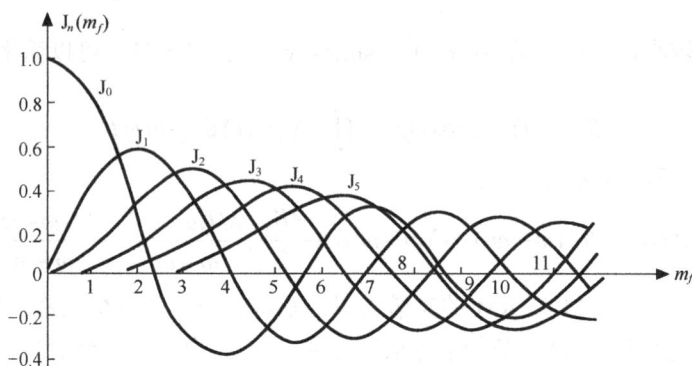

图 3-24　贝塞尔函数曲线

可以证明，第一类 $n$ 阶贝塞尔函数具有以下对称性

$$J_{-n}(m_f) = \begin{cases} J_n(m_f) & n\text{为偶数} \\ J_{-n}(m_f) & n\text{为奇数} \end{cases} \tag{3.5-19}$$

对式（3.5-18）进行傅里叶变换，可得到 WBFM 的频谱表达式

$$S_{\text{FM}}(\omega) = \pi A \sum_{n=-\infty}^{\infty} J_n(m_f)[\delta(\omega - \omega_c - n\omega_m) + \delta(\omega + \omega_c + \omega_m)] \tag{3.5-20}$$

调频波的频谱如图 3-25 所示。

由式（3.5-20）和图 3-25 可看出，调频波的频谱包含无穷多个分量。当 $n=0$ 时就是载波分量 $\omega_c$，其幅度为 $J_0(m_f)$；当 $n \neq 0$ 时在载频两侧对称地分布上下边频分量 $\omega_c \pm n\omega_m$，谱线之间的间隔为 $\omega_m$，幅度为 $J_n(m_f)$；当 $n$ 为奇数时，上下边频幅度的极性相反；当 $n$ 为偶数时上下边频幅度的极性相同。

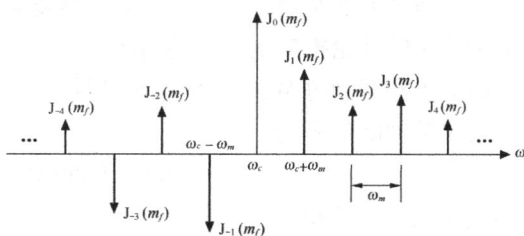

图 3-25　调频波的频谱

（2）单频调制时的频带宽度

由于调频波的频谱包含无穷多个频率分量，因此，理论上调频波的频带宽度为无限宽。然而实际上边频幅度 $J_n(m_f)$ 随着 $n$ 的增大而逐渐减小，因此只要取适当的 $n$ 值使边频分量小到可以忽略的程度，调频信号可近似认为具有有限频谱。根据经验认为：当 $m_f \geqslant 1$ 以后，取边频数 $n = m_f + 1$ 即可。因为 $n > m_f + 1$ 以上的边频幅度 $J_n(m_f)$ 均小于 0.1，相应产生的功率均在总功率的 2% 以下，可以忽略不计。根据这个原则，调频波的带宽为

$$B_{\text{FM}} \approx 2(\Delta f + f_m) = 2(m_f + 1)f_m \tag{3.5-21}$$

式中，$f_m$ 为调制信号 $m(t)$ 的频率；$\Delta f$ 为最大频偏；$m_f$ 为调频指数。该式称为卡森公式。

若 $m_f \ll 1$，则

$$B_{\text{NBFM}} \approx 2f_m \qquad (\text{NBFM}) \tag{3.5-22}$$

若 $m_f \gg 1$，则

$$B_{\text{WBFM}} \approx 2\Delta f \qquad \text{(WBFM)} \tag{3.5-23}$$

以上讨论的是单频调制的情况，当调制信号有多个频率分量时，已调信号的频谱要复杂很多。对于任意 FM 调制信号，我们可以定义频偏比

$$D = \frac{\text{最大频偏}}{\text{调制信号的最高频率}} = \frac{\Delta f}{f_m}$$

则 FM 信号带宽的经验公式为

$$B = 2(\Delta f + f_m) = 2(D+1)f_m \tag{3.5-24}$$

式中，$f_m$ 为调制信号的最高频率分量，$\Delta f$ 为最大频偏，$D$ 为频偏比。可见，在非单频调制中，频偏比 $D$ 所起的作用与在单频调制中调制指数所起的作用相同。

（3）调频信号的平均功率分布

调频信号的平均功率等于已调信号的均方值，即

$$P_{FM} = \overline{S_{FM}^2(t)} = \overline{[A\sum_{n=-\infty}^{\infty} J_n(m_f)\cos(\omega_c + n\omega_m)t]^2} = \frac{A^2}{2}\sum_{n=-\infty}^{\infty} J_n^2(m_f) \tag{3.5-25}$$

根据贝塞尔函数的性质，上式中 $\sum_{n=-\infty}^{\infty} J_n^2(m_f) = 1$。

所以调频信号的平均功率为

$$P_{FM} = \frac{A^2}{2} \tag{3.5-26}$$

【例 3.5.1】 幅度为 3V 的 1MHz 载波受幅度为 1V 频率为 500Hz 的正弦信号调制，最大频偏为 1kHz，当调制信号幅度增加为 5V 且频率增至 2kHz 时，写出新调频波的表达式。

**解**：$K_f = \dfrac{\Delta\omega}{A_m} = \dfrac{2\pi \times 1 \times 10^3}{1} = 2\pi \times 10^3$

新调频波的调频指数为

$$m_f = \frac{K_f A'_m}{\omega'_m} = \frac{2\pi \times 10^3 \times 5}{2\pi \times 2 \times 10^3} = 2.5$$

所以，新调频波为

$$\begin{aligned} S_{\text{FM}}(t) &= A\cos[\omega_c t + m_f \sin\omega'_m t] \\ &= 3\cos[2\pi \times 10^6 t + 2.5\sin(4\pi \times 10^3 t)] \end{aligned}$$

### 3.5.3 调频信号的产生与解调

#### 1. 调频信号的产生

产生调频波的方法通常有两种：直接调频法和间接调频法。

（1）直接法

直接法就是用调制信号直接控制振荡器的电抗元件参数，使输出信号的瞬时频率随调制信号呈线性变化。目前人们多采用压控振荡器（VCO）作为产生调频信号的调制器。振荡频率由外部电压控制的振荡器叫做压控振荡器（VCO），它产生的输出频率正比于所加的控制电压。

控制 VCO 振荡频率的常用方法是改变振荡器谐振回路的电抗元件 $L$ 或 $C$。$L$ 或 $C$ 可控的元件有电抗管、变容管。变容管由于电路简单，性能良好，目前在调频器中广泛使用。

直接法的主要优点是在实现线性调频的要求下，可以获得较大的频偏。缺点是频率稳定度不高，往往需要附加稳频电路来稳定中心频率。

（2）间接法

间接法又称倍频法，它是由窄带调频通过倍频产生宽带调频信号的方法。

其原理框图如图 3-26 所示。

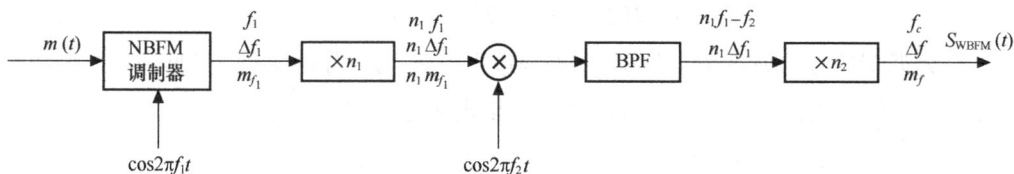

图 3-26　间接产生 WBFM 的框图

设 NBFM 产生的载波为 $f_1$，产生的最大频偏为 $\Delta f_1$，调频指数为 $m_{f1}$，$n_1$ 和 $n_2$ 为倍频次数。

若要获得 WBFM 的载频为 $f_c$，最大频偏为 $\Delta f$，调频指数为 $m_f$。根据图 3-25 可以列出它们的关系式如下

$$f_c = n_2(n_1 f_1 - f_2),$$
$$\Delta f = n_1 n_2 \Delta f_1,$$
$$m_f = n_1 n_2 m_{f1}$$

间接法的优点是频率稳定度好。缺点是需要多次倍频和混频，因此电路较复杂。

**2．调频信号的解调**

（1）非相干解调

非相干解调器由限幅器、鉴频器和低通滤波器等组成，其方框图如图 3-27 所示。限幅器输入为已调频信号和噪声，限幅器是为了消除接收信号在幅度上可能出现的畸变；带通滤波器的作用是用来限制带外噪声，使调频信号顺利通过。

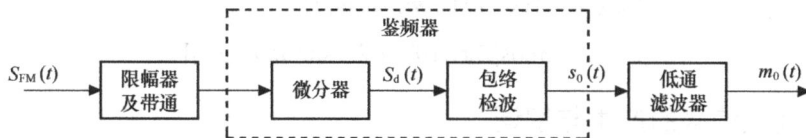

图 3-27　调频信号的非相干解调

鉴频器中的微分器把调频信号变成调幅调频波，然后由包络检波器检出包络，最后通过低通滤波器取出调制信号。

设输入调频信号为

$$S_i(t) = S_{FM}(t) = A\cos\left[\omega_c t + K_f \int_{-\infty}^{t} m(\tau)\,\mathrm{d}\tau\right]$$

微分器的作用是把调频信号变成调幅调频波。微分器输出为

$$s_d(t) = \frac{dS_i(t)}{dt} = \frac{dS_{FM}(t)}{dt} \tag{3.5-27}$$

$$= -A\left[\omega_c + K_f m(t)\right]\sin\left[\omega_c t + K_f \int_{-\infty}^{t} m(\tau)\,d\tau\right]$$

包络检波的作用是从输出信号的幅度变化中检出调制信号。包络检波器输出为

$$s_o(t) = K_d\left[\omega_c + K_f m(t)\right] = K_d\omega_c + K_d K_f m(t) \tag{3.5-28}$$

$K_d$ 称为鉴频灵敏度，是已调信号单位频偏对应的调制信号的幅度，单位为伏/弧度/秒(v/rad/s)，经低通滤波器后加隔直流电容，隔去无用的直流，得

$$m_o(t) = K_d K_f m(t) \tag{3.5-29}$$

从而完成正确解调。

（2）相干解调

由于窄带调频信号可分解成正交分量与同相分量之和，因而可以采用线性调制中的相干解调法来进行解调。其原理框图如图 3-28 所示。图中的带通滤波器用来限制信道所引入的噪声，但调频信号应能正常通过。

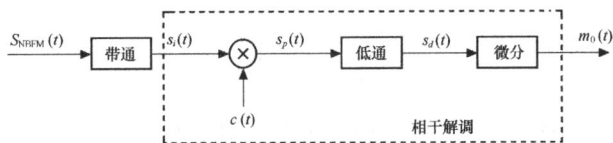

图 3-28　窄带调频信号的相干解调

设窄带调频信号为

$$S_{NBFM}(t) = A\cos\omega_c t - A\left[\int_{-\infty}^{t} K_f m(\tau)\,d\tau\right]\sin\omega_c t$$

相干载波

$$C(t) = -\sin\omega_c t$$

则乘法器输出为

$$s_p(t) = -\frac{A}{2}\sin 2\omega_c t + \left[\frac{A}{2}K_f \int_{-\infty}^{t} m(\tau)\,d\tau\right](1 - \cos 2\omega_c t) \tag{3.5-30}$$

经低通滤波器滤除高频分量，得

$$s_d(t) = \frac{A}{2}K_f \int_{-\infty}^{t} m(\tau)\,d\tau \tag{3.5-31}$$

再经微分器，得输出信号

$$m_o(t) = \frac{A}{2}K_f m(t) \tag{3.5-32}$$

从而完成正确解调。

需要注意的是，调频信号的相干解调同样要求本地载波与调制载波同步，否则将使解调信号失真。显然，上述相干解调法只适用于窄带调频。

### 3.5.4　调频系统的抗噪声性能

从前面的分析可知，调频信号的解调有相干解调和非相干解调两种。相干解调仅适用于窄带调频信号，且需同步信号；而非相干解调适用于窄带和宽带调频信号，而且不需同步信号，因而是 FM

系统的主要解调方式，所以本节只讨论非相干解调系统的抗噪声性能，其分析模型如图 3-29 所示。

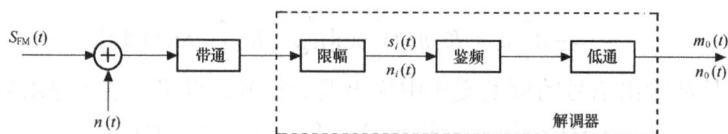

图 3-29　调频系统抗噪声性能分析模型

图中带通滤波器的作用是抑制信号带宽以外的噪声。$n(t)$ 是均值为 0，单边功率谱密度为 $n_0$ 的高斯白噪声，经过带通滤波器后变为窄带高斯噪声 $n_i(t)$。限幅器是为了消除接收信号在幅度上可能出现的畸变。

### 1. 解调器输入信噪比

设输入调频信号为

$$S_i(t) = S_{FM}(t) = A\cos\left[\omega_c t + K_f \int_{-\infty}^{t} m(\tau)\, d\tau\right]$$

由式（3.5-26）知，输入调频信号功率为

$$S_i = A^2/2 \qquad\qquad (3.5\text{-}33)$$

理想带通滤波器的带宽与调频信号的带宽 $B_{FM}$ 相同，所以输入噪声功率为

$$N_i = n_0 B_{FM}$$

因此，输入信噪比

$$\frac{S_i}{N_i} = \frac{A^2}{2 n_0 B_{FM}} \qquad\qquad (3.5\text{-}34)$$

### 2. 解调器输出信噪比和信噪比增益

计算输出信噪比时，由于非相干解调不满足叠加性，无法分别计算信号与噪声功率，因此，也和 AM 信号的非相干解调一样，考虑两种极端情况，即大信噪比和小信噪比情况，使计算简化，以便得到一些有用的结论。

（1）大信噪比情况

在大信噪比条件下，信号和噪声的相互作用可以忽略，这时可以把信号和噪声分开来算，这里，我们直接给出解调器的输出信噪比

$$\frac{S_o}{N_o} = \frac{3 A^2 K_f^2 \overline{m^2(t)}}{8\pi^2 n_0 f_m^3} \qquad\qquad (3.5\text{-}35)$$

上式中，$A$ 为载波的幅度，$K_f$ 为调频器灵敏度，$f_m$ 为调制信号 $m(t)$ 的最高频率，$n_0$ 为噪声单边功率谱密度。

由式（3.5-34）和式（3.5-35）可得宽带调频系统的调制制度增益

$$G_{FM} = \frac{S_o/N_o}{S_i/N_i} = \frac{3 K_f^2 B_{FM} \overline{m^2(t)}}{4\pi^2 f_m^3} \qquad\qquad (3.5\text{-}36)$$

为了使上式具有简明的结果，我们考虑 $m(t)$ 为单一频率余弦波时的情况，即

$$m(t) = A_m \cos \omega_m t$$

则

$$\overline{m^2(t)} = \frac{A_m^2}{2}$$

这时的调频信号为

$$S_{\text{FM}}(t) = A \cos[\omega_c t + m_f \sin \omega_c t]$$

式中

$$m_f = \frac{K_f A_m}{\omega_m} = \frac{\Delta \omega_{\max}}{\omega_m} = \frac{\Delta f_{\max}}{f_m}$$

将这些关系式分别代入式（3.5-35）和式（3.5-36），求得解调器输出信噪比

$$\frac{S_o}{N_o} = \frac{3}{4} m_f^2 \frac{A^2}{n_0 f_m} \tag{3.5-37}$$

解调器的信噪比增益

$$G_{\text{FM}} = \frac{S_o / N_o}{S_i / N_i} = \frac{3}{2} m_f^2 \frac{B_{\text{FM}}}{f_m} \tag{3.5-38}$$

由式（3.5-21）知宽带调频信号带宽为

$$B_{\text{FM}} = 2(m_f + 1) f_m$$

所以，式（3.5-38）还可以写成

$$G_{\text{FM}} = 3 m_f^2 (m_f + 1) \tag{3.5-39}$$

上式表明，大信噪比时宽带调频系统的制度增益是很高的，它与调频指数的立方成正比。例如调频广播中常取 $m_f = 5$，则制度增益 $G_{\text{FM}} = 450$。可见。加大调频指数 $m_f$，可使调频系统的抗噪声性能迅速改善。

【例 3.5.2】 设调频与调幅信号均为单音调制，调制信号频率为 $f_m$，调幅信号为 100% 调制。设两者的接收功率 $S_i$ 和信道噪声功率谱密度 $n_0$ 均相同时，试比较调频系统（FM）与幅度调制系统（AM）的抗噪声性能。

**解**：由幅度调制系统和调频系统性能分析可知

$$\left( \frac{S_o}{N_o} \right)_{\text{AM}} = G_{\text{AM}} \left( \frac{S_i}{N_i} \right)_{\text{AM}} = G_{\text{AM}} \frac{S_i}{n_0 B_{\text{AM}}}$$

$$\left( \frac{S_o}{N_o} \right)_{\text{FM}} = G_{\text{FM}} \left( \frac{S_i}{N_i} \right)_{\text{FM}} = G_{\text{FM}} \frac{S_i}{n_0 B_{\text{FM}}}$$

两者输出信噪比的比值为

$$\frac{(S_o / N_o)_{\text{FM}}}{(S_o / N_o)_{\text{AM}}} = \frac{G_{\text{FM}}}{G_{\text{AM}}} \cdot \frac{B_{\text{AM}}}{B_{\text{FM}}} \tag{3.5-40}$$

根据本题假设条件，有

$$G_{\text{AM}} = \frac{2}{3}, \qquad G_{\text{FM}} = 3 m_f^2 (m_f + 1)$$

$$B_{\text{AM}} = 2 f_m, \qquad B_{\text{FM}} = 2(m_f + 1) f_m = 2(\Delta f + f_m)$$

将这些关系代入式（3.5-40），得

$$\frac{(S_o/N_o)_{\mathrm{FM}}}{(S_o/N_o)_{\mathrm{AM}}} \approx 4.5 m_f^2 \qquad (3.5\text{-}41)$$

由此可见，在高调频指数时，调频系统的输出信噪比远大于调幅系统。例如，$m_f = 5$时，宽带调频的$S_o/N_o$是调幅时的112.5倍。这也可理解成当两者输出信噪比相等时，调频信号的发射功率可减小到调幅信号的1/112.5。

应当指出，调频系统的这一优越性是以增加传输带宽为代价换取来的。因为

$$B_{\mathrm{FM}} = 2(m_f+1)f_m = (m_f+1)B_{\mathrm{AM}}$$

当$m_f \gg 1$时

$$B_{\mathrm{FM}} \approx m_f B_{\mathrm{AM}}$$

代入式（3.5-41），有

$$\frac{(S_o/N_o)_{\mathrm{FM}}}{(S_o/N_o)_{\mathrm{AM}}} \approx 4.5(\frac{B_{\mathrm{FM}}}{B_{\mathrm{AM}}})^2 \qquad (3.5\text{-}42)$$

这说明宽带调频输出信噪比相对于调幅的改善与它们带宽比的平方成正比。这就意味着，对于调频系统来说，增加传输带宽就可以改善抗噪声性能。调频方式的这种以带宽换取信噪比的特性是十分有益的。而在线性调制系统中，由于信号带宽是固定的，因而无法实现带宽与信噪比的互换，这也正是在抗噪声性能方面调频系统优于调幅系统的重要原因。

（2）小信噪比情况与门限效应

以上分析都是在解调器输入信噪比足够大的条件下进行的，在此假设条件下的近似分析所得到的解调输出信号与噪声是相加的。实际上，在解调输入信号与噪声是相加的情况下，由于角调信号解调过程的非线性，使得解调输出的信号和噪声是以一复杂的非线性函数关系相混合，仅在大输入信噪比时，此非线性函数才近似为一相加形式。在小输入信噪比时，解调输出信号与噪声相混合，以致不能从噪声中分辨出信号来，此时的输出信噪比急剧恶化，这种情况与幅度调制包络检波时相似，也称之为门限效应。出现门限效应时所对应的输入信噪比的值被称为门限值。

图3-30示出了调频解调器输入－输出信噪比性能曲线。为了便于比较，图中还画出了DSB信号同步检测时的性能曲线。由前面的讨论可知，后者是通过原点的直线。而对FM系统而言，当未发生门限效应时，FM与AM的性能关系符合式（3.5-41）的关系式，在相同输入信噪比情况下，FM输出信噪比优于AM输出信噪比；但是，当输入信噪比降到某一门限（例如，图3-30中的门限值$\alpha$）时，FM便开始出现门限效应；若继续降低输入信噪比，则FM解调器的输出信噪比将急剧变坏，甚至比AM的性能还要差。

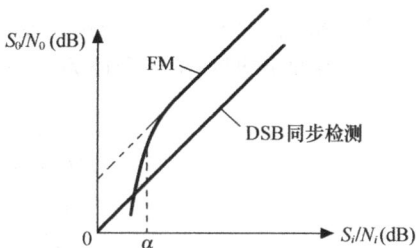

图3-30　解调器性能曲线示意图

理论计算和实践均表明，应用普通鉴频器解调FM信号时，其门限效应与输入信噪比有关，一般发生在输入信噪比$\alpha = 10\mathrm{dB}$左右处。

如同包络检波器一样，FM解调器的门限效应也是由它的非线性的解调作用所引起的。由于在门限值以上时，FM解调器具有良好的性能，故在实际中除设法改善门限效应外，一

般应使系统工作在门限值以上。

### 3.5.5　调频系统的加重技术

前面曾提到，线性调制系统输出信噪比的增加只能靠输入信噪比的增加而增加（如增加发送信号功率或降低噪声电平）。非线性调制系统可以用增加输入信噪比或者用增加调频指数的方法增加输出信噪比。除此之外，它们还可采用降低输出噪声功率的方法提高输出信噪比。总之，只要能保持输出信号不变的任何降低输出噪声的措施都是有用的。

本节的预加重/去加重技术就是采用保持输出信号功率不变而降低输出噪声的方法来提高输出信噪比。其基本思想是在接收端解调器输出端接入去加重滤波器和在发送端调制器输入端接入预加重滤波器。预加重滤波器的特性和去加重滤波器的特性应是互补关系。该过程的方框图如图 3-31 所示。

图 3-31　具有预加重和去加重滤波器的调频系统

可以证明，调频信号用鉴频器解调时，解调器的输出噪声功率谱密度按频率的平方规律增加。即

$$P_{n0}(f) \propto f^2 \qquad |f| < f_m$$

现在如果在解调器输出端接一个输出特性随 f 的增加而滚降的线性网络，将高端的噪声衰减，则总的噪声功率可以减小，这个网络称为去加重网络，其简单电路如图 3-32 所示。

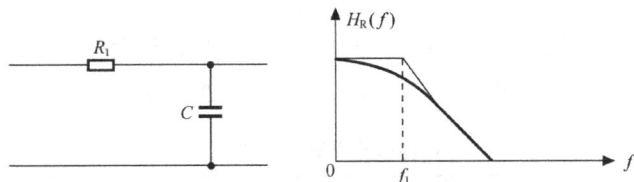

图 3-32　简单去加重电路

在接收端接入去加重网络后，将会对输出信号带来频率失真。因此在调制器前加一个预加重网络来抵消去加重网络的影响，其简单电路如图 3-33 所示。

为使传输信号不失真，应该有

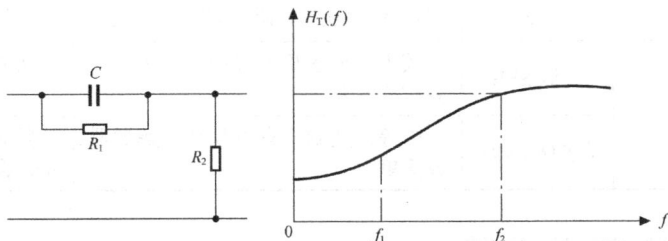

图 3-33　简单预加重电路

$$H_T(f)\ H_R(f)=1 \text{ 或 } H_T(f)=\frac{1}{H_R(f)} \tag{3.5-43}$$

当满足式（3.5-43）条件后，对于传输信号来说，接与不接预加重和去加重网络的情况是一样，即保证了输出信号不变的要求，而输出噪声得到了降低，从而提高了输出信噪比。

由于加重前和加重后的信号是不变的，所以加重前的信噪功率比和加重后的信噪功率比相比较的话，只要用加重前后的输出噪声功率来比较就可以了。即

$$R = \frac{\int_{-f_m}^{f_m} P_{n0}(f)\mathrm{d}f}{\int_{-f_m}^{f_m} P_{n0}(f)|H_R(f)|^2\mathrm{d}f} \tag{3.5-44}$$

在采用图 3-32 和图 3-33 所示的简单去加重预加重电路后，且保持信号传输带宽不变的条件，经过分析计算，可以使输出信噪比提高 6dB 左右。

## 3.6 各种模拟调制系统的比较

本节将对前面所讨论的各种模拟调制系统进行总结、比较，以便在实际中合理选用。

### 1. 各种模拟调制方式总结

假定所有调制系统在接收机输入端具有相同的信号功率，且加性噪声都是均值为 0、双边功率谱密度为 $n_0/2$ 的高斯白噪声，基带信号 $m(t)$ 带宽为 $f_m$，在所有系统中都满足

$$\begin{cases} \overline{m(t)} = 0 \\ \overline{m^2(t)} = \frac{1}{2} \\ |m(t)|_{\max} = 1 \end{cases} \tag{3.6-1}$$

例如，$m(t)$ 为正弦波信号。综合前面的分析，可总结各种调制方式的信号带宽、制度增益、设备复杂程度、主要应用等如表 3-1 所示，表中还进一步假设了 AM 为 100%调制。

表 3-1　　　　各种模拟调制方式总结

| 调制方式 | 传输带宽 | 信噪比增益 | 设备复杂度 | 主 要 应 用 |
|---|---|---|---|---|
| DSB | $2f_m$ | 2 | 中等：要求相干解调，常与 DSB 信号一起传输一个小导频 | 点对点的专用通信，低带宽信号多路复用系统 |
| SSB | $f_m$ | 1 | 较大：要求相干解调，调制器也较复杂 | 短波无线电广播，话音频分多路通信 |
| AM | $2f_m$ | 2/3 | 较小：调制与解调（包络检波）简单 | 中短波无线电广播 |
| VSB | 略大于 $f_m$ | 近似 SSB | 较大：要求相干解调，调制器需要对称滤波 | 数据传输，商用电视广播 |
| FM | $2(m_f+1)f_m$ | $3m_f^2(m_f+1)$ | 中等：调制器有点复杂，解调器较简单 | 数据传输，无线电广播，微波中继 |

### 2. 各种模拟调制方式性能比较

就抗噪性能而言，WBFM 最好，DSB、SSB、VSB 次之，AM 最差。NBFM 与 AM 接近。图 3-34 示出了各种模拟调制系统的性能曲线，图中的圆点表示门限点。门限点以下，曲线迅速下

跌；门限点以上，DSB、SSB 的信噪比比 AM 高 4.7dB 以上，而 FM（$m_f = 6$）的信噪比比 AM 高 22dB。

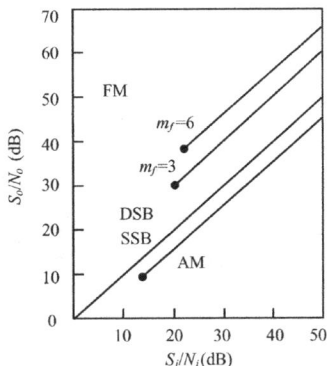

图 3-34 各种模拟调制系统的性能曲线

就频带利用率而言，SSB 最好，VSB 与 SSB 接近，DSB、AM、NBFM 次之，WBFM 最差。由表 3-1 还可看出，FM 的调频指数越大，抗噪性能越好，但占据带宽越宽，频带利用率越低。

## 3.7 载波同步

在通信系统中，同步是一个非常重要的问题。通信系统能否有效地可靠地工作，在很大程度上依赖于有无良好的同步系统。

当采用同步解调或相干检测时，接收端需要提供一个和发射载波同频、同相的本地载波，而这个本地载波的频率和相位信息必须来自接收信号，或是说需要从接收信号中提取载波同步信息。这个本地载波的获取就称为载波提取，或称为载波同步。

### 3.7.1 载波同步的方法

载波同步的方法有直接法（自同步法）和插入导频法（外同步法）两种。直接法不需要专门传输导频（同步信号），而是接收端直接从接收信号中提取载波；插入导频法是在发送有用信号的同时，在适当的频率位置上，插入一个（或多个）称作导频的正弦波（同步载波），接收端就利用导频提取出载波。下面分别加以介绍。

#### 1. 直接法（自同步法）

有些信号（如抑制载波的双边带信号等）虽然本身不包含载波分量，但对该信号进行某些非线性变换以后，就可以直接从中提取出载波分量来，这就是直接法提取同步载波的基本原理。下面介绍几种实现直接提取载波的方法。

（1）平方变换法和平方环法

设调制信号为 $m(t)$，$m(t)$ 中无直流分量，则抑制载波的双边带信号为

$$s(t) = m(t)\cos\omega_c t \tag{3.7-1}$$

接收端将该信号进行平方变换后，得到

$$s^2(t) = m^2(t)\cos^2\omega_c t = \frac{1}{2}m^2(t) + \frac{1}{2}m^2(t)\cos 2\omega_c t \tag{3.7-2}$$

式（3.7-2）包含两倍载频（$2f_c$）的分量，用窄带滤波器将此分量滤出，然后经过一个二分频电路，就能提取出载频 $f_c$ 分量，这就是所需的同步载波。平方变换法提取载频的原理方框图如图 3-35 所示。

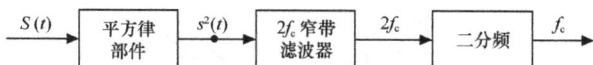

图 3-35 平方变换法提取载波

为改善平方变换的性能，可以在平方变换法的基础上，把窄带滤波器用锁相环替代，构成如图 3-36 所示框图，这样就实现了平方环法提取载波。由于锁相环具有良好的跟踪、窄带滤波和记忆性能，因此平方环法比一般的平方变换法具有更好的性能，因而得到广泛的应用。

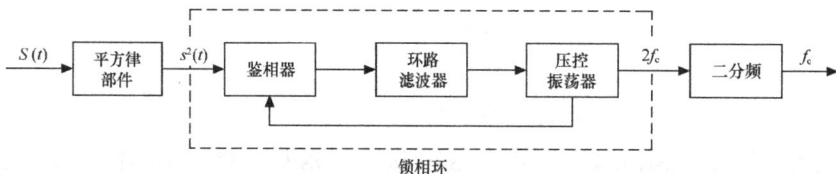

图 3-36 平方环法提取载波

应当注意，在图 3-35 和图 3-36 中都用了一个二分频电路，该二分频电路的输入是 $\cos 2\omega_c t$，经过二分频电路以后得到的可能是 $\cos \omega_c t$，也可能是 $\cos(\omega_c t + \pi)$。也就是说，提取出的载频是准确的，但是相位是模糊的。相位模糊对语音信号关系不大，因为人耳听不出相位的变化。但对数字通信的影响就不同了，它有可能使 2PSK 相干解调后出现"反向工作"的问题。解决的办法是采用 2DPSK 代替 2PSK。

（2）科斯塔环法

科斯塔环法（Costas）环法又称为同相正交环法。它也是利用锁相环提取载频，但是不需要预先做平方处理，并且可以直接得到输出解调信号。该方法的原理方框图如图 3-37 所示。

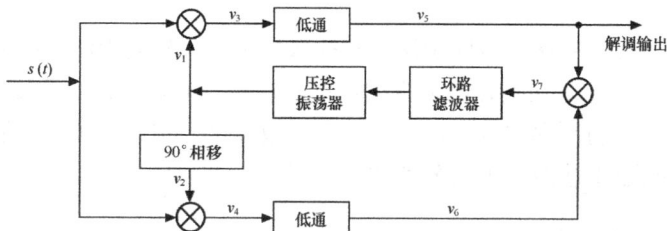

图 3-37 科斯塔环法原理方框图

设输入的抑制载波双边带信号为 $s(t)$，如式（3.7-1）所示，并设图 3-37 中 $v_1$ 和 $v_2$ 两点的本地载波为

$$v_1 = \cos(\omega_c t + \theta) \tag{3.7-3}$$

$$v_2 = \sin(\omega_c t + \theta) \tag{3.7-4}$$

输入信号和本地载波相乘后得到 $v_3$ 和 $v_4$ 为

$$v_3 = m(t)\cos \omega_c t \cos(\omega_c t + \theta) = \frac{1}{2}m(t)\left[\cos\theta + \cos(2\omega_c t + \theta)\right] \tag{3.7-5}$$

$$v_4 = m(t)\cos \omega_c t \sin(\omega_c t + \theta) = \frac{1}{2}m(t)\left[\sin\theta + \sin(2\omega_c t + \theta)\right] \tag{3.7-6}$$

经低通滤波器以后的输出分别为

$$v_5 = \frac{1}{2}m(t)\cos\theta \tag{3.7-7}$$

$$v_6 = \frac{1}{2}m(t)\sin\theta \tag{3.7-8}$$

$v_5$ 和 $v_6$ 相乘后得

$$v_7 = v_5 \cdot v_6 = \frac{1}{4}m^2(t)\sin\theta\cos\theta = \frac{1}{8}m^2(t)\sin2\theta \tag{3.7-9}$$

式中 $\theta$ 为本地锁相环中压控振荡器产生的本地载波相位与接收信号载波相位之差（误差）。当 $\theta$ 较小时，式（3.7-9）可以近似地表示为

$$v_7 \approx \frac{1}{8}m^2(t)(2\theta) = \frac{1}{4}m^2(t)\theta \tag{3.7-10}$$

电压 $v_7$ 经过环路滤波器后加到压控振荡器上，控制其振荡频率使它与 $\omega_c$ 同频。环路滤波器是一个低通滤波器，它只允许接近直流的电压通过，此电压用来调整压控振荡器输出的相位 $\theta$，使 $\theta$ 尽可能地小。此时压控振荡器的输出电压 $v_1 = \cos(\omega_c t + \theta)$ 就是从接收信号中提取的载波，而 $v_5 = [m(t)\cos\theta]/2 \approx m(t)/2$ 就是解调输出电压。

科斯塔环法的优点在于可以直接解调出 $m(t)$。但这种方法的电路比较复杂。另外，由锁相环理论可知，锁相环使 $\theta$ 值接近等于 0 的稳定点有两个，即 $\theta$ 等于 0 和 $\pi$。因此，科斯塔环法提取载频相位也存在相位模糊问题。

### 2．插入导频法

插入导频法主要用于接收信号频谱中没有离散载频分量，或即使含有一定的载频分量，也很难从接收信号中分离出来的情况。对这些信号的载波提取，可以用插入导频法。

所谓插入导频，就是在已调信号频谱中额外插入一个低功率的线谱（此线谱对应的正弦波称为导频信号），在接收端利用窄带滤波器把它提取出来，经过适当的处理形成接收端的相干载波。插入导频的传输方法有多种，基本原理相似。这里仅介绍在抑制载波的双边带信号中插入导频法。

对于抑制载波的双边带调制而言，在载频处，已调信号的频谱分量为 0，同时对调制信号 $m(t)$ 进行适当的处理，就可以使已调信号在载频附近的频谱分量很小，这样就可以插入导频，这时插入的导频对信号的影响最小。图 3-38 所示为插入的导频和已调信号频谱示意图。在此方案中插入的导频并不是加在调制器的那个载波，而是将该载波移相 90°后的所谓"正交载波"。根据上述原理，就可构成插入导频的发端方框图如图 3-39（a）所示。

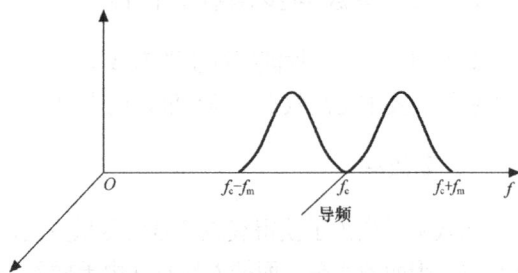

图 3-38 插入的导频和已调信号频谱示意图

设调制信号 $m(t)$ 中无直流，$m(t)$ 频谱中的最高频率为 $f_m$。受调制载波为 $a\sin\omega_c t$，将它经 $-\pi/2$ 相移后形成插入导频（正交载波）$-a\cos\omega_c t$，则发端输出的信号为

$$s(t) = am(t)\sin\omega_c t - a\cos\omega_c t \tag{3.7-11}$$

如果不考虑信道失真及噪声干扰，并设接收端收到的信号与发端的信号完全相同。则此

信号通过中心频率为 $f_c$ 的窄带滤波器可提取导频 $a\cos\omega_c t$，再将其移位 $\pi/2$ 后得到与调制载波同频同相的相干载波 $a\sin\omega_c t$，收端的解调方框图如图 3-39（b）所示。

设接收信号仍为 $s(t)$，则相乘电路的输出为

$$v(t) = as(t)\sin\omega_c t = \left[am(t)\sin\omega_c t - a\cos\omega_c t\right]a\sin\omega_c t$$
$$= a^2 m(t)\sin^2\omega_c t - a^2\cos\omega_c t\sin\omega_c t \qquad (3.7\text{-}12)$$
$$= \frac{1}{2}a^2 m(t) - \frac{1}{2}a^2 m(t)\cos 2\omega_c t - \frac{1}{2}a^2\sin 2\omega_c t$$

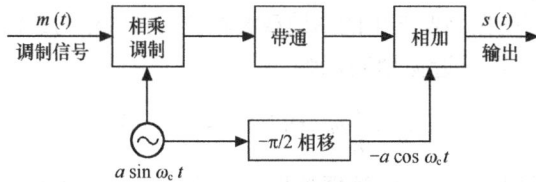

（a）发送端原理方框图

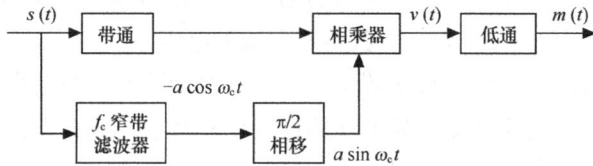

（b）接收端原理方框图

图 3-39　插入导频法原理方框图

此乘积信号经过低通滤波器滤波后，滤除 $2f_c$ 频率分量，就可以恢复出原调制信号 $m(t)$。如果发端导频不是正交载波，即不经过 $\pi/2$ 相移电路，则可以推出式（3.7-12）的计算结果中将增加一直流分量。此直流分量通过低通滤波器后将对数字基带信号产生不良影响。这就是发端采用正交载波作为导频的原因。

SSB 的插入导频方法与 DSB 相同。VSB 的插入导频技术较复杂，通常采用双导频法，基本原理与 DSB 类似。这里不再繁述。

### 3.7.2　载波同步系统的性能

载波同步系统的性能指标主要有效率、精度、同步建立时间和同步保持时间。对载波同步系统的主要性能要求是高效率、高精度，同步建立时间快、保持时间长等。下面对它们进行简单讨论。

**1. 高效率**

高效率是指为了获得载波信号而尽量少消耗发送功率。在这方面，直接法由于不需要专门发送导频，因而效率高，而插入导频法由于插入导频要消耗一部分发送功率，因而效率要低一些。

**2. 高精度**

高精度是指接收端提取的同步载波与需要的载波标准比较，应该有尽量小的相位误差。相位误差通常由稳态相位误差和随机相位误差组成。

（1）稳态相位误差

稳态相位误差是指接收信号中的载波与同步电路提取出的参考载波，在稳态情况下的相位差。对于不同的同步提取法，其稳态相差的计算方法也不同。

当利用窄带滤波器提取载波时，滤波器的中心频率 $f_0$ 和载波频率 $f_c$ 不相等时，会使提取的同步载波信号产生一稳态相位误差 $\Delta\varphi$。设此窄带滤波器为一个单调谐回路，其 $Q$ 值一定，则由其引起的稳态相位误差为

$$\Delta\varphi \approx 2Q\frac{\Delta f}{f_0} \tag{3.7-13}$$

由此可见，电路的 $Q$ 值越大，所引起的稳态相差越大。

当利用锁相环电路提取载波时，其稳态相差为

$$\Delta\varphi = \frac{\Delta f}{K_V} \tag{3.7-14}$$

式中，$\Delta f$ 为锁相环压控振荡器输出与输入载波信号之间的频差，$K_V$ 为锁相环的直流增益。

为减少 $\Delta\varphi$，应使锁相环压控振荡器的频率准确稳定，减小 $\Delta f$，增大 $K_V$。只要 $K_V$ 足够大就可以保证 $\Delta\varphi$ 足够小，因此，采用锁相环提取参考载波，稳态相差较小。

（2）随机相位误差

随机误差是由于随机噪声的影响而引起的同步信号的相位误差。通常用相位误差的均方根值 $\sigma_\varphi$ 来表示其大小，称 $\sigma_\varphi$ 为相位抖动。

$\sigma_\varphi$ 是一个随机量，它和接收信号的信噪比有关。经分析可知，当噪声为高斯白噪声时，方差 $\sigma_\varphi^2$ 与信噪比 r 的关系为

$$\sigma_\varphi^2 = 1/2r \tag{3.7-15}$$

式中，$r = \frac{A^2}{2\sigma_n^2}$ 为信噪比；$\sigma_n^2$ 为噪声的方差；$A$ 为正弦波的振幅。显然，信噪比 $r$ 越大，$\sigma_\varphi$ 越小。

当采用窄带滤波器提取同步载波时，对于给定的噪声功率谱密度，窄带滤波器的通频带越窄，使通过的噪声功率越小，信噪比越大，这样由式（3.7-15）可知，相位抖动就越小；另一方面，通频带越窄，要求滤波器的 $Q$ 值越大，则由式（3.7-13）可知，稳态相位误差 $\Delta\varphi$ 就越大。所以，稳态相位误差和随机相位误差对于 $Q$ 值的要求是矛盾的。

### 3．同步建立时间和保持时间

从开机或失步到同步所需要的时间称为同步建立时间。显然我们要求此时间越短越好。从开始失去信号到失去载频同步的时间称为同步保持时间。显然希望此时间越长越好。长的同步保持时间有可能使信号短暂丢失时，或接收断续信号时，不需要重新建立同步，保持连续稳定的本地载频。

在同步电路中的低通滤波器和环路滤波器都是通频带很窄的电路。一个滤波器的通频带越窄，其惰性越大。也就是说，一个滤波器的通频带越窄，则当在其输入端加入一个正弦振荡时，其输出端振荡的建立时间越长；当其输入振荡截止时，其输出端振荡的保持时间也越长。显然，这个特性和我们对于同步性能的要求是矛盾的，即建立时间短和保持时间长是相

互矛盾的。在设计同步系统时要折衷考虑。

## 3.8 频分复用

当一条物理信道的传输能力高于一路信号的需求时，该信道就可以被多路信号共享，例如电话系统的干线通常有数千路信号在一根光纤中传输。为了提高通信系统信道的利用率，通常采用多路信号共享同一信道实现信号的传输。为此，引入多路复用的概念。所谓多路复用是指在同一信道上传输多路信号而互不干扰的一种技术。其目的是为了充分利用信道的频带或时间资源，提高信道的利用率。

最常用的多路复用方式有频分复用（FDM）、时分复用（TDM）和码分复用（CDM）。频分复用主要用于模拟信号的多路传输，也可用于数字信号。本节将要讨论的是 FDM 的原理及其应用。时分复用（TDM）和码分复用（CDM）通常用于数字信号的多路传输，将分别在第 4 章和第 10 章中阐述。

频分复用（FDM）是一种按频率来划分信道的复用方式。在 FDM 中，信道的带宽被分成多个相互不重叠的频段（子通道），每路信号占据其中一个子通道，并且各路之间必须留有未被使用的频带（防护频带）进行分隔，以防止信号重叠。在接收端，采用适当的带通滤波器将多路信号分开，从而恢复出所需要的信号。

图 3-40 示出了一个频分复用系统的组成框图。假设共有 $n$ 路复用的信号，每路信号首先通过低通滤波器（LPF）变成频率受限的低通信号。为简便起见，假设各路信号的最高频 $f_H$ 都相等。然后，每路信号通过载频不同的调制器进行频谱搬移。一般来说，调制的方式原则上可任意选择，但最常用的是单边带调制，因为它最节省频带。因此，图中的调制器由相乘器和边带滤波器（SBF）构成。

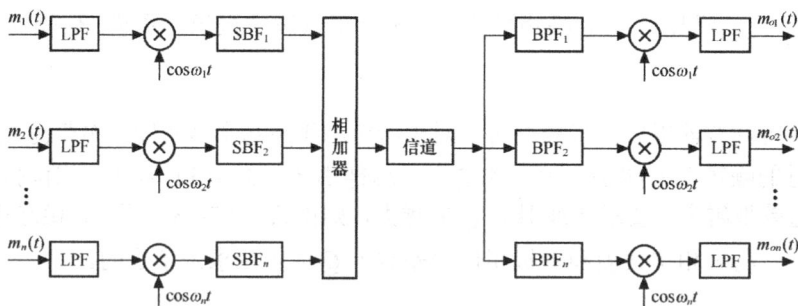

图 3-40　频分复用系统组成框图

在选择载频时，既应考虑到每一路已调信号的频谱宽度 $f_m'$，还应留有一定的防护频带 $f_g$。为了各路信号频谱不重叠，要求载频间隔

$$f_s = f_{c(i+1)} - f_{ci} = f_m' + f_g \qquad i = 1, 2, \cdots, n \tag{3.8-1}$$

式中，$f_{ci}$ 和 $f_{c(i+1)}$ 分别为第 $i$ 路和第 $(i+1)$ 路的载波频率。$f_m'$ 是每一路已调信号的频谱宽度。$f_g$ 为邻路间隔防护频带。

显然，邻路间隔防护频带越大，对边带滤波器的技术要求越低；但这时占用的总频带要加宽，这对提高信道复用率不利。因此，实际中应尽量提高边带滤波技术，以使 $f_g$ 尽量缩小。

例如，电话系统中语音信号频带范围为 300～3400Hz，防护频带间隔通常采用 600Hz，即载频间隔 $f_s$ 为 4000Hz，这样可以使邻路干扰电平低于−40dB。

经过调制的各路信号，在频率位置上被分开。通过相加器将它们合并成适合信道内传输的频分复用信号。$n$ 路复用信号的总频带宽度为

$$B_n = nf_m' + (n-1)f_g = (n-1)f_s + f_m' \qquad (3.8\text{-}2)$$

在接收端，可利用相应的带通滤波器（BPF）来区分开各路信号的频谱。然后，再通过各自的相干解调器便可恢复各路调制信号。

【例 3.8.1】 采用频分复用的方式在一条信道中传输 3 路信号，已知 3 路信号的频谱如图 3-41 所示，假设每路信号的最高频率 $f_H$=3400Hz，均采用上边带（USB）调制，邻路间隔防护频带为 $f_g$=600Hz。试计算信道中复用信号的频带宽度，并画出频谱结构。

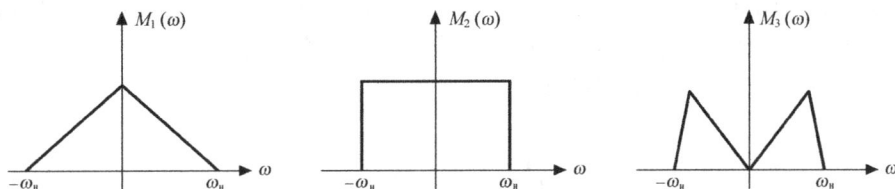

图 3-41 三路信号的频谱

**解**：图 3-41 中，各路信号具有相同的最高频率 $f_H$，采用 USB 调制后的信号带宽为 $f_H$。所以由式（3.8-2）可得，信道中频分复用信号的总频带宽度为

$$B_n = nf_H + (n-1)f_g = 11400(\text{Hz})$$

对 3 路信号进行调制的载波频率分别采用 $\omega_{c1}, \omega_{c2}, \omega_{c3}$，得到频分复用信号的频谱结构如图 3-42 所示。

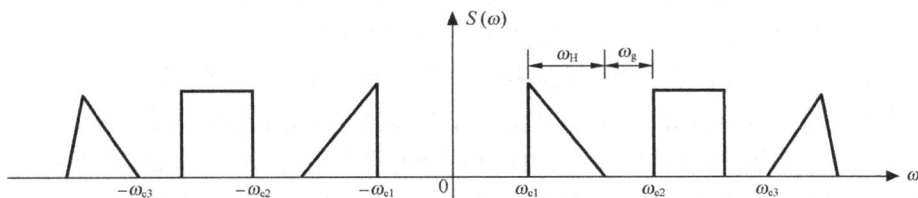

图 3-42 频分复用信号的频谱结构

频分复用信号原则上可以直接在信道中传输，但在某些应用中，还需要对合并后的复用信号再进行一次调制。第一次对多路信号调制所用的载波称为副载波，第二次调制所用的载波称为主载波。原则上，两次调制可以是任意方式的调制方式。如果第一次调制采用单边带调制，第二次调制采用调频方式，一般记为 SSB/FM。

【例 3.8.2】 设有一个 DSB/FM 频分复用系统，副载波用 DSB 调制，主载波用 FM 调制。如果有 50 路频带限制在 3.3kHz 的音频信号，防护频带为 0.7kHz。如果最大频移为 1000kHz，计算传输信号的频带宽度。

**解**：50 路音频信号经过 DSB 调制后，在相邻两路信号之间加防护频带 $f_g$，合并后信号的总带宽为：

$$B_n = nf_m' + (n-1)f_g = 50 \times 2 \times 3.3 + 49 \times 0.7 = 364.3\text{kHz}$$

再进行 FM 调制后所需的传输带宽为：

$$B = 2(\Delta f + B_n) = 2(1000 + 364.3) = 2728.6 \text{kHz}$$

频分复用系统的主要优点是信道复用路数多、分路方便。因此它曾经在多路模拟电话通信系统中获得广泛应用，国际电信联盟（ITU）对此制定了一系列建议。例如，ITU 将一个 12 路频分复用系统统称为一个"基群"，它占用 48kHz 带宽；将 5 个基群组成一个 60 路的"超群"。用类似的方法可将几个超群合并成一个"主群"；几个主群又可合并成一个"巨群"。

当载波的频率提高到光波的频率范围时，就可以利用光波来进行复用通信了。它实质上也是一种频分复用，只是由于载波在光波波段，其频率很高，通常用波长代替频率来讨论，故称为光波分复用（WDM）。

频分复用主要缺点是设备庞大复杂，成本较高，还会因为滤波器件特性不够理想和信道内存在非线性而出现链路间干扰，故近年来已经逐步被更为先进的时分复用技术所取代。在此不再对它作详细介绍。不过在电视广播中图像信号和声音信号的复用、立体声广播中左右声道信号的复用，仍然采用频分复用技术。

# 小　结

本章主要研究模拟调制系统的调制和解调原理以及抗噪性能分析。

所谓调制就是使基带信号（调制信号）控制载波的某个（或几个）参数，使这个参数按照基带信号的规律而变化的过程。经过调制后的已调信号应该具有两个基本特征：一是仍然携带有信息；二是适合于信道传输。调制信号为模拟信号时的调制称为模拟调制，它分为两大类：线性调制和非线性调制。

线性调制是指输出已调信号的频谱和调制信号的频谱之间呈线性搬移关系。线性调制的已调信号种类有幅度调制（AM）、抑制载波双边带调幅（DSB）、单边带调幅（SSB）和残留边带调幅（VSB）等。AM 调制的优点是接收设备简单；缺点是功率利用率低，抗干扰能力差，信号带宽较宽，频带利用率不高。因此，AM 调制方式用于通信质量要求不高的场合，目前主要用在中波和短波的调幅广播中。DSB 调制的优点是功率利用率高，但带宽与 AM 相同，频带利用率不高，接收要求同步解调，设备较复杂。只用于点对点的专用通信及低带宽信号多路复用系统。SSB 调制的优点是功率利用率和频带利用率都较高，抗干扰能力和抗选择性衰落能力均优于 AM，而带宽只有 AM 的一半；缺点是发送和接收设备都复杂。SSB 调制方式普遍用在频带比较拥挤的场合，如短波波段的无线电广播和频分多路复用系统中。VSB 调制性能与 SSB 相当，它在数据传输、商用电视广播等领域得到广泛使用。

非线性调制又称角度调制。其已调信号的频谱和调制信号的频谱结构有很大的不同，除了频谱搬移外，还增加了许多新的频率成分。角度调制的已调信号种类包括调频（FM）和调相（PM）两大类。角度调制中的调频和调相在实质上并没有区别，单从已调信号波形来看不能区分两者，只是调制信号和已调信号之间的关系不同而已。从传输频带的利用率来讲非线性调制是不经济的，但它具有较好的抗噪声性能，在不增加信号发送功率的前提下，可以用增加带宽的方法来换取输出信噪比的提高，且传输带宽越宽，抗噪声性能越好。

在通信系统中，同步是一个非常重要的问题。通信系统能否有效地可靠地工作，在很大程度上依赖于有无良好的同步系统。

载波同步的目的是使接收端产生的本地载波和接收信号的载波同频同相。载波同步的方法有直接法（自同步法）和插入导频法（外同步法）两种。直接法不需要专门传输导频（同步信号），而是接收端直接从接收信号中提取载波；插入导频法是在发送有用信号的同时，在适当的频率位置上，插入一个（或多个）称作导频的正弦波（同步载波），接收端就利用导频提取出载波。

为了提高通信系统信道的利用率，通常采用多路信号共享同一信道实现信号的传输。为此，引入多路复用的概念。所谓多路复用是指在同一信道上传输多路信号而互不干扰的一种技术。其目的是为了充分利用信道的频带或时间资源，提高信道的利用率。最常用的多路复用方式有频分复用（FDM）、时分复用（TDM）和码分复用（CDM）。频分复用（FDM）是一种按频率来划分信道的复用方式。频分复用主要用于模拟信号的多路传输，也可用于数字信号。

## 思 考 题

1．什么是调制？调制的目的是什么？

2．什么是线性调制？常见的线性调制有哪些？

3．非线性调制有哪几种？

4．VSB 滤波器的传输特性应满足什么条件？

5．什么是信噪比增益？其物理意义是什么？

6．DSB 调制系统和 SSB 调制系统的抗噪声性能是否相同？为什么？

7．什么是门限效应？AM 信号采用包络检波法解调时为什么会产生门限效应？

8．什么是频率调制？什么是相位调制？两者关系如何？

9．FM 系统信噪比增益和信号带宽的关系如何？这一关系说明什么问题？

10．试述非线性调制的主要优点。

11．什么是载波同步和位同步？它们都有什么用处？

12．试问插入导频法载波同步有什么优缺点？

13．试问哪些类信号频谱中没有离散载频分量？

14．单边带信号能否用自同步法提取同步载波？

15．试问什么是相位模糊问题？在用什么方法提取载波时会出现相位模糊？

16．载波同步系统的性能指标是什么？哪些因素影响这些性能指标？

17．什么是多路复用？

18．什么是频分复用（FDM）？

## 习 题

3-1　已知载波信号为 $C(t) = \cos\omega_c t$，某已调波的表达式为 $S_m(t) = \cos\Omega t\cos\omega_c t$，其中，$\omega_c = 6\Omega$。试画出已调信号的波形图和频谱图。

3-2　已知 $f(t) = A[\sin(\omega t)]/(\omega t)$

（1）求希尔伯特变换 $\hat{f}(t)$；

（2）求 $z(t) = f(t) + j\hat{f}(t)$ 的幅度。

3-3　某通信系统发送部分框图如图 P3-1（a）所示，其中载频 $\omega_c \gg 3\Omega$，$m_1(t)$ 和 $m_2(t)$ 是

要传送的两个基带调制信号，它们的频谱如图 P3-1（b）所示。

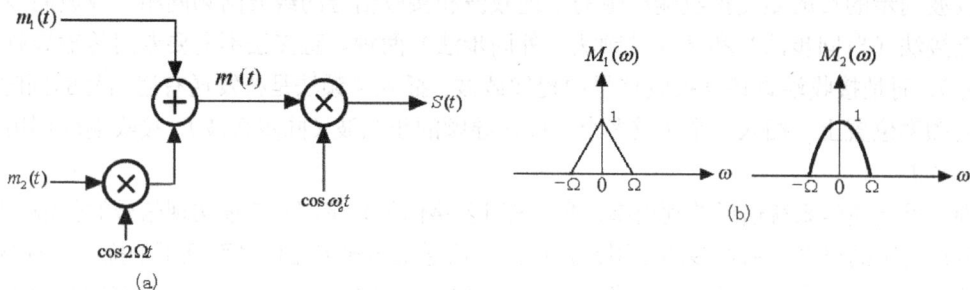

图 P3-1

（1）写出合成信号 $m(t)$ 的频谱表达式，并画出其频谱图。

（2）写出已调波 $s(t)$ 的频域表达式，并画出其频谱图。

（3）画出从 $s(t)$ 得到 $m_1(t)$ 和 $m_2(t)$ 的解调框图。

3-4 已知调制信号 $m(t)=\cos(10\pi\times10^3 t)\text{V}$，对载波 $C(t)=10\cos(20\pi\times10^6 t)\text{V}$ 进行单边带调制，已调信号通过噪声双边带功率密度谱为 $n_0/2=0.5\times10^{-9}\text{W}/\text{Hz}$ 的信道传输，信道衰减为 1dB/km。试求若要求接收机输出信噪比为 20dB，发射机设在离接收机 100km 处，此发射机发射功率应为多少？

3-5 现有幅度调制信号 $s(t)=(1+A\cos2\pi f_m t)\cos2\pi f_c t$，其中调制信号的频率 $f_m$=5kHz，载频 $f_c$=100kHz。常数 A=15。

（1）请问此幅度调制信号能否用包络检波器解调，说明其理由；

（2）请画出它的解调框图。

3-6 采用包络检波的幅度调制系统中，若噪声双边功率谱密度为 $5\times10^{-2}\text{W}/\text{Hz}$，单频正弦波调制时载波功率为 100kW，边带功率为每边带 10 kW，带通滤波器带宽为 4kHz。

（1）求解调输出信噪比；

（2）若采用抑制载波双边带调制系统，其性能优于幅度调制（AM）系统多少分贝？

3-7 单边带调制系统中，若消息信号的功率谱密度为

$$P(f)=\begin{cases} a\dfrac{|f|}{B} & |f|\leqslant B \\ 0 & |f|>B \end{cases}$$

其中 $a$ 和 $B$ 都是大于 0 的常数。已调信号经过加性白色高斯信道，设单边噪声功率谱密度为 $n_0$，求相干解调后的输出信噪比。

3-8 图 P3-2 是对 DSB 信号进行相干解调的框图。图中，$n(t)$ 是均值为 0、双边功率谱密度为 $n_0/2$ 的加性高斯白噪声，本地恢复的载波和发送载波有固定的相位差 $\theta$。求该系统的输出信噪比。

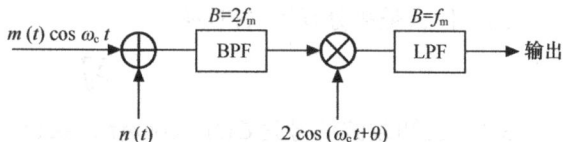

图 P3-2

3-9 将调幅波通过残留边带滤波器产生残留边带信号。若此滤波器的传输函数 $H(\omega)$ 如图 P3-3 所示（斜线段为直线）。当调制信号为 $m(t)=A[\sin100\pi t+\sin6000\pi t]$ 时，试确定所得

残留边带信号的表示式。

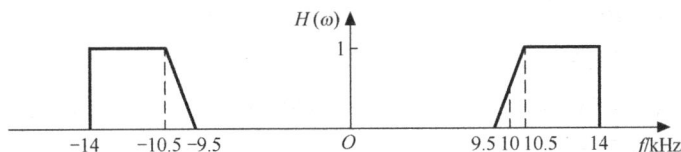

图 P3-3

3-10 某调制方框图如图 P3-4（b）所示。已知 $m(t)$ 的频谱如图 P3-4（a），载频 $\omega_1 \ll \omega_2$，理想低通滤波器的截止频率为 $\omega_1$，且 $\omega_1 > \omega_H$，试求输出信号 $s(t)$，并说明 $s(t)$ 为何种已调制信号。

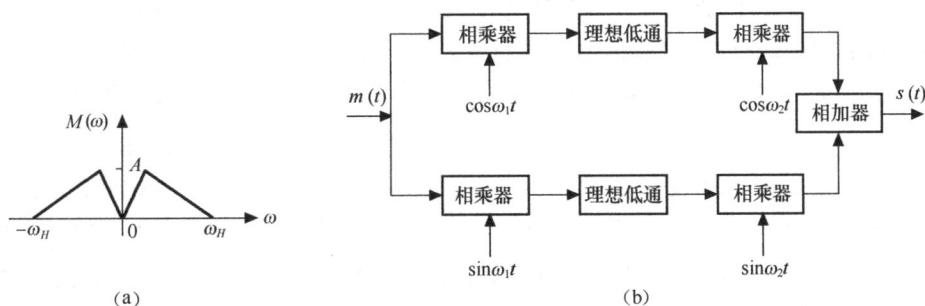

图 P3-4

3-11 已知调制信号 $m(t) = \cos(2\pi \times 10^4 t) \mathrm{V}$，现分别采用 DSB 及 SSB 传输，已知信道衰减为 30dB，噪声双边功率谱 $n_0 / 2 = 5 \times 10^{-11} \mathrm{W} / \mathrm{Hz}$。

（1）试求各种调制方式时的已调波功率。

（2）当均采用相干解调时，求各个系统的输出信噪比。

（3）在输入信号功率 $s_i$ 相同时（以 SSB 接收端的 $s_i$ 为标准），再求各系统的输出信噪比。

3-12 用相干解调来接收双边带信号 $A\cos\omega_m t \times \cos\omega_c t$。已知 $f_m = 2\mathrm{kHz}$，输入噪声的单边功率谱密度 $n_0 = 2 \times 10^{-8} \mathrm{W/Hz}$。试求当输出信噪比为 20dB 时，要求 A 值为多少？

3-13 在单边带调制中若消息信号为幅度等于 $A$、宽度为 $T$ 的脉冲，求已调信号的包络。

3-14 试证明：当 AM 信号采用同步检测法进行解调时，其制度增益 G 与大信噪比情况下 AM 采用包络检波解调时的制度增益 G 的结果相同。

3-15 调频信号 $S_{\mathrm{FM}}(t) = 100\cos(2\pi f_c t + 4\sin 2\pi f_m t)$，其中载频 $f_c = 10\mathrm{MHz}$，调制信号的频率是 $f_m = 1000\mathrm{Hz}$。

（1）求其调频指数及发送信号带宽；

（2）若调频器的调频灵敏度不变，调制信号的幅度不变，但频率 $f_m$ 加倍，重复（1）题；

3-16 设用正弦信号进行调频，调制信号频率为 15kHz，最大频偏为 75kHz，用鉴频器解调，输入信噪比为 20dB，试求输出信噪比。

3-17 用 10kHz 的正弦波形信号调制 100MHz 的载波，试求产生 AM、SSB 及 FM 波的带宽各为多少？假定 FM 的最大频偏为 50kHz。

3-18 已知一角调信号为 $S(t) = A\cos[\omega_0 t + 100\cos\omega_m t]$

（1）如果它是调相波，并且 $K_p = 2$，试求调制信号 $m(t)$。

（2）如果它是调频波，并且 $K_f = 2$，试求调制信号 $m(t)$。

（3）它们的最大频偏是多少？

3-19  已知 $S_{FM}(t) = 100\cos[(2\pi \times 10^6 t) + 5\cos(4000\pi t)]$ 伏，求：已调波信号功率、最大频偏、调频指数和已调信号带宽。

3-20  假设音频信号 $m(t)$ 经调制后在高频通道上进行传输。要求接收机输出信噪比 $S_0/N_0 = 30\text{dB}$。已知：信道衰耗为 50dB，信道噪声为带限高斯白噪声，其双边功率谱密度为 $n_0/2 = 10^{-12}\text{W/Hz}$。音频信号 $m(t)$ 的最高频率 $f_m = 15\text{kHz}$，并且有 $E[m(t)] = 0$，$E[m^2(t)] = 1/2$，$|m(t)|_{\max} = 1$ 试求：

（1）DSB 调制时，已调信号的传输带宽和平均发送功率（接收端用同步解调）；

（2）SSB 调制时，已调信号的传输带宽和平均发送功率（接收端用同步解调）；

（3）100%振幅调制时，已调信号的传输带宽和平均发送功率（接收端用非同步解调）；

（4）$m_f = 5$ 的 FM 信号的传输带宽和平均发送信号功率（接收端用非同步解调）。

3-21  某单音调制信号的频率为 15kHz，首先进行单边带 SSB 调制，SSB 调制所用载波的频率为 38kHz，然后取下边带信号作为 FM 调制器的调制信号，形成 SSB/FM 发送信号。设调频所用载波的频率为 $f_0$，调频后发送信号的幅度为 200V，调频指数 $m_f = 3$，若接收机的输入信号在加至解调器（鉴频器）之前，先经过一理想带通滤波器，该理想带通滤波器的带宽为 200kHz，信道衰减为 60dB，$n_0 = 4 \times 10^{-9}\text{W/Hz}$。

（1）写出 FM 已调波信号的表达式；

（2）求 FM 已调波信号的带宽 $B_{FM}$；

（3）求鉴频器输出信噪比为多少？

3-22  设有一个频分多路复用系统，副载波用 DSB/SC 调制，主载波用 FM 调制。如果有 60 路等幅的音频输入通路，煤炉频带限制在 3.3kHz 以下，防护频带为 0.7kHz。

（1）如果最大频偏为 800kHz，试求传输信号的带宽；

（2）试分析与第一路相比时第 60 路输入信噪比降低的程度（假定鉴频器输入的噪声是白色的，且解调器中无去加重电路）。

3-23  已知单边带信号 $S_{SSB}(t) = m(t)\cos\omega_c t + \hat{m}(t)\sin\omega_c t$，试证明它不能用平方变换法提取载波。

3-24  在图 3-39 所示的插入导频法发送端方框图中，如果 $a\sin\omega_c t$ 不经过 $\pi/2$ 相移，直接与已调信号相加后输出，试证明接收端的解调输出中含有直流分量。

3-25  已知单边带信号为 $S_{SSB}(t) = m(t)\cos\omega_c t + \hat{m}(t)\sin\omega_c t$，若发送端插入导频的方法与图 3-39 所示的双边带信号导频插入法完全相同，证明接收端可以正确解调。若发送端插入导频不经过 $\pi/2$ 相移，直接与已调信号相加后输出，试证明接收端的解调输出中也含有直流分量。

# 第 **4** 章 模拟信号的数字传输

## 4.1 引言

数字通信系统具有许多优点，因而成为当今通信的发展方向。而实际上，原始电信号一般为模拟信号，它是时间和幅值都连续变化的信号。而在数字通信系统中传输的是数字信号，即时间和幅值都离散的信号。因此提出一个问题：如何利用数字通信系统来传输模拟信号？

利用数字通信系统传输模拟信号，首先需要在发送端把模拟信号数字化，即进行模/数变换；再用数字通信的方式进行传输；最后在接收端把数字信号还原为模拟信号，即进行数/模变换。

模/数变换的方法采用得最早而且目前应用得比较广泛的是脉冲编码调制(PCM)。它对模拟信号的处理过程包括抽样、量化和编码 3 个步骤，由此构成的数字通信系统称为 PCM 通信系统，如图 4-1 所示。通过 PCM 编码后得到的数字基带信号可以直接在系统中传输（即基带传输）；也可以将基带信号的频带搬移到适合光纤、无线信道等传输频带上再进行传输（即频带传输）。数字信号的基带传输和频带传输将分别在第 5 章和第 6 章中介绍。

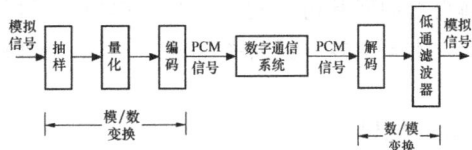

图 4-1 PCM 通信系统原理图

由图 4-1 可见，PCM 基带传输系统由以下 3 部分组成。

### 1. 模/数变换（A/D 变换）

模/数变换包含抽样、量化和编码 3 个步骤。

（1）抽样是指把模拟信号在时间上离散化，变成抽样信号。

（2）量化是指把抽样信号在幅度上离散化，变成有限个量化电平。

（3）编码是指用二进制码元来表示有限个量化电平。假设量化电平的数目为 $M$，每个量化电平编为 $l$ 位二进码，则有 $l = \log_2 M$。

PCM 信号形成的过程如图 4-2 所示，由图可见，经过抽样、量化、编码 3 个步骤，将一个时间和幅值都连续变化的模拟信号变换成了二进制数字序列，即 PCM 信号。

### 2. 信道部分

信道部分包括了传输线路以及数字通信传输的相关设备（含再生中继器）。信道中传送的是经过模/数变换后得到的 PCM 信号。

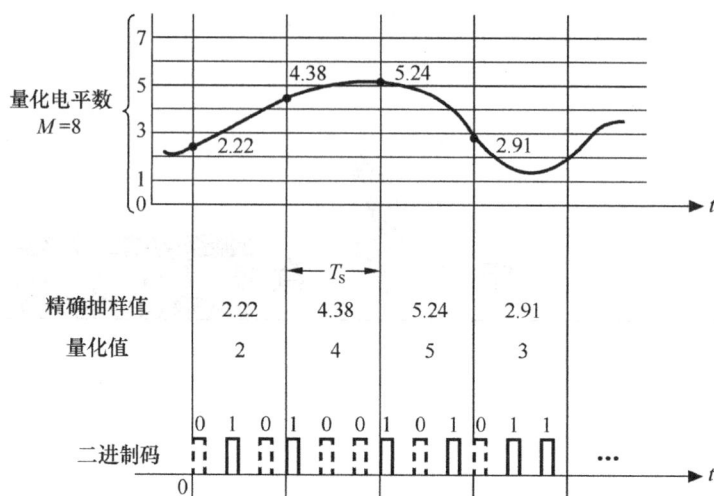

图 4-2  PCM 信号形成过程示意图

### 3. 数/模变换（D/A 变换）

接收端的数/模变换包含了解码和低通滤波器两部分。

（1）解码是编码的反过程，它将接收到的 PCM 信号还原为抽样信号（实际为量化值，它与发送端的抽样值存在一定的误差，即量化误差）。

（2）低通滤波器的作用是恢复或重建原始的模拟信号。它可以看作是抽样的反变换。

由于最早出现的 A/D 变换是将语音信号数字化，所以一般模拟信号的数字化都是以语音编码为例展开讨论的。对其他模拟信号可采用类似的分析方法。

本章主要介绍有关抽样、量化、编解码等所涉及的理论问题。

## 4.2  抽样

所谓抽样是把时间上连续的模拟信号变成一系列时间上离散的样值序列的过程，如图 4-3 所示。

抽样定理表明：如果对一个频带有限时间连续的模拟信号 $m(t)$ 进行抽样，当抽样频率 $f_s$ 满足一定要求时，那么根据它的抽样信号 $m_s(t)$ 就能重建原信号。也就是说，若要传输模拟信号，不一定要传输模拟信号本身，只需传输按抽样定理得到的样值序列即可。

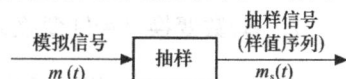

图 4-3  抽样的输入与输出

关于抽样需要考虑两个问题：第一，由抽样信号 $m_s(t)$ 完全恢复出原始的模拟信号 $m(t)$，对 $m(t)$ 和抽样频率 $f_s$ 有什么限制条件？第二，如何从抽样信号 $m_s(t)$ 还原 $m(t)$？这两个问题将在本节中给出答案。

抽样是模/数变换的第一步。因此，抽样定理是任何模拟信号数字化的理论基础，它也是时分多路复用及数字信号处理技术的理论依据之一。根据模拟信号是低通信号还是带通信号，抽样定理分为低通信号的抽样定理和带通信号的抽样定理；根据抽样的脉冲序列是冲激序列还是非冲激序列，又可以分为理想抽样和实际抽样。

## 4.2.1  理想抽样

当抽样脉冲序列为单位冲激序列时，称为理想抽样。由图 4-4 可见，抽样过程是模拟信号 $m(t)$ 与周期性冲激函数 $\delta_{T_s}(t) = \sum\limits_{n=-\infty}^{\infty} \delta(t - nT_s)$ 相乘的过程，即抽样信号为

$$m_s(t) = m(t)\delta_{T_s}(t) \qquad (4.2\text{-}1)$$

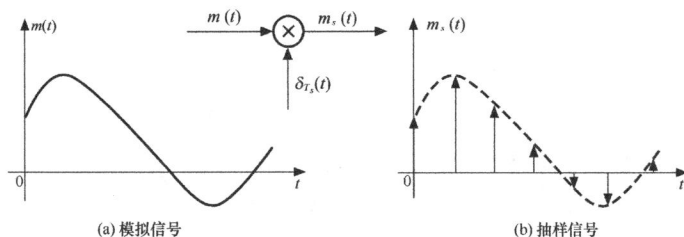

(a) 模拟信号                    (b) 抽样信号

图 4-4  理想抽样的原理图

模拟信号可以分为低通信号和带通信号。设模拟信号的频率范围为 $f_L \sim f_H$，如果 $f_L < f_H - f_L$，则称为低通信号，比如语音信号、一般的基带信号都属于低通信号。低通信号的带宽就是它的截止频率 $f_H$，即 $B = f_H$。如果 $f_L \geqslant f_H - f_L$，则称为带通信号，比如一般的频带信号都属于带通信号。带通信号的带宽 $B = f_H - f_L$。

**1. 低通信号的抽样定理**

抽样定理指出：一个频带限制在（0，$f_H$）内的时间连续的模拟信号 $m(t)$，如果抽样频率 $f_s \geqslant 2f_H$，则可以通过低通滤波器由样值序列 $m_s(t)$ 无失真地重建原始信号 $m(t)$。

由该定理同时可知：若抽样频率 $f_s < 2f_H$，则会产生失真，这种失真称为混叠失真。

下面来证明抽样定理。

设抽样脉冲序列 $s(t)$ 是一个周期性冲激函数 $s(t) = \delta_{T_s}(t) = \sum\limits_{n=-\infty}^{\infty} \delta(t - nT_s)$，因此，它的傅里叶变换为

$$\delta_{\omega_s}(\omega) = \frac{2\pi}{T_s} \sum_{n=-\infty}^{\infty} \delta(\omega - n\omega_s) = \omega_s \sum_{n=-\infty}^{\infty} \delta(\omega - n\omega_s) \qquad (4.2\text{-}2)$$

式中，$\omega_s = 2\pi f_s = 2\pi/T_s$ 是抽样脉冲序列的基波角频率，$T_s = 1/f_s$ 为抽样间隔。

根据频域卷积定理，对抽样信号 $m_s(t) = m(t)\delta_{T_s}(t)$ 两边取傅里叶变换可得频谱为

$$M_s(\omega) = \frac{1}{2\pi}\Big[ M(\omega) * \delta_{\omega_s}(\omega) \Big] \qquad (4.2\text{-}3)$$

其中，$M(\omega)$ 为模拟信号 $m(t)$ 的频谱。

所以，理想抽样信号 $m_s(t)$ 的频谱为

$$M_s(\omega) = \frac{1}{2\pi}\left[ M(\omega) * \frac{2\pi}{T_s} \sum_{n=-\infty}^{\infty} \delta(\omega - n\omega_s) \right] = \frac{1}{T_s} \sum_{n=-\infty}^{\infty} M(\omega - n\omega_s) \qquad (4.2\text{-}4)$$

由此可见，对低通信号进行理想抽样后，其频谱是低通信号频谱以抽样频率为周期进行延拓形成的周期性频谱。图 4-5 画出了理想抽样信号的波形及其频谱。

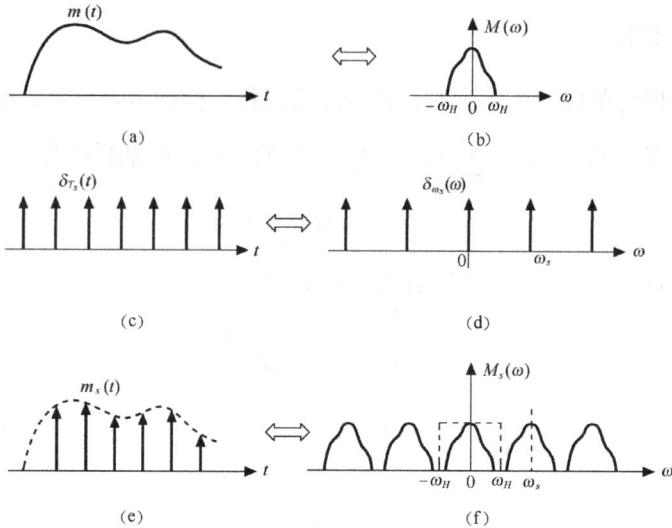

图 4-5 理想抽样信号波形及其频谱

由图 4-5 可知，在 $\omega_s \geqslant 2\omega_H$ （即 $f_s \geqslant 2f_H$ ）的条件下，抽样信号的周期性频谱无混叠现象，对照图 4-5（b）和（f）容易看出：经过截止角频率为 $\omega_H$ 的理想低通滤波器，就可以从抽样信号中无失真地恢复原始的模拟信号，如图 4-6 所示。

如果 $\omega_s < 2\omega_H$ ，则抽样信号的频谱间将会出现混叠现象，如图 4-7 所示，此时显然通过低通滤波器后不可能无失真地恢复原始信号。

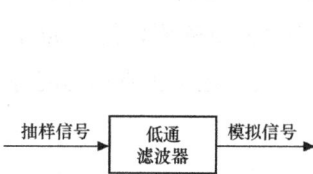

图 4-6 抽样的恢复

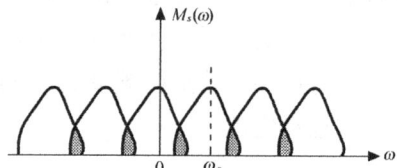

图 4-7 抽样频率 $\omega_s < 2\omega_H$ 时产生的混叠现象

对于频谱限制于 $f_H$ 的低通信号来说， $2f_H$ 就是无失真重建原始信号所需的最小抽样频率，即 $f_{s(\min)} = 2f_H$ ，此时的抽样频率通常称为奈奎斯特抽样频率。那么最大抽样间隔即为 $T_{s(\max)} = 1/(2f_H)$ ，此抽样间隔通常称为奈奎斯特抽样间隔。但是如果采用奈奎斯特速率 $f_{s(\min)}$ 抽样，则抽样信号频谱 $M_s(\omega)$ 中的各相邻边带之间没有防卫带。这时要将 $M(\omega)$ 从 $M_s(\omega)$ 中分离出来就需要一个滤波特性十分陡峭的理想低通滤波器，而理想低通滤波器是不可能用物理方法实现的，故一般都应该有一定的防卫带。例如语音信号频率一般为 300~3400Hz，ITU-T 规定单路语音信号的抽样频率 $f_s$ 为 8000Hz。此时的防卫带为 $f_s - 2f_H = 8000 - 6800 = 1200$Hz 。 $f_s$ 越高对防止频谱混叠越有利，但后面将会看到 $f_s$ 的提高使码元速率提高，这是不希望的，因此抽样频率一般选择为 $(2.5 \sim 5)f_H$ 。

【例 4.2.1】 设抽样器的输入信号为门函数 $G_\tau(t) = \begin{cases} 1 & |t| \leqslant \tau/2 \\ 0 & \text{other} \end{cases}$ ，宽度 $\tau = 10$ms ，若忽略第一零点以外的频率分量，计算奈奎斯特抽样频率。

**解**：门函数的频谱为

$$G(\omega) = \tau Sa\left(\frac{\omega\tau}{2}\right) \tag{4.2-5}$$

则第一零点的频率为

$$B = \frac{1}{\tau}(\text{Hz}) \tag{4.2-6}$$

忽略第一零点以外的频率分量，则门函数的最高频率（截止频率）$f_H$ 为 100Hz。由抽样定理可知，奈奎斯特抽样频率为

$$f_s = 2f_H = 200(\text{Hz})$$

顺便指出，对于一个携带信息的基带信号，可以视为随机基带信号。若该随机基带信号是宽平稳的随机过程，则可以证明：一个宽平稳的随机信号，当其功率谱密度函数限于 $f_H$ 以内时，若以不大于 $1/(2f_H)$ 秒的间隔对它进行抽样，则可得一随机样值序列。如果让该随机样值序列通过一截止频率为 $f_H$ 的低通滤波器，那么其输出信号与原来的宽平稳随机信号的均方差在统计平均意义下为 0。也就是说，从统计观点来看，对频带受限的宽平稳随机信号进行抽样，也服从抽样定理。

**2. 带通信号的抽样定理**

前面讨论的抽样定理是针对低通信号的情况而言的。对于带通信号，如果仍然按照低通信号的抽样频率 $f_s \geq 2f_H$ 进行抽样，虽然仍能满足样值频谱不产生重叠的要求，但是这样选择的抽样频率太高了，抽样信号的频谱将会有大段的频谱空隙得不到利用，是不可取的。那么带通信号的抽样频率应如何选取呢？

带通信号的抽样定理指出：如果模拟信号 $m(t)$ 是带通信号，频率限制在 $f_L$ 和 $f_H$ 之间，带宽 $B = f_H - f_L$，则其抽样频率 $f_s$ 满足

$$\frac{2f_H}{n+1} \leq f_s \leq \frac{2f_L}{n} \tag{4.2-7}$$

时，样值频谱就不会产生频谱重叠。其中 $n$ 是一个不超过 $f_L/B$ 的最大整数。

设带通信号的最低频率 $f_L = nB + kB$，$0 \leq k < 1$，即最高频率 $f_H = (n+1)B + kB$，由式（4.2-7）可得带通信号的最低抽样频率

$$f_{s(\min)} = \frac{2f_H}{n+1} = 2B\left(1 + \frac{k}{n+1}\right) \qquad 0 \leq k < 1 \tag{4.2-8}$$

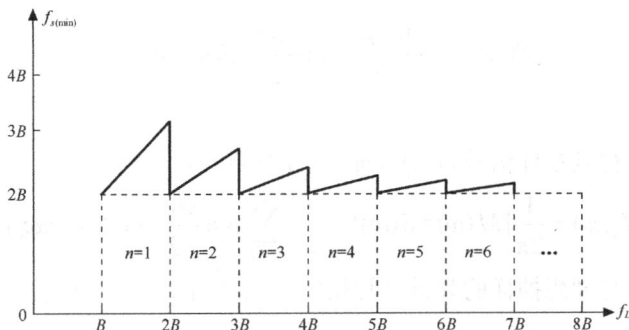

图 4-8 带通信号的最小抽样频率 $f_{s(\min)}$ 与 $f_L$ 的关系

它介于 $2B$ 和 $3B$ 之间，即 $2B \leqslant f_{s(\min)} \leqslant 3B$ 。

根据式（4.2-8）画出的折线如图 4-8 所示。当 $f_L/B$ 为整数时，$f_{s(\min)}$ 等于 $2B$ ，其他情况均大于 $2B$ 。当 $f_L$ 从 $B$ 变成 $2B$ 时，此时 $n=1$ ，而 $k$ 从 0 变成 1，此时 $f_{s(\min)} = 2B(1+k/2)$ ，$f_s$ 线性地从 $2B$ 增加到 $3B$ ，这是折线的第一段。容易看出：随着 $n$ 的增加，折线的斜率越来越小，当 $f_L$ 远远大于带宽 $B$ 时（如窄带信号），抽样频率都可以近似取为 $2B$ 。由于通信系统中的带通信号一般为窄带信号，因此带通信号通常可按 $2B$ 频率进行抽样。

**【例 4.2.2】** 已知载波 60 路群信号频谱范围为 312kHz~552kHz，试选择抽样频率。

**分析：** 载波 60 路群信号为带通信号，应按照带通信号的抽样定理来计算抽样频率。

**解：** 带通信号的带宽为

$$B = f_H - f_L = 552 - 312 = 240\text{kHz}$$

因为 $f_L/B = \dfrac{312}{240} = 1.3$ ，$n$ 是一个不超过 $f_L/B$ 的最大整数，所以 $n=1$ 。

由式（4.2-7）可得

$$552\text{kHz} \leqslant f_s \leqslant 624\text{kHz}$$

### 4.2.2　实际抽样

理想抽样要求的抽样脉冲序列是理想冲激序列 $\delta_{T_s}(t)$ ，但是实际上理想冲激序列并不能实现，通常只能采用窄脉冲串来实现。下面将以窄脉冲串作为载波来讨论低通信号的抽样。

#### 1. 自然抽样

自然抽样过程是模拟信号 $m(t)$ 与周期性窄脉冲序列 $s(t)$ 相乘的过程。自然抽样又称曲顶抽样，它是指抽样后的脉冲幅度（顶部）随模拟信号 $m(t)$ 变化，如图 4-9（c）所示。

设模拟基带信号 $m(t)$ 的截止频率为 $f_H$ ，脉冲载波 $s(t)$ 是幅度为 $A$ ，脉冲宽度为 $\tau$ ，周期为 $T_s$ 的矩形窄脉冲序列，$s(t)$ 表示为

$$s(t) = \sum_{n=-\infty}^{\infty} AG_\tau(t-nT_s) \tag{4.2-9}$$

其中，$G_\tau(t)$ 是幅度为 1，脉冲宽度为 $\tau$ 的单个矩形窄脉冲；抽样间隔 $T_s$ 是按抽样定理确定的，即 $T_s \leqslant 1/(2f_H)$ 。

因为矩形窄脉冲序列 $s(t)$ 的频谱为

$$S(\omega) = \frac{2\pi A\tau}{T_s} \sum_{n=-\infty}^{\infty} Sa\left(\frac{n\tau\omega_s}{2}\right)\delta(\omega - n\omega_s) \tag{4.2-10}$$

其中，$\omega_s = 2\pi/T_s$ 。

由频域卷积定理得到抽样信号 $m_s(t) = m(t)s(t)$ 的频谱为

$$M_s(\omega) = \frac{1}{2\pi}[M(\omega) * S(\omega)] = \frac{A\tau}{T_s} \sum_{n=-\infty}^{\infty} Sa\left(\frac{n\tau\omega_s}{2}\right)M(\omega - n\omega_s) \tag{4.2-11}$$

可见，自然抽样与理想抽样的频谱非常相似，也是由无限多个间隔为 $\omega_s$ 的 $M(\omega)$ 频谱之和组成，如图 4-9（d）所示，图中抽样频率 $\omega_s = 2\omega_H$ 。式（4.2-11）中，$n=0$ 的成分是 $\dfrac{A\tau}{T_s}M(\omega)$ ，

与原信号谱 $M(\omega)$ 只差一个比例常数 $\dfrac{A\tau}{T_s}$，因而也可用理想低通滤波器从 $M_s(\omega)$ 中滤出 $M(\omega)$，从而恢复出模拟信号 $m(t)$。

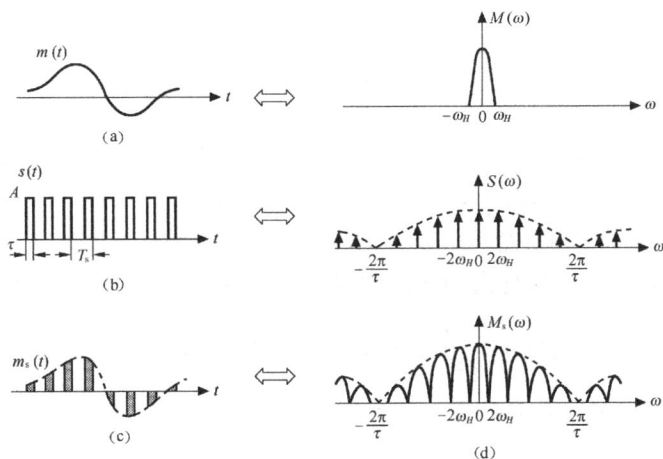

图 4-9　自然抽样信号及其频谱

下面来比较理想抽样和自然抽样的异同。它们的相同点主要有两点：第一，抽样频率是按抽样定理确定的；第二，接收端通过 LPF 可以恢复出原始的模拟信号。不同点在于：由于采用的载波不一样，自然抽样频谱的包络线按抽样函数的规律变化，随频率增高而下降，第一零点带宽 $B = \dfrac{1}{\tau}(\mathrm{Hz})$。而理想抽样频谱的包络线为一条直线，带宽为无穷大。

如上所述，脉冲宽度 $\tau$ 越大，自然抽样信号的带宽越小，这有利于信号的传输。但增大 $\tau$ 会导致时分复用的路数减小，显然考虑 $\tau$ 的大小时，要兼顾带宽和复用路数这两个互相矛盾的要求。

**2．平顶抽样**

平顶抽样又称为瞬时抽样，从波形上看，它与自然抽样的不同之处在于抽样信号中的脉冲均具有相同的形状——顶部平坦的矩形脉冲，矩形脉冲的幅度即为瞬时抽样值，如图 4-10（a）所示。在实际应用中，平顶抽样信号采用脉冲形成电路（也称为"抽样保持电路"）来实现，得到顶部平坦的矩形脉冲。

平顶抽样信号在原理上可以看作由理想抽样和脉冲形成电路产生，如图 4-10（b）所示。其中脉冲形成电路的作用就是把单位冲激脉冲变为幅度为 $A$，宽度为 $\tau$ 的矩形脉冲，因此它的传输特性为

$$Q(\omega) = A\tau Sa\left(\frac{\omega\tau}{2}\right) \tag{4.2-12}$$

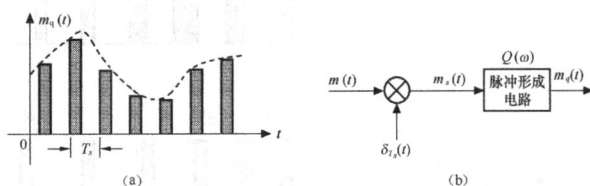

图 4-10　平顶抽样信号与产生原理

容易得到平顶抽样信号的频谱 $M_q(\omega)$ 为

$$M_q(\omega) = M_s(\omega)Q(\omega) = \frac{1}{T_s}Q(\omega)\sum_{n=-\infty}^{\infty}M(\omega-n\omega_s) \tag{4.2-13}$$

则平顶抽样信号的频谱为

$$M_q(\omega) = \frac{A\tau}{T_s}Sa\left(\frac{\omega\tau}{2}\right)\sum_{n=-\infty}^{\infty}M(\omega-n\omega_s) \tag{4.2-14}$$

可见，平顶抽样信号频谱是由 $Q(\omega)$ 加权后的周期性重复的 $M(\omega)$ 组成的。下面讨论如何从平顶抽样信号恢复原始的模拟信号。

因为脉冲形成电路的传输特性为 $Q(\omega)$，因此为了从平顶抽样信号恢复出原始的模拟信号，在进入低通滤波器之前先用传输特性为 $1/Q(\omega)$ 的校正电路加以修正，则校正电路的输出频谱为

$$M_s(\omega) = \frac{1}{Q(\omega)}M_q(\omega) = \frac{1}{T_s}\sum_{n=-\infty}^{\infty}M(\omega-n\omega_s) \tag{4.2-15}$$

可见，校正电路的输出信号频谱就是理想抽样信号的频谱，则通过低通滤波器便能无失真地恢复出原模拟信号 $m(t)$。从平顶抽样信号恢复原始模拟信号的原理如图 4-11 所示。

需要指出，平顶抽样的抽样频率仍然是按抽样定理确定的；它的第一零点带宽 $B = \frac{1}{\tau}(\text{Hz})$，其中 $\tau$ 为脉冲形成电路产生的矩形脉冲的宽度。

### 3. 脉冲调制

第3章中讨论的模拟调制是以正弦信号作为载波。然而，正弦信号并非是唯一的载波形式，时间上离散的脉冲串同样可以作为载波。脉冲调制就是以时间上离散的脉冲串作为载波，用调制信号 $m(t)$ 去控制脉冲串的某个参量，使其按 $m(t)$ 的规律变化的调制方式。通常，按调制信号改变脉冲参量（幅度、宽度和位置）的不同，脉冲调制分为脉幅调制（PAM）、脉宽调制（PDM）和脉位调制(PPM)。3 种脉冲调制信号波形如图 4-12 所示。

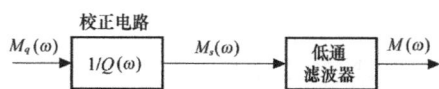

图 4-11 平顶抽样信号的恢复

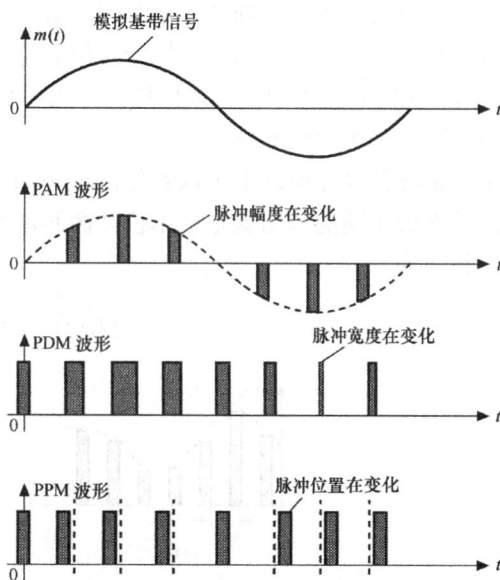

图 4-12 PAM、PDM、PPM 信号波形

从调制角度来看,实际抽样信号是用时间连续的模拟信号去改变脉冲载波的幅度得到的。因此,抽样信号又称为 PAM 信号。

## 4.3　量化

抽样信号在时间上是离散的,但它的幅度是连续的,在一定范围内可能取任意值,有限位的数字信号不可能精确地表示它。而实际上也没有必要精确地等于它,因为信号在传送过程中存在的噪声会掩盖信号的微弱变化,而且接收信号的最终器官——耳朵(对声音而言)和眼睛(对图像而言)区分信号细微变化的灵敏度也是有限的。因此将 PAM 信号转换成 PCM 信号之前,将幅度连续的 PAM 信号利用预先规定的有限个量化值(量化电平)来表示,这个过程叫"量化",如图 4-13 所示。换而言之,量化就是将模拟信号样值变换到最接近的量化电平的过程,它将幅度连续信号变换成幅度离散信号。

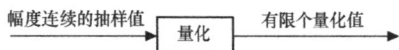

图 4-13　量化的输入和输出

量化是模拟信号数字化的重要步骤,它分为均匀量化和非均匀量化两种。前者又称为线性量化,后者又称为非线性量化。

### 4.3.1　均匀量化

把输入信号的取值域按等距离分割的量化称为均匀量化。如将取值域均匀等分为 $M$ 个量化区间,则 $M$ 称为量化级数或量化电平数。量化间隔(或量化阶距)$\Delta$ 取决于输入信号的变化范围和量化级数。在均匀量化中,每个量化区间的量化电平通常取在各区间的中点。通过量化,无穷多个幅度的取值变成了有限个量化电平。

如图 4-14 所示的量化过程把连续变化的模拟信号划分为 5 个量化区间:$[-\Delta,0)$,$[0,\Delta)$,$[\Delta,2\Delta)$,$[2\Delta,3\Delta)$,$[3\Delta,4\Delta]$。每一量化级内的连续变化的抽样值都用一个预先规定的量化值

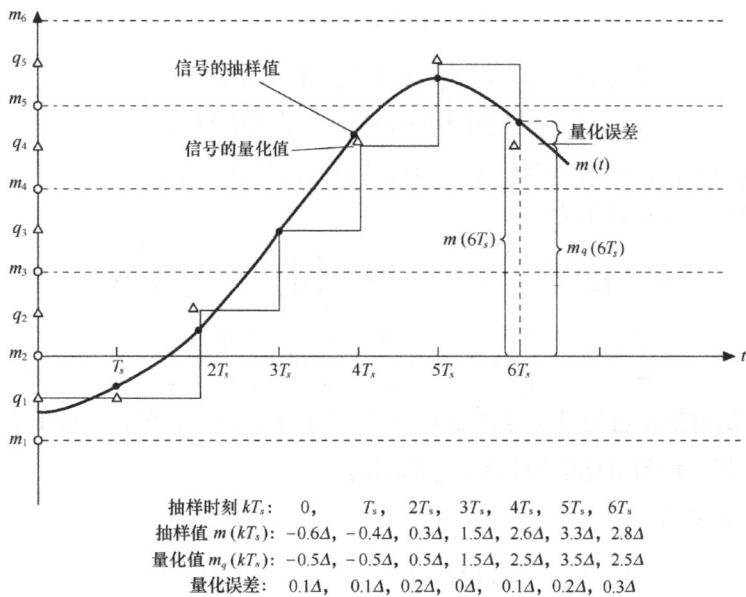

| 抽样时刻 $kT_s$: | 0, | $T_s$, | $2T_s$, | $3T_s$, | $4T_s$, | $5T_s$, | $6T_s$ |
|---|---|---|---|---|---|---|---|
| 抽样值 $m(kT_s)$: | $-0.6\Delta$, | $-0.4\Delta$, | $0.3\Delta$, | $1.5\Delta$, | $2.6\Delta$, | $3.3\Delta$, | $2.8\Delta$ |
| 量化值 $m_q(kT_s)$: | $-0.5\Delta$, | $-0.5\Delta$, | $0.5\Delta$, | $1.5\Delta$, | $2.5\Delta$, | $3.5\Delta$, | $2.5\Delta$ |
| 量化误差: | $0.1\Delta$, | $0.1\Delta$, | $0.2\Delta$, | $0\Delta$, | $0.1\Delta$, | $0.2\Delta$, | $0.3\Delta$ |

图 4-14　量化过程及量化误差

来近似表示，量化值通常取在各区间的中点。因此对应于各量化级的量化值分别为：-0.5$\Delta$，0.5$\Delta$，1.5$\Delta$，2.5$\Delta$，3.5$\Delta$。

一般说来，量化值（离散值）与抽样值（连续值）之间存在误差，此误差由量化产生，称为量化误差，用 $e(kT_s)$ 表示

$$量化误差\ e(kT_s)=|抽样值-量化值|=\left|m(kT_s)-m_q(kT_s)\right|$$

其中，$T_s$ 表示抽样间隔；$m(kT_s)$ 为抽样值；$m_q(kT_s)$ 为量化值。

从上面的分析可以看出，量化后的信号 $m_q(kT_s)$ 是对原来信号 $m(kT_s)$ 的近似，最大的量化误差不超过半个量化间隔 $\Delta/2$。当量化值选择适当时，随着量化级数的增加，可以使量化值与抽样值的近似程度提高，使量化误差减小。对于语音、图像等随机信号，抽样值是随时间随机变化的，所以量化误差也是随时间变化的。量化误差就好比一个噪声叠加在原来的信号上起干扰作用，该噪声称为量化噪声，通常用均方误差（平均功率）$N_q$ 来度量。

$$N_q=E\left[\left(m-m_q\right)^2\right]=\int_a^b\left(x-m_q\right)^2 f(x)\mathrm{d}x=\sum_{i=1}^M\int_{m_i}^{m_{i+1}}\left(x-q_i\right)^2 f(x)\mathrm{d}x \qquad (4.3\text{-}1)$$

其中，$E$ 表示统计平均；抽样值 $m(kT_s)$ 简记为 $m$，量化值 $m_q(kT_s)$ 简记为 $m_q$；$(a,b)$ 表示量化器输入信号 $m$ 的取值域；$m_i$ 表示第 $i$ 个量化级的起始电平，$m_i=a+(i\text{-}1)\Delta$，其中量化间隔 $\Delta=\dfrac{b-a}{M}$；$q_i$ 表示第 $i$ 个量化级的量化值，$q_i=a+i\Delta-\Delta/2$；$M$ 表示量化级数；$f(x)$ 表示量化器输入信号的概率密度。

在衡量量化器性能时，单看绝对误差的大小是不够的，因为信号有大有小，同样大的量化噪声对大信号的影响可能微乎其微，但对小信号却可能造成严重的后果，因此在衡量量化器性能时应看信号功率与量化噪声功率的相对大小，用量化信噪比表示为

$$\frac{S}{N_q}=\frac{E\left(m^2\right)}{E\left[\left(m-m_q\right)^2\right]} \qquad (4.3\text{-}2)$$

其中，$S$ 表示输入量化器的信号功率，$N_q$ 表示量化噪声功率。

【例 4.3.1】 设一个均匀量化器的量化间隔为 $\Delta$，量化级数为 $M$，输入信号在区间 $[-a,a]$ 内均匀分布，试计算该量化器的量化噪声功率和对应的量化信噪比。

**解**：量化噪声的平均功率为

$$\begin{aligned} N_q&=\sum_{i=1}^M\int_{m_i}^{m_{i+1}}\left(x-q_i\right)^2 f(x)\mathrm{d}x=\sum_{i=1}^M\int_{m_i}^{m_{i+1}}\left(x-q_i\right)^2\frac{1}{2a}\mathrm{d}x \\ &=\sum_{i=1}^M\int_{-a+(i\text{-}1)\Delta}^{-a+i\Delta}\left(x+a-i\Delta+\frac{\Delta}{2}\right)^2\frac{1}{2a}\mathrm{d}x=\frac{M\Delta^3}{24a}=\frac{\Delta^2}{12} \end{aligned} \qquad (4.3\text{-}3)$$

由此可见，均匀量化器的量化噪声功率 $N_q$ 仅与量化间隔 $\Delta$ 有关，一旦量化间隔给定，无论抽样值大小如何，均匀量化噪声功率 $N_q$ 都相同。

又因为信号功率为

$$S=\int_{-a}^a x^2 f(x)\mathrm{d}x=\int_{-a}^a x^2\frac{1}{2a}\mathrm{d}x=\frac{a^2}{3}=\frac{M^2\Delta^2}{12} \qquad (4.3\text{-}4)$$

因而，量化信噪比为

$$\frac{S}{N_q} = M^2 \tag{4.3-5}$$

如果以分贝（dB）为单位，则量化信噪比表示为

$$\left(\frac{S}{N_q}\right)_{dB} = 10\lg\left(\frac{S}{N_q}\right) = 20\lg M \tag{4.3-6}$$

由上式可见，量化器的量化信噪比随着量化级数 $M$ 的增加而提高。通常量化级数的选取应根据对量化器的量化信噪比的要求来确定。

均匀量化的特点是，无论信号大小如何，量化间隔都相等，量化噪声功率固定不变。因此，均匀量化有一个明显的不足：小信号的量化信噪比太小，不能满足通信质量要求，而大信号的量化信噪比较大，远远地满足要求。通常，把满足信噪比要求的输入信号取值范围定义为动态范围，可见，均匀量化时的信号动态范围受到较大的限制。产生这一现象的原因是无论信号大小如何，均匀量化的量化间隔 $\Delta$ 为固定值。

为了解决小信号的量化信噪比太小这个问题，若仍采用均匀量化，需要减小量化间隔，即增加量化级数，但是量化级数 $M$ 过大时，一是大信号的量化信噪比更大，二是使编码复杂，三是使信道利用率下降。所以引出了非均匀量化。

### 4.3.2　非均匀量化

非均匀量化根据信号的不同区间来确定量化间隔，即量化间隔与信号的大小有关。当信号幅度小时，量化间隔小，其量化误差也小；当信号幅度大时，量化间隔大，其量化误差也大。

实现非均匀量化的方法有两种：模拟压扩法和直接非均匀编解码法。它们在原理上是等效的，但是从理论分析角度来看，前者简便，而在实际应用中通常采用后者，因此下面先介绍模拟压扩法，再介绍直接非均匀编解码法。

#### 1. 模拟压扩法

模拟压扩法中非均匀量化的实现方法通常是将抽样值通过压缩后再进行均匀量化。也就是说，在发送端，首先对抽样信号幅度非线性压缩，然后进行均匀量化，最后进行编码。在接收端，为了还原，解码后送入扩张器恢复原始信号。模拟压扩法的方框图如图 4-15 所示。

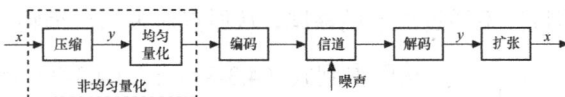

图 4-15　非均匀量化的模拟压扩法

扩张器的特性压缩器和刚好相反，如图 4-16 所示。

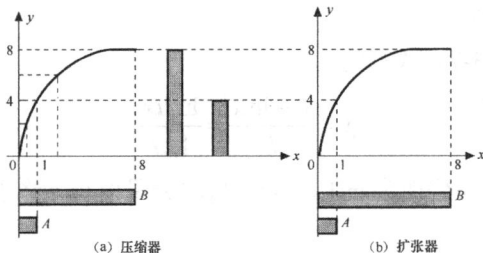

图 4-16　压缩器和扩张器的特性

由图 4-16（a）可见，压缩器特性是小信号时斜率大于 1，大信号时斜率小于 1。而且还可以看出：如果将纵坐标 $y$ 均匀分级，由于压缩的原因，结果反映到输入信号 $x$ 就成为了非均匀量化。所以，把经过压缩器处理后的信号进行均匀量化，等效结果就是对抽样信号进行非均匀量化。

与均匀量化相比较，非均匀量化实质上是在利用降低大信号的量化信噪比来提高小信号的量化信噪比。从而在不增加量化级数的前提下，使信号在较宽的动态范围内，量化信噪比都能达到要求。

如果压缩器能够使得信号的量化信噪比与信号的幅度无关，即 $\dfrac{S}{N_q}$ =常数，这样的压缩特性称为理想压缩特性。通过推导可以得到理想压缩特性的表达式为

$$y = 1 + \frac{1}{k}\ln x \tag{4.3-7}$$

其中，$k$ 为常数，$x$ 为压缩器的归一化输入，$y$ 为压缩器的归一化输出。归一化是指信号电压（或电流）与信号最大电压（或电流）之比。

理想对数压缩特性当 $x=0$ 时，$y \to -\infty$，不符合对压缩特性的要求，因此需要对它作一定的修正。修正应实现两点：曲线通过原点；关于原点对称。修正方法不同，导出不同的特性，ITU-T 推荐两种对数压缩特性：$A$ 律对数压缩特性和 $\mu$ 律对数压缩特性。北美和日本采用 $\mu$ 律，我国和欧洲采用 $A$ 律。这里重点介绍 $A$ 律对数压缩特性。

（1）$A$ 律对数压缩特性

$A$ 律对数压缩特性具有如下关系

$$y = \begin{cases} \dfrac{Ax}{1+\ln A}, & 0 \leqslant x \leqslant \dfrac{1}{A} & (4.3\text{-}8) \\ \dfrac{1+\ln(Ax)}{1+\ln A}, & \dfrac{1}{A} \leqslant x \leqslant 1 & (4.3\text{-}9) \end{cases}$$

式中，$x$ 为归一化的压缩器输入，$y$ 为归一化的压缩器输出。$A$ 为压缩参数，表示压缩程度。当 $A=1$ 时，压缩特性是一条通过原点的直线，没有压缩效果；$A$ 值越大压缩效果越明显。在国际标准中取 $A=87.6$。

$A$ 律压缩特性是理想压缩特性的一种修改。取式（4.3-7）中的 $k = 1 + \ln A$（$A$ 为一个常数），为了修改理想压缩特性不通过原点的缺陷，从原点对理想压缩特性作一条切线，切点的横坐标为 $1/A$，纵坐标为 $\dfrac{1}{1+\ln A}$，从而得到式（4.3-8）。式（4.3-9）是 $A$ 律的主要表达式，它是理想的压缩特性。$A$ 律压缩特性曲线如图 4-17 所示。另外，需要说明的是，压缩特性曲线是关于原点奇对称的，图 4-17 只给出了第一象限的压缩特性。

（2）$\mu$ 律对数压缩特性

取 $k = \ln \mu$，将式（4.3-7）改写为

$$y = \frac{k + \ln x}{k} = \frac{\ln \mu x}{\ln \mu} \tag{4.3-10}$$

将式（4.3-10）中的分子 $\ln \mu x$ 修改为 $\ln(1 + \mu x)$，再将分母由 $\ln \mu$ 修改为 $\ln(1 + \mu)$，得到的 $\mu$ 压缩律方程为

$$y = \frac{\ln(1+\mu x)}{\ln(1+\mu)} \qquad 0 \leqslant x \leqslant 1 \tag{4.3-11}$$

式中，$x$ 为归一化的压缩器输入，$y$ 为归一化的压缩器输出。$\mu$ 为压缩参数，表示压缩程度。

$\mu$ 律对数压缩特性曲线如图 4-18 所示，它只画出了第一象限部分。当 $\mu = 0$ 时，压缩特性是一条通过原点的直线，没有压缩效果；$\mu$ 值越大压缩效果越明显，在国际标准中取 $\mu = 255$。

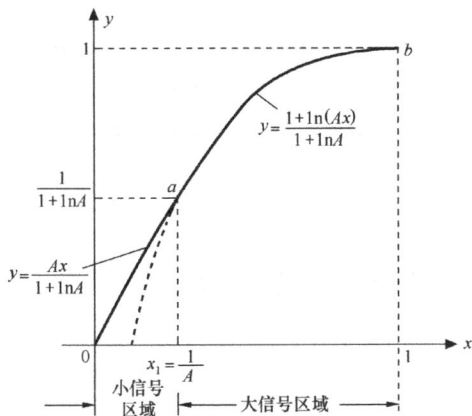

图 4-17 $A$ 律压缩特性

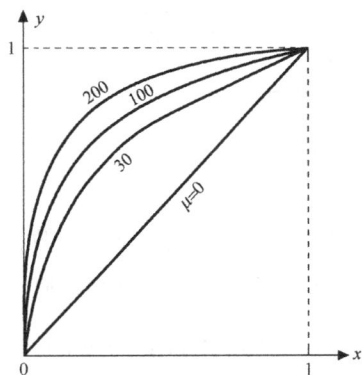

图 4-18 $\mu$ 律压缩特性

### 2. 直接非均匀编解码法

目前实现非均匀量化一般采用直接非均匀编解码法。所谓直接非均匀编解码法就是：在发送端根据非均匀量化间隔的划分直接对样值进行二进制编码；在接收端进行相应的非均匀解码。直接非均匀编码如图 4-19 所示。

为简便起见，以 5 折线压缩特性为例来说明如何对抽样值进行直接非均匀编码。5 折线如图 4-20 所示，压缩特性是关于原点奇对称的，图中只画出了第一象限的折线，考虑到第三象限内的折线，合起来共 5 段折线。

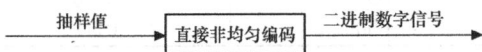

图 4-19 直接非均匀编码的输入和输出

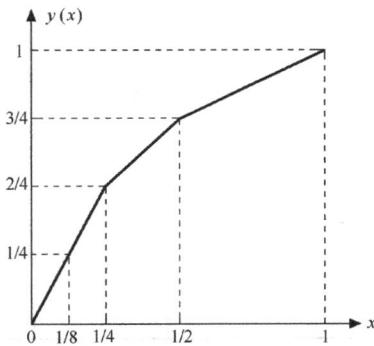

图 4-20 5 折线压缩特性

5 折线压缩特性横坐标量化间隔的划分及编码安排如表 4-1 所示。

例如，如果一个抽样值为 0.7，因为它在 1/2～1 范围内，由表 4.1 就可以直接编出相应的码字为 111。

**表 4-1**      5 折线压缩特性横坐标量化间隔的划分及编码安排

| 极性 | 电平范围 | 量化级序号 | 自然二进码 | 折叠二进码 |
|---|---|---|---|---|
| 正 | 1/2～1 | 7 | 111 | 111 |
| | 1/4～1/2 | 6 | 110 | 110 |
| | 1/8～1/4 | 5 | 101 | 101 |
| | 0～1/8 | 4 | 100 | 100 |
| 负 | 0～−1/8 | 3 | 011 | 000 |
| | −1/8～−1/4 | 2 | 010 | 001 |
| | −1/4～−1/2 | 1 | 001 | 010 |
| | −1/2～−1 | 0 | 000 | 011 |

## 4.4 编码

量化后的信号已经是时间离散、取值离散的数字信号。但是为了适宜传输和存储，通常用编码的方法将其变成二进制代码。

### 4.4.1 常用的二进制码型

PCM 系统中的编码是指用二进制代码来表示有限个量化电平的过程。结合直接非均匀编码法，具体做法是将所有的量化级按其量化电平大小的次序排列起来，列出各自对应的码字。在语音信号的编码中常用的二进制码型有自然二进码和折叠二进码两种。量化级数为 16，即编码位数 $l=4$ 时的二进制常用码型如表 4-2 所示。

**表 4-2**      常用的二进制码型

| 样值脉冲极性 | 量化级序号 | 自然二进码 | 折叠二进码 |
|---|---|---|---|
| 正极性部分 | 15 | 1111 | 1111 |
| | 14 | 1110 | 1110 |
| | 13 | 1101 | 1101 |
| | 12 | 1100 | 1100 |
| | 11 | 1011 | 1011 |
| | 10 | 1010 | 1010 |
| | 9 | 1001 | 1001 |
| | 8 | 1000 | 1000 |
| 负极性部分 | 7 | 0111 | 0000 |
| | 6 | 0110 | 0001 |
| | 5 | 0101 | 0010 |
| | 4 | 0100 | 0011 |
| | 3 | 0011 | 0100 |
| | 2 | 0010 | 0101 |
| | 1 | 0001 | 0110 |
| | 0 | 0000 | 0111 |

如表 4-2 所示，序号为 0～7 的 8 个量化级对应于负极性的样值脉冲；序号为 8～15 的 8 个量化级对应于正极性的样值脉冲。

**1. 自然二进码**

自然二进码就是将量化级序号看作一般的十进制正整数，然后用二进制表示。自然二进码编码简单、易记，而且解码可以逐比特独立进行。但是，自然二进码上、下两部分的码型无任何相似之处。对于双极性的信号而言，不如折叠二进码方便。

### 2．折叠二进码

除去最高位外，折叠二进码的上半部分与下半部分呈倒影关系，即折叠关系。其幅度码从小到大按自然二进码规则编码。只要正、负极性信号的绝对值相同，就可进行相同的编码。

与自然二进码相比，折叠二进码具有两个优点：

（1）对于语音这样的双极性信号，只要绝对值相同，用最高位码表示极性后，则可以采用单极性编码的方法，使编码过程大大简化。

（2）在传输过程中出现误码，对小信号影响较小。比如小信号的 1000 误为 0000，对于自然二进码误差是 8 个量化级，而对于折叠二进码误差却只有 1 个量化级。这一特性非常有用，因为语音信号小幅度出现的概率比大幅度的大，所以应着眼于改善小信号的传输效果。

基于以上的原因，在 PCM 系统中广泛采用折叠二进码。

### 4.4.2　$A$ 律 13 折线编码

#### 1．$A$ 律 13 折线的压缩特性

由式（4.3-8）及式（4.3-9）得到的 $A$ 律对数压缩特性和由式（4.3-11）得到的 $\mu$ 律对数压缩特性都是连续曲线，早期是用二极管的非线性来实现的，但是要保证压缩特性的一致性与稳定性以及压缩与扩张的匹配在电路上实现相当困难。为了便于编码和数字化实现，实际中常采用分段折线来近似表示压缩特性曲线，而且希望非均匀量化间隔的划分按照 2 的幂次关系。实际应用中有两种折线：一种是采用 13 折线近似 $A=87.6$ 的 $A$ 律压缩特性，另一种是采用 15 折线近似 $\mu=255$ 的 $\mu$ 律压缩特性。下面将介绍 $A$ 律 13 折线。

$A$ 律 13 折线的产生是从非均匀量化的基点出发，设法用 13 段折线逼近 $A=87.6$ 的 $A$ 律压缩特性，如图 4-21 所示，图中的 $x$ 和 $y$ 分别表示归一化输入和输出。具体的方法是：

（1）对 $x$ 轴在 0～1（归一化）范围内不均匀分成 8 段，分段的规律是每次以二分之一对分，第一次在 0 到 1 之间的 1/2 处对分，第二次在 0 到 1/2 之间的 1/4 处对分，第三次在 0 到 1/4 之间的 1/8 处对分，其余类推。可以得到分段点为 $\dfrac{1}{2},\dfrac{1}{4},\dfrac{1}{8},\dfrac{1}{16},\dfrac{1}{32},\dfrac{1}{64},\dfrac{1}{128}$。

（2）对 $y$ 轴在 0～1（归一化）范围内采用均匀分段方式，均匀分成 8 段，每段间隔均为 1/8。

（3）将 $x,y$ 各个对应段的交点连接起来，构成 8 个折线段。

以上得到的是第一象限的折线，由于语音信号是双极性信号，因此在负方向也有与正方向对称的一组折线。由于靠近零点的负方向与正方向的第 1、2 段斜率都等于 16，可以合并为一条折线，因此，正、负双向共有 13 折，故称其为 13 折线。

在 $A$ 律特性分析中可以看出，取 $A=87.6$ 有两个目的：一是使特性曲线原点附近的斜率凑成 16；二是当 $y$ 均匀等分 8 个段落时，对应 $x$ 的分界点近似于按 2 的幂次递减分割，用 13 折线逼近时有利于数字化。从表 4-3 中可以看出 13 折线和 $A$ 律压缩特性（$A=87.6$）的曲线十分逼近。

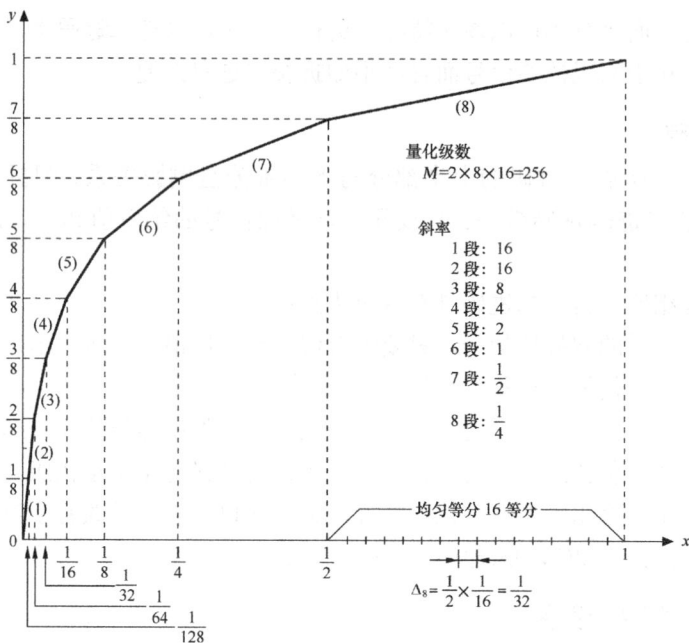

图 4-21  *A* 律 13 折线

**表 4-3**  **13 折线分段时的 *x* 值和 *A* 律压缩特性（*A*=87.6）的 *x* 值的比较**

| $y$ | 0 | $\frac{1}{8}$ | $\frac{2}{8}$ | $\frac{3}{8}$ | $\frac{4}{8}$ | $\frac{5}{8}$ | $\frac{6}{8}$ | $\frac{7}{8}$ | 1 |
|---|---|---|---|---|---|---|---|---|---|
| *A* 律压缩曲线的 *x* | 0 | $\frac{1}{128}$ | $\frac{1}{60.6}$ | $\frac{1}{30.6}$ | $\frac{1}{15.4}$ | $\frac{1}{7.79}$ | $\frac{1}{3.93}$ | $\frac{1}{1.98}$ | 1 |
| 按折线分段时的 *x* | 0 | $\frac{1}{128}$ | $\frac{1}{64}$ | $\frac{1}{32}$ | $\frac{1}{16}$ | $\frac{1}{8}$ | $\frac{1}{4}$ | $\frac{1}{2}$ | 1 |
| 段落序号 | 1 | 2 | 3 | 4 | 5 | 6 | 7 | 8 | |
| 斜率 | 16 | 16 | 8 | 4 | 2 | 1 | 1/2 | 1/4 | |

### 2. *A* 律 13 折线编码的码字安排

码位数的选择不仅关系到通信质量的好坏，而且还涉及设备的复杂程度。在信号变化范围一定时，码位数越多，量化级数越多，量化误差越小，通信质量当然就更好。但码位数越多，设备越复杂，同时还会使总的传码率增加，传输带宽加大。一般从语音信号的可懂度来说，采用 3～4 位非线性编码即可，若增至 7～8 位时，通信质量就比较理想了。

在 *A* 律 13 折线编码中，普遍采用 8 位折叠二进码，对应有 $M = 2^8 = 256$ 个量化级，即正、负输入幅度范围内各有 128 个量化级。考虑到正、负双向共有 16 个段落，这需要将每个段落再均匀等分为 16 个量化级。按折叠二进码的码型，这 8 位码的安排如下

$$极性码 \quad\quad 段落码 \quad\quad\quad 段内码$$

$$C_1 \quad\quad C_2C_3C_4 \quad\quad\quad C_5C_6C_7C_8$$

其中第 1 位码 $C_1$ 为极性码。$C_1$ 的数值 "1" 或 "0" 分别表示信号的正、负极性。后面的 7 位码 $C_2C_3C_4$ $C_5C_6C_7C_8$ 称为幅度码，其中 $C_2C_3C_4$ 用来代表 8 个段落，称为段落码；$C_5C_6C_7C_8$

用来代表段内等分的 16 个量化级,称为段内码。

采用折叠二进码来进行编码,如果极性不同,幅度相同,则只有极性码不同,而幅度码相同。对于正、负对称的双极性信号,在极性判决后被整流(相当取绝对值)以后,则按信号的绝对值进行编码,因此只要考虑 13 折线中的正方向的 8 段折线就行了。这 8 段折线共包含 128 个量化级,正好用剩下的 7 位幅度码表示。

段落码 $C_2C_3C_4$ 表示信号绝对值处在哪个段落,3 位码的 8 种可能状态分别代表 8 个段落。如果采用自然二进码,段落码和 8 个段落序号之间的关系如表 4-5 所示。

段内码 $C_5C_6C_7C_8$ 的 16 种可能状态用来分别代表每一段落内的 16 个均匀划分的量化级。如果采用自然二进码,段内码和 16 个量化级序号之间的关系如表 4-4 所示。

表 4-4                                段内码

| 段内量化级序号 | 0 | 1 | 2 | 3 | 4 | 5 | 6 | …… | 14 | 15 |
|---|---|---|---|---|---|---|---|---|---|---|
| 段内码 $C_5C_6C_7C_8$ | 0000 | 0001 | 0010 | 0011 | 0100 | 0101 | 0110 | …… | 1110 | 1111 |

需要指出,在上述的编码方法中,虽然各段内的 16 个量化级是均匀的,但是由于各段落的长度不相等,使得不同段落的量化间隔也是不相等的。当输入信号小时,量化间隔小;输入信号大时,量化间隔大。在 13 折线中,第一、二段落长度为归一化值的 1/128,将它等分为 16 个小段后,得到的量化间隔只有归一化值的 $(1/128)\times(1/16)=1/2048$,这是最小的量化间隔,常称为量化单位,记为 $\Delta$,即 $\Delta=1/2048$;第八段落中的量化间隔是最大的,它是归一化值的 $(1/2)\times(1/16)=1/32=64\Delta$。

如果以非均匀量化时的最小量化间隔 $\Delta=1/2048$ 作为输入 $x$ 轴的单位,那么各段落的起点电平分别是 0、16、32、64、128、256、512、1024 个量化单位。将段落序号、各段落的电平范围、起始电平和各段落的量化间隔 $\Delta_i$ 归纳于表 4-5 中,熟记该表有助于理解 $A$ 律 13 折线的编解码方法。

表 4-5                    段落序号及其对应的起始电平和量化间隔

| 段落序号 | 1 | 2 | 3 | 4 | 5 | 6 | 7 | 8 |
|---|---|---|---|---|---|---|---|---|
| 段落码 $C_2C_3C_4$ | 000 | 001 | 010 | 011 | 100 | 101 | 110 | 111 |
| 电平范围 ($\Delta$) | 0~16 | 16~32 | 32~64 | 64~128 | 128~256 | 256~512 | 512~1024 | 1024~2048 |
| 段落起始电平 $I_{Bi}$ ($\Delta$) | 0 | 16 | 32 | 64 | 128 | 256 | 512 | 1024 |
| 段内量化间隔 $\Delta_i$ ($\Delta$) | 1 | 1 | 2 | 4 | 8 | 16 | 32 | 64 |

例如输入编码器的抽样值 $I_s=+50$ 个量化单位,由于输入信号抽样值 $I_s$ 为正,故极性码 $C_1=1$。由于抽样值 $I_s$ 的幅度 $50\Delta$ 大于第 3 段落的起始电平,小于第 4 段落的起始电平,所以,它位于第 3 段落,段落码 $C_2C_3C_4$ 为 010。在第 3 段落对应的电平范围为 $32\Delta\sim64\Delta$,将它等分为 16 个量化级,每个量化间隔为 $2\Delta$,量化区间分别为 $[32\Delta,34\Delta)$,$[34\Delta,36\Delta)$……$[62\Delta,64\Delta)$,分别与段内码 0000,0001……1111 一一对应,则抽样值 $I_s$ 的段内码 $C_5C_6C_7C_8$ 为 1001。所以,编码器输出的折叠二进码为 1 010 1001。

顺便指出,原理上模拟信号数字化的过程是抽样、量化以后才进行编码。但实际上 $A$ 律 13 折线编码器本身包含了量化和编码的两个功能,也就是说,量化是在编码过程中完成的。这就是前面介绍的直接非均匀编码方法。

在接收端，$A$ 律 13 折线解码器将根据收到的 PCM 信号输出解码电平，还原成相应的 PAM 样值信号，即进行 D/A 变换。解码电平近似等于原始的 PAM 样值信号，但存在一定的误差，即解码误差。为了保证最大解码误差不超过 $\Delta_i/2$，解码电平应取在量化区间的中点，即前面介绍的量化电平。如果不考虑极性，量化电平可以表示为

$$I_D = I_{Bi} + \left(2^3 C_5 + 2^2 C_6 + 2^1 C_7 + 2^0 C_8\right)\Delta_i + 2^{-1}\Delta_i \qquad (4.4\text{-}1)$$

其中，$I_{Bi}$ 表示段落码对应的段落起始电平，$\Delta_i$ 表示该段落内的量化间隔。

### 3. 对数 PCM 码和线性 PCM 码之间的变换

通常按非均匀量化特性的编码称为非线性编码，按均匀量化特性的编码称为线性编码。$A$ 律 13 折线编码是基于 $A$ 律对数压缩特性进行的非线性编码，称为对数 PCM 编码。

在实际应用中，对数 PCM 码广泛应用于脉冲编码调制通信系统中，但是由于线性 PCM 码可直接用于二进制运算，在通信终端中经常需要将对数 PCM 转换为线性 PCM 码，然后进行数字信号处理。对数 PCM 码与线性 PCM 码的变换原则是变换前后的码字电平相同。线性码的码字电平表示为 $I_{DL}$

$$I_{DL} = \left(2^{10} B_1 + 2^9 B_2 + 2^8 B_3 + \cdots + 2^1 B_{10} + 2^0 B_{11} + 2^{-1} B_{12}\right)\Delta \qquad (4.4\text{-}2)$$

其中，$\Delta$ 表示量化单位。如果不考虑极性，用均匀量化线性 PCM 码来表示 $A$ 律对数 PCM 码，需要 12 位线性二进制码。对照式（4.4-1）和式（4.4-2），将对数 PCM 码对应的量化电平 $I_D$ 从十进制变换成二进制，就可得到 12 位线性二进制码。需要注意的是，此时量化电平 $I_D$ 应以量化单位 $\Delta$ 来表示。

**【例 4.4.1】** 设 $A$ 律 13 折线 PCM 编码器的设计输入范围为 [-4.096,4.096]V。如果输入信号抽样值为 2.51V。（1）写出按 $A$ 律 13 折线编成 8 位对数 PCM 码 $C_1 C_2 C_3 C_4\, C_5 C_6 C_7 C_8$。

（2）计算量化电平和量化误差。

（3）不考虑极性，写出对应于对数 PCM 码组的线性 PCM 码组的 12 位码。

**解：**（1）输入信号的归一化值为 $1255\Delta$，其中 $\Delta = 2\text{mV}$。编码过程如下：

① 确定极性码 $C_1$：由于输入信号抽样值 $I_s$ 为正，故极性码 $C_1 = 1$。

② 确定段落码 $C_2 C_3 C_4$：

因为 1255>1024，所以位于第 8 段落，段落码为 111。

③ 确定段内码 $C_5 C_6 C_7 C_8$：

因为 $1255 = 1024 + 3 \times 64 + 39$，所以段内码 $C_5 C_6 C_7 C_8 = 0011$。

所以，编出的 PCM 码字为 1 111 0011。 它表示输入信号抽样值 $I_s$ 处于第 8 段序号为 3 的量化级。

（2）量化电平取在量化区间的中点，则为

$$1024 + 3 \times 64 + 32 = 1248\Delta$$

故量化误差等于 $7\Delta$。

（3）因为 $(1248)_{10} = (10011100000.0)_2$，所以对应于对数 PCM 码组的 12 位线性码为 100111000000。

**【例 4.4.2】** 采用 13 折线 $A$ 律编解码电路，设接收端收到的码字为"00010011"，最小量化单位为 1 个单位。试问解码器输出为多少单位？对应的 12 位线性 PCM 码组为多少？

**解**：极性码为 0，所以极性为负。

段落码为 001，段内码为 0011，所以信号位于第 2 段落序号为 3 的量化级。由表 4.5 可知，第 2 段落的起始电平为 $16\Delta$，量化间隔为 $\Delta$。

因为解码器输出的量化电平输出的量化电平位于量化区间的中点，所以解码器输出为

$$I_D = -(16 + 3 \times 1 + 0.5) = -19.5 \text{量化单位}$$

因为 $(19.5)_{10} = (1011.1)_2$，所以对应的 12 位线性 PCM 码组为 000000010111。

【例 4.4.3】 一个截止频率为 4000Hz 的低通信号 $m(t)$ 是一个均值为零的平稳随机过程，一维概率分布服从均匀分布，电平范围为 $-10 \sim +10V$。对低通信号 $m(t)$ 抽样后进行 $A$ 律 13 折线 PCM 编码，计算码字 1 001 1010 出现的概率，该码字所对应的量化电平为多少？

**解**：当 $m(t)$ 的极性为正，且出现在第 2 段第 10 量化级时，码字为 1 001 1010，因为第 2 段第 10 量化级的长度为 $\Delta$，而 $m(t)$ 可能出现 $-2048\Delta$ 和 $2048\Delta$ 之间，所以码字 1 001 1010 出现概率为

$$\frac{\Delta}{4096\Delta} = \frac{1}{4096}$$

当码字为 1 001 1010 时，对应的量化电平为

$$I_D = 16 + 10 \times 1 + 0.5 = 26.5\Delta$$

而 $\Delta = \frac{10}{2048} = 0.00488V$，所以量化电平

$$I_D = 0.129V$$

## 4.5 脉冲编码调制系统

### 4.5.1 脉冲编码调制（PCM）原理

如前所述，PCM 的产生包含抽样、量化、编码 3 个步骤。它的功能是完成模/数变换，实现模拟信号的数字化。应当强调指出，抽样过程中，在满足抽样定理时，PCM 系统能够做到无失真的重建。而量化过程始终存在量化误差，只不过误差的大小可以通过选择合适的量化方法和量化级数来控制。

PCM 编码最早应用于模拟电话信号的数字化，也是目前世界各国电话网广泛采用的一种方式。以语音信号为例，一般取抽样频率 $f_s = 8000Hz$，由于原始语音信号的频带范围为 $40 \sim 10000Hz$ 左右，为了避免产生折叠噪声，一般说来，在抽样之前，需要通过一个保护性的预滤波器（低通滤波器），将输入信号的频带限制在 $f_s/2$ 以内再进行抽样。例如电话通信中，考虑到语音信号的通信质量，将原始语音信号的频带限制在 $300 \sim 3400Hz$ 标准的长途模拟电话的频带内。然后采用 $A$ 律 13 折线的直接非均匀编解码法，对抽样值进行量化编码，国际标准化的 PCM 码字是用 8 位二进折叠码来代表一个抽样值。图 4-22 是 PCM 系统的原理图。

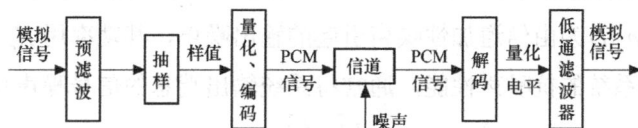

图 4-22 PCM 系统的原理图

需要指出的是，在 PCM 系统中，除了上述的几个部分，还必须设有同步设备。因为码

字中的每一位码元所处的位置不同，代表的量化电平值就不同，所以在接收端收到 PCM 信号后，必须能区分每一码字以及每一位码元在码字中的位置，这样才能正确解码，这是同步设备所要完成的任务。此外，在进行时分多路复用时，还要利用同步设备区分"帧"和"路"。

### 4.5.2　PCM 系统的传输速率

假定抽样频率为 $f_s$，量化级数为 $M$。由于 PCM 要用1位二进制代码表示一个量化电平，这时二进制编码位数和量化级数满足 $M = 2^l$。通过抽样、量化、编码 3 个步骤，时间连续信号就用二进制代码来表示。因此，一个抽样周期 $T_s$ 内要编1位码，每个二进制码元宽度为

$$T_b = \frac{T_s}{l}$$

所以，二进制代码的码元速率为

$$R_B = \frac{1}{T_b} = \frac{l}{T_s} = l \cdot f_s = \log_2 M \cdot f_s \tag{4.5-1}$$

对应的信息速率为

$$R_b = \log_2 M \cdot f_s \tag{4.5-2}$$

其中，抽样频率 $f_s$ 与抽样周期 $T_s$ 呈倒数关系的，即 $T_s = \frac{1}{f_s}$。

**【例 4.5.1】**　某信号频谱范围为 50k～60 kHz，采用最低抽样频率（保证抽样后频谱不重叠）抽样后按照 256 级量化，采用二进制编码。计算 PCM 系统的码元速率和信息速率。

**解：**　某信号为带通型信号，由式（4.2-8）可知，最低抽样频率

$$f_{s(\min)} = 2B = 20 \text{kHz}$$

因为量化级数 $M = 256$，所以二进制代码的码元速率

$$R_B = \log_2 M \cdot f_s = 8 \times 20\text{k} = 160\text{k} \text{ 波特}$$

信息速率为

$$R_b = \log_2 M \cdot f_s = 160\text{k}（\text{bit/s}）$$

### 4.5.3　PCM 系统的抗噪声性能分析

影响 PCM 系统性能的主要噪声源有两种：一是量化噪声，二是信道噪声。由于两种噪声产生机理不同，可以认为它们是统计独立的。因此，可以先讨论它们单独存在时的系统性能，然后再分析它们共同存在时的系统性能。

考虑两种噪声时，如图 4-22 所示的 PCM 系统接收端低通滤波器的输出为

$$\hat{m}(t) = m_o(t) + n_q(t) + n_e(t) \tag{4.5-3}$$

式中，$m_o(t)$ 为输出端所需信号成分，其功率用 $S_o$ 表示；$n_q(t)$ 为由量化噪声引起的输出噪声，其功率用 $N_q$ 表示；$n_e(t)$ 为由信道加性噪声引起的输出噪声，其功率用 $N_e$ 表示。

为了衡量 PCM 系统的抗噪声性能，通常将系统输出端总的信号噪声功率比定义为

$$\left(\frac{S_o}{N_o}\right)_{\text{PCM}} = \frac{E\left[m_o^2\right]}{E\left[n_q^2\right] + E\left[n_e^2\right]} = \frac{S_o}{N_q + N_e} \tag{4.5-4}$$

暂不考虑信道噪声，只考虑量化噪声对系统性能的影响。假设输入信号 $m(t)$ 在区间[-a,

*a*]具有均匀分布的概率密度，发送端采用奈奎斯特抽样频率进行理想抽样，并对抽样值均匀量化，量化电平数为 $M$ ，接收端通过理想低通滤波器恢复原始的模拟信号。通过推导，可以得到 PCM 系统输出端的量化信噪比和发送端的量化信噪比（见例 4.3.1）相同。

$$\frac{S_0}{N_q} = M^2 \tag{4.5-5}$$

如果采用二进制编码，编码位数为 $l$ ，则

$$\frac{S_o}{N_q} = 2^{2l} \tag{4.5-6}$$

可见，PCM 系统输出端的量化信噪比随着编码位数 $l$ 按指数规律增加。而 PCM 系统带宽 $B$ 随着编码位数 $l$ 呈线性增加，所以 PCM 系统输出端的量化信噪比随系统的带宽 B 按指数规律增长。

然后考虑信道中的加性噪声对 PCM 系统的影响。信道噪声对 PCM 系统性能的影响表现在接收端的判决误码上，二进制"1"码可能误判为"0"码， 而"0"码可能误判为"1"码。由于 PCM 信号中每一码字代表着一定的量化值，所以若出现误码，被恢复的量化值将与发端原抽样值不同，从而引起误差，带来新的输出噪声，即误码噪声。

在假设加性噪声为高斯白噪声的情况下，每一码字中出现的误码可以认为是彼此独立的，并设每个码元的误码率皆为 $P_e$ 。另外，考虑到实际中 PCM 的每个码字中出现多于 1 位误码的概率很低，所以只考虑仅有 1 位误码的码字错误。

假设 PCM 为 $l$ 位二进制码，码字中各个码元的权值是不同的，与码型有关。以自然二进制码为例，若最低位的 1 码代表 $\Delta$ ，第 i 位的 1 码代表 $2^{i-1}\Delta$ （$i = 1, 2, \cdots, l$）。因此，第 $i$ 位码元发生误码，则误差为 $\pm (2^{i-1}\Delta)$，产生的噪声功率为 $(2^{i-1}\Delta)^2$。由于已经假设每位码元所产生的误码率均为 $P_e$ ，所以由误码产生的平均功率为

$$N_e = P_e \sum_{i=1}^{l} (2^{i-1}\Delta)^2 = \Delta^2 P_e \frac{2^{2l}-1}{3} \approx \Delta^2 P_e \frac{2^{2l}}{3} \tag{4.5-7}$$

同时考虑量化噪声和信道加性噪声时，由式（4.3-3）、式（4.5-6）和式（4.5-7）得到 PCM 系统输出端的总信噪功率比为

$$\left(\frac{S_0}{N_0}\right)_{PCM} = \frac{S_0}{N_q + N_e} = \frac{(S_o/N_q)}{1 + 4P_e 2^{2l}} \tag{4.5-8}$$

其中 $(S_o/N_q)$ 表示 PCM 系统输出端的平均量化信噪比。

由式（4.5-8）可知，在小信噪比的条件下，即 $4P_e 2^{2l} \gg 1$ 时，误码噪声起主要作用，忽略量化噪声 ，此时

$$\left(\frac{S_0}{N_0}\right)_{PCM} \approx \frac{S_0}{N_e} = \frac{1}{4P_e} \tag{4.5-9}$$

总信噪比与误码率成反比。

在大信噪比的条件下，即 $4P_e 2^{2l} \ll 1$ 时，可以忽略误码带来的影响，只考虑量化噪声的影响就可以了，此时

$$\left(\frac{S_0}{N_0}\right)_{PCM} \approx \frac{S_0}{N_q} = 2^{2l} \tag{4.5-10}$$

一般说来，基带传输的 PCM 系统中，误码率容易降到 $10^{-6}$ 以下，所以可采用式（4.5-10）来估计 PCM 系统的性能。可见，编码位数增加一位，信噪比增加 6dB。

【例 4.5.2】 一个模拟信号的最高频率为 5000Hz，现对它进行抽样、均匀量化和编码，要求 PCM 系统输出的量化信噪比 $S_o / N_q$ 不低于 1024，试计算传输该 PCM 信号至少需要的码元速率？

**解：**

因为量化信噪比

$$\frac{S_o}{N_q} = 2^{2l}$$

要求量化信噪比 $S_o / N_q$ 不低于 1024 时，编码位数

$$l \geqslant 5$$

模拟信号的最高频率为 5000Hz，则最小抽样频率为 10000Hz。当 $l = 5$ 时，对应的码元速率为

$$R_B = 5 \times 10000 = 50000 \text{ 波特}$$

## 4.6 差值脉冲编码调制

### 4.6.1 语音压缩编码技术简介

对于单路语音信号，抽样频率通常取为 8000Hz，为了符合长途电话传输的指标要求，采用 PCM 方式，二进制编码位数 $l = 8$，所以一路语音信号的信息速率为 64kbit/s，这样每路信号占用频带要比模拟的单边带调制系统带宽 (4kHz) 大很多。因此，几十年来人们一直致力于研究压缩数字化语音频带的工作。

通常，人们把话路速率低于 64kbit/s 的语音编码方法，称为语音压缩编码技术。常见的语音压缩编码有差值脉冲编码调制（DPCM）、自适应差值脉冲编码调制（ADPCM）、增量调制（DM 或 ΔM）、自适应增量调制（ADM）、参量编码、子带编码（SBC）等。

如果对语音编码进行分类，可以粗略地分为波形编码、参量编码和混合编码 3 类。

波形编码是直接对信号波形的抽样值或抽样值的差值进行编码。PCM、DPCM、ADPCM、DM、ADM 等都属于波形编码，其速率通常在 16kbit/s～64kbit/s。

参量编码是直接提取语音信号的一些特征参量，如声源、声道的参数，对其进行编码。参量编码通常是对数字化后的信号进行分析，再提取其特征参量，这些参量携带着原信号的主要信息，对它们编码只需较少的比特数，可以大大地压缩信息速率。其速率通常在 4.8kbit/s 以下。

混合编码是在参量编码的基础上引入了一些波形编码的特征，在编码率增加不多的情况下，较大幅度地提高了传输语音质量。比如子带编码（SBC）既不是纯波形编码，也不是纯参量编码，它属于混合编码。子带编码首先通过若干个带通滤波器把语音信号频带分割成若干个子带，各子带的带宽应考虑到各频段对主观听觉贡献相等的原则来分配；每个比较窄的子带信号用单独的 ADPCM 编码器分别编码。SBC 的主要优点在于可以通过分配给各子带不同的量化间隔和编码比特数以控制信噪比，能够以较低的总码率获得较好的语音质量。

一般来说，采用波形编码的系统，压缩率较低，但是其质量几乎与压缩前没有大的变化，它可用于公用通信网；采用参量编码的系统，其压缩率较高而通信质量较差，一般不能用于公用网，它比较适用于军事和保密通信。混合编码质量介于以上两者之间，主要用于移动网。

### 4.6.2 差值脉冲编码调制

PCM 是对波形的每个样值都独立进行量化编码，这样，样值的整个幅值编码需要较多位数，比特率较高，造成数字化的信号带宽大大增加。但是语音信号相邻的抽样值之间存在很强的相关性，信号的一个抽样值到相邻的一个抽样值不会发生迅速的变化，这说明信源本身含有大量的冗余成份。语音样值可以分为两种成份，一种与过去的样值有关，因而是可以预测的，可预测的成份是由过去的一些适当数目的样值加权后得到的；另一种是不可预测的，可以看作预测误差，即样值与预测值的差值。

利用语音信号的相关性，根据过去的信号样值预测当前时刻的样值，并仅把样值与预测值的差值进行量化，然后用 $l$ 位二进码来表示这个差值。这种方法称为差值脉冲编码调制（DPCM）。由于这一差值的幅度范围一定小于原信号的幅度范围。因此，在保持相同量化间隔（量化误差）的条件下，量化电平数就可以减少，大大降低传输的信息速率，压缩信号带宽。

DPCM 系统的原理图如图 4-23 所示。图中发送端输入的模拟信号样值为 $x_n$，接收端输出的重建信号为 $x_n{'}$。量化器输入为输入样值 $x_n$ 和预测值 $\tilde{x}_n$ 的差值

$$e_n = x_n - \tilde{x}_n \tag{4.6-1}$$

量化器输出为量化后的差值 $e_{qn}$，将 $e_{qn}$ 编码成二进制数字序列，通过信道传送到接收端。假设信道传输无误码，则解码器的输入信号与编码器的输入信号相同，即 $e_{qn}$。在接收端，"预测器和相加器"组成结构和发送端相同，显然，输出的重建信号为"输入样值 $x_n$ 和预测值 $\tilde{x}_n$ 的差值 $e_n$"的量化值 $e_{qn}$ 与预测值 $\tilde{x}_n$ 的和。

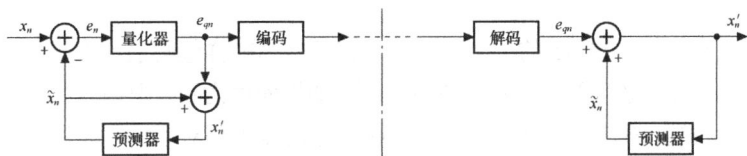

图 4-23　DPCM 系统原理图

DPCM 系统的量化误差 $n_q$ 定义为输入信号样值 $x_n$ 与输出样值 $x_n'$ 之差，即

$$n_q = x_n - x_n{'} = (e_n + \tilde{x}_n) - (\tilde{x}_n + e_{qn}) = e_n - e_{qn} \tag{4.6-2}$$

可见，DPCM 的量化误差 $n_q$ 等于量化器的量化误差。量化误差 $n_q$ 与信号样值 $x_n$ 都是随机变量，因此 DPCM 系统量化信噪比可表示为

$$\left(\frac{S_o}{N_q}\right)_{\text{DPCM}} = \frac{E[x_n^2]}{E[n_q^2]} = \frac{E[x_n^2]}{E[e_n^2]} \cdot \frac{E[e_n^2]}{E[n_q^2]} = G_P \cdot \left(\frac{S_o}{N_q}\right)_q \tag{4.6-3}$$

式中，$\left(\dfrac{S_o}{N_q}\right)_q$ 是把差值序列作为输入信号时量化器的量化信噪比。$G_p$ 可理解为 DPCM 系统相对于 PCM 系统而言的信噪比增益，称为预测增益。

如果能够选择合理的预测规律，差值功率 $E[e_n^2]$ 就能远小于信号功率 $E[x_n^2]$，$G_p$ 就会大于 1，该系统就能获得增益。当 $G_p \gg 1$ 时，DPCM 系统的量化信噪比远大于量化器的量化信噪

比。因此，要求 DPCM 系统达到与 PCM 系统相同的信噪比，则可降低对量化器信噪比的要求，即可减小量化级数，从而减少码位数，降低比特率，进而压缩信号带宽。

可见，DPCM 系统的 $(\frac{S_o}{N_q})_{DPCM}$ 取决于 $(\frac{S_o}{N_q})_q$ 和 $G_p$ 两个参数。对 DPCM 系统的研究就是围绕着如何使 $G_p$ 和 $(\frac{S_o}{N_q})_q$ 这两个参数取最大值而逐步完善起来的，并最终发展为 ADPCM 系统。

### 4.6.3 自适应差值脉冲编码调制

自适应差值脉冲编码调制（ADPCM）是在 DPCM 的基础上发展起来的。为了尽量减小量化误差，同时为了提高预测值的精确性，在 DPCM 的基础上用自适应量化取代了固定量化，用自适应预测取代了固定预测。自适应量化指量化阶距随信号的变化而变化，使量化误差减小；自适应预测指预测器系数随信号的统计特性而自适应调整，提高了预测信号的精度，从而得到高预测增益。通过这两点改进，大大提高了 ADPCM 系统的编码动态范围和信噪比，从而提高了系统性能。它能在 32 kbit/s 信息速率的条件下达到了 64 kbit/s PCM 系统信息速率的语音质量要求。

近年来，ADPCM 已成为长途传输中一种新型的国际通用的语音编码方法。相应地，ITU-T 也形成了关于 ADPCM 系统的规范建议 G.721、G.726 等。ADPCM 还可以和其他语音编码方法（如子带编码等）组合起来，以更低的信息速率来达到较好的通信质量。而且，对图像信号也可以进行 ADPCM 编码，获得高质量的数字化图像信号。

## 4.7 增量调制

增量调制可以看作是 DPCM 的一个特例。它将信号当前样值与前一个抽样时刻的量化电平之差进行量化，而且只对这个差值的符号进行编码。如果差值为正，则编为"1"；如果差值为负，则编为"0"。在接收端，每收到一个"1"码，解码器的输出相对于前一个时刻的值就上升一个量化间隔，每收到一个"0"码，解码器的输出相对于前一个时刻的值就下降一个量化间隔。

如果抽样频率很高（远大于奈奎斯特速率），抽样间隔很小，那么语音信号的相邻样点之间的幅度变化不会很大，相邻抽样值的相对大小（差值）同样能反映模拟信号的变化规律。若将这些差值编码传输，同样可传输模拟信号所含的信息，此差值又称"增量"。这种用差值编码进行通信的方式，就称为"增量调制"，简称为 ΔM 或 DM。

### 4.7.1 增量调制的原理

下面通过图 4-24 来说明"增量调制"的原理。图中，$m(t)$ 代表时间连续变化的模拟信号，可以用一个时间间隔为 $T_s$，相邻幅度差为 $+\sigma$ 或 $-\sigma$ 的阶梯波形 $m'(t)$ 来逼近它。前提条件是抽样间隔 $T_s$ 足够小，即抽样频率 $f_s = 1/T_s$ 足够高，且量化阶 $\sigma$ 足够小。

阶梯波 $m'(t)$ 有两个特点：第一，在每个时间间隔 $T_s$ 内，$m'(t)$ 的幅值不变；第二，相邻间隔的幅值差不是上升一个量化阶（$+\sigma$），就是下降一个量化阶（$-\sigma$）。利用这两个特点，用"1"码和"0"码分别代表 $m'(t)$ 上升或下降一个量化阶，则 $m'(t)$ 就被一个二进制序列 $p(t)$ 表征，从而实现了模/数转换。

容易理解，在接收端可由二进制序列恢复出阶梯波：只要收到"1"码则上升一个量阶，收到"0"码则下降一个量阶。这样解码后，二进制代码变为阶梯波 $m'(t)$ 。这种功能的解码器可用一个简单的 RC 积分电路来完成，如图 4-25 所示。

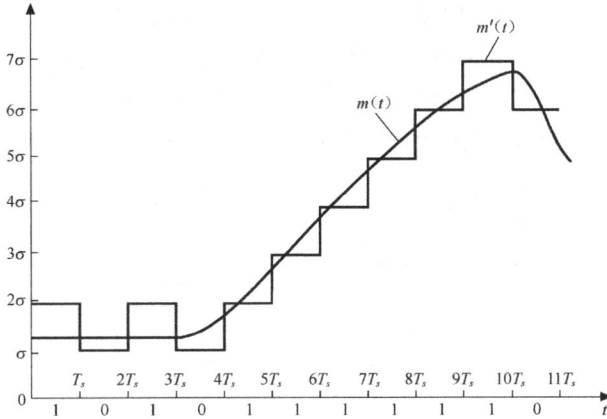

图 4-24 增量编码波形示意图

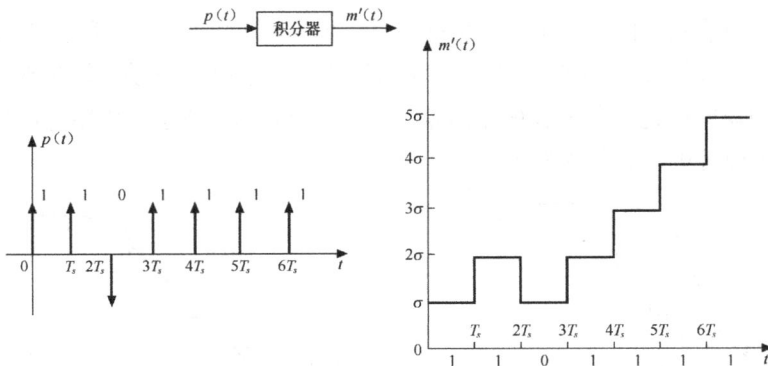

图 4-25 积分器解码原理

从 ΔM 编解码的基本思想出发，可以得到如图 4-26 所示的增量调制系统原理图。发送端编码器是相减器、判决器及积分器组成的一个闭环反馈电路。其中，相减器的作用是取出差值 $e(t)$ ，使 $e(t) = m(t) - m'(t)$ 。判决器的作用是对差值 $e(t)$ 的极性进行识别和判决，以便在抽样时刻输出增量码 $p(t)$ 。

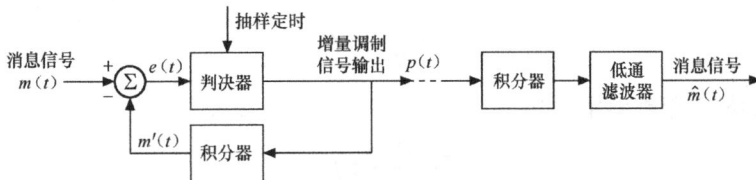

图 4-26 增量调制系统原理图之一

如果在给定抽样时刻 $t_i = nT_s$ 上，有

$$e(t_i) = m(t_i) - m'(t_i) > 0 \tag{4.7-1}$$

则判决器输出"1"码。

如果在给定抽样时刻 $t_i$ 上，有

$$e(t_i) = m(t_i) - m'(t_i) < 0 \tag{4.7-2}$$

则判决器输出"0"码。

接收端解码电路由积分器和低通滤波器组成，用来从 $p(t)$ 恢复出 $m'(t)$。低通滤波器的作用是滤除 $m'(t)$ 中的高次谐波，使输出波形平滑，更加逼近原来的模拟信号 $m(t)$。

由于 $\Delta M$ 是前后两个样值的差值的量化编码，所以它实际上是最简单的一种 DPCM 方案，预测值仅用前一个样值来代替，即当图 4-23 所示的 DPCM 系统的预测器是一个延迟单元，量化电平取为 2 时，该 DPCM 系统就是一个简单 $\Delta M$ 系统，如图 4-27 所示。

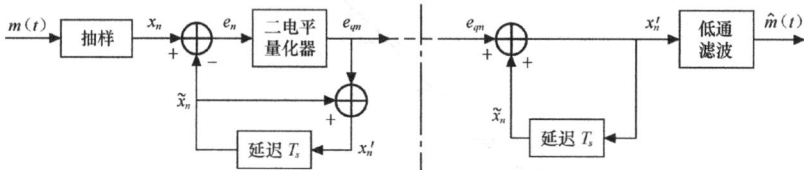

图 4-27　增量调制系统原理图之二

## 4.7.2　增量调制的过载特性

容易看出，当输入模拟信号 $m(t)$ 斜率陡变时，如果阶梯波 $m'(t)$ 跟不上信号 $m(t)$ 的变化，$m'(t)$ 与 $m(t)$ 之间的误差 $e(t)$ 将明显增大，引起解码后信号的严重失真，这种现象称为斜率过载现象，产生的误差称为斜率过载量化误差，如图 4-28（a）所示。斜率过载量化误差是在正常工作时必须而且可以避免的噪声。

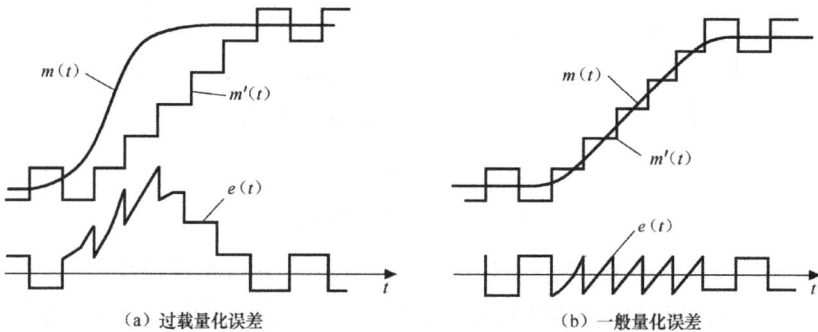

（a）过载量化误差　　　　　　　　　（b）一般量化误差

图 4-28　量化噪声

设抽样间隔为 $T_{\mathrm{S}}$，则一个量阶 $\sigma$ 上的最大斜率 $K$ 为

$$K = \frac{\sigma}{T_{\mathrm{S}}} = \sigma f_s \tag{4.7-3}$$

称 $K$ 为解码器的最大跟踪斜率。当

$$\frac{\mathrm{d}m(t)}{\mathrm{d}t} > \sigma f_s$$

时，将产生斜率过载现象。显然，为了不发生过载，必须增大 $\sigma$ 和 $f_s$。

如果阶梯波 $m'(t)$ 能够跟上输入信号 $m(t)$ 的变化，则不会发生斜率过载现象。这时 $m'(t)$ 与 $m(t)$ 之间仍存在一定的误差 $e(t)$，它局限于 $[-\sigma, \sigma]$ 区间内，这种误差称为一般量化误差，如图 4-28（b）所示。

从图 4-28 可见，$\sigma$ 增大，过载量化误差将减少，但是一般量化误差也将增大，因此 $\sigma$ 值应适当选择。不过，提高 $f_{\mathrm{s}}$ 对减小一般量化误差和过载量化误差都有利。因此 $\Delta M$ 系统中的抽样频率要比奈奎斯特抽样频率高得多。$\Delta M$ 系统中抽样频率的典型值为 16kHz 或 32kHz。

### 4.7.3 增量调制的动态编码范围

在正常通信中，不希望发生过载现象，这实际上是对输入信号的一个限制。现以正弦信号为例来说明。设输入模拟信号为 $m(t) = A\sin\omega_k t$，其斜率为

$$\frac{\mathrm{d}m(t)}{\mathrm{d}t} = A\omega_k\cos\omega_k t \tag{4.7-4}$$

可见，斜率的最大值为 $A\omega_k$。为了不发生过载，要求模拟信号 $m(t)$ 的最大变化斜率小于或等于解码器的最大跟踪斜率时，即

$$\left|\frac{\mathrm{d}m(t)}{\mathrm{d}t}\right|_{\max} \leqslant \sigma \cdot f_s \tag{4.7-5}$$

所以，临界过载振幅（允许的最大信号幅度）为

$$A_{\max} = \frac{\sigma \cdot f_s}{\omega_k} = \frac{\sigma \cdot f_s}{2\pi f_k} \tag{4.7-6}$$

可见，当信号斜率一定时，允许的信号幅度随信号频率的增加而减小，这将导致语音高频段的量化信噪比下降。

同样，对能正常开始编码的最小信号振幅也有要求。当输入信号峰-峰值小于 $\sigma$ 时，则增量调制器的输出的二进制序列为 0 和 1 交替变化的码序列，它无法反映 $m(t)$ 的变化；只有当输入信号峰-峰值大于 $\sigma$（即信号单峰值大于 $\sigma/2$）时，输出的二进制序列才开始随 $m(t)$ 的变化而变化。所以能正常开始编码的最小信号振幅 $A_{\min}$ 为

$$A_{\min} = \frac{\sigma}{2} \tag{4.7-7}$$

将编码的动态范围定义为最大允许编码电平 $A_{\max}$ 最小编码电平 $A_{\min}$ 之比，即

$$[D_C]_{\mathrm{dB}} = 20\lg\frac{A_{\max}}{A_{\min}} \tag{4.7-8}$$

这是编码器能够正常工作的输入信号振幅范围。将式(4.7-6)和式(4.7-7)代入式(4.7-8)得

$$[D_C]_{\mathrm{dB}} = 20\lg[\frac{\sigma \cdot f_s}{2\pi f_k}/\frac{\sigma}{2}] = 20\lg(\frac{f_s}{\pi f_k}) \tag{4.7-9}$$

通常采用 $f_k = 800\mathrm{Hz}$ 为测试标准，采用不同的抽样频率 $f_s$ 时，编码的动态范围如表 4-6 所示。

| 表 4-6 | | 动态编码范围 | | | | |
|---|---|---|---|---|---|---|
| 抽样频率为 $f_s$(kHz) | 10 | 20 | 32 | 40 | 80 | 100 |
| 编码的动态范围 $D_C$(dB) | 12 | 18 | 22 | 24 | 30 | 32 |

由表 4.6 可知，$\Delta M$ 系统的编码动态范围较小。通常话音信号动态范围要求为 40~50dB，即使抽样频率 $f_s = 100\mathrm{kHz}$，$\Delta M$ 也不符合语音信号要求。因此，在实际应用中的 $\Delta M$ 常用它的改进型，如增量总和调制、数字压扩自适应增量调制等。

### 4.7.4 增量调制系统的量化信噪比

如前所述，增量调制和 PCM 相似，在模拟信号的数字化过程中也会带来量化误差

$e(t) = m(t) - m'(t)$，它表现为两种形式，即过载量化误差和一般量化误差。由于在正常工作时过载量化误差必须而且可以避免，因此这里仅考虑一般量化误差。下面以图 4-26 为基础，来讨论增量调制系统的量化信噪比。

在不过载情况下，误差 $e(t) = m(t) - m'(t)$ 限制在 $-\sigma$ 到 $\sigma$ 范围内变化，假定 $e(t)$ 值在（$-\sigma$，$+\sigma$）之间均匀分布，即概率密度函数为 $f(e) = \dfrac{1}{2\sigma}$。则 $\Delta M$ 调制的量化噪声的平均功率为

$$E\left[e^2(t)\right] = \int_{-\sigma}^{\sigma} e^2 f(e)\mathrm{d}e = \int_{-\sigma}^{\sigma} e^2 \frac{1}{2\sigma}\mathrm{d}e = \frac{\sigma^2}{3} \tag{4.7-10}$$

为了便于分析，可近似认为量化噪声的功率谱在 $(0,\ f_\mathrm{s})$ 频带内均匀分布，则量化噪声的单边功率谱密度为

$$P(f) = \frac{E[e^2(t)]}{f_\mathrm{s}} = \frac{\sigma^2}{3f_\mathrm{s}} \tag{4.7-11}$$

若接收端低通滤波器的截止频率为 $f_\mathrm{m}$，则经低通滤波器后输出的量化噪声功率为

$$N_\mathrm{q} = P(f)f_\mathrm{m} = \frac{\sigma^2 \cdot f_\mathrm{m}}{3f_\mathrm{s}} \tag{4.7-12}$$

由此可见，$\Delta M$ 系统输出的量化噪声功率与量化台阶 $\sigma$ 及比值 $(f_\mathrm{m}/f_\mathrm{s})$ 有关，而与信号幅度无关。当然，式（4.7-12）是在未过载的前提下才成立的。

对于频率为 $f_\mathrm{k}$ 的正弦信号，由式（4.7-6）可知，在临界条件下，系统将有最大的信号功率输出

$$S_\mathrm{o} = \frac{A_\mathrm{max}^2}{2} = \frac{\sigma^2 f_\mathrm{s}^2}{8\pi^2 f_\mathrm{k}^2} \tag{4.7-13}$$

因此，$\Delta M$ 系统最大的量化信噪比为

$$\frac{S_\mathrm{o}}{N_\mathrm{q}} = \frac{3}{8\pi^2} \cdot \frac{f_\mathrm{s}^3}{f_\mathrm{k}^2 f_\mathrm{m}} \tag{4.7-14}$$

式（4.7-14）表明 $\Delta M$ 系统的量化信噪比与抽样频率 $f_\mathrm{s}$ 的三次方成正比，当 $f_\mathrm{s}$ 每提高一倍，量化信噪比将提高 9dB；而量化信噪比与信号频率 $f_\mathrm{k}$ 的平方成反比，$f_\mathrm{k}$ 每提高一倍，量化信噪比下降 6dB。对于 $\Delta M$ 系统而言，提高抽样频率 $f_\mathrm{s}$ 将能明显地提高量化信噪比。

## 4.8 时分复用和多路数字电话系统

时分复用（TDM）是建立在抽样定理基础上的。抽样定理指明：满足一定条件下，时间连续的模拟信号可以用时间上离散的抽样脉冲值代替。因此，如果抽样脉冲占据较短时间，在抽样脉冲之间就留出了时间空隙，利用这种空隙便可以传输其他信号的抽样值。时分复用就是利用各路信号的抽样值在时间上占据不同的时隙，以在同一信道中传输多路信号而互不干扰的一种方法。

与频分复用相比，时分复用具有以下的主要优点：

（1）TDM 多路信号的合路和分路都是数字电路，比 FDM 的模拟滤波器分路简单、可靠。

（2）信道的非线性会在 FDM 系统中产生交调失真和多次谐波，引起路间干扰，因此 FDM 对信道的非线性失真要求很高。而 TDM 系统的非线性失真要求可降低。

然而，TDM 对接收端和发送端的同步问题提出了较高的要求。所谓同步是指接收端能正确地从数据流中识别各路信号。为此，必须在每帧内加上标志信号（即帧同步信号）。在实际通信系统中还必须传送信令以建立通信连接。上述所有信号都是时间分割，按某种固定方式排列起来，称为帧结构。

## 4.8.1  时分复用的 PAM 系统

我们通过举例来说明时分复用技术的基本原理，假设有 3 路 PAM 信号进行时分复用，其具体实现方法如图 4-29 所示。各路信号首先通过相应的低通滤波器（预滤波器）变为频带受限的低通型信号。然后再送至旋转开关（抽样开关），每 $T_s$ 秒将各路信号依次抽样一次，在信道中传输的合成信号就是 3 路在时间域上周期地互相错开的 PAM 信号，即 TDM-PAM 信号。

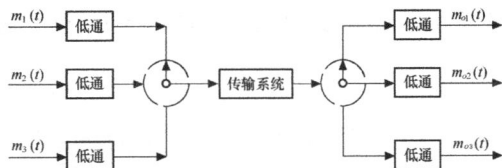

图 4-29  3 路 PAM 信号时分复用原理图

抽样时各路每轮一次的时间称为一帧，长度记为 $T_s$，它就是旋转开关旋转一周的时间，即一个抽样周期。一帧中相邻两个抽样脉冲之间的时间间隔叫做路时隙（简称为时隙），即每路 PAM 信号每个样值允许占用的时间间隔，记为 $T_a = T_s/n$，这里复用路数 $n=3$。3 路 PAM 信号时分复用的帧和时隙如图 4-30 所示。

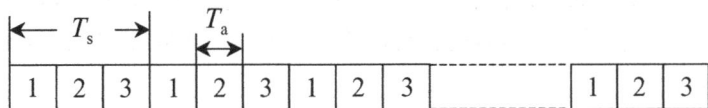

图 4-30  3 路 PAM 信号时分复用的帧和时隙

上述概念可以推广到 $n$ 路信号进行时分复用。多路复用信号可以直接送入信道进行基带传输，也可以加至调制器后再送入信道进行频带传输。

在接收端，合成的时分复用信号由旋转开关（分路开关，又称选通门）依次送入各路相应的低通滤波器，重建或恢复出原来的模拟信号。需要指明的是，TDM 中发送端的抽样开关和接收端的分路开关必须保持同步。

TDM-PAM 系统目前在通信中几乎不再采用。抽样信号一般都在量化和编码后以数字信号的形式传输，目前电话信号采用最多的编码方式是 PCM 和 DPCM。

## 4.8.2  时分复用的 PCM 系统

PCM 和 PAM 的区别在于 PCM 要在 PAM 的基础上再进行量化和编码。为简便起见，假设 3 路语音信号 PCM 时分复用的原理方框图如图 4-31 所示。

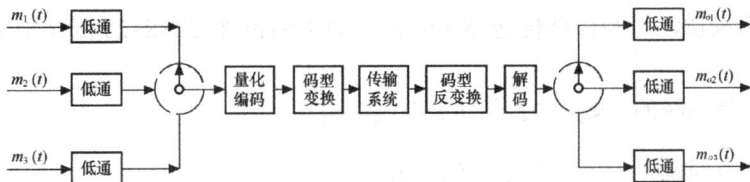

图 4-31  3 路 PCM 信号时分复用原理图

在发送端，3路语音信号$m_1(t)$、$m_2(t)$和$m_3(t)$经过低通滤波后成为最高频率为$f_H$的低通型信号，再经过抽样得到3路PAM信号，它们在时间上是分开的，然后将3路PAM信号一起进行量化和编码，每个PAM信号的抽样脉冲经量化后编为$l$位二进制代码。最后选择合适的传输码型，经过数字传输系统（基带传输或频带传输）传到接收端。

在接收端，收到信码后，首先经过码型反变换，然后加到解码器进行解码。解码后得到的是3路合在一起的PAM信号，再经过分路开关把各路PAM信号区分开来，最后经过低通滤波重建原始的语音信号$m_{o1}(t)$、$m_{o2}(t)$和$m_{o3}(t)$。

TDM-PCM系统的二进制代码在每一个抽样周期内有$n \cdot l$个，这里$n$表示复用路数，$l$表示每个抽样值编码的二进制码元位数。一位二进制码占用的时间称为位时隙，长度记为$T_b$。容易得到

$$T_b = \frac{T_s}{n \cdot l} = \frac{T_a}{l} \tag{4.8-1}$$

其中，$T_s$为一帧的长度，$T_a = T_s/n$为路时隙。

### 4.8.3 TDM-PCM信号的传输速率

通过抽样、合路、量化、编码这几个步骤，由式（4.8-1）容易得出TDM-PCM的信号的二进制码元速率为

$$R_B = n \cdot l \cdot f_s \quad （波特） \tag{4.8-2}$$

这里$n$表示复用路数，$l = \log_2 M$表示每个抽样值编码的二进制码元位数，M为对抽样值进行量化的量化级数；$f_s$表示一路信号的抽样频率。可见式（4.5-1）为$n = 1$时为码元速率。

对应的信息速率

$$R_b = n \cdot l \cdot f_s \quad （bit/s） \tag{4.8-3}$$

### 4.8.4 PCM30/32路系统的帧结构

对于多路数字电话系统，国际上有两种标准化制式，即PCM 30/32路制式（E体系）和PCM 24路制式（T体系）。$A$律13折线主要用于中国和欧洲各国的PCM30/32路基群中。$\mu$律15折线主要用于美国、加拿大和日本等国的PCM24路基群中。ITU-T建议G.711规定上述两种折线近似压缩律为国际标准，且在国际间数字系统相互连接时，要以$A$律为标准。

我国规定采用的是PCM 30/32路制式，一帧共有32个时隙，可以传送30路电话。PCM 30/32路系统的帧结构如图4-32所示。

从图4-32中可以看到，在PCM 30/32路的制式中，一帧由32个时隙组成，一个时隙有8个比特。对于PCM30/32路系统，由于抽样频率为8000Hz，因此，抽样周期（即PCM 30/32路的帧周期）为$1/8000 = 125\mu s$；一帧内包含32路，则每路占用的时隙为$125/32 = 3.91\mu s$；每时隙包含8位折叠二进制，因此，位时隙占488ns。

从传输速率来讲，每秒钟能传送8000帧，而每帧包含$32 \times 8 = 256$bit，因此信息速率为2.048Mbit/s。

PCM 30/32路系统的一帧由32个时隙组成，包括：

**1. 30个话路时隙：$TS_1 \sim TS_{15}$，$TS_{17} \sim TS_{31}$**

$TS_1 \sim TS_{15}$分别传输第1~15路（$CH_1 \sim CH_{15}$）话音信号，$TS_{17} \sim TS_{31}$分别传输第16~30路

（CH$_{16}$~CH$_{30}$）话音信号。在话路时隙中，第 1 比特为极性码，第 2~4 比特为段落码，第 5~8 比特为段内码。

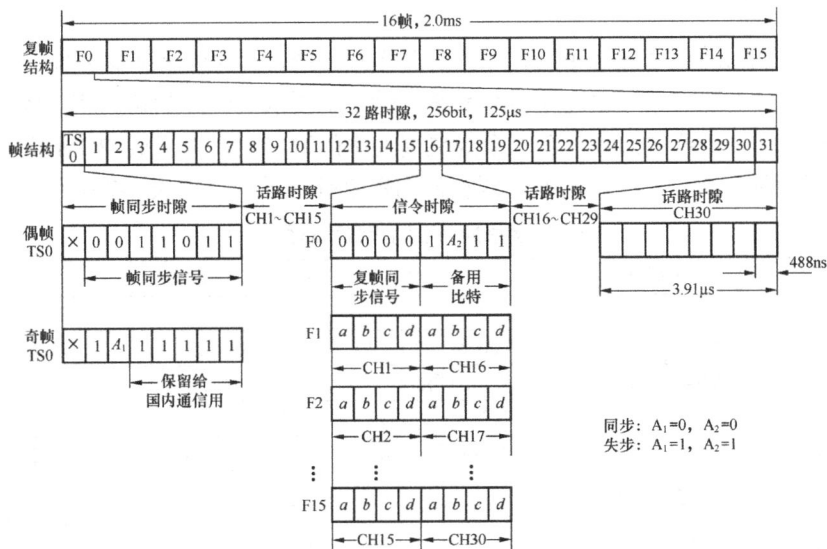

图 4-32 PCM 30/32 路系统的帧结构

### 2. 帧同步时隙：TS$_0$

为了在接收端正确地识别每帧的开始，以实现帧同步，偶帧要传送一组特定标志的帧同步码字，码型为"0011011"，占用偶帧 $TS_0$ 的第 2~8 位；奇帧发送帧失步告警码 A$_1$，占用奇帧 $TS_0$ 的第 3 位，当帧同步时，A$_1$=0，帧失步时，A$_1$=1。

$TS_0$ 第 1 比特保留给国际用，暂定为"1"。奇帧 $TS_0$ 的第 2 位固定为"1"，以便在接收端区分是偶帧还是奇帧。奇帧 $TS_0$ 第 4~8 位码为国内通信用，目前暂定为"1"。

### 3. 信令时隙：TS$_{16}$

为了在电话网中传输各种控制和业务信息，每一路语音信号都有相应的信令信号。在传送话路信令时，PCM30/32 路系统将 $TS_{16}$ 所包含的 64kbit/s 集中起来用来传送 30 个话路的信令信号，这时必须将 16 个帧构成一个复帧。复帧的重复频率为 500Hz，复帧周期为 2ms。复帧中各帧顺次编号为 $F_0,F_1,\cdots,F_{15}$。

每路信令只有 4 个比特，频率为 500Hz，即每隔 2ms 传输一次。由于一个复帧的长度为 2ms，一个复帧有 16 个帧，即有 16 个 $TS_{16}$（每时隙 8 个比特）。每帧 $TS_{16}$ 就可以传送 2 个话路的信令信号，每路信令信号的 4 个比特用 a、b、c、d 表示。除了 F$_0$ 之外，其余 F$_1$~F$_{15}$ 用来传送 30 个话路的信令码。第 1~15 路（CH$_1$~CH$_{15}$）的信令码分别占用 F$_1$~F$_{15}$ 帧的 $TS_{16}$ 的前 4 位，第 16~30 路（CH$_{16}$~CH$_{30}$）的信令码分别占用 F$_1$~F$_{15}$ 帧的 $TS_{16}$ 的后 4 位。例如第 20 路的信令码占用 F5 帧的 $TS_{16}$ 时隙中的后 4 位。

为了保证复帧同步，每个复帧需要安排一个复帧同步码。复帧同步码安排在 F$_0$ 帧的 $TS_{16}$ 时隙中的第 1~4 位，码型为"0000"；第 6 比特 A$_2$ 用于复帧失步告警指示，失步时为"1"；同步时为"0"；其余 3 比特为备用比特，如不用则固定为"1"。需要说明的是信令码 a、b、c、 d 不能为全"0"，否则就不能和复帧同步码区分开。

### 4.8.5　PCM 高次群系统

前面讨论的 PCM 30/32 路和 PCM 24 路时分多路系统，称为数字基群（即一次群）。为了能使宽带信号（如电视信号）通过 PCM 系统传输，就要求有较高的传码率。因此提出了采用数字复接技术把较低群次的数字流汇合成更高速率的数字流，以形成 PCM 高次群系统。CCITT 推荐了两种一次、二次、三次和四次群的数字等级系列，如表 4-7 所示。

**表 4-7　　　　　数字复接系列（准同步数字系列）**

| | | 一次群（基群） | 二次群 | 三次群 | 四次群 |
|---|---|---|---|---|---|
| 中国欧洲 | 群路等级 | E-1 | E-2 | E-3 | E-4 |
| | 路数 | 30 路 | 120 路（30×4） | 480 路（120×4） | 1920 路（480×4） |
| | 比特率 | 2.048Mbit/s | 8.448Mbit/s | 34.368Mbit/s | 139.264Mbit/s |
| 北美 | 群路等级 | T-1 | T-2 | T-3 | T-4 |
| | 路数 | 24 路 | 96 路（24×4） | 672 路（96×7） | 4032 路（672×6） |
| | 比特率 | 1.544Mbit/s | 6.312Mbit/s | 44.736Mbit/s | 274.176Mbit/s |
| 日本 | 群路等级 | T-1 | T-2 | T-3 | T-4 |
| | 路数 | 24 路 | 96 路（24×4） | 480 路（96×5） | 1440 路（480×3） |
| | 比特率 | 1.544Mbit/s | 6.312Mbit/s | 32.064Mbit/s | 97.728Mbit/s |

表 4-7 所示的复接系列具有如下优点：

（1）易于构成通信网，便于分支与插入。

（2）复用倍数适中，具有较高效率。

（3）可视电话、电视信号以及频分制载波信号能与某一高次群相适应。

（4）与传输媒质，如电缆、同轴电缆、微波、波导、光纤等传输容量相匹配。

数字通信系统，除了传输电话外，也可传输其他相同速率的数字信号，如可视电话、频分制载波信号以及电视信号。为了提高通信质量，这些信号可以单独变为数字信号传输，也可以和相应的 PCM 高次群一起复接成更高一级的高次群进行传输。基于 PCM30/32 路系列的数字复接体制的结构如图 4-33 所示。

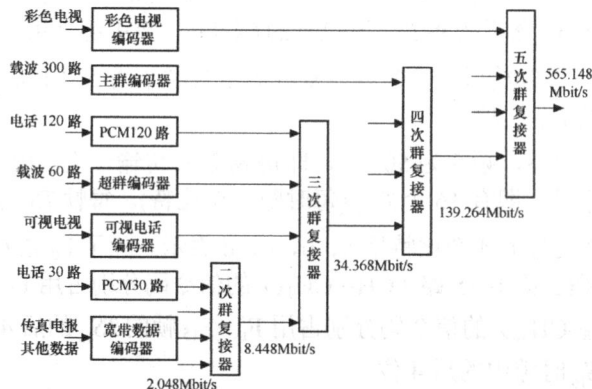

图 4-33　基于 PCM30/32 路系列的数字复接体制

PCM 高次群都是采用准同步方式进行复接的，称为准同步数字系列（PDH）。和一次群需要额外的开销一样，高次群也需要额外的开销，由表 4.7 可以看出，高次群都比相应的低次群平均每路的比特率还高一些，虽然此额外开销只占总比特率很小的百分比，但是当总比特率增高时，此开销的绝对值还是不小的，这很不经济。

### 4.8.6 时分复用系统的同步

时分复用系统的同步主要包括位同步、帧同步和复帧同步。

位同步又称为时钟同步，是指收发双方时钟频率要完全相同，收端定时系统的主时钟相位要和接收的信码对准，以保证码元的正确判决。即发端发送一个码元，收端应相应接收一个码元，两者步调一致。这相当于收发两端的旋转开关的旋转频率相同。

位同步实现了信息码元的正确判断，但正确判决后的信码流是一连串的无头无尾信码流。为了在接收端能够辨认出每一帧的起始位置，必须在发送端提供每帧的起始标志。帧同步的目的就是要求收端与发端相应的话路在时间上对准，以便从收到的信码流中分辨出哪 8 位是一个样值的码字，从而正确解码；还需要分辨出这 8 位码是哪一个话路的，从而正确分路。这相当于收发两端的旋转开关的起始位置相同。

复帧同步是指在发端第 $n$ 路信令一定要送到收端第 $n$ 路，以保证信令的正确传送。

下面主要介绍帧同步。

#### 1. 帧同步码型的选择

为了做到帧同步，PCM30/32 路系统在偶帧的第一个时隙安排标志码，即帧同步码，以便接收端识别一帧的开始位置。因为每帧内各路信号的位置是固定的，如果能把每帧的首尾辨别出来，就可正确区分每一路信号，实现帧同步。

帧同步码型的选择主要考虑的因素是产生伪同步的可能性尽量小，即由信息码产生伪同步的概率越小越好。因此帧同步码要具有特殊的码型，另外帧同步码组长度选得长些为好，因为信息码中出现伪同步码的概率随帧同步码组长度的增加而减少。但帧同步码组越长，信道的利用率越低，因此应综合考虑，比如 PCM30/32 路系统的帧同步码为 0011011。

#### 2. 帧同步系统的工作原理

帧同步系统的稳定可靠对于通信设备十分重要，数字信号在传输过程中总会出现误码。误码对帧同步的影响可以分两种情况来考虑。一种是由于信道噪声等原因引起的随机误码；另一种是突发干扰造成的误码。正常的随机误码尽管会造成信息码的丢失或错误，但在满足一定的误码率要求下，不会对通信质量造成大的影响。因此像这类误码造成的帧同步丢失往往是一种漏同步（假失步）现象，希望同步系统不要立即转入同步捕获状态。为了使同步系统具有识别漏同步的功能，特别引入了前方保护时间。前方保护时间定义为从第一个帧同步丢失到同步系统进入同步捕捉状态的时间。

当突发性干扰或传输链路性能恶化，往往会造成信息码大量丢失，直接影响通信质量，甚至会造成通信中断。此时同步系统因连续检测不到帧同步码而处于帧失步状态，必须重新开始同步捕捉，重建帧同步。当帧同步系统捕捉帧同步码时，需要从比特流中检测帧同步码。语音信息中很有可能会出现与帧同步码型相同的码组，这种情况就是伪同步，为避免进入伪同步，引入后方保护时间，它是指从同步系统捕捉到第一个帧同步码到进入同步状态为止的这一段时间。

ITU 对 PCM30/32 路时分多路系统对前后方保护时间的建议如表 4-8 所示。表 4-8 中在前后方保护时间中所指的同步帧长为两组同步码之间的比特数，PCM30/32 基群信号只在偶帧插入同步码，因此两组同步码之间的间隔为 512 比特，即 250μs。如果连续 3 个以上同步帧丢失，则判断 PCM30/32 基群信号出现帧失步，否则判断为漏同步，不需要重新捕获帧同步。在 PCM30/32 基群信号帧同步捕获过程中，第一次捕获到同步码 0011011 后，如果下一个同步帧间隔后，仍然能够捕获到同步码，则系统进入正确帧同步。

表 4-8　　　　　　　PCM30/32 路设备系列对同步系统的前后方保护时间的规定

| 序号 | 名称 | 同步帧长 (bits) | 同步码位数 | 同步码型 | 前方保护时间（同步帧） | 后方保护时间（同步帧） |
|---|---|---|---|---|---|---|
| 1 | PCM30/32 路基群设备 | 512 | 7 | 0011011 | 连续 3 或 4 帧 | 1 帧 |
| 2 | 二次群设备（120 路） | 848 | 10 | 1111010000 | 连续 4 帧 | 3 帧 |
| 3 | 三次群设备（480 路） | 1536 | 10 | 1111010000 | 连续 4 帧 | 3 帧 |
| 4 | 四次群设备（1920 路） | 2928 | 12 | 111110100000 | 连续 4 帧 | 3 帧 |

### 4.8.7　SDH 的提出

随着光纤通信的发展，准同步数字系列已经不能满足大容量高速传输的要求，不能适应现代通信网的发展要求，其缺点主要体现在以下几个方面：

（1）不存在世界性标准的数字信号速率和帧结构标准。

（2）不存在世界性的标准光接口规范，无法在光路上实现互通和调配电路。

（3）复接方式大多采用按位复接，不利于以字节为单位的现代信息交换。

（4）准同步系统的复用结构复杂，缺乏灵活性，硬件数量大，上、下业务费用高。

（5）复用结构中用于网络运行、管理和维护的比特很少。

基于传统的准同步数字系列的上述弱点，为了适应现代电信网和用户对传输的新要求，必须从技术体制上对传输系统进行根本的改革，为此，CCITT 制订了 TDM 制的 150Mbit/s 以上的同步数字系列（SDH）标准。它不仅适用于光纤传输，亦适用于微波及卫星等其他传输手段。它可以有效地按动态需求方式改变传输网拓扑，充分发挥网络构成的灵活性与安全性，而且在网路管理功能方面大大增强。数字复接系列（同步数字系列）如表 4-9 所示。

表 4-9　　　　　　　　　　数字复接系列（同步数字系列）

| 同步数字系列 | STM-1 | STM-4 | STM-16 | STM-64 |
|---|---|---|---|---|
| 速率 | 155.52Mbit/s | 622.08Mbit/s | 2488.32Mbit/s | 9953.28Mbit/s |

目前四次群以下已经存在 3 个地区性 PDH 数字传输系列，而 SDH 则是全球统一的同步数字系列。为了使原有的 PDH 与 SDH 系列衔接，ITU-T 对此规定了复接结构，如图 4-34 所示。

与 PDH 相比，SDH 具有一系列优越性：

（1）使北美、日本、欧洲 3 个地区性 PDH 数字传输系列在 STM-1 等级上获得了统一，真正实现了数字传输体制方面的全球统一标准。

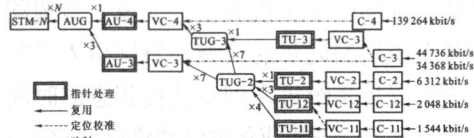

图 4-34　SDH 的复接结构

（2）SDH 具有标准的光接口，即允许不同厂家的设备在光路上互通。

（3）SDH 系统采用字节间插同步方式复接成更高等级的 SDH 传送模块 STM-N，因此，从 STM-N 中容易分出支路信号，分/插复用灵活，可动态改变网络配置。比如可以借助软件控制从高速信号中一次分支/插入低速支路信号，避免了像 PDH 那样需要对全部高速信号进行逐级分接复接的作法。

（4）SDH 网大量采用软件进行网络配置和控制，增加新功能和新特性非常方便，适合将来不断发展的需要。

（5）帧结构中的维护管理比特大约占 5%，大大增强了网络维护管理能力，可实现故障检测、区段定位、业务性能监测和性能管理。

（6）SDH 网有一套特殊的复用结构，具有兼容性和广泛的适应性。它不仅与现有 PDH 网能完全兼容，也支持北美、欧洲和日本现行的载波系统，同时还可容纳各种新业务信号。例如局域网中的光纤分布式数据接口(FDDI)信号以及宽带 ISDN 中的异步转移模式(ATM)信元等。

# 小　　结

本章讨论了模拟信号数字化的原理和方法。

脉冲编码调制(PCM)对模拟信号的处理具体包括抽样、量化和编码 3 个步骤。它的功能是完成模/数变换，实现模拟信号的数字化。PCM 通信系统由 3 部分组成：①发送端的模/数变换，包括抽样、量化、编码；②信道；③接收端的数/模变换，包括解码和低通滤波。

抽样是将幅度和时间连续的模拟信号变成时间离散幅度连续的样值序列。对于频率受限于 $f_H$ 的低通信号的抽样频率应为 $f_s \geq 2f_H$。带通信号的抽样频率为 $\frac{2f_H}{n+1} \leq f_s \leq \frac{2f_L}{n}$，其中 $n$ 是一个不超过 $f_L/B$ 的最大整数。抽样频率的选择应保证抽样信号的周期性频谱无混叠现象。

量化是把模拟信号样值变换到最接近的量化电平的过程。量化分为均匀量化和非均匀量化。均匀量化是指大、小信号的量化间隔相等。它的缺点是在量化级数大小适当时，小信号的量化信噪比太小，不满足要求；而大信号的量化信噪较大，远远地满足要求。解决的办法是采用非均匀量化。非均匀量化的特点是：小信号的量化间隔小，大信号的量化间隔大。非均匀量化是在量化级数 $M$ 不变的前提下，利用适度降低大信号的量化信噪比来提高小信号的量化信噪比，使大、小信号的量化信噪比都满足要求。实现非均匀量化的方法有模拟压扩法和直接非均匀编码法。

编码是用二进制码元来表示有限个量化电平。常用的二进制码型主要有自然二进码和折叠二进码。

$A$ 律13折线是 $A$ 律压缩特性的近似曲线，此时 $A=87.6$。各段的起始电平及其量化间隔详见表 4-5。$A$ 律13折线编码是一种直接非均匀编码法，它通过非均匀量化间隔的划分，直接对瞬时样值进行折叠二进码的编码。为了满足通信质量的要求，二进制编码位数 $l=8$，其中 $C_1$ 为极性码，$C_2 \sim C_4$ 为段落码，$C_5 \sim C_8$ 为段内码。$A$ 律13折线编码器的作用是把样值编成 PCM 码字。$A$ 律13折线解码器的作用是把接收到的 PCM 码字还原成解码电平（即量化电平），它对应于量化区间的中间电平。解码电平和样值的差值称为解码误差（即量化误差）。

PCM 系统中噪声主要有信道噪声和量化噪声两类。两种噪声产生机理不同，可以认为它们是统计独立的。

DPCM 对"预测值与样值的差值"进行 $l$ 位二进制编码，DPCM 系统的 $(\frac{S}{N_q})_{DPCM}$ 取决于

$(\dfrac{S}{N_q})_q$ 和 $G_p$ 两个参数。ADPCM 是在 DPCM 的基础上增加了自适应量化和自适应预测。

增量调制可以看作是 DPCM 的一个特例。它只用一位编码对相邻样值的差值的极性（符号）编码。提高抽样频率 $f_s$ 将能明显地提高 $\Delta$M 系统的量化信噪比。

时分复用是利用各信号的抽样值在时间上占有各自的时隙来达到在同一信道中传输多路信号的一种方法。TDM-PCM 系统的二进制代码的信息速率为 $R_b = n \cdot l \cdot f_s$（bit/s），其中 $n$ 表示复用路数，$l$ 表示每个抽样值编码的二进制码元位数，$f_s$ 表示一路信号的抽样频率。

PCM 30/32 路系统的信息速率为 2.048Mbit/s。一帧由 32 个时隙组成，每个时隙有 8 个比特。32 个时隙包括 30 个话路时隙（$TS_1 \sim TS_{15}$，$TS_{17} \sim TS_{31}$）、1 个帧同步时隙（$TS_0$）和 1 个信令时隙（$TS_{16}$）。

# 思 考 题

1．PCM 通信系统中的模/数变换和数/模变换分别包含了哪几个步骤？

2．低通信号和带通信号的抽样频率如何确定？

3．什么是均匀量化？它的缺点是什么？如何解决？

4．什么是非均匀量化？它有哪几种实现方法？

5．什么是理想压缩特性？

6．量化级数的选择需要考虑哪些因素？

7．语音信号的编码中有哪些常用的码型？折叠二进码有哪些优点？

8．$A$ 律 13 折线是如何产生的？

9．$A$ 律 13 折线编码得到的 8 位码是如何安排的？

10．什么是直接非均匀编解码法？

11．什么是线性 PCM 编码？什么是对数 PCM 编码？

12．量化级数、二进码的位数和量化噪声之间有什么关系？

13．PCM 系统中影响系统性能的噪声有哪些？

14．什么是语音压缩编码？

15．DPCM 系统的 $\left(\dfrac{S_o}{N_q}\right)_{DPCM}$ 取决于哪些参数？

16．PCM30/32 路的帧结构中 TS0 和 TS16 的作用有哪些？

17．PCM30/32 路系统的同步包括哪些？

18．与 PDH 相比，SDH 具有哪些优越性？

# 习 题

4-1　某模拟信号 $m(t)$ 最高频为 1000Hz，最低频为 800Hz，对 $m(t)$ 进行理想抽样。

（1）如果将 $m(t)$ 当作低通信号处理，则抽样频率如何选择？

（2）如果将 $m(t)$ 当作带通信号，则抽样频率如何选择？

（3）如果抽样频率为 400Hz，画出抽样信号的频谱示意图。

4-2　已知某信号 $m(t)$ 的频谱为 $M(f)$，将它通过传输函数为 $H_1(f)$ 的滤波器后再进行理想抽样。其中，$M(f)$ 和 $H_1(f)$ 如图 P4-1（a）和（b）所示。

（1）计算抽样频率。

（2）若抽样频率 $f_s = 4f_1$，画出抽样信号的频谱。

（3）如何在接收端恢复出信号 $m(t)$？

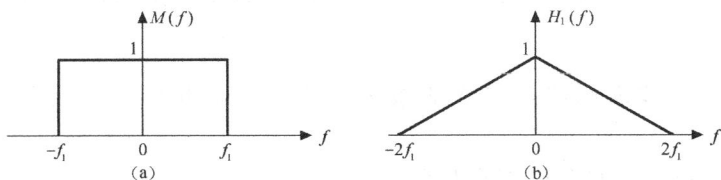

图 P4-1 信号频谱及滤波器传输特性

4-3 已知一个低通信号 $m(t)$ 的最高频率为 $f_H$ Hz，如果抽样脉冲序列 $s(t)$ 采用周期性三角形脉冲序列，如图 P4-2 所示，用 $s(t)$ 对信号 $m(t)$ 进行抽样，试确定抽样信号的频谱，并画出示意图。

4-4 已知信号 $m(t) = \cos(2\pi t)$，以每秒钟 4 次的速率进行抽样。

（1）画出理想抽样信号的频谱图。

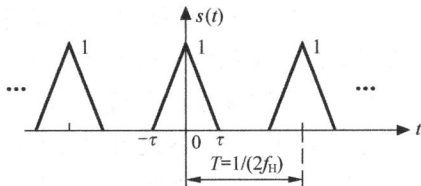

图 P4-2 周期性三角形脉冲序列

（2）如果脉冲宽度 $\tau = 0.1$s，脉冲幅度 $A=1$，画出自然抽样信号和平顶抽样信号的频谱图。

4-5 某路模拟信号的最高频率为 6000Hz，抽样频率为奈奎斯特抽样频率，设传输信号的波形为矩形脉冲，脉冲宽度为 1μs。计算 PAM 系统的第一零点带宽。

4-6 将正弦信号 $m(t) = \sin(1600\pi t)$ 以 4kHz 速率进行抽样，然后输入 $A$ 律 13 折线 PCM 编码器。计算在一个正弦信号周期内所有样值 $m(kT_s) = \sin\dfrac{2k\pi}{5}$ 的 PCM 编码的输出码字。

4-7 已知模拟信号抽样值的概率密度 $f(x) = \begin{cases} 1-x & 0 \leqslant x \leqslant 1 \\ 1+x & -1 \leqslant x \leqslant 0 \\ 0 & \text{其他} \end{cases}$，如果按照 4 电平均匀量化，计算量化噪声功率和对应的量化信噪比。

4-8 某路语音信号的最高频率为 3400Hz，采用 8000Hz 的抽样频率，按 $A$ 律 13 折线编码得到 PCM 信号。试计算 PCM 信号的码元速率和信息速率。

4-9 某路信号的最高频率为 4kHz，采用 PCM 方式传输，假定抽样频率不变，量化级数由 128 增加到 256，传输该信号的信息速率 $R_b$ 增加到原来的多少倍？

4-10 某路模拟信号的最高频率为 5000Hz，以 PCM 方式传输，假设抽样频率为奈奎斯特抽样频率。抽样后按照 256 级量化，并进行二进制编码。计算 PCM 系统的码元速率和信息速率。

4-11 将幅度为 4V 的正弦信号 $m(t) = 4\sin(1600\pi t)$ 输入到抽样频率为 8kHz 的抽样保持器，然后再通过一个量化特性如图 P4-3 所示的 8 电平均匀量化器，并进

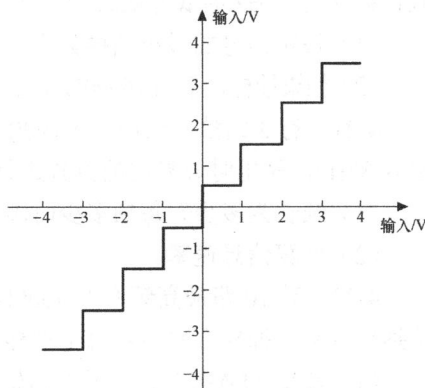

图 P4-3 8 电平均匀量化器

行折叠二进制编码。

（1）画出量化器输出的波形；

（2）计算在一个正弦信号周期内所有抽样值 $m(kT_s) = 4\sin\dfrac{k\pi}{5}, (k = 0,1,\cdots,9)$ 的 PCM 编码的输出码字。

4-12  $A$ 律 13 折线编码器，输入的最大电压为 $U = 4096\text{mV}$ ，已知一个抽样值为 $u = 796\text{mV}$ 。

（1）试写出 8 位码 $C_1 C_2 C_3 C_4 C_5 C_6 C_7 C_8$ 。

（2）计算量化电平和量化误差。

（3）将所编成的对数 PCM 码（不含极性码）转换成 12 位线性幅度码。

4-13  某 $A$ 律 13 折线 PCM 编码器的输入抽样脉冲值为 $-870\Delta$ ，试计算编码器的输出码字及其对应的量化电平和量化误差。

4-14  采用 $A$ 律 13 折线编解码电路，设接收端收到的码字为 "10000111"，最小量化单位为 1 个单位。试问解码器输出为多少单位？对应的 12 位线性码是多少？

4-15  一个截止频率为 4000Hz 的低通信号 $m(t)$ 是一个均值为零的平稳随机过程，一维概率分布服从均匀分布，电平范围为 $-5 \sim +5\text{V}$ 。

（1）对低通信号 $m(t)$ 进行均匀量化，量化间隔 $\Delta = 0.01\text{V}$ ，计算量化信噪比；

（2）对低通信号 $m(t)$ 抽样后进行 $A$ 律 13 折线 PCM 编码，计算码字 11011110 出现的概率和该码字所对应的量化电平。

4-16  对一个在某区间均匀分布的模拟信号理想抽样后进行均匀量化，然后采用自然二进制编码，计算量化级数 $M = 32$ 的 PCM 系统在信道误码率 $P_e = 10^{-3}$ 情况下的总信噪比。

4-17  PCM30/32 路系统中一秒传多少帧？一帧有多少 bit？信息速率为多少？第 20 话路在哪一个时隙中传输？第 20 话路信令码的传输位置在哪里？

4-18  北美和日本采用 PCM24 路时分复用系统。每路信号的抽样频率为 8000Hz，每个样值用 8bit 表示。每帧共有 24 个时隙，并加 1bit 作为帧同步信号。试计算该系统的信息速率。

4-19  在 CD 播放器中，假设音乐是均匀分布的，抽样频率为 44.1kHz，对抽样值采用 16bit 的均匀量化的线性编码，试确定 1 小时的音乐所需要的比特数，并计算量化信噪比的分贝值。

4-20  有 10 路时间连续的模拟信号，其中每路信号的频率范围为 300~30kHz，分别经过截止频率为 7kHz 的低通滤波器。然后对此 10 路信号分别抽样，时分复用后进行量化编码。

（1）每路信号的最小抽样频率为多少？

（2）如果抽样速率为 16000Hz，量化级数为 8，则输出的二进制基带信号的码元速率为多少？

4-21  有 3 路独立信源的最高频率分别为 1kHz，2 kHz，3 kHz，如果每路信号的抽样频率为 8kHz，采用时分复用的方式进行传输，每路信号均采用 8 位二进制编码。

（1）帧长为多少？每帧多少时隙？

（2）计算信息速率。

4-22  对 10 路最高频率为 4000Hz 的话音信号进行 TDM-PCM 传输，抽样频率为奈奎斯特抽样频率。抽样合路后对每个抽样值按照 256 级量化。

（1）计算 TDM-PCM 信号的传输速率。

（2）设传输信号的波形为矩形脉冲，占空比为 1，试计算 TDM-PCM 信号的第一零点带宽。

# 第 5 章　数字信号的基带传输

## 5.1　引言

数字信号的传输需要解决的主要问题是：在规定的传输速率下，有效地控制符号间干扰，具有抗加性高斯白噪声的最佳性能以及形成发、收两端的定时同步。因而如何保证准确地传输数字信息是数字通信系统要解决的关键问题。数字信号的传输可分为基带传输和频带传输两种方式。

信源发出的数字信号未经调制或频谱变换，直接在有效频带与信号频谱相对应的信道上传输的通信方式称为数字信号的基带传输。为了适应信道传输特性而将数字基带信号进行调制，即将数字基带信号的频谱搬移到某一载频处，变为频带信号传输的方式称为频带传输。

在实际数字通信系统中，数字基带传输在应用上虽不如频带传输那么广泛，但仍有相当广的应用范围。数字基带传输的基本理论不仅适用于基带传输，而且还适用于频带传输，因为所有窄的带通信号、线性带通系统以及线性带通系统对带通信号的响应均可用其等效基带传输系统的理论来分析它的性能，因而掌握数字基带传输系统的基本理论十分重要，它在数字通信系统中具有普遍意义。

数字基带传输系统的基本结构如图 5-1 所示。它由脉冲形成器、发送滤波器、信道、接收滤波器、抽样判决器与码元再生器组成。为了保证系统可靠有序地工作，还应有同步系统。系统工作过程及各部分作用如下。

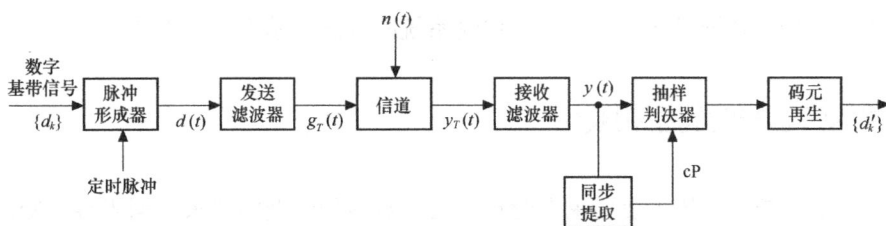

图 5-1　数字基带传输系统

数字基带传输系统的输入端通常是码元速率为 $R_B$，码元宽度为 $T_s$ 的二进制（也可为多进制）脉冲序列，用符号 $\{d_k\}$ 表示。

一般终端设备（如电传机、计算机）送来的 "0"、"1" 代码序列为单极性码，如图 5-2（a）波形所示。后面我们将见到这种单极性代码由于有直流分量等原因并不适合在基带系统信道中传输。

码型变换器的作用是把单极性码变换为双极性码或其他形式适合于信道传输的、并可提供同步定时信息的码型，如图 5-2（b）所示的双极性归零码元序列 $d(t)$。码型变换器也称为脉冲形成器。

码型变换器输出的各种码型是以矩形脉冲为基础的，这种以矩形脉冲为基础的码型往往低频分量和高频分量都比较大，占用频带也比较宽，直接送入信道传输，容易产生失真。发送滤波器的作用是把矩形脉冲变换为比较平滑的波形 $g_T(t)$，如图 5-2（c）所示的波形为升余弦波形。

基带传输系统的信道通常采用电缆、架空明线等。由于信道中存在噪声 $n(t)$ 和信道本身传输特性的不理想，使得接收端得到的波形 $y_T(t)$ 与发送波形 $g_T(t)$ 具有较大的差异，如图 5-2（d）所示。

接收滤波器的作用是滤除带外噪声并对已接收的波形均衡，以便抽样判决器正确判决。接收滤波器的输出波形 $y(t)$ 如图 5-2（e）所示。

抽样判决器首先对接收滤波器输出的信号 $y(t)$ 在规定的时刻进行抽样，获得抽样值序列 $y(kT_s)$，然后对抽样值进行判决，以确定各码元是"1"码还是"0"码。抽样值序列 $y(kT_s)$ 如图 5-2（g）所示。

码元再生电路的作用是对判决器的输出"0"、"1"进行原始码元再生，以获得图 5-2（h）所示与输入波形相应的脉冲序列 $\{d_k'\}$。

同步提取电路的任务是从接收信号中提取定时脉冲 cp，供接收系统同步使用。

对比图 5-2（a）、（h）中的 $\{d_k'\}$ 与 $\{d_k\}$ 可以看出，传输过程中第 4 个码元发生了误码。产生该误码的原因之一是信道加性噪声，之二是传输总特性（包括收、发滤波器和信道的特性）不理想引起的波形畸变，使码元之间相互串扰，从而产生码间干扰。

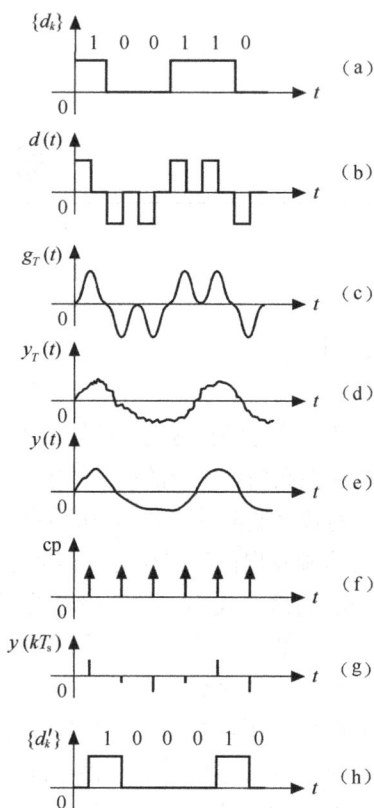

图 5-2　数字基带传输系统各点波形

本章首先介绍数字基带信号码型选择、波形形成及其频谱特性；然后围绕数字基带信号传输中的误码问题，讨论接收端如何有效地抑制噪声和消除码间干扰的理论与技术；同时简述均衡器和部分响应系统并介绍最佳基带传输系统的概念及基本分析方法。

## 5.2　数字基带信号的码型和波形

对传输用的基带信号的主要要求有两点：（1）对各种码型的要求，期望将原始信息符号编制成适合于传输用的码型；（2）对所选码型的电波形要求，期望电波形适宜于在信道中传输。前一问题是传输码型的选择；后一问题是基带波形的选择。这两个问题既有独立性又相互联系。基带信号的码型类型很多，常见的有单极性码、双极性码、AMI 码、HDB3 码和 CMI 码等。适合于信道中传输的波形一般应为变化较平滑的脉冲波形。为了简便起见，本节将以矩形脉冲为例来介绍基带信号的码型。

### 5.2.1　数字基带信号的码型

不同形式的码型信号具有不同的频谱结构，实际中必须合理地设计选择数字基带信号码型，使数字信号能在给定的信道中传输。我们将适于在信道中传输的基带信号码型称为线路传输码型。

为适应信道的传输特性及接收端再生恢复数字信号的需要，基带传输信号码型设计应考虑如下一些原则：

（1）对于频带低端受限的信道传输，线路码型中不含有直流分量，且低频分量较少。

（2）便于从相应的基带信号中提取定时同步信息。

（3）信号中高频分量尽量少，以节省传输频带并减少码间串扰。

（4）所选码型应具有纠错、检错能力。

（5）码型变换设备要简单，易于实现。

#### 1. 几种基本的基带信号码型

（1）单极性不归零（NRZ）码

设消息代码由二进制符号"0"、"1"组成，则单极性不归零码如图 5-3（a）所示。这里，基带信号的零电位及正电位分别与二进制符号的"0"及"1"——对应。可见，它是一种最简单的常用码型。

实际上像从电传机等一般终端设备送来的都是单极性码，这是因为一般终端都是接地的，因此输出单极性码最为方便。但从基带数字信号传输的过程来看，单极性码具有以下一些缺点因而很少采用。

① 单极性码具有直流分量，而一般的有线信道的低频传输特性比较差，很难传送零频附近的分量。

② 接收设备对单极性码的判决电平一般应取接收到"1"码电平的一半，但由于信道衰落会随各种因素变化，因此判决电平不能稳定在最佳的电平，这样抗噪声性能不好。

③ 单极性码不能直接提取同步信号。

④ 单极性码传输时要求信道的一端接地，这样不能用两根芯线均不接地的电缆传输线。

（2）双极性不归零（NRZ）码

图 5-3（b）所示的代码是双极性不归零（NRZ）码，其特点是数字消息用两个极性相反而幅度相等的脉冲表示。其与单极性码比较有以下优点：

① 从平均统计角度来看，如果消息"1"和"0"的数目各占一半，则无直流分量。

② 接收双极性码时判决门限电平为零，稳定不变，因而不受信道特性变化的影响，抗噪声性能好。

③ 可以在电缆等无接地的传输线上传输。

这种码型抗干扰性能好，应用比较广泛。缺点是：不能直接从双极性码中提取同步分量；当"1"、"0"码概率不相等时，仍有直流分量。

（3）单极性归零（RZ）码

单极性归零码是在传送"1"码时发送一个宽度小于码元持续时间的归零脉冲，而在传送"0"码时不发送脉冲，如图 5-3（c）所示。设码元间隔为 $T_s$，归零码宽度为 $\tau$，则称 $\tau/T_s$ 为占空比。

单极性归零码与单极性码比较，除了仍然具有单极性码的一些缺点外，主要有一个可以直接提取同步信号的优点。这个优点并不意味单极性归零码能广泛应用于信道传输，但它是后面要讲到其他码提取同步信号时采取到的一个过渡码型。

（4）双极性归零（RZ）码

双极性归零码的构成与单极性归零码一样，如图 5-3（d）所示。这种码型除了具有双极性不归零码的一般特点以外，还可以通过简单的变换电路变换为单极性归零码，从而可以提取同步信号。因此双极性归零码得到广泛的应用。

（5）差分码

这种码型的特点是把二进制脉冲序列中的"1"或"0"反映在相邻信号码元相对极性变化上，是一种相对码。比如，若以符号"1"表示相邻码元的电位改变，而以符号"0"表示电位不改变，如图 5-3（e）所示。当然，上述规定也可以反过来。差分码的优点是，即使接收端收到的码元极性与发送端完全相反，也能正确地进行判决。

（6）多值波形（多电平波形）

前述各种信号都是一个二进制符号对应一个脉冲。实际上还存在多个二进制符号对应一个脉冲的情形。这种波形统称为多值波形或多电平波形。例如若令两个二进制符号 00 对应+3E，01 对应+E，10 对应-E，11 对应-3E，则所得波形为 4 值波形，如图 5-3（f）所示。由于这种波形的一个脉冲可以代表多个二进制符号，故在高速数据传输中，常采用这种信号形式。

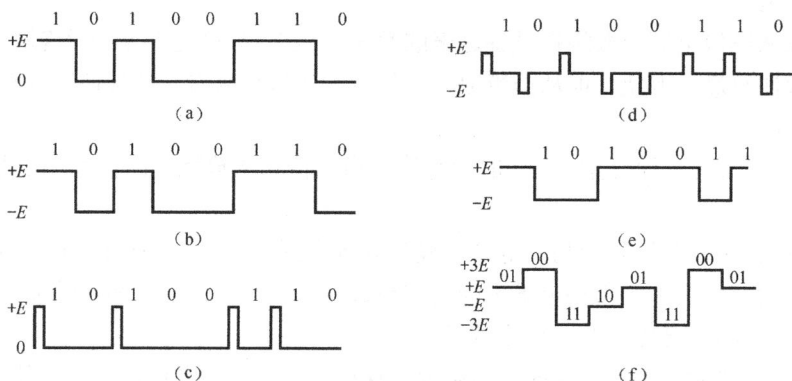

图 5-3　几种基本的数字基带信号码型

**2. 传输码型**

并不是所有的基带信号码型都适合在信道中传输，往往是根据实际需要进行选择。下面我们介绍几种常用的适合在信道中传输的传输码型。

（1）AMI 码

AMI 码的全称是传号交替反转码。这是一种将消息中的代码"0"（空号）和"1"（传号）按如下规则进行编码的码：代码"0"仍为0；代码"1"交替变换为+1、-1、+1、-1、....。例如：

| 消息代码 | 1 | 0 | 0 | 0 | 0 | 1 | 1 | 1 | 1 | 0 | 1 |
|---|---|---|---|---|---|---|---|---|---|---|---|
| AMI 码 | +1 | 0 | 0 | 0 | 0 | -1 | +1 | -1 | 0 | | +1 |

AMI 码的优点是：不含直流成分，低频分量小；编译码电路简单，便于利用传号极性交替规律观察误码情况。鉴于这些优点，AMI 码是 ITU 建议采用的传输码型之一。AMI 码的不足是，当原信码出现连"0"串时，信号的电平长时间不跳变，造成提取定时信号的困难。

解决连"0"码问题的有效方法之一是采用 HDB₃ 码。

（2）HDB₃ 码

HDB₃ 码的全称是 3 阶高密度双极性码，它是 AMI 码的一种改进型，其目的是为了保持 AMI 码的优点而克服其缺点，使连"0"个数不超过 3 个。其编码规则如下：

① 当信码的连"0"个数不超过 3 时，仍按 AMI 码的规则编码，即传号极性交替。

② 当连"0"个数超过 3 时，出现 4 个或 4 个以上连"0串时，"则将每 4 个连"0"小段的第 4 个"0"变换为非"0"脉冲，用符号 V 表示，称之为破坏脉冲。而原来的二进制码元序列中所有的"1"码称为信码，用符号 B 表示。当信码序列中加入破坏脉冲以后，信码 B 与破坏脉冲 V 的正负极性必须满足如下两个条件：

a．B 码和 V 码各自都应始终保持极性交替变化的规律，以确保编好的码中没有直流成分。

b．V 码必须与前一个非零符号码（信码 B）同极性，以便和正常的 AMI 码区分开来。如果这个条件得不到满足，那么应该将四连"0"码的第一个"0"码变换成与 V 码同极性的补信码，用符号 B'表示，并做调整，使 B 码和 B'码合起来保持条件 a 中信码（含 B 及 B'）极性交替变换的规律。

例如：

| 代码 | 0 | 1 | 0 | 0 | 0 | 0 | 1 | 1 | 0 | 0 | 0 | 0 | 0 | 1 | 0 | 1 |
|---|---|---|---|---|---|---|---|---|---|---|---|---|---|---|---|---|
| AMI 码 | 0 | +1 | 0 | 0 | 0 | 0 | −1 | +1 | 0 | 0 | 0 | 0 | 0 | −1 | 0 | +1 |
| 加 V | 0 | +1 | 0 | 0 | 0 | V+ | −1 | +1 | 0 | 0 | 0 | V− | 0 | −1 | 0 | +1 |

加 B'并调整 B 及 B'极性

|  | 0 | +1 | 0 | 0 | 0 | V+ | −1 | +1 | $B'_-$ | 0 | 0 | V− | 0 | +1 | 0 | −1 |
|---|---|---|---|---|---|---|---|---|---|---|---|---|---|---|---|---|
| HDB₃ 码 | 0 | +1 | 0 | 0 | 0 | +1 | −1 | +1 | −1 | 0 | 0 | −1 | 0 | +1 | 0 | −1 |

虽然 HDB₃ 码的编码规则比较复杂，但译码却比较简单。从上述原理可以看出，每一破坏符号总是与前一非 0 符号同极性。据此，从收到的符号序列中很容易找到破坏点 V，于是断定 V 符号及其前面的 3 个符号必定是连"0"符号，从而恢复 4 个连"0"码，再将所有的 +1、−1 变成"1"后便得到原信息代码。

HDB₃ 码保持了 AMI 码的优点外，同时还将连"0"码限制在 3 个以内，故有利于位定时信号的提取。HDB₃ 码是应用最为广泛的码型，A 律 PCM 四次群以下的接口码型均为 HDB₃ 码。

（3）PST 码

PST 码的全称是成对选择三进码。其编码规则是：先将二进制码元划分为 2 个码元为一组的码组序列，然后再把每一组编码成两个三进制码（+−0）。因为三进制数字共有 9 种状态，故可以灵活地选择其中的四种状态，表 5-1 列出了其中最为广泛适用的一种格式。为防止 PST 码的直流漂移，当在一个码组中仅发送单个脉冲时，两个模式应交替使用。

表 5-1　　　　　　　　　　　　　　　　　PST 码

| 二进制代码 | +模式 | −模式 |
|---|---|---|
| 00 | −+ | −+ |
| 01 | 0+ | 0− |
| 10 | +0 | −0 |
| 11 | +− | +− |

例如：

| 代码 | 01 | 00 | 11 | 10 | 10 | 11 | 00 |
|---|---|---|---|---|---|---|---|
| 取+模式时 | 0+ | −+ | +− | −0 | +0 | +− | −+ |
| 取−模式时 | 0− | −+ | +− | +0 | −0 | +− | −+ |

PST 码可以提供足够的定时分量，且无直流分量，编码过程简单。但这种码在识别时需要提供"分组"信息，即需要建立帧同步。

（4）双相码

双相码又称 Manchester 码，即曼彻斯特码。它的特点是每个码元用两个连续极性相反的脉冲来表示。编码规则之一是：

0→01（零相位的一个周期的方波）

1→10（π 相位的一个周期方波）

例如：

| 代码 | 1 | 1 | 0 | 0 | 1 | 0 | 1 |
|---|---|---|---|---|---|---|---|
| 双相码 | 10 | 10 | 01 | 01 | 10 | 01 | 10 |

该码的优点是无直流分量，最长连"0"、连"1"数为 2，定时信息丰富，编译码电路简单。但其码元速率比输入的信码速率提高了一倍。

双相码适用于数据终端设备在中速短距离上传输，如 10M 以太网采用双相码作为线路传输码。双相码当极性反转时会引起译码错误，为解决此问题，可以采用差分码的概念，将数字分相码中用绝对电平表示的波形改为用相对电平来表示，这种码型称为条件双相码或差分曼彻斯特码。数据通信的令牌网即采用这种码型。

（5）密勒（Miller）码

密勒码又称延迟调制码，它是双相码的一种变形。编码规则如下："1"码用"10"或"01"表示。"0"码分两种情形处理：对于单个"0"时，用"11"或"00"表示。要求在码元持续时间内不出现跃变，且与相邻码元的边界处也不跃变；对于连"0"时，用"00"与"11"交替。要求在两个"0"码的边界处出现跃变。

例如：

| 消息代码 | 1 | 1 | 0 | 1 | 0 | 0 | 1 | 0 |
|---|---|---|---|---|---|---|---|---|
| Miller 码 | 10 | 01 | 11 | 10 | 00 | 11 | 10 | 00 |

密勒码实际是数字双相码经过一级触发后得到的波形，因此，它是双相码的"0"差分形式。它可以克服双相码中存在的信源相位不稳定问题。此外，该码中直流分量很少，频带窄。利用密勒码的脉冲最大宽度为两个码元、最小宽度为一个码元的特点，可以检测传输的误码或线路的故障。这种码最初被用于气象卫星和磁记录，现已开始用于低速基带数传机中。

（6）CMI 码

CMI 码是传号反转码的简称，其编码规则为："1"码交替用"00"和"11"表示；"0"码用"01"表示。CMI 码的优点是没有直流分量，且有频繁出现波形跳变，便于定时信息提取，具有误码监测能力。

由于 CMI 码具有上述优点，再加上编、译码电路简单，容易实现，因此，在高次群脉冲编码调制终端设备中广泛用作接口码型，在速率低于 8448 kbit/s 的光纤数字传输系统中也被建议作为线路传输码型。

### 5.2.2 基带波形的形成

在选择了合适的码型之后，尚需考虑用什么形状的波形来表示所选择的码型。上面介绍的各种常用码型都是以矩形脉冲为基础的，我们知道矩形脉冲由于上升和下降是突变的，其低频分量和高频成分比较丰富，占用频带也比较宽。如果信道带宽有限，采用以矩形脉冲为基础的码型进行传输就不合适，而需要采用更适合于信道传输的波形，譬如采用变化比较平滑的以升余弦脉冲为基础的脉冲波形。这样就有一个如何由矩形脉冲形成所需要的传输波形的问题。本章后面几节将介绍的奈奎斯特准则的思想是将发送滤波器、信道、接收滤波器三者集中为一总的基带传输系统，进而对其基带传输系统的特性和接收响应的波形提出严格的要求，目的是消除在抽样判决时出现的码间干扰。

## 5.3 数字基带信号的功率谱密度

研究数字基带信号的频谱分析是非常有用的，通过频谱分析可以使我们弄清楚信号传输中一些很重要的问题。这些问题是，信号中有没有直流成分、有没有可供提取同步信号用的离散分量以及根据它的连续谱可以确定基带信号的带宽。

在通信中，除特殊情况（如测试信号）外，数字基带信号通常都是随机脉冲序列。因为，如果在数字通信系统中所传输的数字序列是确知的，则消息就不携带任何信息，通信也就失去了意义。

对于随机脉冲序列，由于它是非确知信号，不能用付氏变换法确定其频谱，只能用统计的方法研究其功率谱。对于其功率谱的分析在数学运算上比较复杂，因此，这里我们只给出分析的思路和推导的结果并对结果进行分析。

**1. 数字基带信号的数学描述**

（1）波形

设一个二进制的随机脉冲序列如图 5-4 所示。这里 $g_1(t)$ 代表二进制符号的"0"，$g_2(t)$ 代表二进制符号的"1"，码元的间隔为 $T_s$。应当指出的是，图中 $g_1(t)$ 和 $g_2(t)$ 可以是任意的脉冲；图中所示只是一个实现。

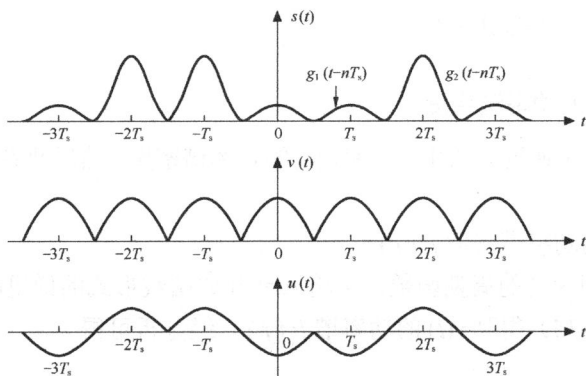

图 5-4 基带随机脉冲序列及其分解波形

（2）数学表达式

现假设随机脉冲序列在任一码元时间间隔 $T_s$ 内 $g_1(t)$ 和 $g_2(t)$ 出现的概率分别为 $P$ 和

$1-P$，且认为它们的出现是统计独立的，则数字基带信号$s(t)$可由下式表示

$$s(t) = \sum_{n=-\infty}^{\infty} s_n(t) \tag{5.3-1}$$

其中，

$$s_n(t) = \begin{cases} g_1(t-nT_s) & \text{概率为}P \\ g_2(t-nT_s) & \text{概率为}1-P \end{cases} \tag{5.3-2}$$

由于任何波形均可分解为若干个波形的叠加，考虑到要了解基带信号中是否存在离散频谱分量以便提供同步信息，而周期信号的频谱是离散的，所以可以认为$s(t)$是由一个周期波形$v(t)$和一个随机交变波形$u(t)$叠加而成。即

$$s(t) = v(t) + u(t) \tag{5.3-3}$$

式（5.3-3）中，周期波形$v(t)$可以看作是随机脉冲序列中的平均分量。由于在每一个码元间隔$T_s$时间内"0"码出现的概率为$P$，"1"码出现的概率为$1-P$，则可以写出$v(t)$的表达式为

$$v(t) = \sum_{n=-\infty}^{\infty} [Pg_1(t-nT_s) + (1-P)g_2(t-nT_s)]$$

显然，$v(t)$是一个以码元宽度$T_s$为周期的周期函数。

$u(t)$是$s(t)$中减去$v(t)$后留下的部分，即

$$u(t) = s(t) - v(t)$$

于是得到

$$u(t) = \sum_{n=-\infty}^{\infty} u_n(t)$$

其中

$$u_n(t) = \begin{cases} g_1(t-nT_s) - Pg_1(t-nT_s) - (1-P)g_2(t-nT_s) & \text{概率为}P \\ g_2(t-nT_s) - Pg_1(t-nT_s) - (1-P)g_2(t-nT_s) & \text{概率为}1-P \end{cases}$$

$$= \begin{cases} (1-P)[g_1(t-nT_s) - g_2(t-nT_s)] & \text{概率为}P \\ -P[g_1(t-nT_s) - g_2(t-nT_s)] & \text{概率为}1-P \end{cases}$$

或者写成

$$u_n(t) = a_n[g_1(t-nT_s) - g_2(t-nT_s)]$$

其中

$$a_n = \begin{cases} 1-P & \text{概率为}P \\ -P & \text{概率为}1-P \end{cases}$$

### 2. 数字基带信号的功率谱密度

由上面分析可知，可通过先求出$v(t)$和$u(t)$的功率谱密度，然后两者相加即可得到$s(t)$的功率谱密度。

（1）稳态项$v(t)$的功率谱密度$P_v(f)$

稳态项$v(t)$是周期为$T_s$的周期函数，可将其展开成指数形式的傅里叶级数，求出其系数$F_n$，然后利用式（2.2-35）得到$v(t)$的功率谱$P_v(f)$。经分析可得

$$P_v(f) = \sum_{m=-\infty}^{\infty} |f_s[PG_1(mf_s) + (1-P)G_2(mf_s)]|^2 \delta(f-mf_s) \tag{5.3-4}$$

式中，

$$G_1(mf_s) = \int_{-\infty}^{\infty} g_1(t) e^{-2j\pi mf_s t} dt \tag{5.3-5}$$

$$G_2(mf_s) = \int_{-\infty}^{\infty} g_2(t) e^{-j2\pi mf_s t} dt \qquad (5.3\text{-}6)$$

可见，稳态项 $v(t)$ 的功率谱密度是离散谱，分析离散谱可以弄清楚序列中是否含有直流成分、基波成分和谐波成分。

（2）交变项 $u(t)$ 的功率谱密度 $P_u(f)$

由于 $u(t)$ 是功率型的随机信号，因此求其功率谱密度 $P_u(f)$ 时要采用截短函数的方法和求统计平均的方法。经过分析可得

$$P_u(f) = f_s P(1-P) |G_1(f) - G_2(f)|^2 \qquad (5.3\text{-}7)$$

可见，$u(t)$ 的功率谱密度与 $g_1(t)$ 与 $g_2(t)$ 的频谱以及出现的概率 $P$ 有关，它是连续谱。由连续谱可以确定信号的带宽。

（3）求随机基带序列 $s(t)$ 的功率谱密度

由于 $S(t) = v(t) + u(t)$，则将式（5.3-4）与式（5.3-7）相加，可得到随机序列 $s(t)$ 的功率谱密度为

$$\begin{aligned} P_s(f) &= P_u(f) + P_v(f) \\ &= f_s P(1-P) |G_1(f) - G_2(f)|^2 + \\ &\quad \sum_{m=-\infty}^{\infty} |f_s[PG_1(mf_s) + (1-P)G_2(mf_s)]|^2 \delta(f - mf_s) \end{aligned} \qquad (5.3\text{-}8)$$

上式是双边功率谱密度表示式。若用单边功率谱密度表示，则有

$$\begin{aligned} P_s(f) &= 2f_s P(1-P) |G_1(f) - G_2(f)|^2 + f_s^2 |P G_1(0) + (1-P)G_2(0)|^2 \delta(f) + \\ &\quad 2f_s^2 \sum_{m=1}^{\infty} |[PG_1(mf_s) + (1-P)G_2(mf_s)]|^2 \delta(f - mf_s), \quad f \geqslant 0 \end{aligned} \qquad (5.3\text{-}9)$$

由式（5.3-9）可以总结出 $P_s(f)$ 各项的物理含义，第一项：$2f_s P(1-P)|G_1(f) - G_2(f)|^2$ 是由交变项 $u(t)$ 产生的连续频谱，对于实际应用的数字信号有 $P \neq 0, P \neq 1$，$g_1(t) \neq g_2(t)$，因此这一项总是存在的。对于连续频谱我们主要关心的是它的分布规律，看它的能量主要集中在哪一个频率范围，并由此确定信号的带宽。第二项：$f_s^2 |P G_1(0) + (1-P)G_2(0)|^2 \delta^2(f)$，它是由稳态项 $v(t)$ 产生的直流成分的功率谱密度，这一项不一定都存在。例如一般的双极性码，$g_1(t) = -g_2(t), G_1(0) = -G_2(0)$，此时若"0"、"1"码等概率出现，则 $P G_1(0) + (1-P)G_2(0) = 0$，就没有直流成分。第三项：$2f_s^2 \sum_{m=1}^{\infty} |[PG_1(mf_s) + (1-P)G_2(mf_s)]|^2 \delta(f - mf_s)$，$f \geqslant 0$，是由稳态项 $v(t)$ 产生的离散频谱，这一项，特别是基波成分 $f_s$ 如果存在，对位同步信号的提取将很容易，这一项也不一定都存在。例如双极性码在等概率时，该项不存在。前面我们在介绍各种码型时就提到过双极性码不能直接提取同步信号。

下面以矩形脉冲构成的基带信号为例对式（5.3-8）的应用及意义做进一步说明，其结果对后续问题的研究具有实用价值。

【**例 5.3.1**】　求单极性不归零信号的功率谱密度，假定 $P=1/2$。

**解**：设单极性不归零信号 $g_1(t) = 0$，$g_2(t)$ 为图 5-5 所示的高度为 1、宽度为 $\tau = T_s$ 的矩形脉冲。则

$$G_1(f) = 0$$

$$G_2(f) = G(f) = T_s \left[ \frac{\sin \pi f T_s}{\pi f T_s} \right]$$

$$G_2(mf_s) = T_s \left[ \frac{\sin \pi m f_s T_s}{\pi m f_s T_s} \right] = \begin{cases} T_s & m = 0 \\ 0 & m \neq 0 \end{cases}$$

代入式（5.3-8）得单极性不归零信号的双边功率谱密度为

$$P_s(f) = \frac{1}{4} f_s T_s^2 \left[ \frac{\sin \pi f T_s}{\pi f T_s} \right]^2 + \frac{1}{4} \delta(f) = \frac{1}{4} T_s Sa^2(\pi f T_s) + \frac{1}{4} \delta(f) \qquad (5.3\text{-}10)$$

单极性不归零信号的功率谱如图 5-6 所示。

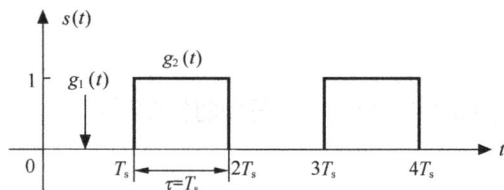

图 5-5　单极性不归零信号

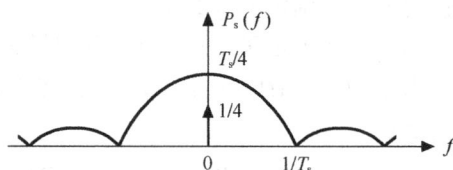

图 5-6　单极性不归零信号的功率谱

由以上分析可见，单极性不归零信号的功率谱只有连续谱和直流分量，不含有可用于提取同步信息的 $f_s$ 分量；由连续分量可方便求出单极性不归零信号功率谱的近似带宽（$Sa$ 函数第一零点）为 $B = 1/T_s$；当 $P \neq 1/2$ 时，上述结论仍然成立。

【例 5.3.2】　求单极性归零信号的功率谱密度，假定 $P = 1/2$。

**解：**设单极性归零信号 $g_1(t) = 0$，$g_2(t)$ 为图 5-7 所示的高度为 1、宽度为 $\tau$（$\tau \leqslant T_s$）的矩形脉冲。

则

$$G_1(f) = 0$$

$$G_2(f) = G(f) = \tau \left[ \frac{\sin \pi f \tau}{\pi f \tau} \right]$$

$$G_2(mf_s) = \tau \left[ \frac{\sin \pi m f_s \tau}{\pi m f_s \tau} \right]$$

代入式（5.3-8）得单极性归零信号的双边功率谱密度为

$$P_s(f) = \frac{1}{4} f_s \tau^2 \left[ \frac{\sin \pi f \tau}{\pi f \tau} \right]^2 + \frac{1}{4} f_s^2 \tau^2 \sum_{m=-\infty}^{\infty} Sa^2(\pi m f_s \tau) \delta(f - mf_s) \qquad (5.3\text{-}11)$$

单极性归零信号的功率谱如图 5-8 所示。

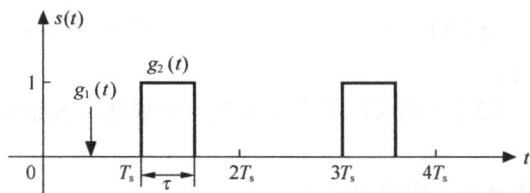

图 5-7　单极性归零信号

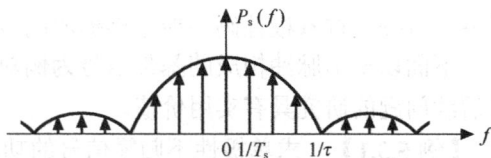

图 5-8　单极性归零信号的功率谱

由上分析可见，单极性归零信号的功率谱不但有连续谱，而且在 $f = 0$、$\pm f_s$、$\pm 2f_s$、…等处还存在离散谱，因而其含有可用于提取同步信息的 $f_s$ 分量；由连续谱可方便求出单极性归零信号功率谱的近似带宽（$Sa$ 函数第一零点）为 $B = 1/\tau$；当 $P \ne 1/2$ 时，上述结论仍然成立。

**【例 5.3.3】**　求双极性信号的功率谱密度，假定 $P=1/2$。

**解**：双极性信号一般满足 $g_1(t) = -g_2(t)$，$G_1(f) = -G_2(f)$，当 1、0 码等概时，不论归零与否，稳态分量 $v(t)$ 都是 0，因此都没有直流分量和离散谱。

双极性不归零信号的双边功率谱为

$$P_s(f) = T_s Sa^2(\pi f T_s) \tag{5.3-12}$$

双极性归零信号的双边功率谱为

$$P_s(f) = f_s \tau^2 Sa^2(\pi f \tau) \tag{5.3-13}$$

虽然双极性归零与不归零信号的功率谱密度表达式中都没有基频，不含位同步信息，但是对于双极性归零码，只要在接收端设置一个全波整流电路，将接收到的序列变换为单极性归零信号，就可以提取同步信息。

综上所述，通过对数字基带信号的二进制随机脉冲序列功率谱的分析，我们一方面可以根据它的连续谱来确定序列的带宽，从上述举例可以看出，当数字基带信号用矩形脉冲表示时，其带宽为连续谱的第一零点带宽；另一方面利用它的离散谱是否存在这一特点，可以明确能否从脉冲序列中直接提取定时分量和采取怎样的方法可以从基带脉冲序列中获得所需的离散分量。这一点，在本书第十章研究位同步、载波同步等问题时将是十分重要的。

需要指出的是，以上的分析方法，由于 $g_1(t)$ 和 $g_2(t)$ 的波形没有加以限制，故即使它们不是基带信号波形，而是数字调制波形，也将是适用的。

## 5.4　数字基带信号的传输与码间串扰

5.1 节定性介绍了基带传输系统的工作原理，初步了解码间串扰和噪声是引起误码的因素。本节我们进一步分析数字基带信号通过基带传输系统时的传输性能。

### 5.4.1　码间串扰

数字基带信号通过基带传输系统时，由于带宽有限的系统（主要是信道）传输特性不理想，或者由于信道中加性噪声的影响，使收端脉冲展宽，延伸到邻近码元中去，从而造成对邻近码元的干扰，我们将这种现象称为码间串扰，如图 5-9 所示。

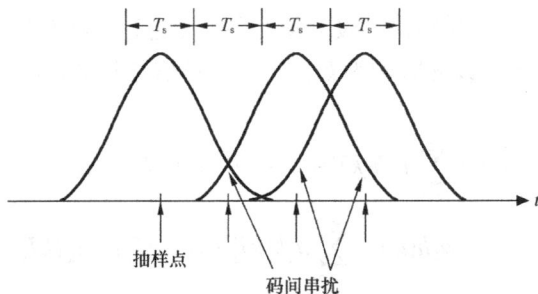

图 5-9　基带传输中的码间串扰

### 5.4.2　码间串扰的数学分析

数字基带信号的传输模型如图 5-10 所示。

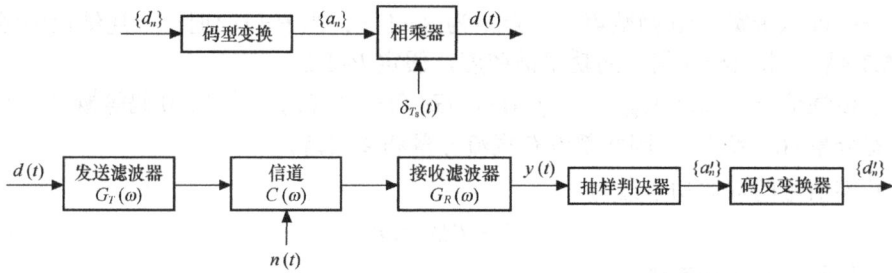

图 5-10 基带传输系统模型

图中，输入信号 $\{d_n\}$ 一般认为是单极性二进制矩形脉冲序列；$\{d_n\}$ 经过码型变换以后一般变换为双极性的码型（归零或不归零），也可能变换为 AMI 码和 HDB$_3$ 码，但 AMI 码和 HDB$_3$ 码与双极性码的区别在于多了一个零电平，零电平对码间串扰没有影响，如果不考虑零电平，只从研究传输性能来说，研究了双极性码，不难得出 AMI 和 HDB$_3$ 码的结果。因此，一般都认为码型变换的输出为双极性码 $\{a_n\}$。

其中
$$a_n = \begin{cases} a & \text{如果第}n\text{个码元是1码} \\ -a & \text{如果第}n\text{个码元是0码} \end{cases}$$

在波形形成时，通常先对 $\{a_n\}$ 进行理想抽样，变成二进制冲激脉冲序列 $d(t)$，然后送入发送滤波器以形成所需的波形。即

$$d(t) = \sum_{n=-\infty}^{\infty} a_n \delta(t - nT_s) \tag{5.4-1}$$

设发送滤波器传输函数为 $G_T(\omega)$，信道的传输函数为 $C(\omega)$，接收滤波器的传输函数为 $G_R(\omega)$，则图 5-10 所示的基带传输系统的总传输特性为

$$H(\omega) = G_T(\omega)C(\omega)G_R(\omega) \tag{5.4-2}$$

其对应的单位冲激响应为

$$h(t) = \frac{1}{2\pi} \int_{-\infty}^{\infty} H(\omega)e^{j\omega t} d\omega \tag{5.4-3}$$

则在 $d(t)$ 的作用下，接收滤波器输出信号 $y(t)$ 可表示为

$$y(t) = d(t) * h(t) + n_R(t) = \sum_{n=-\infty}^{\infty} a_n h(t - nT_s) + n_R(t) \tag{5.4-4}$$

式中，$n_R(t)$ 是加性噪声 $n(t)$ 经过接收滤波器后输出的窄带噪声。

抽样判决器对 $y(t)$ 进行抽样判决。设对第 $k$ 个码元进行抽样判决，抽样判决时刻应在收到第 $k$ 个码元的最大值时刻，设此时刻为 $kT_s + t_0$（$t_0$ 是信道和接收滤波器所造成的延迟），把 $t = kT_s + t_0$ 代入式（5.4-4）得

$$\begin{aligned} y(kT_s + t_0) &= \sum_{n=-\infty}^{\infty} a_n h(kT_s + t_0 - nT_s) + n_R(kT_s + t_0) \\ &= a_k h(t_0) + \sum_{\substack{n=-\infty \\ n \neq k}}^{\infty} a_n h(kT_s + t_0 - nT_s) + n_R(kT_s + t_0) \end{aligned} \tag{5.4-5}$$

上式中，右边第一项是第 $k$ 个码元本身产生的所需抽样值；第二项表示除第 $k$ 个码元以外的其他码元产生的不需要的串扰值，称为码间串扰。通常与第 $k$ 个码元越近的码元对它产生的串扰越大，反之，串扰小；第三项是第 $k$ 个码元抽样判决时刻噪声的瞬时值，它是一个随机变量，也要影响第 $k$ 个码元的正确判决。

从上面分析可见，数字基带信号在传输过程中是会产生码间串扰的。码间串扰对基带传输的影响是：易引起判决电路的误操作，造成误码。所以我们要研究数字基带系统如何消除码间串扰。

### 5.4.3 无码间串扰的基带传输特性

由式（5.4-5）可知，若想消除码间串扰，应有

$$\sum_{\substack{n=-\infty \\ n \neq k}}^{\infty} a_n h(kT_s + t_0 - nT_s) = 0 \tag{5.4-6}$$

由于 $a_n$ 是随机的，要想通过各项相互抵消使码间串扰为 0 是不行的，这就需要对 $h(t)$ 的波形提出要求，如果相邻码元的前一个码元的波形到达后一个码元抽样判决时刻时已经衰减到 0，如图 5-11（a）所示，则这样的波形就能满足要求。但这样的波形不易实现，因为实际中的 $h(t)$ 波形有很长的"拖尾"，也正是由于每个码元"拖尾"造成对相邻码元的串扰，但只要让它在 $t_0 + T_s$，$t_0 + 2T_s$ 等后面码元抽样判决时刻上正好为 0，就能消除码间串扰，如图 5-11（b）所示。这就是消除码间串扰的基本思想。

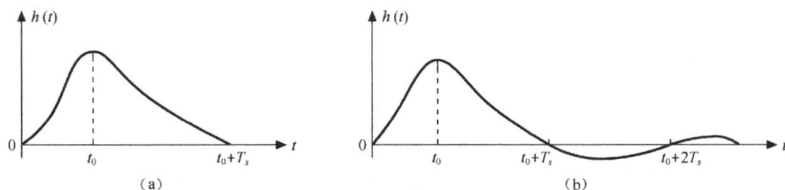

图 5-11 消除码间串扰的原理

由 $h(t)$ 与 $H(\omega)$ 的关系可知，如何形成合适的 $h(t)$ 波形，实际是如何设计 $H(\omega)$ 特性的问题。下面，我们在不考虑噪声的条件下，研究如何设计基带传输特性 $H(\omega)$，以形成在抽样时刻上无码间串扰的冲激响应波形 $h(t)$。

根据上面的分析，在假设信道和接收滤波器所造成的延迟 $t_0 = 0$ 时，无码间串扰的基带系统冲激响应应满足下式：

$$h(kT_s) = \begin{cases} 1(\text{或常数}), & k = 0 \\ 0, & k \text{为其他整数} \end{cases} \tag{5.4-7}$$

也就是说，$h(t)$ 的值除 $t = 0$ 时不为 0 外，在其他所有抽样点均为 0。

下面我们来推导符合以上条件的 $H(\omega)$。

因为，

$$h(kT_s) = \frac{1}{2\pi} \int_{-\infty}^{\infty} H(\omega) e^{j\omega kT_s} d\omega \tag{5.4-8}$$

现在将上式的积分区域用角频率间隔 $2\pi / T_s$ 分割，可得

$$h(kT_s) = \frac{1}{2\pi} \sum_i \int_{(2i-1)\pi/T_s}^{(2i+1)\pi/T_s} H(\omega) e^{j\omega kT_s} d\omega \tag{5.4-9}$$

作变量代换：令 $\omega' = \omega - 2\pi i / T_s$，则有 $d\omega' = d\omega$，$\omega = \omega' + 2\pi i / T_s$。于是

$$
\begin{aligned}
h(kT_s) &= \frac{1}{2\pi} \sum_i \int_{-\pi/T_s}^{\pi/T_s} H\left(\omega' + \frac{2i\pi}{T_s}\right) e^{j\omega' kT_s} e^{j2\pi ik} d\omega' \\
&= \frac{1}{2\pi} \sum_i \int_{-\pi/T_s}^{\pi/T_s} H\left(\omega' + \frac{2i\pi}{T_s}\right) e^{j\omega' kT_s} d\omega'
\end{aligned}
\tag{5.4-10}
$$

当上式之和一致收敛时，求和与积分的次序可以互换，于是有

$$h(kT_s) = \frac{1}{2\pi} \int_{-\pi/T_s}^{\pi/T_s} \sum_i H\left(\omega + \frac{2i\pi}{T_s}\right) e^{j\omega kT_s} d\omega \qquad |\omega| \leqslant \frac{\pi}{T_s} \qquad （5.4\text{-}11）$$

这里，我们已把 $\omega'$ 重新记为 $\omega$。

式（5.4-11）中 $\sum_i H\left(\omega + \frac{2\pi i}{T_s}\right)$，$|\omega| \leqslant \frac{\pi}{T_s}$ 的物理意义是：把 $H(\omega)$ 的分割各段平移到 $(-\pi/T_s, \pi/T_s)$ 的区间对应叠加求和，简称为"切段叠加"。

令

$$H_{eq}(\omega) = \sum_i H\left(\omega + \frac{2\pi i}{T_s}\right), \qquad |\omega| \leqslant \frac{\pi}{T_s} \qquad （5.4\text{-}12）$$

则 $H_{eq}(\omega)$ 就是 $H(\omega)$ 的"切段叠加"，称 $H_{eq}(\omega)$ 为等效传输函数。将其代入式（5.4-11）可得

$$h(kT_s) = \frac{1}{2\pi} \int_{-\pi/T_s}^{\pi/T_s} H_{eq}(\omega) e^{j\omega kT_s} d\omega \qquad （5.4\text{-}13）$$

将式（5.4-7）代入上式，便可得到无码间串扰时，基带传输特性应满足的频域条件

$$H_{eq}(\omega) = \begin{cases} \sum_i H\left(\omega + \frac{2\pi i}{T_s}\right) = T_s(\text{或常数}) & |\omega| \leqslant \frac{\pi}{T_s} \\ 0 & |\omega| > \frac{\pi}{T_s} \end{cases} \qquad （5.4\text{-}14）$$

式（5.4-14）称为奈奎斯特第一准则。它为我们确定某基带系统是否存在码间串扰提供了理论依据。

$H_{eq}(\omega)$ 的物理含义如图 5-12 所示，从频域看，只要将该系统的传输特性 $H(\omega)$ 按 $2\pi/T_s$ 间隔分段，再搬回 $(-\pi/T_s, \pi/T_s)$ 区间叠加，叠加后若其幅度为常数，就说明此基带传输系统可以实现无码间串扰。

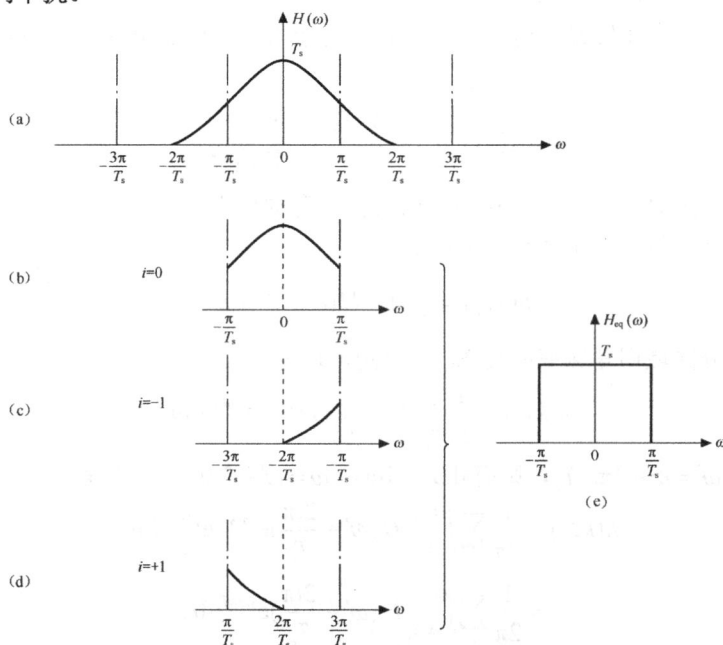

图 5-12 $H_{eq}(\omega)$ 的物理含义

显然，满足上式的系统 $H(\omega)$ 并不是惟一的，如何设计或选择满足上式的 $H(\omega)$ 是我们接下来要讨论的问题。

### 5.4.4　无码间串扰的理想低通滤波器

符合奈奎斯特第一准则的、最简单的传输特性是理想低通滤波器的传输特性，如图 5-13 所示，其传输函数为

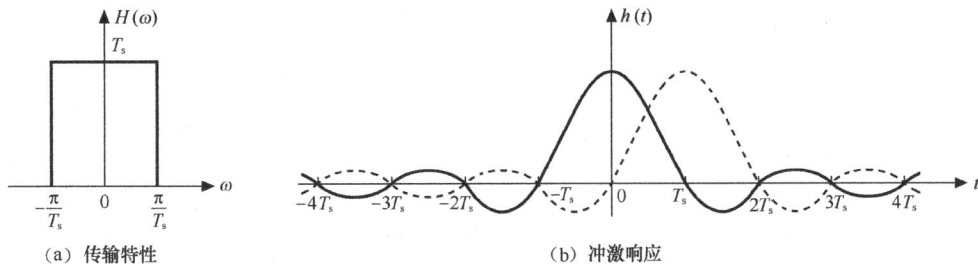

（a）传输特性　　　　　　　（b）冲激响应

图 5-13　理想低通系统

$$H(\omega) = \begin{cases} T_s\text{（或常数）,} & |\omega| \leqslant \dfrac{\pi}{T_s} \\ 0, & |\omega| > \dfrac{\pi}{T_s} \end{cases} \qquad (5.4\text{-}15)$$

其对应的冲激响应为

$$h(t) = \frac{\sin\dfrac{\pi}{T_s}t}{\dfrac{\pi}{T_s}t} = Sa(\pi t / T_s) \qquad (5.4\text{-}16)$$

由图 5-13 可见，$h(t)$ 在 $t = \pm kT_s (k \neq 0)$ 时有周期性零点，当发送序列的间隔为 $T_s$ 时正好巧妙地利用了这些零点（见图 5-13（b）中虚线），实现了无码间串扰传输。

在图 5-13 所示的理想基带传输系统中，称截止频率

$$B_N = \frac{1}{2T_s} \qquad (5.4\text{-}17)$$

为奈奎斯特带宽。称 $T_s = 1/2B_N$ 为系统传输无码间串扰的最小码元间隔，即奈奎斯特间隔。相应地，称 $R_B = 1/T_s = 2B_N$ 为奈奎斯特速率，它是系统的最大码元传输速率。

反过来说，输入序列若以 $1/T_s$ 波特的速率进行传输时，所需的最小传输带宽为 $1/2T_s$ Hz。

下面再讨论频带利用率的问题。基带系统的频带利用率 $\eta$ 为

$$\eta = R_B / B \text{（Baud/Hz）} \qquad (5.4\text{-}18)$$

显然，理想低通传输函数的频带利用率为 2Baud/Hz。这是最大的频带利用率，因为如果系统用高于 $1/T_s$ 的码元速率传送信码时，将存在码间串扰。若降低传码率，则系统的频带利用率将相应降低。

从上面的讨论可知，理想低通传输特性的基带系统有最大的频带利用率。但令人遗憾的是，理想低通系统在实际应用中存在两个问题：一是理想矩形特性的物理实现极为困难；二是理想的冲激响应 $h(t)$ 的"尾巴"很长，衰减很慢，当定时存在偏差时，可能出现严重的码间串扰。

下面，进一步讨论满足式（5.4-14）实用的、物理上可以实现的等效传输系统。

### 5.4.5　无码间串扰的滚降系统

考虑到理想冲激响应 $h(t)$ 的尾巴衰减慢的原因是系统的频率截止特性过于陡峭，这启发我们可以按图 5-14 所示的构造思想去设计 $H(f)$ 特性，只要图中的 $Y(f)$ 具有对 $B_N$ 呈奇对称的幅度特性，则 $H(f)$ 就能满足要求。这种设计也可看成是理想低通特性按奇对称条件进行"圆滑"的结果，上述的"圆滑"，通常被称为"滚降"。

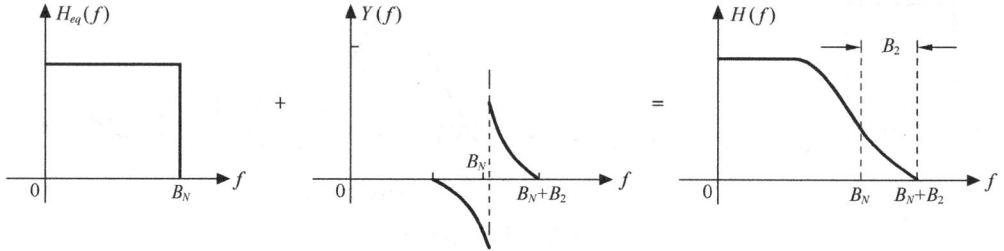

图 5-14　滚降特性的构成 $Y(f)$ $H(f)$ $H_{eq}(f)$

定义滚降系数为

$$\alpha = \frac{B_2}{B_N} \tag{5.4-19}$$

其中 $B_N$ 是无滚降时的截止频率，$B_2$ 为滚降部分的截止频率。显然，$0 \leqslant \alpha \leqslant 1$。

不同的 $\alpha$ 有不同的滚降特性。图 5-15 画出了按余弦滚降的几种滚降特性和冲激响应。

具有滚降系数 $\alpha$ 的余弦滚降特性 $H(\omega)$ 可表示成

$$H(\omega) = \begin{cases} T_s, & 0 \leqslant |\omega| \leqslant \dfrac{(1-\alpha)\,\pi}{T_s} \\[2mm] \dfrac{T_s}{2}\left[1 + \sin\dfrac{T_s}{2\alpha}\left(\dfrac{\pi}{T_s} - \omega\right)\right], & \dfrac{(1-\alpha)\pi}{T_s} \leqslant |\omega| \leqslant \dfrac{(1+\alpha)\pi}{T_s} \\[2mm] 0, & |\omega| \geqslant \dfrac{(1+\alpha)\pi}{T_s} \end{cases} \tag{5.4-20}$$

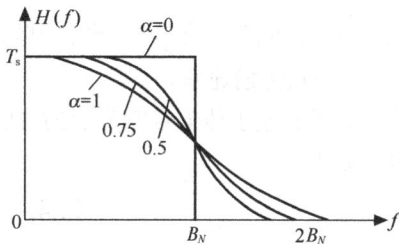

（a）不同 $\alpha$ 的传输特性　　　　　　　　　（b）不同 $\alpha$ 的冲激响应

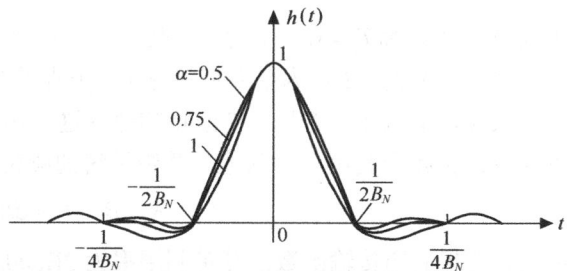

图 5-15　余弦滚降系统

而相应的冲激响应为

$$h(t) = \frac{\sin(\pi t / T_s)}{\pi t / T_s} \cdot \frac{\cos(\alpha \pi t / T_s)}{1 - (2\alpha t / T_s)^2} \tag{5.4-21}$$

由图 5-15 可见，$\alpha=0$ 对应的图形正好是理想低通滤波器，$\alpha$ 越大抽样函数的拖尾振荡起伏越小、衰减越快。$\alpha=1$ 时，是实际中采用的升余弦频谱特性，它的波形最瘦，拖尾按 $t^{-3}$ 速率衰减，抑制码间串扰的效果最好，但与理想低通滤波器相比，它付出的代价是带宽增大了一倍。此时系统的频带利用率为 1 Baud/Hz，比理想低通滤波器的频带利用率降低了一倍。

通常称 $\alpha=0.5$ 为 50%滚降特性，$\alpha=1$ 为 100%滚降特性，此时变为开余弦特性。

当 $\alpha=1$ 时，$H(\omega)$ 可表示成

$$H(\omega) = \begin{cases} \dfrac{T_s}{2}\left(1+\cos\dfrac{\omega T_s}{2}\right), & |\omega| \leqslant \dfrac{2\pi}{T_s} \\ 0, & |\omega| > \dfrac{2\pi}{T_s} \end{cases} \qquad (5.4-22)$$

而 $h(t)$ 可表示为

$$h(t) = \frac{\sin(\pi t/T_s)}{\pi t/T_s} \cdot \frac{\cos(\pi t/T_s)}{1-(2t/T_s)^2} \qquad (5.4-23)$$

引入滚降系数 $\alpha$ 后，系统的最高传码率不变，但是此时系统的带宽扩展为

$$B = (1+\alpha)B_N \qquad (5.4-24)$$

系统的频带利用率为

$$\eta = \frac{R_B}{B} = \frac{2}{(1+\alpha)} \quad \text{(Baud/Hz)} \qquad (5.4-25)$$

余弦滚降特性的实现比理想低通容易得多，因此广泛应用于频带利用率不高，但允许定时系统和传输特性有较大偏差的场合。

**【例 5.4.1】** 设某数字基带传输系统的传输特性 $H(\omega)$ 如图 5-16 所示。其中 $\alpha$ 为某个常数（$0\leqslant\alpha\leqslant1$）。

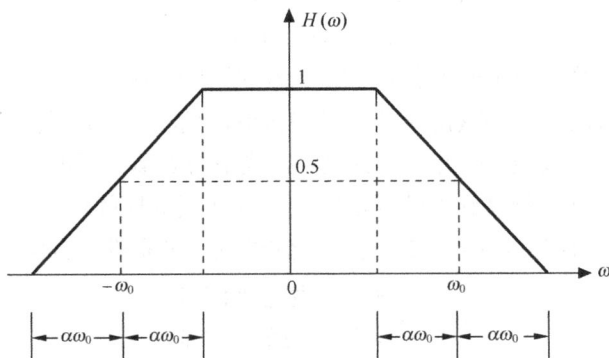

图 5-16

（1）试检验该系统能否实现无码间串扰传输？

（2）试求该系统的最大码元传输速率为多少？这时的系统频带利用率为多大？

**解：**（1）由于该系统可构成等效矩形系统

$$H_{eq}(\omega) = \begin{cases} 1 & |\omega| \leqslant \omega_0 \\ 0 & \text{其他} \end{cases}$$

所以该系统能够实现无码间串扰传输。

（2）该系统的最大码元传输速率 $R_{\max}$，即满足 $H_{eq}(\omega)$ 的最大码元传输速率 $R_B$，容易得

到 $R_{\max} = 2B_N = 2\dfrac{\omega_0}{2\pi} = \dfrac{\omega_0}{\pi}$ （Baud）

所以系统的频带利用率

$$\eta = \frac{R_B}{B} = \frac{2}{1+\alpha} \quad \text{（Baud/Hz）}$$

**【例 5.4.2】** 已知某信道的截止频率为 1MHz，信道中传输 8 电平数字基带信号，若传输函数采用滚降因子 $\alpha = 0.5$ 的余弦滤波器，试求其最高信息传输速率。

**解：** 由题意知，$B = 10^6 \text{Hz}$，由 $\dfrac{R_B}{B} = \dfrac{2}{1+\alpha}$ 可得系统的码元传输速率

$$R_B = \frac{2}{1+\alpha}B = \frac{4}{3} \times 10^6 \text{(Baud)}$$

$$R_b = R_B \log_2 M = 3R_B = 4 \times 10^6 \text{(bit/s)}$$

## 5.5 无码间串扰基带传输系统的抗噪声性能分析

通常用误码率来度量系统抗加性噪声的能力。误码是由码间干扰和噪声两方面引起的，如果同时计入码间串扰和噪声来计算误码率，将使计算非常复杂。为了简化起见，通常都是在无码间串扰的条件下计算由噪声引起的误码率。

一般认为信道噪声只对接收端产生影响，则可建立抗噪声性能分析模型如图 5-17 所示。图中，设二进制接收波形为 $s(t)$，信道噪声是均值为零、双边功率谱密度为 $n_0/2$ 的高斯白噪声，它经过接收滤波器后变为高斯带限噪声 $n_R(t)$，则接收滤波器的输出是信号加噪声的合成波形，记为 $x(t)$，即

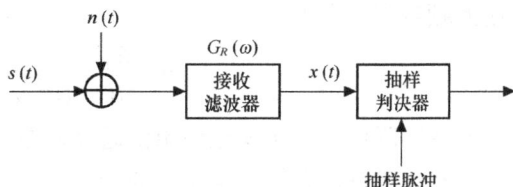

图 5-17 抗噪声性能分析模型

$$x(t) = s(t) + n_R(t) \tag{5.5-1}$$

前面已经提到，发送端发出的数字基带信号 $s(t)$ 经过信道和接收滤波器以后，在无码间串扰条件下，对"1"码抽样判决时刻信号有正的最大值，我们用 $A$ 表示；对"0"码抽样判决时刻信号有负的最大值（对双极性码），用 $-A$ 表示，或是为 0 值（对单极性码）。由于我们只关心抽样时刻的值，因此我们把收到"1"码的信号在整个码元区间内用 $A$ 表示，"0"码的信号用 $-A$（或者 0）表示，也是可以的。这样在性能分析时，双极性基带信号可近似表示为

$$s(t) = \begin{cases} A & \text{发送 "1" 时} \\ -A & \text{发送 "0" 时} \end{cases} \tag{5.5-2}$$

同理，单极性基带信号可近似表示为

$$s(t) = \begin{cases} A & \text{发送 "1" 时} \\ 0 & \text{发送 "0" 时} \end{cases} \tag{5.5-3}$$

### 1. 传单极性基带信号时，接收端的误码率 $P_e$

设高斯带限噪声 $n_R(t)$ 的均值为零，方差为 $\sigma_n^2$，则其一维概率分布密度函数为

$$f(x) = \frac{1}{\sqrt{2\pi}\sigma_n} \exp\left[-\frac{x^2}{2\sigma_n^2}\right] \tag{5.5-4}$$

其中，$\sigma_n^2 = \dfrac{1}{2\pi} \int_{-\infty}^{\infty} |G_R(\omega)|^2 \dfrac{n_0}{2} \mathrm{d}\omega$

对传输的单极性基带信号，设它在抽样时刻的电平取值为 +$A$ 或 0（分别对应于信码 "1" 或 "0"），则 $x(t)$ 在抽样时刻的取值为

$$x(kT_s) = \begin{cases} A + n_R(kT_s), & \text{发 "1" 码} \\ n_R(kT_s), & \text{发 "0" 码} \end{cases} \tag{5.5-5}$$

若设判决门限为 $V_d$，判决规则为

$$x(kT_s) > V_d，\text{收端判为 "1" 码}$$
$$x(kT_s) < V_d，\text{收端判为 "0" 码}$$

实际中噪声干扰会使接收端出现两种可能的错误：发 "1" 码时，在抽样时刻噪声呈现一个大的负值与信号抵消使收端判为 "0 码"；发 "0" 码时，在抽样时刻噪声幅度超过判决门限使收端判为 "1" 码。下面我们来求这两种情况下码元判错的概率。

（1）发 "0" 错判为 "1" 的条件概率 $P_{e0}$

发 "0" 码时，$x(t) = n_R(t)$，由于 $n_R(t)$ 是高斯过程，则 $x(t)$ 的一维概率密度函数为

$$f_0(x) = \frac{1}{\sqrt{2\pi}\sigma_n} \exp\left[ -\frac{x^2}{2\sigma_n^2} \right] \tag{5.5-6}$$

此时，当 $x(t)$ 的抽样电平大于判决门限 $V_d$ 时，就会发生误码。

所以，发 "0" 错判为 "1" 的条件概率为：

$$P_{e0} = P(x > V_d) = \int_{V_d}^{\infty} f_0(x)\mathrm{d}x = \int_{V_d}^{\infty} \frac{1}{\sqrt{2\pi}\sigma_n} \exp\left[ -\frac{x^2}{2\sigma_n^2} \right]\mathrm{d}x \tag{5.5-7}$$

对应于图 5-18 中 $V_d$ 右边阴影部分的面积。

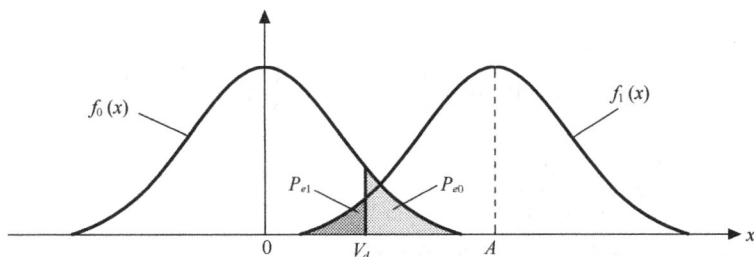

图 5-18 $x(t)$ 的概率密度分布曲线

（2）发 "1" 错判为 "0" 的条件概率 $P_{e1}$

当发送 "1" 时，$x(t) = A + n_R(t)$，此时 $x(t)$ 的概率密度分布仍为高斯分布，但均值为 $A$。

$$f_1(x) = \frac{1}{\sqrt{2\pi}\sigma_n} \exp\left[ -\frac{(x-A)^2}{2\sigma_n^2} \right] \tag{5.5-8}$$

此时，当 $x(t)$ 的抽样电平小于判决门限 $V_d$ 时，就会发生误码。

所以，发 "1" 错判为 "0" 的条件概率为：

$$P_{e1} = P(x < V_d) = \int_{-\infty}^{V_d} f_1(x)\mathrm{d}x = \int_{-\infty}^{V_d} \frac{1}{\sqrt{2\pi}\sigma_n} \exp\left[ -\frac{(x-A)^2}{2\sigma_n^2} \right]\mathrm{d}x \tag{5.5-9}$$

对应于图 5-18 中 $V_d$ 左边阴影部分的面积。

（3）传输系统总的误码率 $P_e$

$$P_e = P(0)P_{e0} + P(1)P_{e1} \qquad (5.5\text{-}10)$$

由式（5.5-7）、式（5.5-9）和式（5.5-10）可以看出，误码率与 $P(0)$，$P(1)$，$f_1(x)$，$f_0(x)$ 和 $V_d$ 有关；而 $f_1(x)$ 和 $f_0(x)$ 又与信号的大小 $A$ 和噪声功率有关，因此当 $P(0)$、$P(1)$ 给定以后，误码率最终由信号 A 的大小、噪声功率 $\sigma_n^2$ 的大小以及判决门限 $V_d$ 决定。在信号和噪声一定的条件下，可以找到一个可以使误码率最小的判决门限值来，这个门限称为最佳判决门限值，用符号 $V_d^*$ 表示。

由于 $P_e$ 与 $V_d$ 有关，因此可以由 $\mathrm{d}P_e / \mathrm{d}V_d = 0$ 求出 $V_d^*$。

$$\begin{aligned}
\frac{\mathrm{d}P_e}{\mathrm{d}V_d} &= \frac{\mathrm{d}}{\mathrm{d}V_d}[P(0)P_{e0} + P(1)P_{e1}] \\
&= \frac{\mathrm{d}}{\mathrm{d}V_d}\left[P(0)\int_{V_d}^{\infty} f_0(x)\mathrm{d}x + P(1)\int_{-\infty}^{V_d} f_1(x)\mathrm{d}x\right] \\
&= \frac{\mathrm{d}}{\mathrm{d}V_d}\left\{P(0)\left[1 - \int_{-\infty}^{V_d} f_0(x)\mathrm{d}x\right] + P(1)\int_{-\infty}^{V_d} f_1(x)\mathrm{d}x\right\} \\
&= P(1)f_1(x) - P(0)f_0(x) = 0
\end{aligned}$$

因此可由 $P(1)f_1(x) = P(0)f_0(x)$ 求出 $V_d^*$

即由 $\qquad P(1)\dfrac{1}{\sqrt{2\pi}\sigma_n}\exp\left[-\dfrac{(x-A)^2}{2\sigma_n^2}\right] = P(0)\dfrac{1}{\sqrt{2\pi}\sigma_n}\exp\left[-\dfrac{x^2}{2\sigma_n^2}\right]$

化简得 $$V_d^* = \frac{A}{2} + \frac{\sigma_n^2}{A}\ln\frac{P(0)}{P(1)} \qquad (5.5\text{-}11)$$

当 $P(0) = P(1) = 1/2$ 时，$V_d^* = A/2$

由式（5.5-10）可得在 $P(0) = P(1) = 1/2$ 和最佳判决门限电平 $V_d^* = A/2$ 的条件下，基带传输系统的总误码率 $P_e$ 为

$$\begin{aligned}
P_e &= P(0)\int_{V_d^*}^{\infty} f_0(x)\mathrm{d}x + P(1)\int_{-\infty}^{V_d^*} f_1(x)\mathrm{d}x = \frac{1}{2}\left[1 - \mathrm{erf}\left(\frac{A}{2\sqrt{2}\sigma_n}\right)\right] \\
&= \frac{1}{2}\mathrm{erfc}\left(\frac{A}{2\sqrt{2}\sigma_n}\right)
\end{aligned} \qquad (5.5\text{-}12)$$

下面我们讨论误码率 $P_e$ 和信噪比之间的关系。

由于信号平均功率 $S$ 与信号的波形和大小有关，前面我们已经提到，即使接收到的信号波形不是矩形脉冲，但由于我们只关心抽样判决时刻的值，因此一般我们都以矩形脉冲为基础的二进制码元来计算信号平均功率 $S$。

对单极性基带信号，在发 "1" 和发 "0" 等概率时，其信号的平均功率为 $S = A^2/2$，噪声功率为 $\sigma_n^2$，则其信噪比为

$$r_{单} = \frac{A^2}{2}/\sigma_n^2 = \frac{A^2}{2\sigma_n^2} = r \qquad (5.5\text{-}13)$$

将式（5.5-13）代入式（5.5-12）可得

$$P_e = \frac{1}{2}\mathrm{erfc}\left(\frac{A}{2\sqrt{2}\sigma_n}\right) = \frac{1}{2}\mathrm{erfc}\left(\frac{\sqrt{r}}{2}\right) \qquad (5.5\text{-}14)$$

**2．传双极性基带信号时，接收端的误码率 $P_e$**

对于双极性二进制基带信号，设它在抽样时刻的电平取值为+A 或-A（分别对应于信码"1"或"0"），当发"1"码和发"0"码等概率时，可以求得其最佳判决门限电平 $V_d^* = 0$，此时基带传输系统的总误码率为

$$P_e = \frac{1}{2}\left[1 - \mathrm{erf}\left(\frac{A}{\sqrt{2}\sigma_n}\right)\right]$$
$$= \frac{1}{2}\mathrm{erfc}\left(\frac{A}{\sqrt{2}\sigma_n}\right) \tag{5.5-15}$$

对双极性基带信号，在发"1"和发"0"等概率时，其信号的平均功率为 $S = A^2$，噪声功率为 $\sigma_n^2$，则其信噪比为

$$r_{双} = \frac{A^2}{\sigma_n^2} = 2r_{单} \tag{5.5-16}$$

将式（5.5-16）代入式（5.5-15）可得

$$P_e = \frac{1}{2}\mathrm{erfc}\left(\frac{A}{\sqrt{2}\sigma_n}\right) = \frac{1}{2}\mathrm{erfc}\left(\sqrt{r_{双}/2}\right) = \frac{1}{2}\mathrm{erfc}\left(\sqrt{r}\right) \tag{5.5-17}$$

其中，$r = \frac{A^2}{2\sigma_n^2}$ 为信噪比。

比较式（5.5-14）和式（5.5-17）可见：

（1）基带传输系统的误码率只与信噪比 $r$ 有关。

（2）在单极性与双极性基带信号抽样时刻的电平取值 A 相等、噪声功率 $\sigma_n^2$ 相同的条件下，单极性基带系统的抗噪声性能不如双极性基带系统。

（3）在等概率条件下，单极性的最佳判决门限电平为 A/2，当信道特性发生变化时，信号幅度 A 将随着变化，故判决门限电平也随之改变，而不能保持最佳状态，从而导致误码率增大。而双极性的最佳判决门限电平为 0，与信号幅度无关，因而不随信道特性变化而改变，故能保持最佳状态。因此，数字基带系统多采用双极性信号进行传输。

## 5.6　最佳基带传输系统

在数字通信系统中，无论是数字基带传输还是数字频带传输，都存在着"最佳接收"的问题。最佳接收理论是以接收问题作为研究对象，研究从噪声中如何准确地提取有用信号。显然，所谓"最佳"是个相对概念，是指在相同噪声条件下以某一准则为尺度下的"最佳"。不同的准则导出不同的最佳接收机，当然它们之间是有内在联系的。

在数字通信系统中，最常用的准则是最大输出信噪比准则，在这一准则下获得的最佳线性滤波器叫做匹配滤波器（MF）。这种滤波器在数字通信理论、信号最佳接收理论以及雷达信号的检测理论等方面均具有重大意义。本节介绍匹配滤波器的基本原理以及利用匹配滤波器的最佳基带传输系统。

### 5.6.1 匹配滤波器

5.5 节讨论了在信道噪声的干扰下接收端产生错误判决的概率，得出了误码率只与信噪比有关的结论，信噪比越大，误码率越小。因此要想减小误码率必须设法提高信噪比。在接收机输入信噪比相同的情况下，若所设计的接收机输出的信噪比最大，则我们能够最佳地判断所出现的信号，从而可以得到最小的误码率，这就是最大输出信噪比准则。为此，我们可在接收机内采用一种线性滤波器，当信号加噪声通过它时，使有用信号加强而同时使噪声衰减，在抽样时刻使输出信号的瞬时功率与噪声平均功率之比达到最大，这种线性滤波器称为匹配滤波器。下面讨论匹配滤波器的特性。

设接收滤波器的传输函数为 $H(\omega)$，滤波器输入信号与噪声的合成波为

$$r(t) = s(t) + n(t) \tag{5.6-1}$$

式中，$s(t)$ 为滤波器输入基带数字信号，其频谱函数为 $S(\omega)$。$n(t)$ 为高斯白噪声。其双边功率谱密度为 $n_0/2$。由于该滤波器是线性滤波器，满足线性叠加原理，因此滤波器输出也由输出信号和输出噪声两部分组成，即

$$y(t) = s_0(t) + n_0(t) \tag{5.6-2}$$

这里，$s_0(t)$ 和 $n_0(t)$ 分别为 $s(t)$ 和 $n(t)$ 通过线性滤波器后的输出。

$$s_0(t) = \frac{1}{2\pi}\int_{-\infty}^{\infty} S_0(\omega)e^{j\omega t}d\omega = \frac{1}{2\pi}\int_{-\infty}^{\infty} S(\omega)H(\omega)e^{j\omega t}d\omega \tag{5.6-3}$$

滤波器输出噪声的平均功率为

$$N_0 = \frac{1}{2\pi}\int_{-\infty}^{\infty} P_{n_0}(\omega)d\omega = \frac{1}{2\pi}\int_{-\infty}^{\infty} P_{n_i}(\omega)|H(\omega)|^2 d\omega$$
$$= \frac{1}{2\pi}\int_{-\infty}^{\infty} \frac{n_0}{2}|H(\omega)|^2 d\omega = \frac{n_0}{4\pi}\int_{-\infty}^{\infty}|H(\omega)|^2 d\omega \tag{5.6-4}$$

因此，在抽样时刻 $t_0$，线性滤波器输出信号的瞬时功率与噪声平均功率之比为

$$r_0 = \frac{|s_0(t_0)|^2}{N_0} = \frac{\left|\frac{1}{2\pi}\int_{-\infty}^{\infty} H(\omega)S(\omega)e^{j\omega t_0}d\omega\right|^2}{\frac{n_0}{4\pi}\int_{-\infty}^{\infty}|H(\omega)|^2 d\omega} \tag{5.6-5}$$

显然，寻求最大 $r_0$ 的线性滤波器，在数学上就归结为求式（5.6-5）中 $r_0$ 达到最大值的 $H(\omega)$。这个问题可以用变分法或用许瓦尔兹（Schwartz）不等式加以解决。这里用许瓦尔兹不等式的方法来求解。该不等式可以表述为

$$\left|\frac{1}{2\pi}\int_{-\infty}^{\infty} X(\omega)Y(\omega)d\omega\right|^2 \leqslant \frac{1}{2\pi}\int_{-\infty}^{\infty}|X(\omega)|^2 d\omega \frac{1}{2\pi}\int_{-\infty}^{\infty}|Y(\omega)|^2 d\omega \tag{5.6-6}$$

当且仅当

$$X(\omega) = KY^*(\omega) \tag{5.6-7}$$

时式（5.6-6）中等式才能成立。其中 $K$ 为常数。

将许瓦尔兹不等式（5.6-6）用于式（5.6-5），并令

$$X(\omega) = H(\omega)；\quad Y(\omega) = S(\omega)e^{j\omega t_0}$$

则可得

$$r_0 \leqslant \frac{\dfrac{1}{4\pi^2}\displaystyle\int_{-\infty}^{\infty}|H(\omega)|^2\,\mathrm{d}\omega\int_{-\infty}^{\infty}|s(\omega)|^2\,\mathrm{d}\omega}{\dfrac{n_0}{4\pi}\displaystyle\int_{-\infty}^{\infty}|H(\omega)|^2\,\mathrm{d}\omega}$$

（5.6-8）

$$= \frac{\dfrac{1}{2\pi}\displaystyle\int_{-\infty}^{\infty}|S(\omega)|^2\,\mathrm{d}\omega}{\dfrac{n_0}{2}} = \frac{2E}{n_0}$$

式中

$$E = \frac{1}{2\pi}\int_{-\infty}^{\infty}|S(\omega)|^2\,\mathrm{d}\omega = \int_{-\infty}^{\infty}s^2(t)\,\mathrm{d}t \qquad（5.6\text{-}9）$$

为输入信号 $s(t)$ 的总能量。

式（5.6-8）说明，线性滤波器所能给出的最大输出信噪比为

$$r_{0\max} = \frac{2E}{n_0} \qquad（5.6\text{-}10）$$

它出现于式（5.6-7）成立的时候，即这时有

$$H(\omega) = KS^*(\omega)\mathrm{e}^{-j\omega t_0} \qquad（5.6\text{-}11）$$

式（5.6-11）表明，$H(\omega)$ 就是我们所要求的最佳线性滤波器的传输函数，它等于输入信号频谱的复共轭（除常数因子 $\mathrm{e}^{-j\omega t_0}$ 外）。因此，此滤波器称为匹配滤波器。

匹配滤波器的传输特性还可以用其冲激响应函数 $h(t)$ 来描述

$$\begin{aligned}h(t) &= \frac{1}{2\pi}\int_{-\infty}^{\infty}H(\omega)\mathrm{e}^{j\omega t}\,\mathrm{d}\omega = \frac{1}{2\pi}\int_{-\infty}^{\infty}KS^*(\omega)\mathrm{e}^{-j\omega t_0}\mathrm{e}^{j\omega t}\,\mathrm{d}\omega\\ &= \frac{K}{2\pi}\int_{-\infty}^{\infty}\left[\int_{-\infty}^{\infty}s(\tau)\mathrm{e}^{-j\omega\tau}\,\mathrm{d}\tau\right]^*\mathrm{e}^{-j\omega(t_0-t)}\,\mathrm{d}\omega \\ &= K\int_{-\infty}^{\infty}\left[(1/2\pi)\int_{-\infty}^{\infty}\mathrm{e}^{j\omega(\tau-t_0+t)}\,\mathrm{d}\omega\right]s(\tau)\,\mathrm{d}\tau = K\int_{-\infty}^{\infty}s(\tau)\delta(\tau-t_0+t)\,\mathrm{d}\tau \\ &= Ks(t_0-t)\end{aligned} \qquad（5.6\text{-}12）$$

由上式可见，匹配滤波器的冲激响应 $h(t)$ 是信号 $s(t)$ 的镜像 $s(-t)$ 在时间轴上再向右平移 $t_0$。

作为接收滤波器的匹配滤波器应该是物理可实现的，即其冲激响应应该满足条件

$$h(t) = 0 \qquad 当 t < 0 \qquad（5.6\text{-}13）$$

即要求满足条件 $\qquad\qquad s(t_0-t) = 0 \qquad\qquad 当 t < 0$

或满足条件 $\qquad\qquad s(t) = 0 \qquad\qquad 当 t > t_0 \qquad（5.6\text{-}14）$

式（5.6-14）表明，物理可实现的匹配滤波器，其输入信号 $s(t)$ 在抽样时刻 $t_0$ 之后必须消失（等于零）。这就是说，若输入信号在 $T$ 瞬间消失，则只有当 $t_0 \geqslant T$ 时滤波器才物理可实现。一般总是希望 $t_0$ 尽量小些，通常选择 $t_0 = T$。故匹配滤波器的冲激响应可以写为

$$h(t) = Ks(T-t) \qquad（5.6\text{-}15）$$

上式中，$T$ 为 $s(t)$ 消失的瞬间。

这时，匹配滤波器输出信号波形可表示为

$$\begin{aligned}s_0(t) &= \int_{-\infty}^{\infty}s(t-\tau)h(\tau)\,\mathrm{d}\tau = \int_{-\infty}^{\infty}s(t-\tau)Ks(T-\tau)\,\mathrm{d}\tau \\ &= K\int_{-\infty}^{\infty}s(-\tau')s(t-T-\tau')\,\mathrm{d}\tau' = KR(t-T)\end{aligned} \qquad（5.6\text{-}16）$$

上式表明，匹配滤波器输出信号波形是输入信号的自相关函数的 $K$ 倍。因此，常把匹配滤波器看成是一个相关器。至于常数 $K$，实际上它是可以任意选取的。因为 $r_0$ 与 $K$ 无关。因此，在分析问题时，可令 $K=1$。

已经知道，自相关函数的最大值是 $R(0)$。由式（5.6-16），设 $K=1$，可得匹配滤波器的输出信号在 $t=T$ 时达到最大值，即

$$s_0(T) = R(0) = \int_{-\infty}^{\infty} s^2(t)\mathrm{d}t = E \qquad (5.6\text{-}17)$$

由式（5.6-17）可见，匹配滤波器输出信号分量的最大值仅与输入信号的能量有关，而与输入信号波形无关。信噪比 $r_0$ 也是在 $t_0 = T$ 时刻最大，该时刻也就是整个信号进入匹配滤波器的时刻。

**【例 5.6.1】** 设输入信号如图 5-19（a）所示，试求其匹配滤波器的传输函数，并画出 $h(t)$ 和输出信号 $s_0(t)$ 的波形。

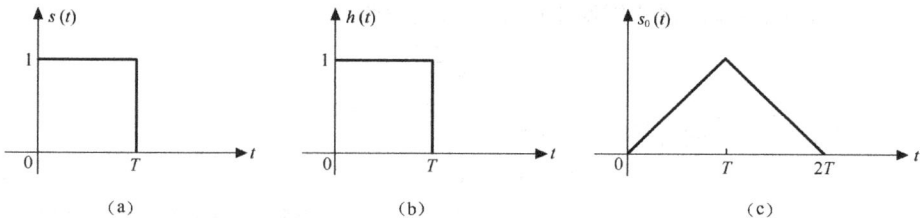

图 5-19

**解**：输入信号的时域表达式为

$$s(t) = \begin{cases} 1 & 0 \leqslant t \leqslant T \\ 0 & \text{其他} \end{cases}$$

输入信号的频谱函数为

$$S(\omega) = \int_{-\infty}^{\infty} s(t)\mathrm{e}^{-j\omega t}\mathrm{d}t = \int_0^T e^{-j\omega t}\mathrm{d}t$$

$$= \frac{1}{j\omega}(1 - \mathrm{e}^{-j\omega T})$$

由式（5.6-11），令 $K=1$，可得匹配滤波器的传输函数为

$$H(\omega) = KS^*(\omega)\mathrm{e}^{-j\omega t_0} = \frac{1}{j\omega}(\mathrm{e}^{j\omega T} - 1)\mathrm{e}^{-j\omega t_0}$$

由式（5.6-12），可得匹配滤波器的单位冲激响应为

$$h(t) = s(t_0 - t)$$

取 $t_0 = T$，则最终得

$$H(\omega) = \frac{1}{j\omega}(1 - \mathrm{e}^{-j\omega T})$$

$$h(t) = s(T - t) \qquad 0 \leqslant t \leqslant T$$

$h(t)$ 的波形如图 5-19（b）所示。由 $h(t)$ 与 $s(t)$ 的卷积可求出输出信号波形 $s_0(t)$，如图 5-19（c）所示。由图 5-19（c）可以看出，当 $t=T$ 时，匹配滤波器输出幅度达到最大值，因此，在此时刻进行抽样判决，可以得到最大的输出信噪比。

### 5.6.2 利用匹配滤波器的最佳基带传输系统

由前面的分析可知，影响基带系统误码性能的因素有两个：一是码间干扰；二是噪声。码间

干扰的影响，可以通过系统传输函数的设计，使得抽样时刻样值的码间干扰为零。对于加性噪声的影响，可以通过接收滤波器的设计，尽可能减小噪声的影响，但是不能消除噪声的影响。实际中，这两种"干扰"是同时存在的。因此最佳基带传输系统可认为是既能消除码间串扰而抗噪声性能又最理想（错误概率最小）的系统。现在我们讨论如何设计这样一个最佳基带传输系统。

在图 5-10 的基带传输系统中，发送滤波器的传输函数为 $G_T(\omega)$，信道的传输函数为 $C(\omega)$，接收滤波器的传输函数为 $G_R(\omega)$，其基带传输系统的总传输特性表示为

$$H(\omega) = G_T(\omega)C(\omega)G_R(\omega)$$

在 5.4.3 小节中我们忽略了噪声的影响，只考虑码间串扰。现在我们将考虑在噪声环境下，如何设计这些滤波器的特性使系统的性能最佳。由于信道的传输特性往往不易控制，这里将假设信道具有理想特性，即假设 $C(\omega)=1$。于是，基带系统的传输特性变为

$$H(\omega) = G_T(\omega)G_R(\omega) \tag{5.6-18}$$

由前面讨论知，当系统总的传输函数 $H(\omega)$ 满足式（5.4-14）时就可以消除抽样时刻的码间干扰。所以，在 $H(\omega)$ 确定之后，只能考虑如何设计 $G_T(\omega)$ 和 $G_R(\omega)$ 以使系统在加性高斯白噪声条件下的误码率最小。

前已指出，在加性高斯白噪声下，为使错误概率最小，就要使接收滤波器特性与输入信号的频谱共轭匹配。现在输入信号的频谱为发送滤波器的传输特性 $G_T(\omega)$。则由式（5.6-11）可得接收滤波器的传输特性 $G_R(\omega)$ 为

$$G_R(\omega) = G_T^*(\omega)\mathrm{e}^{-j\omega t_0} \tag{5.6-19}$$

上式中已经假定 $K=1$。

为了讨论问题的方便，可取 $t_0=0$。将式（5.6-18）和式（5.6-19）结合可得以下方程组

$$\begin{cases} H(\omega) = G_T(\omega)G_R(\omega) \\ G_R(\omega) = G_T^*(\omega) \end{cases} \tag{5.6-20}$$

解方程组（5.6-19）可得

$$|G_R(\omega)| = |G_T(\omega)| = |H(\omega)|^{1/2} \tag{5.6-21}$$

由于上式没有限定接收滤波器的相位条件，所以可以选择

$$G_R(\omega) = G_T(\omega) = H^{1/2}(\omega) \tag{5.6-22}$$

由此可知，为了获得最佳基带传输系统，发送滤波器和接收滤波器的传输函数应相同。式（5.6-22）称为发送和接收滤波器的最佳分配设计。相应地在理想信道下最佳基带传输系统的结构图如图 5-20 所示。

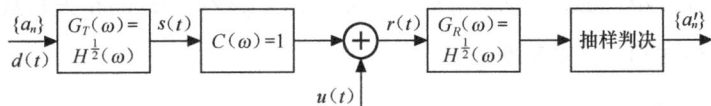

图 5-20 理想信道下最佳基带传输系统的结构

下面以比较简单的方法分析最佳基带系统的抗噪声性能，即导出最佳传输时误码率 $P_e$ 的计算公式。

当信道噪声是均值为 0、双边功率谱密度为 $n_0/2$ 的高斯白噪声时，由于接收滤波器是线性系统，故输出噪声仍为高斯分布，其均值为 0，方差为

$$\sigma_n^2 = \frac{1}{2\pi}\int_{-\infty}^{\infty}\left|G_R(\omega)\right|^2 \frac{n_0}{2}\mathrm{d}\omega = \frac{n_0}{2}E \qquad (5.6\text{-}23)$$

式中，$E = \frac{1}{2\pi}\int_{-\infty}^{\infty}\left|G_R(\omega)\right|^2\mathrm{d}\omega = \frac{1}{2\pi}\int_{-\infty}^{\infty}\left|G_T(\omega)\right|^2\mathrm{d}\omega$

由式（5.6-17）知，匹配滤波器在抽样时刻 $t_0 = T$ 时，有最大的输出信号值，即

$$s_0(T) = A_0 = E$$

对双极性基带信号，在发"1"和发"0"等概率时，其信号的平均功率为 $S = A_0^2 = E^2$，

则，

$$r_{双} = \frac{A^2}{\sigma_n^2} = \frac{2E}{n_0} \qquad (5.6\text{-}24)$$

将式（5.6-24）代入式（5.5-17）得

$$P_e = \frac{1}{2}erfc\left(\sqrt{\frac{r_{双}}{2}}\right) = \frac{1}{2}erfc\left(\sqrt{\frac{E}{n_0}}\right)$$

### 5.6.3 二元系统基于匹配滤波的最佳接收性能

由前面对匹配滤波器的分析可知，匹配滤波器是针对输入信号波形（样本）而设计的。对于二元数字通信系统，在每个码元周期 $T_s$ 内，有 $s_1(t)$ 和 $s_2(t)$ 两个不同的样本（波形）。图 5-21 给出相应的二元最佳接收机框图。

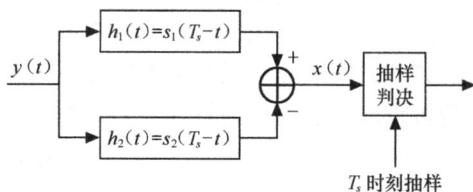

图 5-21　二元系统匹配滤波接收机

对于高斯白噪声信道，有接收机的输入 $y(t)$ 为：

$$y(t) = s(t) + n(t) = \begin{cases} s_1(t) + n(t) & \text{当输入为"0"} \\ s_2(t) + n(t) & \text{当输入为"1"} \end{cases} \qquad (5.6\text{-}25)$$

对应输入信号 $s(t)$ 的匹配滤波器在 $T_s$ 时刻的输出 $s_0(T_s)$ 为：

$$s_0(T_s) = \begin{cases} s_{01}(T_s) = \int_0^{T_s} s_1(t)[s_1(t)-s_2(t)]\mathrm{d}t = E_1 - \rho_{12}\sqrt{E_1 E_2} & \text{当输入为"0"} \\ s_{02}(T_s) = \int_0^{T_s} s_2(t)[s_1(t)-s_2(t)]\mathrm{d}t = \rho_{12}\sqrt{E_1 E_2} - E_2 & \text{当输入为"1"} \end{cases} \qquad (5.6\text{-}26)$$

其中：$E_1 = \int_0^{T_s}\left|s_1(t)\right|^2\mathrm{d}t$，是波形 $s_1(t)$ 的能量。

$E_2 = \int_0^{T_s}\left|s_2(t)\right|^2\mathrm{d}t$，是波形 $s_2(t)$ 的能量。

$\rho_{12} = \int_0^T s_1(t)s_2(t)\mathrm{d}t / \sqrt{E_1 E_2} = E_{12}/\sqrt{E_1 E_2}$，是波形 $s_1(t)$ 和 $s_2(t)$ 的相关系数。

有 $\left|\rho_{12}\right| \leqslant 1$，也可称为归一化互能量。

若 $E_1 = E_2 \overset{\text{记}}{=} \mathrm{E}$，有：

$$s_o(T_s) = \begin{cases} s_{01}(T_s) = E_1 - \rho_{12}\sqrt{E_1 E_2} = (1-\rho_{12})E & \text{当输入为"0"} \\ s_{02}(T_s) = \rho_{12}\sqrt{E_1 E_2} - E_2 = (\rho_{12}-1)E & \text{当输入为"1"} \end{cases} \qquad (5.6\text{-}27)$$

对于输入高斯白噪声 $n(t)$（均值为 0，双边功率谱密度为 $n_0/2$），减法器输出端的输出噪声（$t = T_s$ 时刻）为：

$$n_0(T_s) = \int_0^{T_s} n(t)[s_1(t) - s_2(t)]\mathrm{d}t \tag{5.6-28}$$

平均噪声功率为：

$$\sigma_0^2 = E[n_0^2(T_s)] = E[\int_0^{T_s} n(t)[s_1(t) - s_2(t)]\mathrm{d}t \int_0^{T_s} n(u)[s_1(u) - s_2(u)]\mathrm{d}u] \tag{5.6-29}$$

$$= \frac{n_0}{2}[E_1 + E_2 - 2\rho_{12}\sqrt{E_1 E_2}] = n_0 E(1 - \rho_{12})$$

在抽样判决器处，$x(T_s)$ 的值和相应的分布情况为：

$$x(T_s) = \begin{cases} x_1(T_s) = s_{01}(T_s) + n_0(T_s), & \text{分布为：} N[E(1-\rho_{12}), \sigma_0^2] \\ x_2(T_s) = s_{02}(T_s) + n_0(T_s), & \text{分布为：} N[E(\rho_{12}-1), \sigma_0^2] \end{cases} \tag{5.6-30}$$

考虑 $P(s_1) = P(s_2)$，即样本等概出现，得最佳判决门限为：$\dfrac{E_1 - E_2}{2}$ 或 0 。参考基带系统性

能分析思路，经过推导可得误码率为：

$$P_e = \frac{1}{2}erfc\left(\sqrt{\frac{E_1 + E_2 - 2\rho_{12}\sqrt{E_1 E_2}}{4n_0}}\right) = \frac{1}{2}erfc\left(\sqrt{\frac{E(1-\rho_{12})}{2n_0}}\right) \tag{5.6-31}$$

【例 5.6.2】　（1）单极性不归零码，$s_1(t) = AG_{T_s}(t - 0.5T_s)$ 和 $s_2(t) = 0$，$E_1 = A^2 T_s$，$E_2 = 0$，$\rho_{12} = 0$，两个不同的样本等概时，最佳判决门限为：$E_1/2$，带入式（5.6-31）得：

$$P_e = \frac{1}{2}erfc\left(\sqrt{\frac{E_1}{4n_0}}\right)$$

（2）双极性不归零码，$s_1(t) = AG_{T_s}(t - 0.5T_s)$ 和 $s_2(t) = -s_1(t)$，$E_1 = A^2 T_s$，$E_2 = -E_1 = E$，$\rho_{12} = -1$，两个不同的样本等概时，最佳判决门限为 0，带入式（5.6-31）得：

$$P_e = \frac{1}{2}erfc\left(\sqrt{\frac{E}{n_0}}\right)$$

（3）一般的正交码，其两个不同的样本 $s_1(t)$ 和 $s_2(t)$ 的相关函数 $\rho_{12} = 0$，且其能量 $E_2 = E_1 = E$，当两个不同的样本等概时，最佳判决门限为：0，带入式（5.6-31）得：

$$P_e = \frac{1}{2}erfc\left(\sqrt{\frac{E}{2n_0}}\right)$$

最佳接收的性能由信道性能和样本能量决定，在功率受限信道传输时，延长码持续时间（降低码速或改用多进制方案），是提高系统性能的有效途径。本方法可以推广至多元系统。

## 5.7　眼图

　　实际应用的基带系统，由于滤波器性能不可能设计得完全符合要求，噪声又总是存在，另外信道特性常常也不稳定等原因，故其传输性能不可能完全符合理想情况，有时会相距甚远。因而计算由于这些因素所引起的误码率非常困难，甚至得不到一种合适的定量分析方法。为了衡量数字基带传输系统性能的优劣，在实验室中，通常用示波器观察接收信号波形的方法来分析码间串扰和噪声对系统性能的影响，这就是眼图分析法。

　　观察眼图的方法是：用一个示波器跨接在接收滤波器的输出端，然后调整示波器扫描周期，使示波器水平扫描周期与接收码元的周期同步，这时示波器屏幕上看到的图形很像人的

眼睛，故称为"眼图"。

为解释眼图和系统性能之间的关系，图 5-22 给出了无噪声条件下，无码间串扰和有码间串扰的眼图。

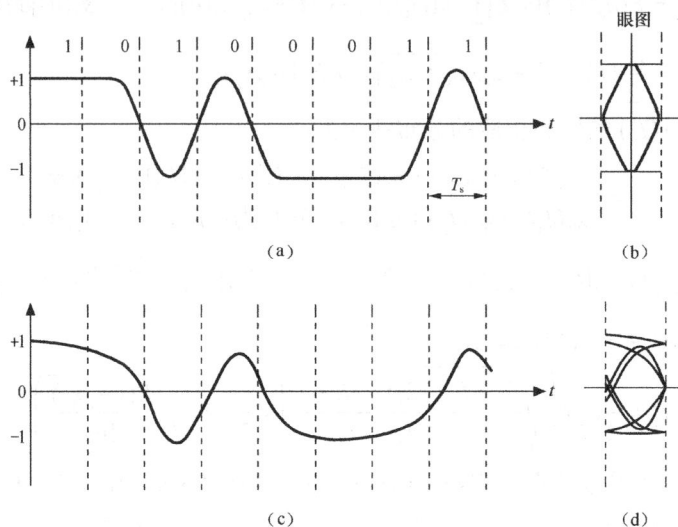

图 5-22　基带信号波形及眼图

图 5-22（a）是接收滤波器输出的无码间串扰的二进制双极性基带波形，用示波器观察它，并将示波器扫描周期调整到码元周期 $T_s$，由于示波器的余辉作用，扫描所得的每一个码元波形将重叠在一起，示波器屏幕上显示的是一只睁开的迹线细而清晰的大"眼睛"，如图 5-22（b）所示。图 5-22（c）是有码间串扰的双极性基带波形，由于存在码间串扰，此波形已经失真，示波器的扫描迹线就不完全重合，于是形成的眼图线迹杂乱，"眼睛"张开得较小，且眼图不端正，如图 5-22（d）所示。对比图（b）和（d）可知，眼图的"眼睛"张开得越大，且眼图越端正，表示码间串扰越小，反之，表示码间串扰越大。

当存在噪声时，噪声叠加在信号上，因而眼图的线迹更不清晰，于是"眼睛"张开就更小。不过，应该注意，从图形上并不能观察到随机噪声的全部形态，例如出现机会少的大幅度噪声，由于它在示波器上一晃而过，因而用人眼是观察不到的。所以，在示波器上只能大致估计噪声的强弱。

可见，从"眼图"上可以观察出码间串扰和噪声的影响，从而估计系统优劣程度。另外也可以用此图形对接收滤波器的特性加以调整，以减小码间串扰和改善系统的传输性能。

为了进一步说明眼图和系统性能之间的关系，我们把眼图简化为一个模型，如图 5-23 所示。由该图可以获得以下信息：

（1）最佳抽样时刻应是"眼睛"张开最大的时刻；

（2）眼图斜边的斜率决定了系统对抽样定时误差的灵敏程度；斜率越大，对定时误差越灵敏；

（3）眼图的阴影区的垂直高度表示信号的畸变范围；

（4）眼图中央的横轴位置对应于判决门限电平；

（5）过零点失真为压在横轴上的阴影长度，有些接收机的定时标准是由经过判决门限点的平均位置决定的，所以过零点失真越大，对定时标准的提取越不利。

（6）抽样时刻上、下两阴影区的间隔距离之半为噪声容限，噪声瞬时值超过它就可能发生错误判决。

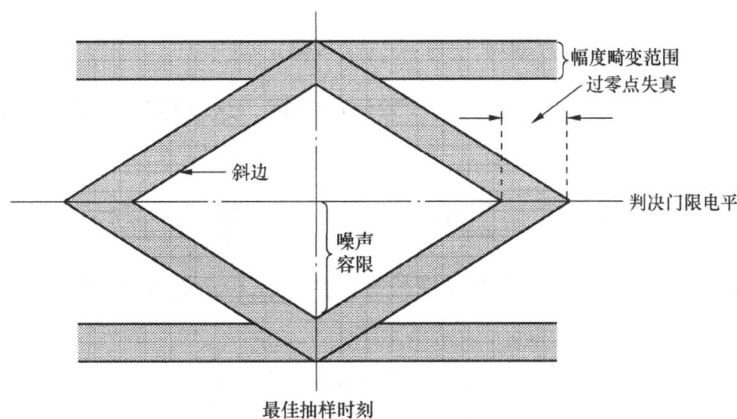

图 5-23　眼图模型

以上分析的眼图是信号为二进制脉冲时所得到的。如果基带信号为多进制脉冲时，所得到的应是多层次的眼图，这里不再详述。

## 5.8　改善数字基带系统性能的措施

到目前为止，我们对数字基带传输系统的基本问题进行了分析研究。但在实际应用中，为改善数字基带传输系统的性能，仍有不少问题需要解决。本节着重讨论以下两方面的问题，一个是针对码间串扰而采用的时域均衡；另一个是针对提高频带利用率而采用的部分响应系统。

### 5.8.1　时域均衡

本章 5.6 节中已讨论了在信道具有理想传输特性的条件下，数字基带传输系统中发送和接收滤波器的设计。但是实际信道不可能达到理想的传输特性，并且发送和接收滤波器也不可能完全实现理想的最佳特性。因此，系统码间串扰总是存在的。理论和实践证明，在接收端抽样判决器之前插入一种可调滤波器，将能减少码间串扰的影响，甚至使实际系统的性能十分接近最佳系统性能。这种对系统进行校正的过程称为均衡。实现均衡的滤波器称为均衡器。

均衡分为频域均衡和时域均衡。频域均衡是指利用可调滤波器的频率特性去补偿基带系统的频率特性，使包括均衡器在内的整个系统的总传输函数满足无失真传输条件。而时域均衡则是利用均衡器产生的响应波形去补偿已畸变的波形，使包括均衡器在内的整个系统的冲激响应满足无码间串扰条件。

时域均衡是一种能使数字基带系统中码间串扰减到最小程度的行之有效的技术，比较直观且易于理解，在高速数据传输中得以广泛应用。本节仅介绍时域均衡原理。

在图 5-10 的基带传输系统中，其总传输特性表示为

$$H(\omega) = G_T(\omega)C(\omega)G_R(\omega)$$

当 $H(\omega)$ 不满足式（5.4-14）无码间串扰条件时，就会形成有码间串扰的响应波形。为此，我们在接收滤波器 $G_R(\omega)$ 之后插入一个称之为横向滤波器的可调滤波器 $T(\omega)$，形成新的总传输函数 $H'(\omega)$

$$H'(\omega) = G_T(\omega)C(\omega)G_R(\omega)T(\omega) = H(\omega)T(\omega) \tag{5.8-1}$$

显然，只要设计 $T(\omega)$，使总传输特性 $H'(\omega)$ 满足式（5.4-14），即

$$\sum_i H'\left(\omega + \frac{2\pi i}{T_s}\right) = T_s(\text{或常数}), \quad |\omega| \leqslant \frac{\pi}{T_s} \qquad (5.8\text{-}2)$$

则包含 $T(\omega)$ 在内的 $H'(\omega)$ 就可在抽样时刻消除码间串扰。这就是时域均衡的基本思想。

对于式（5.8-2），因为

$$\sum_i H'\left(\omega + \frac{2\pi i}{T_s}\right) = \sum_i H\left(\omega + \frac{2\pi i}{T_s}\right)T\left(\omega + \frac{2\pi i}{T_s}\right), \quad |\omega| \leqslant \frac{\pi}{T_s} \qquad (5.8\text{-}3)$$

设 $\sum_i T(\omega + 2\pi i / T_s)$ 是以 $2\pi / T_s$ 为周期的周期函数，当其在 $(-\pi/T_s, \pi/T)$ 内有

$$T(\omega) = \frac{T_s}{\displaystyle\sum_i H(\omega + \frac{2\pi i}{T_s})} \quad |\omega| \leqslant \frac{\pi}{T_s} \qquad (5.8\text{-}4)$$

成立时，就能使

$$\sum_i H'\left(\omega + \frac{2\pi i}{T_s}\right) = T_s(\text{或常数}) \quad |\omega| \leqslant \frac{\pi}{T_s} \qquad (5.8\text{-}5)$$

成立。

对于一个以 $2\pi / T_s$ 为周期的周期函数 $T(\omega)$，可以用傅里叶级数表示，即

$$T(\omega) = \sum_{n=-\infty}^{\infty} c_n \mathrm{e}^{-jnT_s\omega} \qquad (5.8\text{-}6)$$

式中

$$c_n = \frac{T_s}{2\pi} \int_{-\pi/T_s}^{\pi/T_s} T(\omega) \mathrm{e}^{jn\omega T_s} \mathrm{d}\omega \qquad (5.8\text{-}7)$$

或

$$c_n = \frac{T_s}{2\pi} \int_{-\pi/T_s}^{\pi/T_s} \frac{T_s}{\displaystyle\sum_i H(\omega + \frac{2\pi i}{T_s})} \mathrm{e}^{jn\omega T_s} \mathrm{d}\omega \qquad (5.8\text{-}8)$$

由上式看出，$T(\omega)$ 的傅里叶系数 $c_n$ 完全由 $H(\omega)$ 决定。

再对式（5.8-6）进行傅里叶反变换，则可求出 $T(\omega)$ 的冲激响应为

$$h_T(t) = F^{-1}\big[T(\omega)\big] = \sum_{n=-\infty}^{\infty} c_n \delta(t - nT_s) \qquad (5.8\text{-}9)$$

根据（5.8-9）式，可构造实现 $T(\omega)$ 的插入滤波器如图 5-24 所示，它实际上是由无限多个横向排列的延迟单元构成的抽头延迟线加上一些可变增益放大器组成，因此称为横向滤波器。每个延迟单元的延迟时间等于码元宽度 $T_s$，每个抽头的输出经可变增益（增益可正可负）放大器加权后输出。这样，当有码间串扰的波形 $x(t)$ 输入时，经横向滤波器变换，相加器将输出无码间串扰波形 $y(t)$。

上述分析表明，借助横向滤波器实现均衡是可能的，并且只要用无限长的横向滤波器，就能做到消除码间串扰的影响。然而，使横向滤波器的抽头无限多是不现实的，大多数情况下也是不必要的。因为实际信道往往仅是一个码元脉冲波形对邻近的少数几个码元产生串扰，故实际上只要有一、二十个抽头的滤波器就可以了。抽头数太多会给制造和使用都带来困难。

实际应用时，是用示波器观察均衡滤波器输出信号 $y(t)$ 的眼图。通过反复调整各个增益放大器的 $c_i$，使眼图的"眼睛"张开到最大为止。

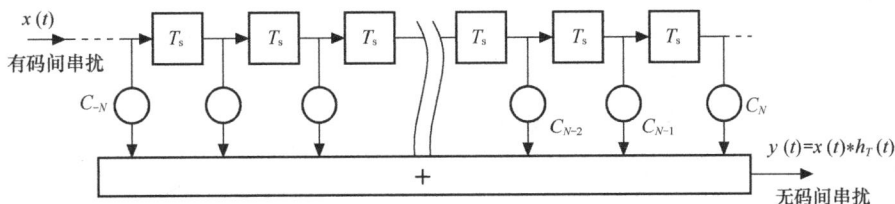

图 5-24　横向滤波器的结构图

时域均衡的实现方法有多种，但从实现的原理上看，时域均衡器按调整方式可分为手动均衡和自动均衡。自动均衡又分为预置式自动均衡和自适应式自动均衡。预置式均衡是在实际传输之前先传输预先规定的测试脉冲（如重复频率很低的周期性的单脉冲波形），然后按"迫零调整原理"（具体内容请参阅有关参考书）自动或手动调整抽头增益；自适应式均衡技术主要靠先进的均衡算法实现，常用算法有"迫零调整算法"、"最小均方算法（LMS）"和"递归最小二乘算法"等。自适应均衡能在信道特性随时间变化的条件下获得最佳的均衡效果，因此目前得到广泛的应用。

### 5.8.2　部分响应系统

在前面 5.4 节的讨论中，为了消除码间串扰，要求把基带传输系统的总特性 $H(\omega)$ 设计成理想低通特性，或者等效的理想低通特性。然而，对于理想低通特性系统而言，其冲激响应为 $\sin x / x$ 波形。这个波形的特点是频谱窄，而且能达到理论上的极限传输速率 2Baud/Hz，但其缺点是第一个零点以后的尾巴振荡幅度大、收敛慢，从而对定时要求十分严格。若定时稍有偏差，极易引起严重的码间串扰。当把基带传输系统总特性 $H(\omega)$ 设计成等效理想低通传输特性，例如采用升余弦频率特性时，其冲激响应的 "尾巴" 振荡幅度虽然减小了，对定时要求也可放松，但所需要的频带却加宽了，达不到 2Baud/Hz 的速率（升余弦特性时为 1 Baud/Hz），即降低了系统的频带利用率。可见，高的频带利用率与"尾巴"衰减大、收敛快是相互矛盾的，这对于高速率的传输尤其不利。

那么，能否找到一种频带利用率既高、"尾巴"衰减又大、收敛又快的传输波形呢？奈奎斯特第二准则回答了这个问题。该准则告诉我们：有控制地在有些码元的抽样时刻引入码间干扰，而在其余码元的抽样时刻无码间干扰，那么就能使频带利用率提高到理论上的最大值，同时又可以降低对定时精度的要求。通常把这种波形称为部分响应波形。利用这种波形进行传送的基带传输系统称为部分响应系统。即部分响应系统的频带利用率能达到最大值2Baud/Hz，而且频率特性易于实现，时域响应衰减速率快，位同步抖动对误码率影响小。当然，这些优点的获取是以牺牲可靠性为代价的。

#### 1. 部分响应系统的特性

让我们通过一个实例来说明部分响应波形的一般特性。

我们已经熟知，$\sin x / x$ 波形具有理想矩形频谱。现在，我们将两个时间上相隔一个码元 $T_s$ 的波形相加，如图 5-25 所示，则相加后的波形 $g(t)$ 为

$$g(t) = \frac{\sin\left[\dfrac{\pi}{T_s}\left(t + \dfrac{T_s}{2}\right)\right]}{\dfrac{\pi}{T_s}\left(t + \dfrac{T_s}{2}\right)} + \frac{\sin\left[\dfrac{\pi}{T_s}\left(t - \dfrac{T_s}{2}\right)\right]}{\dfrac{\pi}{T_s}\left(t - \dfrac{T_s}{2}\right)}$$

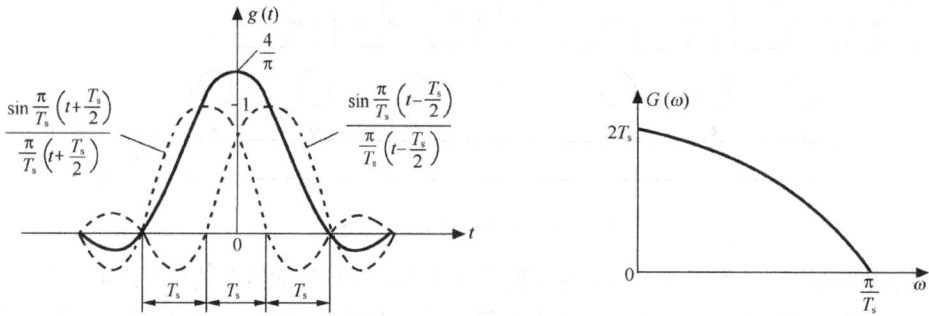

图 5-25   $g(t)$ 及其频谱

经简化后得

$$g(t) = \frac{4}{\pi}\left[\frac{\cos(\pi t/T_s)}{1-(4t^2/T_s^2)}\right] \tag{5.8-10}$$

对式（5.8-10）进行傅氏变换，可得 $g(t)$ 的频谱函数为

$$G(\omega) = \begin{cases} 2T_s\cos\dfrac{\omega T_s}{2} & |\omega| \leq \dfrac{\pi}{T_s} \\ 0 & |\omega| > \dfrac{\pi}{T_s} \end{cases} \tag{5.8-11}$$

由图 5-25 可见，第一：$g(t)$ 的频谱限制在 $(-\pi/T_s, \pi/T_s)$ 内，且呈缓变的半余弦滤波特性，其传输带宽为 $B = 1/2T_s$，频带利用率为 $\eta = 2(\text{Baud}/\text{Hz})$，达到基带系统在传输二进制序列时的理论极限值；第二：$g(t)$ 波形的拖尾按照 $t^2$ 速率衰减，比 $\sin x/x$ 波形的衰减快了一个数量级；第三：若用 $g(t)$ 作为传送波形，且码元间隔为 $T_s$，则在抽样时刻上会发生串扰，但是这种串扰仅发生在发送码元与其前后码元之间，而与其他码元间不发生串扰，如图 5-26 所示。表面上看，此系统似乎无法按 $1/T_s$ 的速率传送数字信号。但由于这种串扰是确定的、可控的，在收端可以消除掉，故此系统仍可按 $1/T_s$ 传输速率传送数字信号，且不存在码间串扰。

下面我们讨论部分响应系统的实现。

### 2．部分响应系统的实现

（1）双二进制信号的产生

部分响应技术最常用的就是双二进制技术，其产生框图如图 5-27 所示。

设输入的二进制码元序列为 $\{a_k\}$，并设 $a_k$ 在抽样点上的取值为 +1 和 -1，则当发送码元 $a_k$ 时，接收波形 $g(t)$ 在抽样时刻的取值 $c_k$ 可由下式确定

$$c_k = a_k + a_{k-1} \tag{5.8-12}$$

上式（5.8-12）的关系又称为相关编码。其中，$a_{k-1}$ 表示 $a_k$ 前一码元在第 k 个时刻上的抽样值。不难看出，$c_k$ 将可能有 -2、0 及 +2 三种取值。显然，如果前一码元 $a_{k-1}$ 已经判定，则接收端可由下式确定发送码元 $a_k$ 的取值。

$$a_k = c_k - a_{k-1} \tag{5.8-13}$$

但这样的接收方式存在一个问题：因为 $a_k$ 的恢复不仅仅由 $c_k$ 来确定，还必须参考前一码

元 $a_{k-1}$ 的判决结果，只要有一个码元发生错误，则这种错误会相继影响以后的码元。我们把这种现象称为错误传播现象。

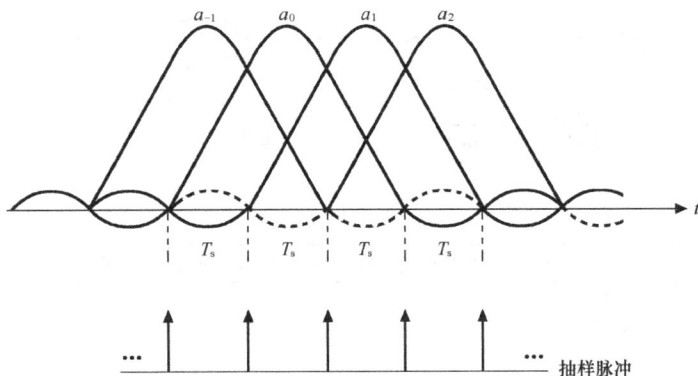

图 5-26  码元发生串扰的示意图

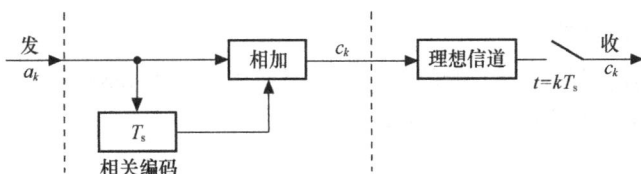

图 5-27  双二进制信号的产生

（2）第 I 类部分响应系统

为了避免"差错传播"现象，实际应用中，在相关编码之前便先进行预编码，所谓预编码就是产生差分码，即让发送端的 $a_k$ 变成 $b_k$，其规则为

$$b_k = a_k \oplus b_{k-1} \tag{5.8-14}$$

也即

$$a_k = b_k \oplus b_{k-1} \tag{5.8-15}$$

式中，$\oplus$ 表示模 2 和。

预编码后的双二进制码为

$$c_k = b_k + b_{k-1} \tag{5.8-16}$$

显然，若对式（5.8-16）作模 2（mod 2）处理，则有

$$[c_k]_{\mathrm{mod}2} = [b_k + b_{k-1}]_{\mathrm{mod}2} = b_k \oplus b_{k-1} = a_k \tag{5.8-17}$$

上式说明，对接收到的 $c_k$ 作模 2 处理后便直接得到发送端的 $a_k$，此时不需要预先知道 $a_{k-1}$，因而不存在错误传播现象。整个上述处理过程可概括为"预编码—相关编码—模 2 判决"过程。例如，设 $a_k$ 为 11101001，则有：

| $a_k$ | 1 | 1 | 1 | 0 | 1 | 0 | 0 | 1 |
|---|---|---|---|---|---|---|---|---|
| $b_{k-1}$ | 0 | 1 | 0 | 1 | 1 | 0 | 0 | 0 |
| $b_k$ | 1 | 0 | 1 | 1 | 0 | 0 | 0 | 1 |
| $c_k$ | 1 | 1 | 1 | 2 | 1 | 0 | 0 | 1 |
| $[c_k]_{\mathrm{mod}2}$ | 1 | 1 | 1 | 0 | 1 | 0 | 0 | 1 |

上面讨论的部分响应系统组成方框如图 5-28 所示，其中图（a）是原理框图，图（b）是实际系统组成方框图。为简明起见，图中没有考虑噪声的影响。

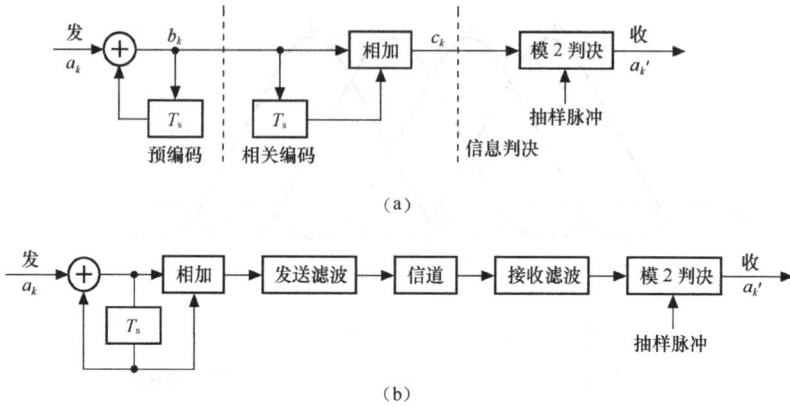

（a）

（b）

图 5-28　第 1 类部分响应系统组成框图

（3）一般部分响应系统

现在我们把上述例子推广到一般的部分响应系统中去。部分响应系统的一般形式可以是 N 个相继间隔 $T_s$ 的 $\sin x/x$ 波形之和，其表达式为

$$g(t)=R_1\frac{\sin\frac{\pi}{T_s}t}{\frac{\pi}{T_s}t}+R_2\frac{\sin\frac{\pi}{T_s}(t-T_s)}{\frac{\pi}{T_s}(t-T_s)}+...+R_N\frac{\sin\frac{\pi}{T_s}[t-(N-1)T_s]}{\frac{\pi}{T_s}[t-(N-1)T_s]} \qquad (5.8\text{-}18)$$

式中 $R_1$，$R_2$，…，$R_N$ 为加权系数，其取值为正、负整数及零。例如，当取 $R_1=1,R_2=1$，其余系数为 0 时，就是前面所述的第 I 类部分响应波形。

对应式（5.8-18）所示部分响应波形的频谱函数为

$$G(\omega)=\begin{cases}T_s\sum_{m=1}^{N}R_m\mathrm{e}^{-j\omega(m-1)T_s} & |\omega|\leqslant\frac{\pi}{T_s}\\[2mm]0 & |\omega|>\frac{\pi}{T_s}\end{cases} \qquad (5.8\text{-}19)$$

可见，$G(\omega)$ 仅在（$-\pi/T_s$，$\pi/T_s$）范围内存在。

显然，不同的 $R_m(m=1,2,\cdots,N)$ 将构成不同类别的部分响应系统，相应地也有不同的相关编码方式。这里不再繁述。

表 5-2 列出了常用的五类不同频谱结构的部分响应系统。为了便于比较，我们将 $\sin x/x$ 的理想抽样函数也列入表内，并称其为 0 类。前面讨论的例子是第 I 类部分响应系统。

表 5-2　　　　　　　　　　　　　　常见的部分响应波形

| 类别 | $R_1$ | $R_2$ | $R_3$ | $R_4$ | $R_5$ | $g(t)$ | $\lvert G(\omega)\rvert\quad \lvert\omega\rvert\leqslant\pi/T_s$ | 二进制输入时 $C_k$ 的电平数 |
|---|---|---|---|---|---|---|---|---|
| 0 | 1 | | | | | | | 2 |

| 类别 | $R_1$ | $R_2$ | $R_3$ | $R_4$ | $R_5$ | $g(t)$ | $\lvert G(\omega)\rvert$ $\lvert\omega\rvert\leqslant\pi/T_s$ | 二进制输入时 $C_k$ 的电平数 |
|---|---|---|---|---|---|---|---|---|
| I | 1 | 1 | | | | | $2T_s\cos\dfrac{\omega T_s}{2}$ | 3 |
| II | 1 | 2 | 1 | | | | $4T_s\sin^2\dfrac{\omega T_s}{2}$ | 5 |
| III | 2 | 1 | -1 | | | | $2T_s\cos\dfrac{\omega T_s}{2}\sqrt{5-4\cos\omega T_s}$ | 5 |
| IV | 1 | 0 | -1 | | | | $2T_s\sin\omega T_s$ | 3 |
| V | -1 | 0 | 2 | 0 | -1 | | $4T_s\sin^2\omega T_s$ | 5 |

综上所述，采用部分响应系统波形，能实现 2Baud/Hz 的频带利用率，而且通常它的"尾巴"衰减大和收敛快，还可实现基带频谱结构的变化。部分响应系统的缺点是，当输入数据为 L 进制时，部分响应波形的相关编码电平数要超过 L 个。因此，在同样输入信噪比条件下，部分响应系统的抗噪声性能要比零类响应系统差。

## 5.9　位同步

在数字基带通信系统中，发送端按照确定的时间顺序，逐个传输数码脉冲序列中的每个码元。而在接收端必须有准确的抽样判决时刻才能正确判决所发送的码元，因此，接收端必须提供一个确定抽样判决时刻的定时脉冲序列。这个定时脉冲序列的重复频率必须与发送的数码脉冲序列一致，同时在最佳判决时刻（或称为最佳相位时刻）对接收码元进行抽样判决。可以把在接收端产生这样的定时脉冲序列称为码元同步，或称位同步。

实现位同步的方法和载波同步类似，也有直接法（自同步法）和插入导频法（外同步法）两种，而在直接法中也分为滤波法和锁相法。下面将分别介绍这两类同步技术，重点介绍直接法（自同步法）。

### 5.9.1 插入导频法

插入导频法与载波同步时的插入导频法类似，它也是在发送端信号中插入频率为码元速率（$1/T$）或码元速率的倍数的位同步信号。在接收端利用一个窄带滤波器，将其分离出来，并形成码元定时脉冲。

插入位同步信息的方法有多种。从时域考虑，可以连续插入，并随信号码元同时传输；也可以在每组信号码元之前增加一个"位同步头"，由它在接收端建立位同步，并用锁相环使同步状态在相邻两个"位同步头"之间得以保持。从频域考虑，可以在信号码元频谱之外占用一段频谱，专门用于传输同步信息；也可以利用信号码元频谱中的"空隙"处，插入同步信息。

插入导频法的优点是接收端提取位同步的电路简单；缺点是需要占用一定的频带带宽和发送功率，降低了传输的信噪比，减弱了抗干扰能力。然而，在宽带传输系统中，如多路电话系统中，传输同步信息占用的频带和功率为各路信号所分担，每路信号的负担不大，所以这种方法还是比较实用的。

### 5.9.2 自同步法

当系统的位同步采用自同步方法时，发端不专门发送导频信号，而直接从数字信号中提取位同步信号，这种方法在数字通信中经常采用，而自同步法具体又可分为滤波法和锁相法。

**1. 滤波法**

由 5.3 节可知，非归零的二进制随机脉冲序列的频谱中没有位同步的频率分量，不能用窄带滤波器直接提取位同步信息。但是通过适当的非线性变换就会出现离散的位同步分量，然后用窄带滤波器或用锁相环进行提取，便可以得到所需要的位同步信号。

图 5-29（a）所示为微分整流滤波法提取位同步信息的原理框图。图中，输入信号为二进制不归零码元，它首先通过微分和全波整流后，将不归零码元变成归零码元。这样，在码元序列频谱中就有了码元速率分量（即位同步分量）。将此分量用窄带滤波器滤出，经过移相电路调整其相位后就可以由脉冲形成器产生出所需要的码元同步脉冲。图 5-29（b）给出了该电路各点的波形。

**2. 数字锁相法**

与载波同步的提取类似，把采用锁相环来提取位同步信号的方法称为锁相法。在数字通信中，这种锁相电路常采用数字锁相环来实现。

采用数字锁相法提取位同步原理方框图如图 5-30 所示，它由高稳定度振荡器（晶振）、分频器、相位比较器和控制电路组成。其中，控制电路包括图中的扣除门和添加门。高稳定度振荡器产生的信号经整形电路变成周期性脉冲，然后经控制器再送入分频器，输出位同步脉冲序列。输入相位基准与由高稳定振荡器产生的经过整形的 $n$ 次分频后的相位脉冲进行比较，由两者相位的超前或滞后，来确定扣除或添加一个脉冲，以调整位同步脉冲的相位。

（a）原理框图

1 1 0 0 0 1 0 1 1 0 1 0 0 1

（b）各点波形图

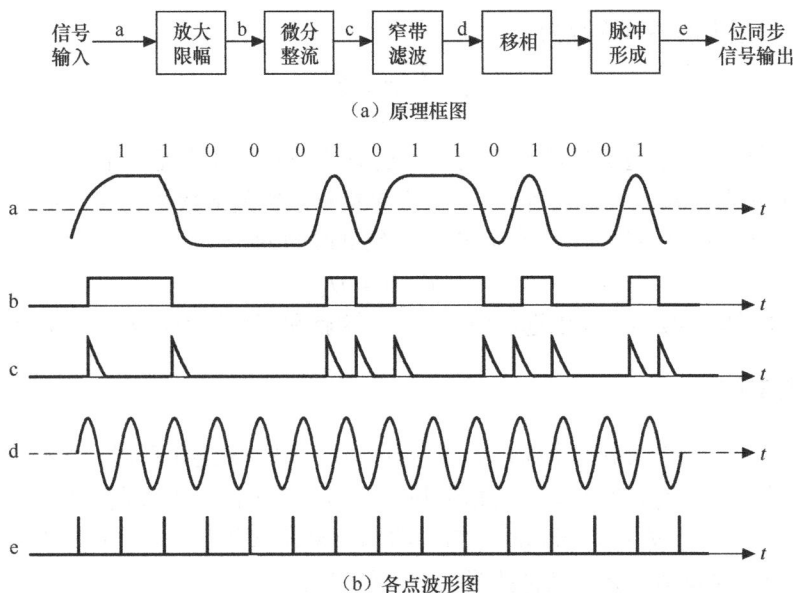

图 5-29 微分整流滤波法提取位同步脉冲

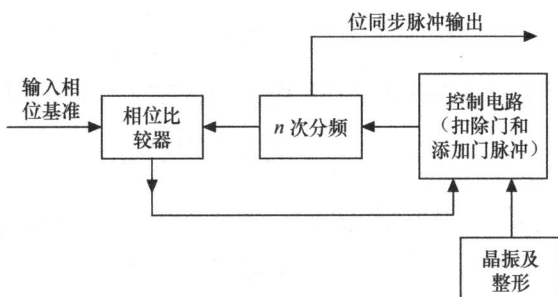

图 5-30 数字锁相法提取位同步脉冲

### 5.9.3 位同步系统的性能

与载波同步系统相似，位同步系统的性能指标主要有相位误差、同步建立时间、同步保持时间及同步带宽等。下面结合数字锁相环介绍这些指标，并讨论相位误差对误码率的影响。

**1. 相位误差 $\theta_e$**

利用数字锁相法提取位同步信号时，相位比较器比较出误差以后，立即加以调整，在一个码元周期 $T_s$ 内（相当于 360°相位内）加一个或扣除一个脉冲。而由图 5-30 可见一个码元周期内由晶振及整形电路来的脉冲数为 $n$ 个，因此，最大调整相位为

$$\theta_e = 360°/n \tag{5.9-1}$$

从上式可以看到，随着 $n$ 的增加，相位误差 $\theta_e$ 将减小。

**2. 同步建立时间 $t_s$**

同步建立时间即为失去同步后重建同步所需的最长时间。为了求得这个可能出现的最长时间，令位同步脉冲的相位与输入信号码元的相位相差为 $T_s/2$，而锁相环每调整一步仅能调

整 $T_s/n$，故所需最大的调整次数为

$$N = \frac{T_s/2}{T_s/n} = \frac{n}{2} \qquad (5.9\text{-}2)$$

由于数字信息是一个随机的脉冲序列，可近似认为两相邻码元中出现 01、10、11、00 的概率相等，其中有过零点的情况占一半。而数字锁相法都是从数据过零点中提取标准脉冲，因此平均来说，每 $2T_s$ 可调整一次相位，故同步建立时间为

$$t_s = 2T_s \cdot N = nT_s \qquad (5.9\text{-}3)$$

为了使同步建立时间 $t_s$ 减小，要求选用较小的 $n$，这就和相位误差 $\theta_e$ 对 $n$ 的要求相矛盾。

### 3. 同步建立时间 $t_c$

同步建立后，一旦输入信号中断，或者遇到长连 0 码、长连 1 码时，由于接收的码元没有过零脉冲，锁相系统就因为没有输入相位基准而不起作用，另外收发双方的固有位定时重复频率之间总存在频差 $\Delta f$，收端位同步信号的相位就会逐渐发生漂移，时间越长，相位漂移量越大，直至漂移量达到某一准许的最大值，就算失步了。

设收发两端固有的码元周期分别为 $T_1 = 1/f_1$ 和 $T_2 = 1/f_2$，则

$$|T_1 - T_2| = |1/f_1 - 1/f_2| = \frac{|f_1 - f_2|}{f_1 f_2} = \frac{\Delta f}{f_0^2} \qquad (5.9\text{-}4)$$

式中的 $f_0$ 为收发两端固有码元重复频率的几何平均值，且有 $T_0 = 1/f_0$，这样由式（5.9-4）可得

$$f_0 |T_1 - T_2| = \frac{\Delta f}{f_0} = \frac{|T_1 - T_2|}{T_0} \qquad (5.9\text{-}5)$$

式（5.9-5）说明，当收发两端存在频差 $\Delta f$ 时，每经过 $T_0$ 时间，收发两端就会产生 $|T_1 - T_2|$ 的时间漂移。反过来，若规定两端容许的最大时间漂移为 $T_0/K$（K 为常数），需要经过多长时间才会达到此值呢？这样求出的时间就是同步保持时间 $t_c$。代入式（5.9-5）后，得

$$\frac{T_0/K}{t_c} = \frac{\Delta f}{f_0}$$

解得

$$t_c = \frac{1}{\Delta f \cdot K} \qquad (5.9\text{-}6)$$

若同步保持时间 $t_c$ 的指标给定，也可由上式求出对收发两端振荡器频率稳定度的要求为

$$\Delta f = \frac{1}{t_c \cdot K}$$

此频率误差是由收发两端振荡器造成的。若两振荡器的频率稳定度相同，则要求每个振荡器的频率稳定度不能低于

$$\frac{\Delta f}{2f_0} = \pm \frac{1}{2f_0 K t_c} \qquad (5.9\text{-}7)$$

显然，要想延长同步保持时间 $t_c$，需要提高接收、发送两端振荡器的频率稳定度。

### 4. 同步带宽 $\Delta f_s$

由式（5.9-4）看到，若 $T_1 \neq T_2$ 时每经过 $T_0$ 时间，该误差会引起 $\Delta T = \Delta f / f_0^2$ 的时间漂移。

根据数字锁相环的工作原理，锁相环每次所能调整的时间为 $T/n(T/n \approx T_0/n)$，如果对随机数字信号来说，平均每两个码元周期才能调整一次，那么平均一个码元周期内，锁相环能调整的时间只有 $T_0/2n$。很显然，如果输入信号码元的周期与收端固有位定时脉冲的周期之差为

$$|\Delta T| = |T_1 - T_2| > \frac{T_0}{2n} \qquad (5.9\text{-}8)$$

则锁相环将无法使接收端位同步脉冲的相位与输入信号的相位同步，这时，由频差所造成的相位差就会逐渐积累而使系统失去同步。因此，我们根据

$$|\Delta T| = \frac{T_0}{2n} = \frac{1}{2nf_0} \qquad (5.9\text{-}9)$$

求得

$$\frac{\Delta f_s}{f_0^2} = \frac{1}{2nf_0} \qquad (5.9\text{-}10)$$

所以同步带宽

$$|\Delta f_s| = \frac{f_0}{2n} \qquad (5.9\text{-}11)$$

### 5. 位同步相位误差对性能的影响

由前面分析知，位同步的最大相位误差 $\theta_e = 360°/n$。有时不用相位差而用时间差 $T_e$ 来表示相位误差。设每码元的周期为 $T$，则 $T_e = T/n$。由于相位误差的存在将直接影响抽样判决时间，使抽样判决点的位置偏离其最佳位置。无论基带传输还是频带传输，其解调过程中都是在抽样点的最佳时刻进行判决，所得的误码率公式也都是在最佳抽样时刻得到的。当位同步信号存在相位误差时，必然引起误码率 $P_e$ 增高。

# 小 结

本章主要讨论数字基带信号码型选择和波形形成；同时简述均衡器和部分响应系统，并介绍最佳基带传输系统的概念及基本分析方法。

将基带信号直接在信道中传输的方式称为基带传输方式。对传输用的基带信号的主要要求有两点：（1）对各种码型的要求，期望将原始信息符号编制成适合于传输用的码型；（2）对所选码型的电波形要求，期望电波形适宜于在信道中传输。

数字基带信号的码型类型有很多，但并不是所有的码型都适合在信道中传输，往往是根据实际需要进行选择。常见的传输码型有 AMI 码、HDB3 码、双相码、密勒码、CMI 码等。适合于信道中传输的波形一般应为变化较平滑的脉冲波形，如升余弦波形。

研究随机脉冲序列的功率谱是十分有意义的。一方面可以根据它的连续谱来确定序列的带宽，另一方面利用它的离散谱是否存在这一特点，可以明确能否从脉冲序列中直接提取定时分量和采取怎样的方法可以从序列中获得所需的离散分量。

数字基带传输系统设计中需要考虑的最重要问题之一就是如何消除或降低码间串扰。在理论上可以证明，数字基带系统的传输特性若满足奈奎斯特第一准则的要求就可以消除码间

串扰，并且通过学习奈奎斯特第一准则，我们认识到在信道带宽受限和无码间串扰的条件下，可传送的最高码元速率数值上等于信道带宽的两倍；

通常用误码率来度量系统抗加性噪声的能力。通过对无码间串扰数字基带传输系统性能（误码率）的分析，得出了误码率只与信噪比有关的结论，信噪比越大，误码率越小。因此要想减小误码率必须设法提高信噪比。在接收机输入信噪比相同的情况下，若所设计的接收机输出的信噪比最大，则我们能够最佳地判断所出现的信号，从而可以得到最小的误码率，这就是最大输出信噪比准则。在这一准则下获得的最佳线性滤波器叫做匹配滤波器（MF）。

实际中，码间干扰和噪声是同时存在的。因此最佳基带传输系统可认为是既能消除码间串扰而抗噪声性能又最理想（错误概率最小）的系统。匹配滤波器是在最大输出信噪比准则下设计出的最佳接收机。

实际应用的基带系统，其传输性能不可能完全符合理想情况，有时会相距甚远。因而计算由于这些因素所引起的误码率非常困难。为了衡量数字基带传输系统性能的优劣，通常用示波器观察接收信号波形的方法来分析码间串扰和噪声对系统性能的影响，这就是眼图分析法。同时，为改善数字基带传输系统的性能，一方面我们可以在接收端采用时域均衡技术有效地减小码间串扰的影响，提高系统的可靠性。另一方面我们也可以采用部分响应技术以提高系统频带利用率。

在数字基带通信系统中，发端按照确定的时间顺序，逐个传输数码脉冲序列中的每个码元。而在接收端必须有准确的抽样判决时刻才能正确判决所发送的码元，因此，接收端必须提供一个确定抽样判决时刻的定时脉冲序列。这个定时脉冲序列的重复频率必须与发送的数码脉冲序列一致，同时在最佳判决时刻（或称为最佳相位时刻）对接收码元进行抽样判决。可以把在接收端产生这样的定时脉冲序列称为码元同步，或称位同步。

实现位同步的方法和载波同步类似，也有直接法（自同步法）和插入导频法（外同步法）两种。

# 思 考 题

1．什么是数字基带信号？数字基带信号有哪些常用码型？它们各有什么特点？

2．研究数字基带信号功率谱的目的是什么？信号带宽怎么确定？

3．何谓码间串扰？它产生的原因是什么？对通信质量有什么影响？

4．为了消除码间串扰，基带传输系统的传输函数应满足什么条件？

5．什么是奈奎斯特速率和奈奎斯特带宽？

6．什么是眼图？它有什么作用？

7．何谓匹配滤波？试问匹配滤波器的冲激响应和信号波形有何关系？其传输函数和信号频谱又有什么关系？

8．什么是最佳基带传输系统？

9．对于理想信道，试问最佳基带传输系统的发送滤波器和接收滤波器特性之间有什么关系？

10．时域均衡和部分响应技术解决了什么问题？

11．什么是位同步？位同步系统的主要性能指标是什么？

# 习　题

5-1　已知信息代码为 110010110，试画出单极性不归零、双极性不归零、单极性归零码和双极性归零码的波形。

5-2　已知信息代码为 11000011000011，试求相应的 AMI 码和 HDB3 码。

5-3　已知信息代码为 10100000000011，试求相应的 AMI 码和 HDB3 码。

5-4　设某二进制数字基带信号的基本脉冲为三角形脉冲，如图 P5-1 所示。图中 $T_s$ 为码元间隔，数字信息"1"和"0"分别用 $g(t)$ 的有无表示，且"1"和"0"出现的概率相等：

（1）求该数字基带信号的功率谱密度，并画出功率谱密度图；

（2）能否从该数字基带信号中提取码元同步所需的频率 $f_s = 1/T_s$ 的分量？若能，试计算该分量的功率。

5-5　设某基带传输系统具有图 P5-2 所示的三角形传输函数：

（1）求该系统接收滤波器输出基本脉冲的时间表达式；

（2）当数字基带信号的传码率 $R_B = \omega_0 / \pi$ 时，用奈奎斯特准则验证该系统能否实现无码间干扰传输？

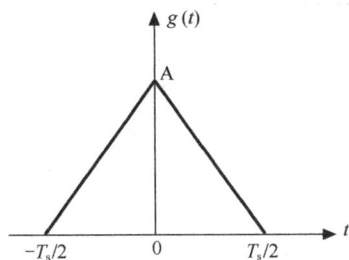

图 P5-1

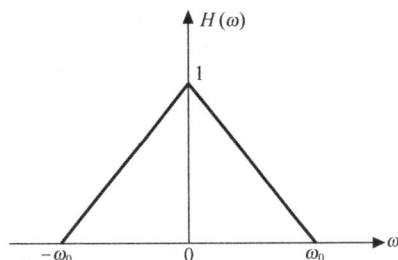

图 P5-2

5-6　设某基带系统的频率特性是截止频率为 100kHz 的理想低通滤波器。

（1）用奈奎斯特准则分析当码元速率为 150kBaud 时此系统是否有码间串扰；

（2）当信息速率为 400kbit/s 时，此系统能否实现无码间串扰？为什么？

5-7　已知某信道的截止频率为 1600Hz，其滚降特性为 $\alpha = 1$。

（1）为了得到无串扰的信息接收，系统最大传输速率为多少？

（2）接收机采用什么样的时间间隔抽样，便可得到无串扰接收。

5-8　已知码元速率为 64kBaud，若采用 $\alpha = 0.4$ 的余弦滚降频谱信号。

（1）求信号的时域表达式；

（2）画出它的频谱图；

（3）求传输带宽；

（4）求频带利用率。

5-9　已知滤波器的 $H(\omega)$ 具有如图 P5-3（a）所示的特性（码元速率变化时特性不变），当采用以下码元速率时：① $R_B = 500\text{Baud}$；② $R_B = 1000\text{Baud}$；③ $R_B = 1500\text{Baud}$；④ $R_B = 2000\text{Baud}$

问：（1）哪种码元速率不会产生码间串扰？

（2）如果滤波器的$H(\omega)$改为图 P5-3（b），重新回答（1）。

**5-10** 设基带传输系统的发送滤波器、信道及接收滤波器组成总特性为$H(\omega)$，若要求以$2/T_s$ Baud的速率进行数据传输，试检验图 P5-4 各种$H(\omega)$满足消除抽样点上码间干扰的条件否？

**5-11** 为了传送码元速率$R_B = 10^3$ Baud的数字基带信号，试问系统采用图 P5-5 中所画的哪一种传输特性比较好？并简要说明其理由。

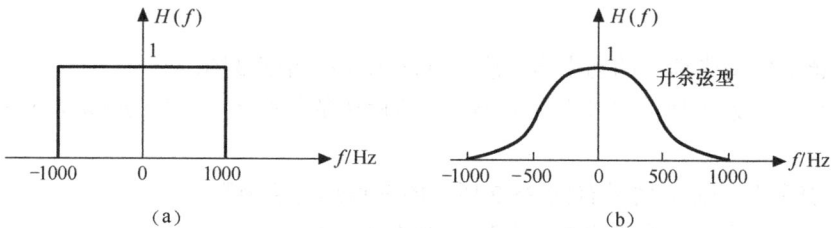

图 P5-3

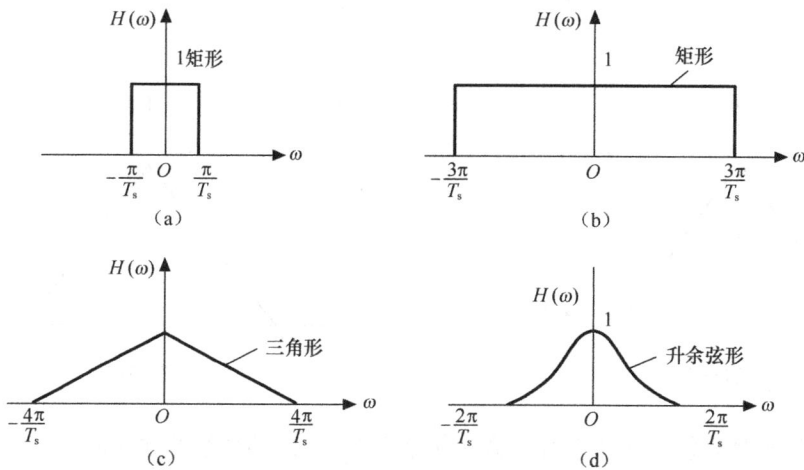

图 P5-4

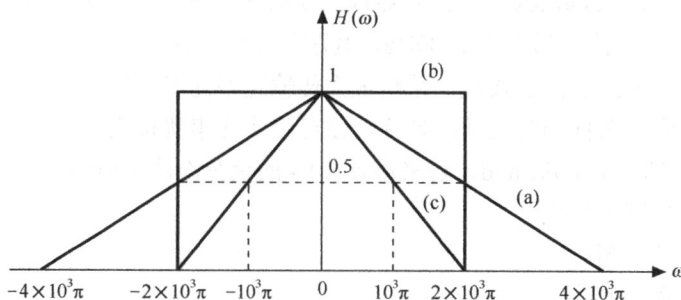

图 P5-5

**5-12** 已知某信道的截止频率为 100kHz，传输码元持续时间为 10μs 的二元数据流，若传输函数采用滚降因子$\alpha = 0.75$的余弦滤波器，问该二元数据流能否在此信道中传输？

**5-13** 设二进制基带系统的传输模型如图 5-10 所示，现已知

$$H(\omega) = \begin{cases} \tau_0(1 + \cos \omega \tau_0), |\omega| \leqslant \dfrac{\pi}{\tau_0} \\ 0, \text{else} \end{cases}$$

试确定该系统最高码元传输速率 $R_B$ 及相应码元间隔 $T_s$。

5-14　某二进制数字基带系统所传送的是单极性基带信号，且数字信息"1"和"0"的出现概率相等。

（1）若数字信息为"1"时，接收滤波器输出信号在抽样判决时刻的值 $A=1\text{V}$，且接收滤波器输出的均值为 0，均方根值为 0.2V 的高斯噪声，试求这时的误码率 $P_e$；

（2）若要求误码率 $P_e$ 不大于 $10^{-5}$，试确定 $A$ 至少应该是多少？

5-15　某二进制数字基带传输系统模型如图 P5-6 所示，并设 $C(\omega)=1$，$G_R(\omega)=G_T(\omega)=\sqrt{H(\omega)}$。现已知

$$H(\omega) = \begin{cases} \tau_0(1 + \cos \omega \tau_0), & |\omega| \leqslant \dfrac{\pi}{\tau_0} \\ 0, & \text{其他} \end{cases}$$

（1）若信道中的噪声为高斯白噪声 $n(t)$，其双边功率谱密度为 $n_0/2$，求 $G_R(\omega)$ 的输出噪声功率；

（2）若在抽样时刻 $kT_s$（$k$ 为任意正整数）上，接收滤波器的输出信号以相同概率取 0、$A$ 电平，而输出噪声取值 V 服从下述概率密度分布的随机变量

$$f(V) = \frac{1}{2\lambda} e^{-\frac{|V|}{\lambda}} \qquad \lambda > 0$$

求系统最小误码率 $P_e$。

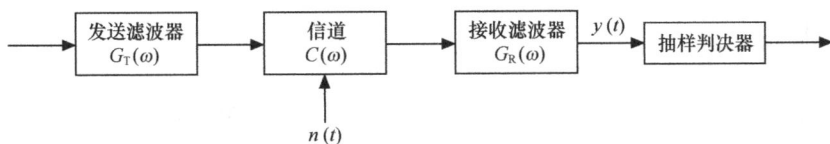

图 P5-6

5-16　已知理想信道下基带传输系统的总特性 $H(\omega)$ 为

$$H(\omega) = G_R(\omega)G_T(\omega) = \begin{cases} \cos^2 \dfrac{\pi\omega}{4W_c}, & |\omega| \leqslant 2W_c \\ 0, & \text{其他} \end{cases}$$

且 $G_R(\omega) = G_T(\omega) = \sqrt{H(\omega)}$

（1）试确定抽样时刻无码间干扰的最高码元传输速率；

（2）若二进制码元序列中 1 码判决时刻的信号值为 1mV，0 码判决时刻的信号值为-1mV，设信道中的噪声是高斯型噪声，方差 $\sigma^2 = 2 \times 10^{-8}\text{W}$，试求误码率 $P_e$。

5-17　某二进制数字基带系统传输的是波形幅度为 ±1mV 的双极性不归零方波，且数字信息"1"的概率为 0.6，数字信息"0"的概率为 0.4。已知传输速率为 $R_b = 10\text{kbit/s}$，信道

滚降系统 $\alpha = 0.5$，信道中的噪声为高斯白噪声，其双边功率谱密度为 $\frac{n_0}{2} = 2.5 \times 10^{-12}\,\text{W/Hz}$，求系统的误码率 $P_e$ 和信噪比 $r_{双}$。

5-18　在双边功率谱密度为 $n_0/2$ 的加性高斯白噪声干扰下，请对如下信号

$$s(t) = \begin{cases} t/T & 0 \leqslant t \leqslant T \\ 0 & 其他 \end{cases}$$

设计一个匹配滤波器。

（1）写出匹配滤波器的冲激响应 $h(t)$，并绘出图形；

（2）求出 $s(t)$ 经过匹配滤波器的输出信号 $y(t)$，并绘出图形；

（3）求最大输出信噪比。

5-19　在功率谱密度为 $n_0/2$ 的高斯白噪声下，设计一个对图 P5-7 所示 $f(t)$ 的匹配滤波器。

（1）如何确定最大输出信噪比的时刻；

（2）求匹配滤波器的冲激响应和输出波形，并绘出图形；

（3）求最大输出信噪比的值。

5-20　在图 P5-8（a）中，设系统输入 $s(t)$ 及 $h_1(t)$，$h_2(t)$ 分别如图 P5-8（b）所示，试绘图解出 $h_1(t)$ 及 $h_2(t)$ 的输出波形，并说明 $h_1(t)$ 及 $h_2(t)$ 是否是 $s(t)$ 的匹配滤波器。

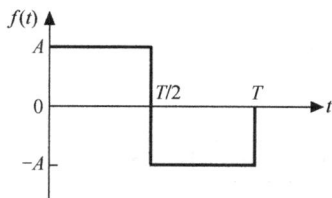

图 P5-7

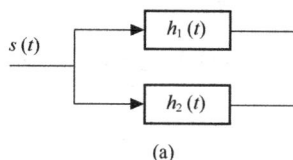

(a)

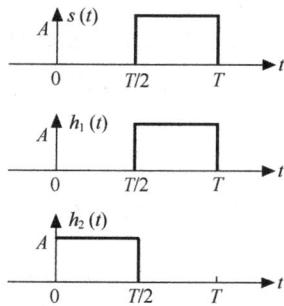

(b)

图 P5-8

5-21　设 $\{a_k\} = (10110100011100)$，进行预编码—相关电平编码。请给出 $b_k = a_k \oplus b_{k-1}$ 的序列 $\{b_k\}$ 和 $c_k = b_k + b_{k-1}$ 的序列 $\{c_k\}$。

5-22　设一相关编码系统如图 P5-9 所示。图中，理想低通滤波器的截止频率为 $1/(2T_s)$，通带增益为 $T_s$。试求该系统的单位冲激响应和频率特性。

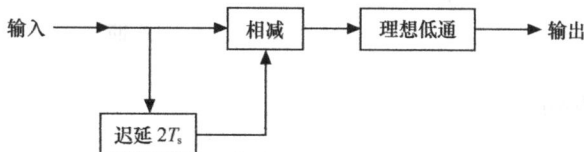

图 P5-9

5-23　以表 5-2 中第Ⅳ类部分响应系统为例，试画出包括预编码在内的系统组成方框图。

# 第 6 章 数字信号的载波传输

## 6.1 引言

上一章讨论了数字信号的基带传输，而实际传输系统大多数都采用载波传输。主要原因是：一方面，我们知道，为了使数字基带信号能够在信道中传输，要求信道具有低通形式的传输特性。然而，实际通信中大多数信道都具有带通传输特性，不能直接传送基带信号，必须借助载波调制进行频率搬移，将数字基带信号变成适于信道传输的数字频带信号；另一方面，由于通信系统可传输的信息容量与载波工作频率范围相关，因此，提高载波频率在理论上就可以增加传输带宽，通常也就可以提供大的信息传输容量。因此，数字通信系统总是倾向于采用高频载波传输。

一般地，受调制载波的波形（信号表示式）可以是任意的，只要已调信号适合于信道传输就可以了。但是实际上，在大多数数字通信系统中，都选择正弦信号作为载波。这主要是因为正弦信号形式简单，便于产生及接收。

数字信号的载波传输从原理上讲，与模拟调制几乎没有区别。但是模拟调制是对载波信号的参量进行连续调制，在接收端对载波信号的调制参量连续地进行估值；而数字信号的载波传输是用载波信号的某些离散状态来表征所传送的信息，在接收端也只是对载波信号的离散调制参量进行检测。数字信号的载波传输信号也称为键控信号。

根据已调信号参数改变类型的不同，数字调制可以分为幅移键控（ASK）、频移键控（FSK）和相移键控（PSK）。其中幅移键控属于线性调制，而频移键控属于非线性调制。

本章重点讨论二进制数字调制系统的原理及其抗噪声性能。另外，我们也将简单介绍多进制数字调制系统基本原理及相关知识。

## 6.2 二进制数字调制原理

调制信号为二进制数字信号时的调制方式统称为二进制数字调制。在这类调制中，载波的某个参数（例如幅度、频率或相位）只有两种变化状态。二进制调制常分为幅移键控（2ASK）、频移键控（2FSK）和相移键控（2PSK 和 2DPSK）三种。下面我们分别介绍这三种数字调制方式的基本原理。

### 6.2.1 二进制幅移键控（2ASK）

**1. 2ASK 信号的时域表达**

二进制幅移键控（2ASK）是指高频载波的幅度受调制信号的控制，而频率和相位保持不变。也就是说，用二进制数字信号的"1"和"0"控制载波的通和断，所以又称通—断键控 OOK（On—Off Keying）。

假定载波信号 $C(t) = \cos\omega_c t$，设发送的二进制符号序列由 0、1 序列组成，发送 0 符号的概率为 P，发送 1 符号的概率为 1-P，且相互独立。该二进制基带符号序列可表示为

$$s(t) = \sum_n a_n g(t - nT_s) \tag{6.2-1}$$

其中，$T_s$ 是二进制基带信号序列（码元）的时间间隔，$g(t)$ 是调制信号的脉冲表达式，为方便讨论，这里设其是宽度为 $T_s$ 的单极性矩形脉冲波形且幅度为 1，即

$$g(t) = \begin{cases} 1, & 0 \leqslant t \leqslant T_s \\ 0, & \text{其他} \end{cases} \tag{6.2-2}$$

$a_n$ 是二进制数字信号，其取值服从下述关系

$$a_n = \begin{cases} 0, \text{出现概率为} P \\ 1, \text{出现概率为} 1-P \end{cases} \tag{6.2-3}$$

由 2ASK 的定义可得其表达式为

$$S_{2ASK}(t) = s(t)\cos\omega_c t = \left[\sum_n a_n g(t - nT_s)\right]\cos\omega_c t \tag{6.2-4}$$

可见，2ASK 信号可以表示为一个单极性矩形脉冲序列与一个正弦型载波相乘。一个典型的 2ASK 信号时间波形如图 6-1 所示（图中载波频率在数值上是码元速率的 3 倍）。

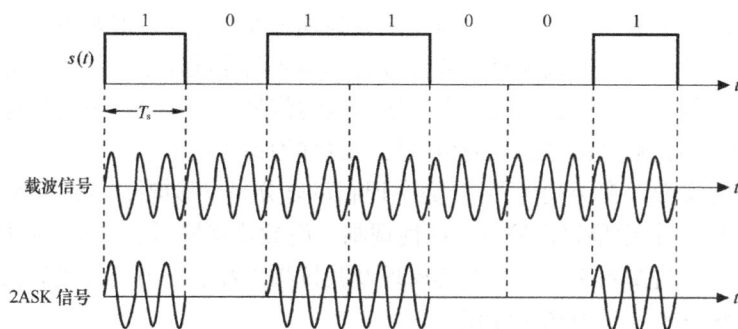

图 6-1  2ASK 信号时间波形

**2. 2ASK 信号的产生**

2ASK 信号的产生方法有两种，如图 6-2 所示。图（a）是通过二进制基带信号序列 $s(t)$ 与载波直接相乘而产生 2ASK 信号的模拟调制法；图（b）是一种键控法，这里的电子开关受调制信号 $s(t)$ 的控制。

### 3．2ASK 信号的功率谱及带宽

下面我们来分析 2ASK 信号的频谱特性。为便于表示，假定调制信号 $s(t)$ 是一个平稳随机序列信号，由于一个平稳随机过程

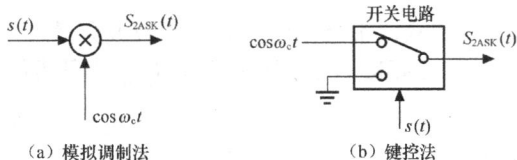

（a）模拟调制法　　　　（b）键控法

图 6-2　2ASK 信号的产生

通过乘法器后，其输出过程的功率谱已经在 2.7 小节中给出，由式（2.7-13）可得 2ASK 信号的功率谱为

$$P_{2ASK}(f)=\frac{P_s(f+f_c)+P_s(f-f_c)}{4} \tag{6.2-5}$$

上式中 $P_s(f)$ 是调制信号 $s(t)$ 的功率谱。

当 $s(t)$ 为 0、1 等概率出现的单极性矩形随机脉冲序列（码元间隔为 $T_s$）时，由式（5.3-10）知其功率谱密度为

$$P_s(f)=\frac{1}{4}f_sT_s^2\left[\frac{\sin\pi fT_s}{\pi fT_s}\right]^2+\frac{1}{4}\delta(f)=\frac{1}{4}T_sSa^2(\pi fT_s)+\frac{1}{4}\delta(f) \tag{6.2-6}$$

将上式代入式（6.2-5），得

$$P_{2ASK}(f)=\frac{T_s}{16}\left\{Sa^2\left[\pi(f+f_c)T_s\right]+Sa^2\left[\pi(f-f_c)T_s\right]\right\}+$$
$$\frac{1}{16}[\delta(f+f_c)+\delta(f-f_c)] \tag{6.2-7}$$

式中，利用了 $f_s=1/T_s$ 的关系。2ASK 信号的功率谱如图 6-3 所示，图 6-3（a）是调制信号的功率谱，图 6-3（b）是已调信号的功率谱。

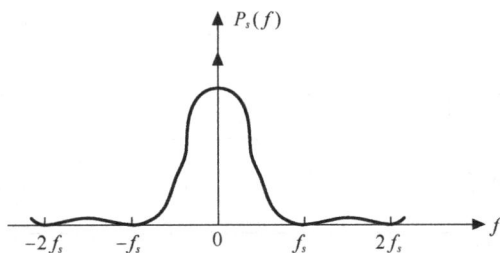

（a）调制信号的功率谱

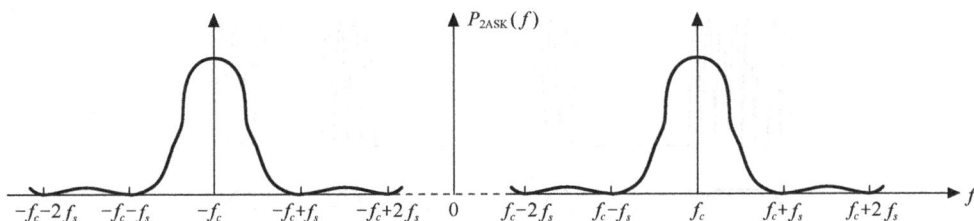

（b）已调信号的功率谱

图 6-3　2ASK 信号的功率谱

由图 6-3 可以看出：

（1）2ASK 信号的功率谱包含连续谱和离散谱。其中连续谱是数字基带信号 $s(t)$ 经线性

调制后的双边带谱，而离散谱为载波分量。

（2）2ASK 信号的频带宽度 $B_{2ASK}$ 为基带信号带宽 $B_s$ 的两倍。由图 6-3（a）知，$B_s = f_s$，则

$$B_{2ASK} = 2B_s = 2f_s = 2R_B \qquad (6.2\text{-}8)$$

上式中，$R_B = 1/T_s$ 为码元传输速率。

**特别**：式（6.2-8）是在数字基带信号 $s(t)$ 用单极性矩形脉冲波形表示的前提条件下得到的结论。若数字基带信号采用滚降频谱特性（滚降系数为 $\alpha$）时，和数字基带系统一样，数字调制系统也应该无码间干扰。则无码间串扰时基带信号的带宽为

$$B_s = (1+\alpha)B_N = (1+\alpha)\frac{R_B}{2}$$

此时，$B_{2ASK} = 2B_s = (1+\alpha)R_B$ \qquad (6.2\text{-}9)

对应该数字调制系统的码元频带利用率为

$$\eta = \frac{R_B}{B_{2ASK}} = \frac{1}{(1+\alpha)} (\text{Baud/Hz})$$

### 4．2ASK 信号的解调

2ASK 信号的解调可以采用非相干解调（包络检波）和相干解调两种方式来实现，如图 6-4 和图 6-5 所示。

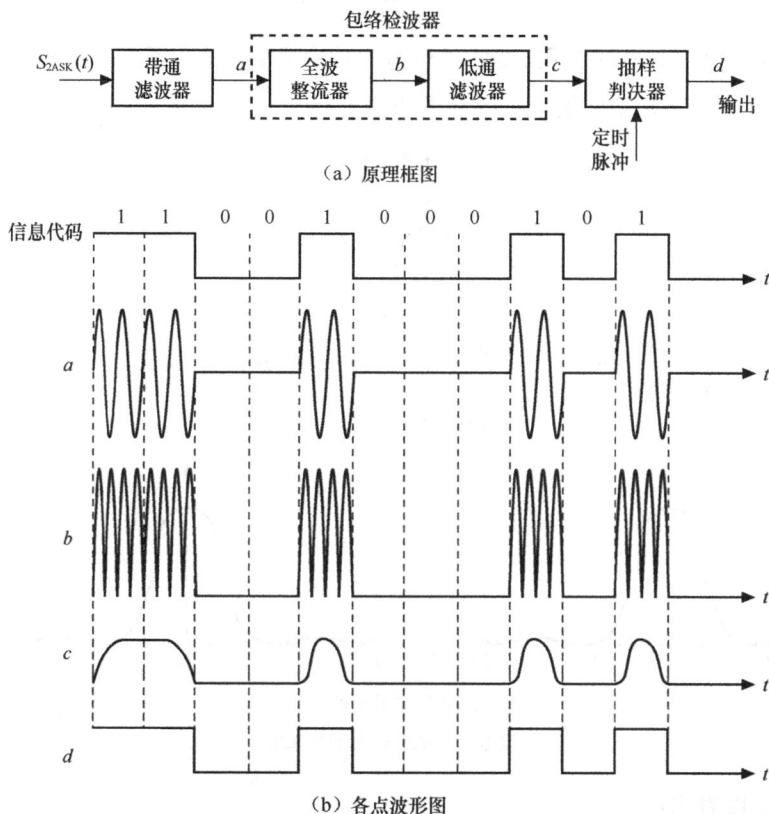

图 6-4  2ASK 信号的非相干解调

（a）原理框图

（b）各点波形图

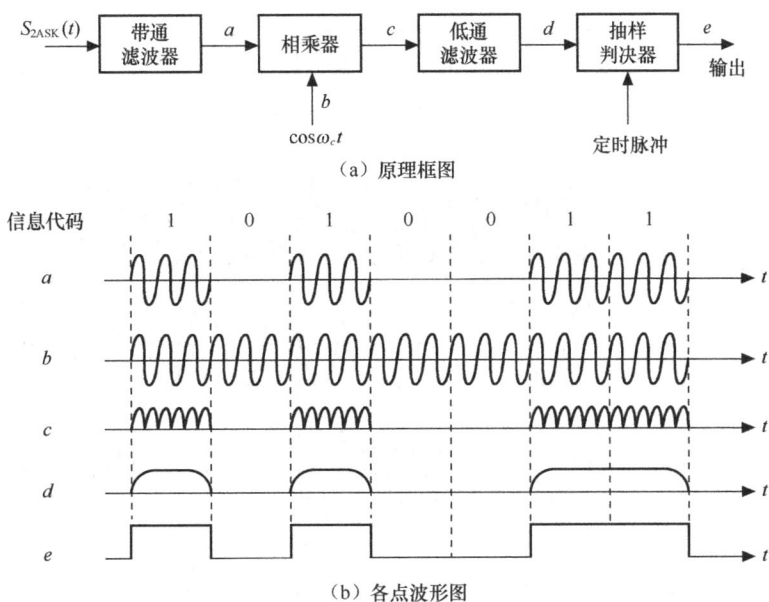

图 6-5 2ASK 信号的相干解调

## 6.2.2 二进制频移键控（2FSK）

### 1. 2FSK 信号的时域表达

二进制频移键控（2FSK）是指载波的频率受调制信号的控制，而幅度和相位保持不变。设二进制数字信号的"1"对应载波频率 $f_1$，"0"对应载波频率 $f_2$，而且 $f_1$ 和 $f_2$ 之间的改变是瞬间完成的。因此，二进制频移键控信号可以看成是两个不同载波的二进制幅移键控信号的叠加。根据以上分析，得出 2FSK 信号的时域表达式

$$S_{2FSK}(t)=[\sum_n a_n g(t-nT_s)]\cos(\omega_1 t+\theta_n)+[\sum_n \overline{a}_n g(t-nT_s)]\cos(\omega_2 t+\varphi_n) \quad (6.2\text{-}10)$$

这里，$\theta_n$ 和 $\varphi_n$ 分别表示第 $n$ 个信号码元的初始相位，$\overline{a}_n$ 是 $a_n$ 的反码，且有

$$a_n=\begin{cases}0,\text{出现概率为}P\\1,\text{出现概率为}1-P\end{cases}, \quad \overline{a}_n=\begin{cases}0,\text{出现概率为}1-P\\1,\text{出现概率为}P\end{cases} \quad (6.2\text{-}11)$$

一般的，我们将 $g(t)$ 看作是宽度为 $T_s$ 的单极性矩形脉冲波形。

设

$$\begin{cases}s_1(t)=\sum_n a_n g(t-nT_s)\\s_2(t)=\sum_n \overline{a}_n g(t-nT_s)\end{cases}$$

于是，可以将 2FSK 信号表示为

$$S_{2FSK}(t)=s_1(t)\cos(\omega_1 t+\theta_n)+s_2(t)\cos(\omega_2 t+\varphi_n) \quad (6.2\text{-}12)$$

2FSK 信号的典型时间波形如图 6-6 所示。

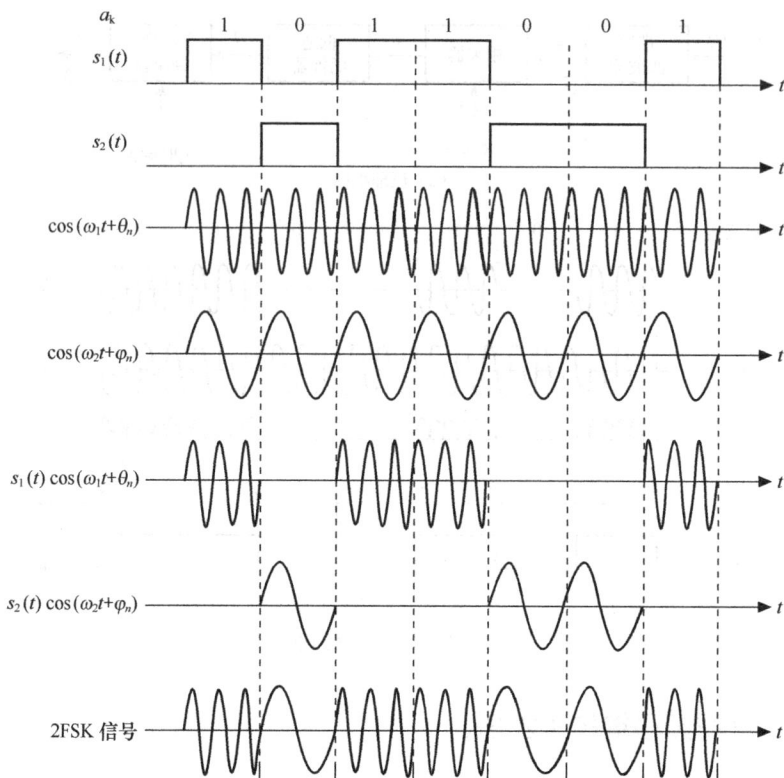

图 6-6  2FSK 信号时间波形

## 2. 2FSK 信号的产生

通常 2FSK 信号可以由两种电路实现。图 6-7（a）所示为模拟调频法，它是利用二进制基带信号对载波进行调频，这种方法不存在相位断续的现象，是频移键控通信方式早期采用的实现方法。图 6-7（b）所示是用数字键控法产生二进制移频键控信号的原理图，图中两个振荡器的输出载波受输入的二进制基带信号控制，在一个码元 $T_s$ 期间输出 $f_1$ 或 $f_2$ 两个载波之一。该方法由于使用两个独立的振荡器，使得信号波形的相位存在不连续的现象，但它具有转换速度快、波形好、稳定度高且易于实现等优点，故应用广泛。

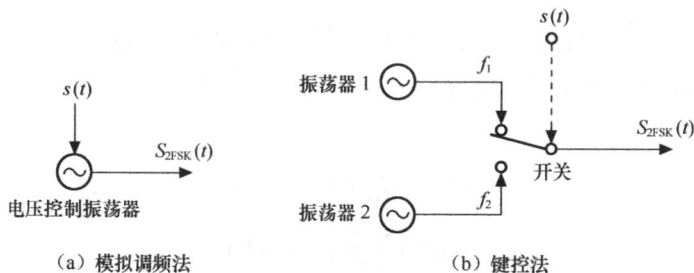

（a）模拟调频法                （b）键控法

图 6-7  2FSK 信号的产生

## 3. 2FSK 信号的功率谱及带宽

由式（6.2-10）可知，一个 2FSK 信号可看作两个不同频率 2ASK 信号的合成。在二进制移频键控信号中，$\theta_n$ 和 $\varphi_n$ 不携带信息，通常可令 $\theta_n$ 和 $\varphi_n$ 为 0。因此，式（6.2-11）二进制移频键控信号的时域表达式可简化为

$$S_{2FSK}(t) = s_1(t)\cos\omega_1 t + s_2(t)\cos\omega_2 t \tag{6.2-13}$$

式中，$s_1(t) = \sum_n a_n g(t - nT_s)$ 和 $s_2(t) = \sum_n \overline{a}_n g(t - nT_s)$

由式（6.2-5）2ASK 信号功率谱密度的表达式，可以得到 2FSK 信号功率谱密度的表达式为

$$P_{2FSK}(f) = \frac{1}{4}[P_{s1}(f - f_1) + P_{s1}(f + f_1) + P_{s2}(f - f_2) + P_{s2}(f + f_2)] \tag{6.2-14}$$

上式中，$P_{s1}(f)$ 和 $P_{s2}(f)$ 分别是基带信号 $s_1(t)$ 和 $s_2(t)$ 的功率谱。$P_{s1}(f)$ 和 $P_{s2}(f)$ 的表达式可参照式（6.2-6）。

当概率 $P=1/2$ 时，可以得出 2FSK 信号功率谱的表达式为

$$\begin{aligned} P_{2FSK}(f) = \frac{T_s}{16}\Big\{ & Sa^2\big[\pi(f + f_1)T_s\big] + Sa^2\big[\pi(f - f_1)T_s\big] + \\ & Sa^2\big[\pi(f + f_2)T_s\big] + Sa^2\big[\pi(f - f_2)T_s\big]\Big\} + \\ & \frac{1}{16}[\delta(f + f_1) + \delta(f - f_1) + \delta(f + f_2) + \delta(f - f_2)] \end{aligned} \tag{6.2-15}$$

式中，利用了 $f_s = 1/T_s$ 的关系。

2FSK 信号的功率谱如图 6-8 所示，图中 $f_0 = (f_1 + f_2)/2$。

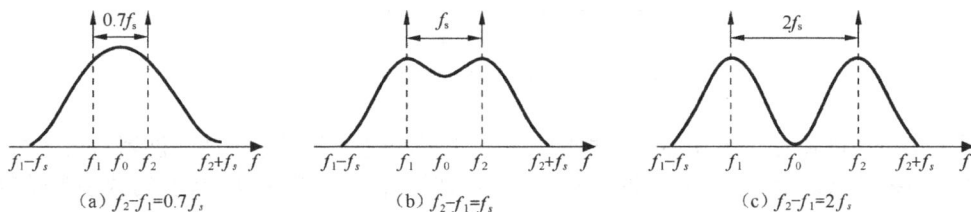

图 6-8 2FSK 信号的功率谱

由图 6-8 可见，第一：2FSK 信号的功率谱与 2ASK 信号的功率谱相似，同样包含连续谱和离散谱。其中，连续谱由两个双边谱叠加而成，而离散谱出现在两个载频位置上。第二：连续谱的形状随着 $|f_2 - f_1|$ 的大小而异。当 $|f_2 - f_1| > f_s$ 出现双峰，$|f_2 - f_1| < f_s$ 出现单峰，只有 $|f_2 - f_1| \geq 2f_s$ 时双峰完全分离。通信中，常见的是 $|f_2 - f_1| \geq 2f_s$ 的情况，因为只有当 $|f_2 - f_1| \geq 2f_s$ 时，组成 2FSK 信号的两个 2ASK 信号频谱的主瓣不重叠，才可以用两个带通滤波器将两个 2ASK 信号分开，送给各自的包络检波器或相干解调器。

同样，由图 6-8 我们可以定义 2FSK 的频谱宽度为

$$B_{2FSK} = |f_1 - f_2| + 2B_s = |f_1 - f_2| + 2f_s \tag{6.2-16}$$

**特别**：式（6.2-16）是在数字基带信号 $s(t)$ 用单极性矩形脉冲波形表示的前提条件下得到的结论。若考虑基带成形滤波器具有滚降系数为 $\alpha$ 的余弦特性时，则无码间串扰时基带信号的带宽为

$$B_s = (1 + \alpha)B_N = (1 + \alpha)\frac{R_B}{2}$$

此时，$B_{2FSK} = |f_1 - f_2| + 2B_s = |f_1 - f_2| + (1+\alpha)R_B$　　　　　　　　　　　(6.2-17)

对应该数字调制系统的码元频带利用率为

$$\eta = \frac{R_B}{B_{2FSK}} = \frac{R_B}{|f_1 - f_2| + (1+\alpha)R_B} (Baud/Hz)$$

### 4. 2FSK 信号的解调

2FSK 的解调也可以分为非相干（包络检波）解调和相干解调。图 6-9 是 2FSK 非相干解调原理方框图。图中，两个中心频率分别为 $f_1$ 和 $f_2$ 带通滤波器的作用是取出频率为 $f_1$ 和 $f_2$ 高频信号，包络检波器将各自的包络取出至抽样判决器，抽样判决器在抽样脉冲到达时对包络的样值 $V_1$ 和 $V_2$ 进行判决，判决准则是当抽样值满足 $V_1 > V_2$ 判为 $f_1$ 频率代表的数字基带信号，即"1"码；当 $V_1 < V_2$ 时判为 $f_2$ 频率代表的数字基带信号，即"0"码。

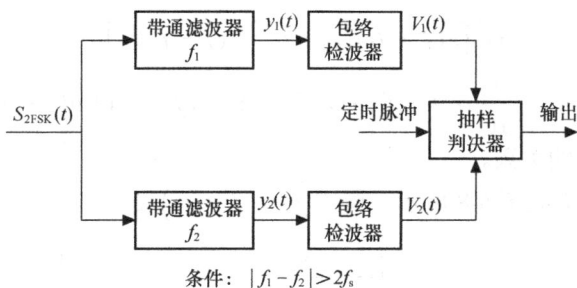

条件：$|f_1 - f_2| > 2f_s$

图 6-9　2FSK 非相干解调原理方框图

图 6-10 是 2FSK 相干解调原理方框图。接收信号经过上下两路带通滤波器滤波、与本地相干载波相乘和低通滤波后，进行抽样判决。若抽样值 $x_1 > x_2$ ，判为 $f_1$ 代表的数字基带信号；若抽样值 $x_1 < x_2$ ，判为 $f_2$ 代表的数字基带信号。

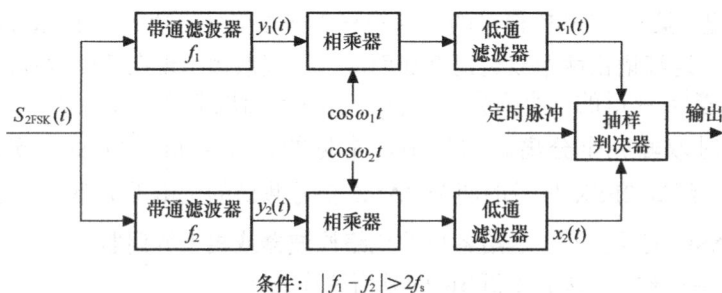

条件：$|f_1 - f_2| > 2f_s$

图 6-10　2FSK 相干解调原理方框图

2FSK 另外一种常用而简便的解调方法是过零检波解调法，其解调原理框图及各点时间波形如图 6-11（a）和（b）所示。其基本原理是：二进制移频键控信号的过零点数随载波频率不同而异，通过检测过零点数从而得到频率的变化。在图 6-11 中，输入信号经过限幅后产生矩形波，经微分、整流、脉冲波形成形后得到与频率变化相关的矩形脉冲波，再经低通滤波器滤除高次谐波，便恢复出与原数字信号对应的数字基带信号。

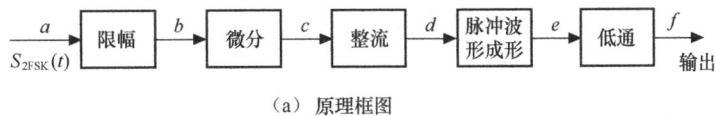

（a）原理框图

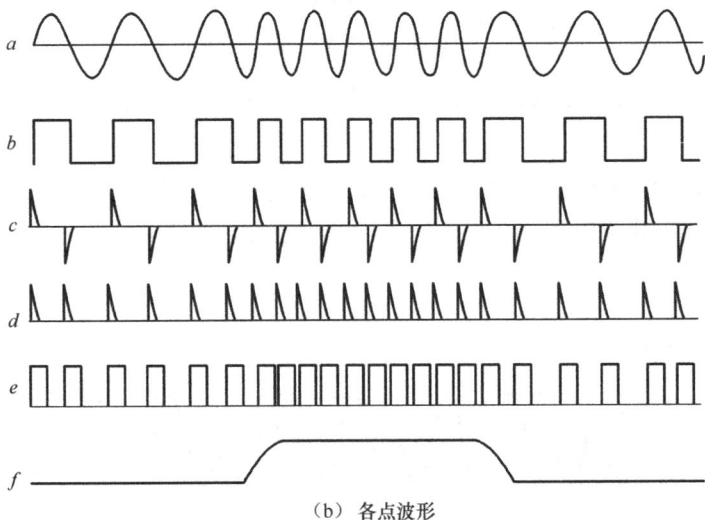

（b）各点波形

图 6-11　2FSK 信号的过零检测法

【例 6.2.1】　设某 2FSK 调制系统的码元传输速率为 1000Baud，两个载频为 1000Hz 和 2500Hz。试讨论可以采用什么方法解调这个 2FSK 信号。

**解**：由于 $f_s = \dfrac{1}{T_s} = R_B = 1000\text{Hz}$，$|f_1 - f_2| = 1500\text{Hz} < 2f_s$，则组成 2FSK 信号的两个 2ASK 信号的频谱有部分重叠，2FSK 相干解调器和非相干解调器上、下两个支路的带通滤波器不可能将两个 2ASK 信号分开。所以不能采用相干解调和包络检波法（非相干解调）解调此 2FSK 信号。可以采用过零检测法解调此 2FSK 信号，因为它不需要用滤波器将两个 2ASK 信号分开。

### 6.2.3　二进制相移键控（2PSK）和二进制差分相移键控（2DPSK）

相移键控是利用载波相位的变化来传递数字信息，通常可以分为绝对相移键控（2PSK）和差分（相对）相移键控（2DPSK）两种方式，下面分别讨论。

**1. 二进制绝对相移键控（2PSK）**

一般地如果二进制序列的数字信号"1"和"0"，分别用载波的相位 π 和 0 这两个离散值来表示，而其幅度和频率保持不变，这种调制方式就称为二进制绝对相移键控。也就是说，绝对相移键控是指已调信号的相位直接由数字基带信号控制。设二进制符号及其基带信号波形与前面假设一样，则 2PSK 信号的一般表达式为

$$S_{2PSK}(t) = \sum_n a_n g(t - nT_s)\cos\omega_c t = s(t)\cos\omega_c t \qquad (6.2\text{-}18)$$

值得注意的是，虽然式（6.2-18）与 2ASK 的表示形式一样，但这里的 $a_n$ 有着不同的含义，即

$$a_n = \begin{cases} +1, \text{出现概率为} P \\ -1, \text{出现概率为} 1-P \end{cases} \qquad (6.2\text{-}19)$$

这里 $s(t)$ 是与 $a_n$ 对应的双极性矩形脉冲序列。在一个码元周期 $T_s$ 内，二进制绝对相移键控信号可以表示为

$$S_{2PSK}(t) = \begin{cases} \cos(\omega_c t + 0) & \text{概率为} P \\ \cos(\omega_c t + \pi) & \text{概率为} 1 - P \end{cases} \qquad (6.2\text{-}20)$$

即发送二进制符号"0"时（ $a_n$ 取+1） $S_{2PSK}(t)$ 取 0 相位；发送二进制符号"1"时（ $a_n$ 取-1） $S_{2PSK}(t)$ 取 $\pi$ 相位。

2PSK 信号的典型时间波形如图 6-12 所示，图中所有数字信号"1"码对应载波信号的 $\pi$ 相位，而"0"码对应载波信号的 0 相位（也可以反之）。

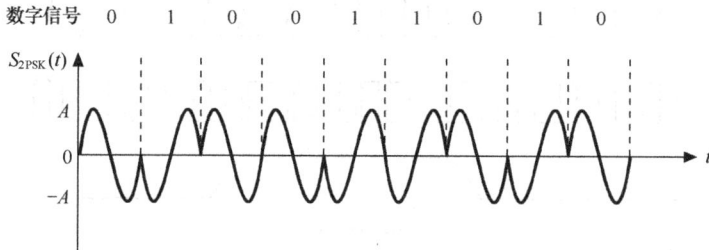

图 6-12  2PSK 波形

2PSK 信号可以采用两种方法实现。一种是如图 6-13（a）所示的模拟调制法，二进制数字序列 $\{a_n\}$ 经码型变换，由单极性码形成幅度为 ±1 的双极性不归零码，与载波相乘而产生 2PSK 信号。另一种是如图 6-13（b）所示的相移键控法。

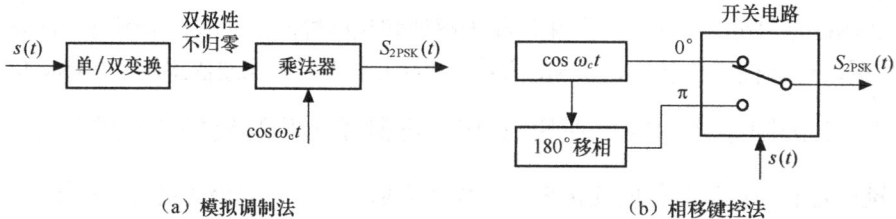

（a）模拟调制法        （b）相移键控法

图 6-13  2PSK 的实现方式

下面我们来分析 2PSK 信号的频谱特性。由式（6.2-18）可以看出，2PSK 信号实质上可以被看成是一个特殊的 2ASK 信号，即当数字信号为"0"时 $a_n$ 的取值为 1，当数字信号为"1"时 $a_n$ 的取值为 -1。也就是就说，在 2ASK 中 $g(t)$ 是单极性信号，而在 2PSK 中则可以看作是一个双极性信号。则求 2PSK 信号的功率谱，也可以采用与求 2ASK 信号功率谱相同的方法。所以，2PSK 信号的功率谱也可以写成式（6.2-5）的形式，即

$$P_{2PSK}(f) = \frac{P_s(f + f_c) + P_s(f - f_c)}{4} \qquad (6.2\text{-}21)$$

上式中 $P_s(f)$ 是调制信号 $s(t)$ 的功率谱密度。$s(t)$ 为双极性矩形随机脉冲序列，当 0、1 等概率出现时，由式（5.3-12）可知 $s(t)$ 的功率谱密度为

$$P_s(f) = T_s Sa^2(\pi f T_s) \qquad (6.2\text{-}22)$$

将上式代入式（6.2-21），得

$$P_{2PSK}(f) = \frac{T_S}{4}\left\{ Sa^2\left[\pi(f+f_c)T_s\right] + Sa^2\left[\pi(f-f_c)T_s\right]\right\} \qquad (6.2\text{-}23)$$

式（6.2-23）与 2ASK 信号的功率谱表达式（6.2-7）相比较可见，2PSK 信号的功率谱与 2ASK 信号功率谱中的连续谱部分的形状相同。因此这两种信号的带宽相同。另一方面，当双极性基带信号以相等的概率出现时，2PSK 信号的功率谱中无离散谱分量，而此离散分量就是 2ASK 信号的载波分量。所以，2PSK 信号可以看成是抑制载波的双边带幅移键控信号。为此可以把数字调相信号当作线性调制信号来处理，但是不能把上述概念推广到所有调相信号中去。如在模拟调制中，PM 与 FM 都是非线性调制。

2PSK 信号的解调一般采用相干解调。2PSK 相干解调原理框图和各点波形分别如图 6-14（a）和（b）所示。

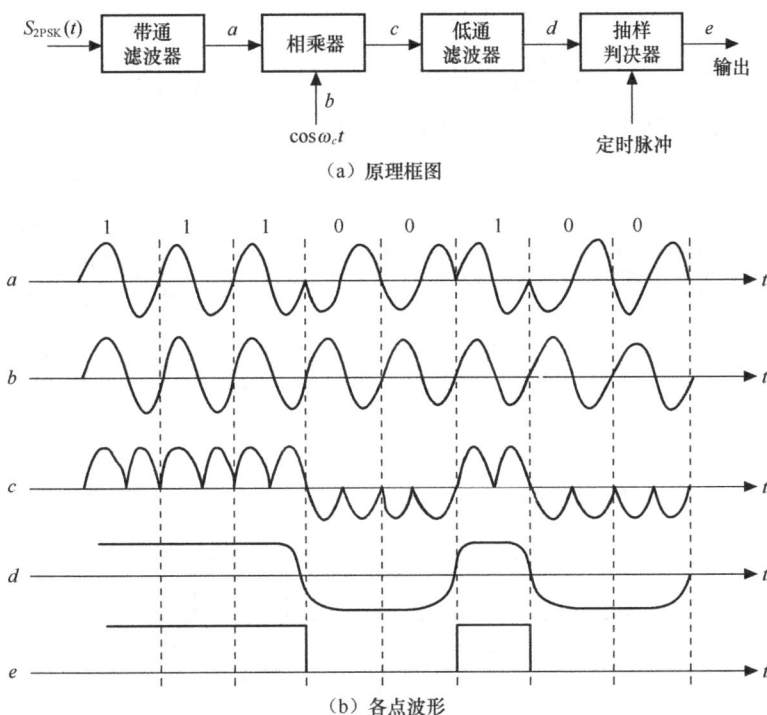

（a）原理框图

（b）各点波形

图 6-14　2PSK 相干解调

### 2. 二进制相对相移键控（2DPSK）

在绝对调相方式中，发送端是以未调载波相位作基准，然后用已调载波相位相对于基准相位的绝对值（0 或 π）来表示数字信号，因而在接收端也必须有这样一个固定的基准相位作参考。如果这个参考相位发生变化（0→π 或 π→0），则恢复的数字信号也就会发生错误（"1" → "0" 或 "0" → "1"）。这种现象通常称为 2PSK 方式的"倒 π 现象"或"反向工作现象"。为了克服这种现象，采用相对相移键控（2DPSK）方式。

相对相移键控（2DPSK）是利用前后相邻码元载波相位的相对变化来表示数字信号。相

对调相值 $\Delta\varphi$ 是指本码元的初相与前一码元的初相之差[1]。

　并设

$$\begin{cases} \Delta\varphi = \pi \rightarrow \text{数字信息 "1"} \\ \Delta\varphi = 0 \rightarrow \text{数字信息 "0"} \end{cases}$$ （6.2-24）

2DPSK 的典型时间波形如图 6-15 所示。

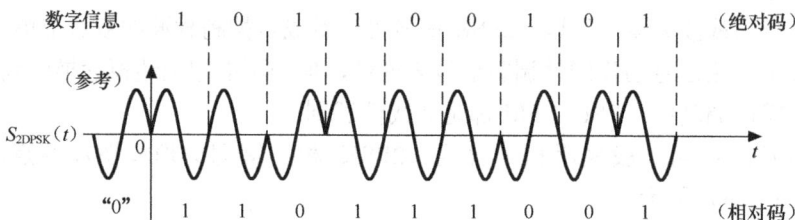

图 6-15　2DPSK 的波形

2DPSK 的产生基本类似于 2PSK，只是调制信号需要经过码型变换，将绝对码变为相对码。2DPSK 产生的原理框图如图 6-16 所示，图（a）为模拟调制法，图（b）为相移键控法，图（c）为典型的原理波形。

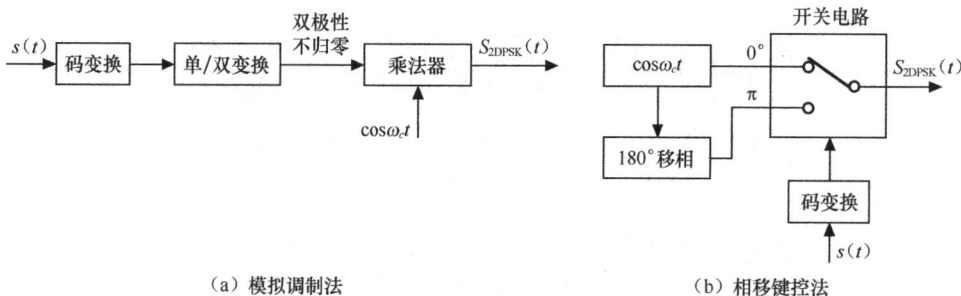

（a）模拟调制法　　　　　　　　　　　　　　　　（b）相移键控法

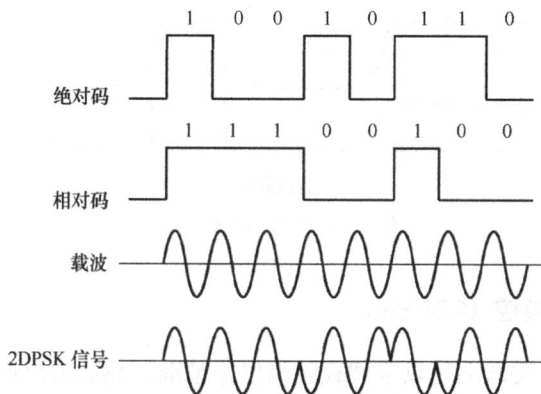

（c）原理波形

图 6-16　2DPSK 的实现方式

从上面分析可见，无论接收信号是 **2DPSK** 还是 **2PSK** 信号，单从接收端看是区分不开的。

---

1　相对调相值 $\Delta\varphi$ 也可以指本码元已调载波的初相与前一码元已调载波的末相之差。

因此，2DPSK 信号的功率谱密度和 2PSK 信号的功率谱密度是完全一样的。

下面讨论 2DPSK 信号的解调。2DPSK 信号可以采用相干解调法(极性比较法)和差分相干解调法(相位比较法)。图 6-17 为相干解调法，解调器原理图和解调过程各点时间波形如图 6-17（a）和（b）所示。其解调原理是：先对 2DPSK 信号进行相干解调，恢复出相对码，再通过码反变换器变换为绝对码，从而恢复出发送的二进制数字信息。在解调过程中，若相干载波产生 180° 相位模糊，解调出的相对码将产生倒置现象，但是经过码反变换器后，输出的绝对码不会发生任何倒置现象，从而解决了载波相位模糊的问题。

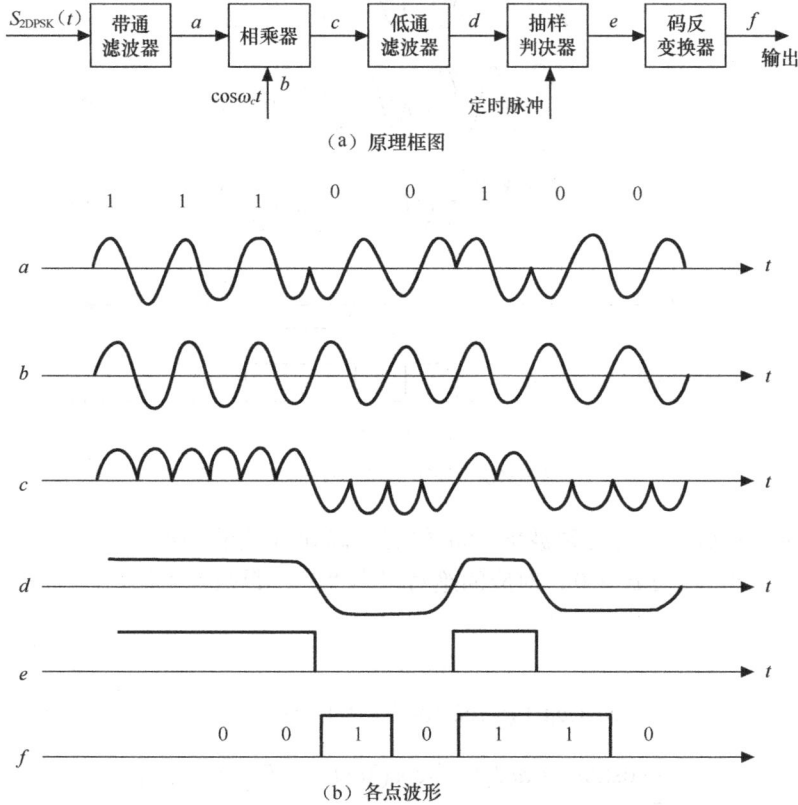

（a）原理框图

（b）各点波形

图 6-17  2DPSK 的相干解调

为了恢复出原始的数字信息，图 6-17（a）中码反变换的规则应为：比较相对码的本码元与前一码元，如果电位相同，对应的绝对码为 "0"，否则为 "1"。

图 6-18 所示是 2DPSK 信号的差分相干解调（相位比较）法，解调器原理图和解调过程各点时间波形如图 6-18（a）和（b）所示。其解调原理是：直接比较前后码元的相位差，从而恢复发送的二进制数字信息。由于解调的同时完成了码反变换作用，故解调器中不需要码反变换器。同时差分相干解调方式不需要专门的相干载波，因此是一种非相干解调方法。

下面分析图 6-18（a）所示 2DPSK 信号采用差分相干解调的原理。

设输入已调信号为

$a$ 点：
$$y_1(t) = \cos(\omega_c t + \varphi_n) \tag{6.2-25}$$

输入已调信号经过延时器的输出为

$b$ 点：
$$y_2(t) = \cos\left[\omega_c(t - T_s) + \varphi_{n-1}\right] \tag{6.2-26}$$

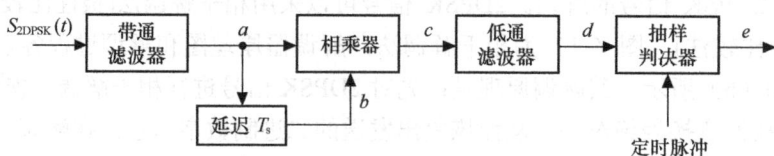

（a）原理框图

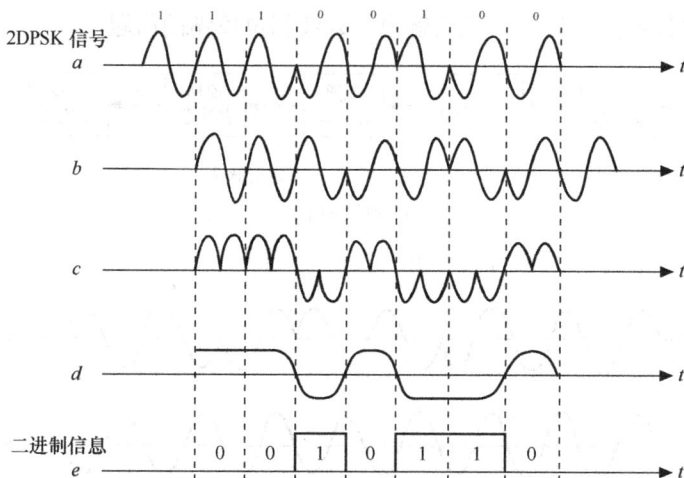

（b）各点波形

图 6-18　2DPSK 的差分相干解调

式中，$\varphi_n$ 和 $\varphi_{n-1}$ 分别为本码元载波的初相和前一码元载波的初相。令 $\Delta\varphi_n = \varphi_n - \varphi_{n-1}$，由图 6-18（b）点波形知，$\Delta\varphi_n = 0$，对应的绝对码为 "0"，否则为 "1"。

相乘器输出为

$c$ 点：
$$\begin{aligned} z(t) &= \cos(\omega_c t + \varphi_n)\cos\left[\omega_c(t - T_s) + \varphi_{n-1}\right] \\ &= \frac{1}{2}\cos(\Delta\varphi_n + \omega_c T_s) + \frac{1}{2}\cos(2\omega_c t - \omega_c T_s + \varphi_n + \varphi_{n-1}) \end{aligned} \tag{6.2-27}$$

低通滤波器输出为

$d$ 点：
$$\begin{aligned} x(t) &= \frac{1}{2}\cos(\Delta\varphi_n + \omega_c T_s) \\ &= \frac{1}{2}\cos(\Delta\varphi_n)\cos(\omega_c T_s) - \frac{1}{2}\sin(\Delta\varphi_n)\sin(\omega_c T_s) \end{aligned} \tag{6.2-28}$$

如果数字信号传输速率（$1/T_s$）与载波频率 $f_c$ 有整数 k 倍关系。取 $f_c = k f_s$，则 $\omega_c T_s = 2\pi k$ 则式（6.2-28）可简化为

$$x(t) = \frac{1}{2}\cos\Delta\varphi_n = \begin{cases} 1/2 & \Delta\varphi_n = 0 \\ -1/2 & \Delta\varphi_n = \pi \end{cases} \tag{6.2-29}$$

可见，当码元宽度是载波周期的整数倍时，相位比较法对本码元的初相与前一码元的初相进行了比较。

抽样判决器的判决准则为

$$\begin{cases} x > 0 & \text{判为0} \\ x < 0 & \text{判为1} \end{cases}$$

其中 $x$ 为抽样时刻的值（抽样值）。从而完成正确解调。

## 6.3　二进制数字调制系统的抗噪声性能

通信系统的抗噪声性能是指系统克服加性噪声影响的能力。在数字通信中，信道的加性噪声能使传输码元产生错误，错误程度通常用误码率来衡量。与数字基带系统一样，分析二进制数字调制系统的抗噪声性能，也就是要计算系统由加性噪声产生的总误码率。

### 6.3.1　2ASK 的抗噪声性能

2ASK 有两种解调方式：相干解调和非相干解调。为便于分析，我们这里首先给出 2ASK 相干解调（同步解调）和非相干解调（包络检波）的基本分析模型如图 6-19 所示。图中 $u_i(t)$ 表示在一个观察周期 $T_s$ 内发射端发出的已调信号波形，$n(t)$ 表示高斯白噪声信号。当 $y_i(t)$ 经过带通滤波器后，我们可认为 $u_i(t)$ 不变，而 $n(t)$ 则变成窄带的高斯噪声 $n_i(t)$。

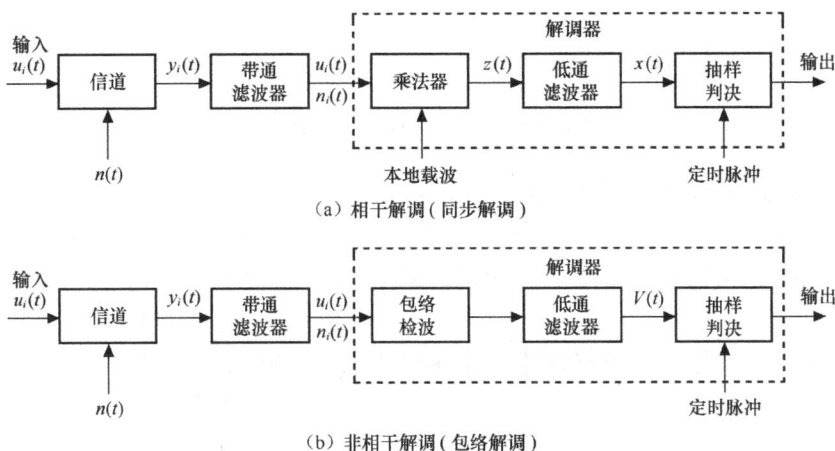

图 6-19　2ASK 相干解调和非相干解调模型

设发送端的载波为 $A\cos\omega_c t$，在一个码元持续时间内，收端信号 $y_i(t)$ 经过带通滤波器后已调信号加窄带噪声的合成波形为

$$y(t) = u_i(t) + n_i(t) \qquad 0 < t \leqslant T_s \tag{6.3-1}$$

其中

$$u_i(t) = \begin{cases} a\cos\omega_c t, & \text{发送 "1" 时} \\ 0, & \text{发送 "0" 时} \end{cases} \tag{6.3-2}$$

式中，$a$ 是考虑由于信道影响而带来幅度 $A$ 衰减后的值。

由于 $n_i(t)$ 是一个窄带高斯过程，设其均值为 0、方差为 $\sigma_n^2$。由式（2.8-2）可得

$$n_i(t) = n_c(t)\cos\omega_c t - n_s(t)\sin\omega_c t \tag{6.3-3}$$

将式（6.3-2）和式（6.3-3）代入式（6.3-1），得到带通滤波器的输出波形

$$y(t) = \begin{cases} [a + n_c(t)]\cos\omega_c t - n_s(t)\sin\omega_c t & \text{发送 "1" 时} \\ n_c(t)\cos\omega_c t - n_s(t)\sin\omega_c t & \text{发送 "0" 时} \end{cases} \quad (6.3-4)$$

下面分别讨论 2ASK 相干解调和非相干解调的抗噪声性能。

### 1. 相干解调性能分析

由图 6-19（a）所示，$u_i(t)$ 和 $n_i(t)$ 信号经过相乘器与本地载波 $\cos\omega_c t$ 相乘后，有

$$z(t) = y(t) \cdot \cos\omega_c t = \begin{cases} [a + n_c(t)]\cos^2\omega_c t - n_s(t)\sin\omega_c t \cdot \cos\omega_c t & \text{发送 "1" 时} \\ n_c(t)\cos^2\omega_c t - n_s(t)\sin\omega_c t \cos\omega_c t & \text{发送 "0" 时} \end{cases} \quad (6.3-5)$$

经过低通滤波器后，在抽样判决器输入端得到的波形 $x(t)$ 可以表示为

$$x(t) = \begin{cases} a + n_c(t), & \text{发送 "1" 时} \\ n_c(t), & \text{发送 "0" 时} \end{cases} \quad (6.3-6)$$

式中未计入系数 $1/2$，这是因为该系数可以由电路中的增益来加以补偿。

由于 $n_c(t)$ 是高斯过程，因此当发送 "1" 时，过程 $a + n_c(t)$ 的一维概率密度为

$$f_1(x) = \frac{1}{\sigma_n\sqrt{2\pi}}\exp\left[-(x-a)^2/2\sigma_n^2\right] \quad (6.3-7)$$

而当发送 "0" 时，$n_c(t)$ 的一维概率密度为

$$f_0(x) = \frac{1}{\sigma_n\sqrt{2\pi}}\exp\left[-x^2/2\sigma_n^2\right] \quad (6.3-8)$$

设抽样判决器的判决门限为 $b$，我们规定判决准则如下：$x(t)$ 的抽样值 $x > b$，则判为 "1"码,若 $x \leq b$，则判为 "0" 码。显然，此时产生误码只有两种情形：（1）发 "1" 错判为 "0" 码；（2）发 "0" 错判为 "1" 码。假定出现这两种情形的条件概率分别为 $P_{e1}$ 和 $P_{e0}$，则有

$$P_{e1} = P\{x \leq b\} = \int_{-\infty}^{b} f_1(x)dx = 1 - \frac{1}{2}\left[1 - \text{erf}\left(\frac{b-a}{\sqrt{2\sigma_n^2}}\right)\right] \quad (6.3-9)$$

$$P_{e0} = P(x \geq b) = \int_{b}^{\infty} f_0(x)dx = \frac{1}{2}\left[1 - \text{erf}\left(\frac{b}{\sqrt{2\sigma_n^2}}\right)\right] \quad (6.3-10)$$

其中

$$erf(x) = \frac{2}{\sqrt{\pi}}\int_0^x e^{-u^2}du \quad (6.3-11)$$

系统总误码率 $P_e$ 为

$$P_e = P(1)P_{e1} + P(0)P_{e0} \quad (6.3-12)$$

这里，$P(1)$、$P(0)$ 分别表示发 "1" 码和发 "0" 码的概率。

如果 $P(1) = P(0)$，上式可以进一步表示为

$$P_e = \frac{1}{2}P_{e1} + \frac{1}{2}P_{e0} = \frac{1}{4}\left[1 + \text{erf}\left(\frac{b-a}{\sqrt{2}\sigma_n}\right)\right] + \frac{1}{4}\left[1 - \text{erf}\left(\frac{b}{\sqrt{2}\sigma_n}\right)\right] \quad (6.3-13)$$

我们将 $f_1(x)$ 与 $f_0(x)$ 的曲线画在同一个图中，如图 6-20 所示。由图可以看出，式（6.3-13）表示的系统总误码率等于图中画有斜线区域总面积的一半。显然，为了取得最小误码率，判决门限值应位于图中 $f_1(x)$ 与 $f_0(x)$ 曲线的交点，即 $b^*$（最佳门限）点，此时有

$$f_1\left(b^*\right) = f_0\left(b^*\right) \tag{6.3-14}$$

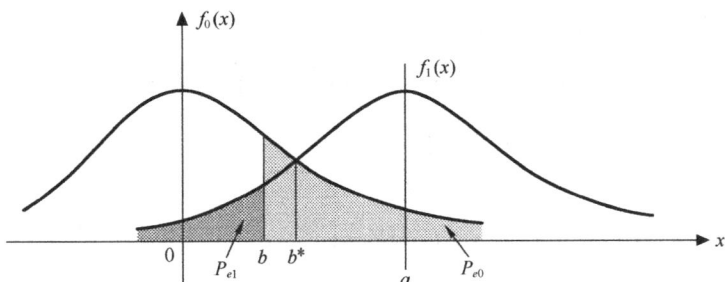

图 6-20　$f_1(x)$ 与 $f_0(x)$ 的曲线

将式（6.3-7）及式（6.3-8）代入上述方程，即得

$$b^* = \frac{a}{2} \tag{6.3-15}$$

将式（6.3-15）代入式（6.3-13），最后得到

$$P_e = \frac{1}{2}\mathrm{erfc}\left(\sqrt{r}/2\right) \tag{6.3-16}$$

其中，$r = \dfrac{a^2}{2\sigma_n^2}$ 称为解调器的输入信噪比。

当 $r \gg 1$ 时，式（6.3-16）可以近似表示为

$$P_e = \frac{1}{\sqrt{\pi r}}\mathrm{e}^{-r/4} \tag{6.3-17}$$

### 2. 非相干解调（包络检波）性能分析

当采用包络解调时，解调模型如图 6-19（b）所示。当发送"1"码时，则在 $\left(0, T_s\right)$ 内，带通滤波器输出的包络为

$$V(t) = \sqrt{\left[a + n_c(t)\right]^2 + n_s(t)^2} \tag{6.3-18}$$

而发送"0"码时，带通滤波器输出的包络

$$V(t) = \sqrt{n_c(t)^2 + n_s(t)^2} \tag{6.3-19}$$

根据第二章的讨论可知，由式（6.3-18）给出的包络函数，其一维概率密度函数服从广义瑞利分布；而由式（6.3-19）给出的包络函数，其一维概率密度函数服从瑞利分布。它们的概率密度函数可分别表示为

$$f_1(V) = \frac{V}{\sigma_n^2} I_0\left(\frac{aV}{\sigma_n^2}\right) \mathrm{e}^{-(V^2 + a^2)/2\sigma_n^2} \tag{6.3-20}$$

$$f_0(V) = \frac{V}{\sigma_n^2} e^{-V^2/2\sigma_n^2} \tag{6.3-21}$$

显然，$V(t)$ 信号经过抽样后按照规定的判决门限进行判决，从而确定接收码元是 "1" 码还是 "0" 码。仍设判决门限为 $b$，并规定 $V(t)$ 的抽样值 $V > b$ 时，判为 "1" 码；$V \leqslant b$ 时，判为 "0" 码。同理，我们可以分别得到发 "1" 错判为 "0" 码的条件概率 $P_{e1}$ 和发 "0" 错判为 "1" 码的条件概率 $P_{e0}$ 分别为

$$P_{e1} = P(V \leqslant b) = \int_0^b f_1(V)dV = 1 - \int_b^\infty f_1(V)dV$$
$$= 1 - Q\left(\frac{a}{\sigma_n}, \frac{b}{\sigma_n}\right) \tag{6.3-22}$$

$$P_{e0} = P(V > b) = \int_b^\infty f_0(V)dV = \int_b^\infty \frac{V}{\sigma_n^2} e^{-V^2/2\sigma_n^2}dV = e^{-b^2/2\sigma_n^2} \tag{6.3-23}$$

式（6.3-22）中 $Q[\cdot]$ 函数定义为

$$Q(\alpha, \beta) = \int_\beta^\infty t I_0(\alpha t) e^{-(t^2+\alpha^2)/2} dt \tag{6.3-24}$$

且

$$\alpha = \frac{a}{\sigma_n}, \beta = \frac{b}{\sigma_n}, t = \frac{V}{\sigma_n} \tag{6.3-25}$$

经分析可得系统总误码率 $P_e$ 为

$$P_e = P(1)P_{e1} + P(0)P_{e0} \tag{6.3-26}$$

如果 $P(1) = P(0)$，则有

$$P_e = \frac{1}{2}\left\{1 - Q\left(\frac{a}{\sigma^n}, \frac{b}{\sigma^n}\right) + e^{-b^2/2\sigma_n^2}\right\} \tag{6.3-27}$$

按照上式计算出的误码率等于图 6-21 中画有斜线区域总面积的一半。

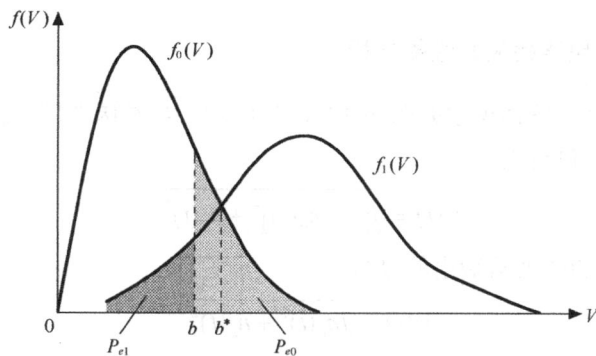

图 6-21　$f_1(V)$ 与 $f_0(V)$ 的曲线

在大信噪比条件下（在实际应用中，采用包络检波器的接收系统都设计成工作于大信噪比的情况），按照前面的分析方法，同样可以求得该系统的最佳门限值为

$$b^* = V^* = a/2 \tag{6.3-28}$$

从而，在 $P(1)=P(0)$ 条件下，可以求得 2ASK 非相干解调时误码率为

$$P_e = \frac{1}{2}e^{-r/4} \qquad (6.3\text{-}29)$$

式中，$r = a^2/2\sigma_n^2$。

比较式（6.3-17）和式（6.3-29）可以看出，在相同的大信噪比 $r$ 下，2ASK 信号相干解调的误码率低于非相干解调的误码率，但两者的误码性能相差并不大。然而，由于非相干解调时不需要稳定的本地载波信号，故在电路上要比相干解调时简单。

【例 6.3.1】　若采用 2ASK 方式传送 "1" 和 "0" 等概率的二进制数字信息，已知码元宽度为 $T_s = 100\mu s$，信道输出端高斯白噪声的单边功率谱密度为 $n_0 = 1.338 \times 10^{-5}\,\text{W/Hz}$。

（1）若利用相干方式解调，限定误码率为 $P_e = 2.055 \times 10^{-5}$，求所需 2ASK 接收信号的幅度 $a$？

（2）若保证误码率 $P_e$ 不变，改用非相干解调方式，求所需 2ASK 接收信号的幅度 $a$？

**解**：$T_s = 100\mu s$，则 $B_{2ASK} = 2/T_s = 2 \times 10^4\,(\text{Hz})$

（1）相干接收时，系统误码率 $P_e = \frac{1}{2}\text{erfc}\dfrac{\sqrt{r}}{2} = 2.055 \times 10^{-5}$，查阅附录四中的 "误差函数表"，可得 $\dfrac{\sqrt{r}}{2} = 2.9$，则 $r = 33.64$

由 $r = \dfrac{a^2}{2\sigma_n^2} = \dfrac{a^2}{2 \times n_0 \times B_{2ASK}} = 33.64$，求得 $a = 4.24\text{V}$。

（2）当非相干接收时，由 $P_e = \frac{1}{2}e^{-r/4} = 2.055 \times 10^{-5}$，解得 $r = 40.4$，同理由 $r = \dfrac{a^2}{2\sigma_n^2}$ 求得 $a = 4.65V$

可见，在同样误码率的条件下，用相干解调方式接收信号可节省约 20% 的信号功率，但设备要复杂。

**3. 匹配滤波系统性能**

参照图 5-21，2ASK 系统的信号样本为：

$$s(t) = \begin{cases} s_1(t) = a\cos\omega_c t & \text{发送 "1" 时} \\ s_2(t) = 0 & \text{发送 "0" 时} \end{cases} \quad \cdots\cdots 0 < t < T_s$$

满足在码元周期内有整数个载波周期条件：$\omega_c T_s = 2n\pi, n \in$ 整数。匹配滤波器的单位冲激响应

$$h(t) = \begin{cases} h_1(t) = a\cos\omega_c t & \text{发送 "1" 时} \\ h_2(t) = 0 & \text{发送 "0" 时} \end{cases} \quad \cdots\cdots 0 < t < T_s$$

$E_1 = A^2 T_s/2$，$E_2 = 0$，$\rho_{12} = 0$，对于 $P(0)=P(1)$，最佳判决门限为：$E_1/2$，带入式（5.6-31）得：

$$P_e = \frac{1}{2}\text{erfc}\left(\sqrt{\frac{E_1}{4n_0}}\right)$$

## 6.3.2　2FSK 的抗噪声性能

我们知道，2FSK 的解调同样可以采用相干解调和非相干解调。但是由于 2FSK 中有两个

不同的频率，因此我们在利用图 6-19 分析其抗噪声性能时，可以认为有两路不同频率的 2ASK 信号通过图中各部分，显然图中带通滤波器的中心频率以及本地载波频率必须和两路已调信号的载频一致，最后判决器根据上下两个支路解调输出样值的大小作出判决，从而解调出原始数字基带信号。

设两个带通滤波器的中心频率分别对应于 2FSK 的两个信号频率 $f_1$ 和 $f_2$，由式（6.3-4）可写出在一个码元持续时间内，2FSK 信号经过两个带通滤波器后的输出波形分别为

$$y_1(t) = \begin{cases} [a + n_{1c}(t)]\cos\omega_1 t - n_{1s}(t)\sin\omega_1 t & \text{发送 "1" 时} \\ n_{1c}(t)\cos\omega_1 t - n_{1s}(t)\sin\omega_1 t & \text{发送 "0" 时} \end{cases} \quad (6.3\text{-}30)$$

$$y_2(t) = \begin{cases} n_{2c}(t)\cos\omega_2 t - n_{2s}(t)\sin\omega_2 t & \text{发送 "1" 时} \\ [a + n_{2c}(t)]\cos\omega_2 t - n_{2s}(t)\sin\omega_2 t & \text{发送 "0" 时} \end{cases} \quad (6.3\text{-}31)$$

其中 $y_1(t)$ 和 $y_2(t)$ 分别代表中心频率为 $f_1$ 和 $f_2$ 的带通滤波器的输出。

### 1. 相干解调性能分析

式（6.3-30）和式（6.3-31）分别和本地载波相乘后，经过低通滤波，得到抽样判决器的两个输入波形分别为

$$x_1(t) = \begin{cases} a + n_{1c}(t), & \text{发送 "1" 时} \\ n_{1c}(t), & \text{发送 "0" 时} \end{cases} \quad (6.3\text{-}32)$$

$$x_2(t) = \begin{cases} n_{2c}(t), & \text{发送 "1" 时} \\ a + n_{2c}(t), & \text{发送 "0" 时} \end{cases} \quad (6.3\text{-}33)$$

其中 $x_1(t)$ 和 $x_2(t)$ 分别表示中心频率为 $f_1$ 和 $f_2$ 两个子路在抽样判决器前的输入波形。

当发 "1" 码时，由前面的分析可以得到

$$\begin{cases} x_1(t) = a + n_{1c}(t) \\ x_2(t) = n_{2c}(t) \end{cases} \quad (6.3\text{-}34)$$

这里，$n_{1c}(t)$ 及 $n_{2c}(t)$ 分别表示 $n_1(t)$ 及 $n_2(t)$ 的同相分量 $n_{1c}(t)$ 及 $n_{2c}(t)$。由前面分析知，$n_{1c}(t)$ 及 $n_{2c}(t)$ 都是均值为 0、方差为 $\sigma_n^2$ 的高斯随机过程，故抽样值 $x_1 = a + n_{1c}$ 是均值为 $a$、方差为 $\sigma_n^2$ 的高斯随机变量，抽样值 $x_2 = n_{2c}$ 是均值为 0、方差为 $\sigma_n^2$ 的高斯随机变量。

当发 "1" 码时，如果抽样值 $x_1 < x_2$ 则造成将中心频率 $f_1$ 的信号错误判决为中心频率 $f_2$ 的信号，从而发生误码。此时的误码率为

$$\begin{aligned} P_{e1} &= P(x_1 < x_2) \\ &= P[(a + n_{1c}) < n_{2c}] \\ &= P(a + n_{1c} - n_{2c} < 0) \end{aligned} \quad (6.3\text{-}35)$$

令 $z = a + n_{1c} - n_{2c}$，显然 $z$ 也是一个高斯随机变量，且其均值为 $a$，方差为 $2\sigma_n^2$。令 $z$ 的概率密度为 $f(z)$，有

$$P_{e1} = P(x_1 < x_2) = \int_{-\infty}^{0} f(z)\mathrm{d}z = \frac{1}{2}\left(1 - \mathrm{erf}\sqrt{r/2}\right) \quad (6.3\text{-}36)$$

同理可求得当发 "0" 码时的误码率为

$$P_{e0} = P(x_1 \geqslant x_2) = \frac{1}{2}\left(1 - \mathrm{erf}\sqrt{r/2}\right) \quad (6.3\text{-}37)$$

因此，2FSK 相干接收系统的总误码率为

$$P_e = P(1)P_{e1} + P(0)P_{e0}$$
$$= \frac{1}{2}[1 - \text{erf}(\sqrt{r/2})] = \frac{1}{2}\text{erfc}(\sqrt{r/2}) \tag{6.3-38}$$

在大信噪比 $r \gg 1$ 条件下，有

$$P_e = \frac{1}{\sqrt{2\pi r}}e^{-r/2} \tag{6.3-39}$$

式中，$r = a^2/2\sigma_n^2$。

### 2. 非相干解调性能分析

假定 $V_1(t)$ 和 $V_2(t)$ 分别表示中心频率为 $f_1$ 和 $f_2$ 的子路在抽样判决器前的输入，$n_1(t)$ 和 $n_2(t)$ 均是服从均值为 0、方差为 $\sigma_n^2$ 的高斯窄带过程。

当发"1"码时，由前面的分析可以得到

$$\begin{cases} V_1(t) = \sqrt{[a + n_{1c}(t)]^2 + n_{1s}^2(t)} \\ V_2(t) = \sqrt{n_{2c}^2(t) + n_{2s}^2(t)} \end{cases} \tag{6.3-40}$$

我们知道，$V_1(t)$ 的一维分布为广义瑞利分布分布，而 $V_2(t)$ 的一维概率分布为瑞利分布。显然，当 $V_1(t)$ 的抽样值 $V_1$ 小于 $V_2(t)$ 的抽样值 $V_2$ 时，则发生判决错误，引起误码。此时的误码率为

$$P_{e1} = P(V_1 < V_2) = \int_0^\infty f_1(V_1)[\int_{V_2=V_1}^\infty f_2(V_2)dV_2]dV_1$$
$$= \int_0^\infty \frac{V_1}{\sigma_n^2}I_0(\frac{aV_1}{\sigma_n^2})\exp[(-2V_1^2 - a^2)/2\sigma_n^2]dV_1 \tag{6.3-41}$$

经过进一步分析，可求得

$$P_{e1} = \frac{1}{2}e^{-r/2} \tag{6.3-42}$$

式中，$r = a^2/2\sigma_n^2$

同理可求得发"0"码时的误码率为

$$P_{e0} = P(V_1 \geqslant V_2) = \frac{1}{2}e^{-r/2} \tag{6.3-43}$$

因此，2FSK 非相干接收系统的总误码率为

$$P_e = P(1)P_{e1} + P(0)P_{e0}$$
$$= \frac{1}{2}e^{-r/2} \tag{6.3-44}$$

式中，$r = a^2/2\sigma_n^2$，即解调器输入信噪比。$\sigma_n^2$ 代表噪声的功率，当带通滤波器的带宽为 $B_{带通}$ 时，$\sigma_n^2 = n_0 B_{带通}$。注意此时 $B_{带通}$ 不是 2FSK 信号的带宽，而是带通滤波器的带宽。

可见，在大信噪比条件下，2FSK 的非相干解调与相干解调相比，在性能上相差较小（具有相同的衰减因子 $e^{-r/2}$），但采用相干解调需要提供本地载波，从而使其在设备上变得较为复杂。因此在能够满足输入信噪比的条件下，一般多采用非相干解调。

**【例 6.3.2】** 若采用 2FSK 方式传送二进制数字信息。已知发送端发出的信号幅度为 5V，输入接收端解调器的高斯噪声功率 $\sigma_n^2 = 3 \times 10^{-12} \mathrm{W}$，今要求误码率 $P_e = 10^{-4}$。试求：

（1）非相干接收时，由发送端到解调器输入端的衰减应为多少？

（2）相干接收时，由发送端到解调器输入端的衰减应为多少？

**解**：（1）非相干解调时，2FSK 信号的误码率

$$P_e = \frac{1}{2} \mathrm{e}^{-r/2} = 10^{-4}$$

由此可得 $r = \dfrac{a^2}{2\sigma_n^2} = -2\ln(2P_e) = 17$

$$a = \sqrt{r \cdot 2\sigma_n^2} = \sqrt{17 \times 2 \times 3 \times 10^{-12}} = 1.01 \times 10^{-5} \mathrm{V}$$

因此，从发送端到解调器输入端的衰减分贝数

$$k = 20\lg \frac{A}{a} = 20\lg \frac{5}{1.01 \times 10^{-5}} = 113.9 \mathrm{dB}$$

（2）相干接收时，2FSK 信号的误码率

$$P_e = \frac{1}{2} \mathrm{erfc} \sqrt{\frac{r}{2}} = 10^{-4}$$

由此可得 $r = \dfrac{a^2}{2\sigma_n^2} = 13.8$

$$a = \sqrt{r \cdot 2\sigma_n^2} = \sqrt{13.8 \times 2 \times 3 \times 10^{-12}} = 9.1 \times 10^{-6} \mathrm{V}$$

因此从发送端到解调器输入端的衰减分贝数

$$k = 20\lg \frac{A}{a} = 20\lg \frac{5}{9.1 \times 10^{-6}} = 114.8 \mathrm{dB}$$

**【例 6.3.3】** 在 2FSK 系统中，发送 "1" 码的频率为 $f_1 = 1.25 \mathrm{MHz}$，发送 "0" 码的频率为 $f_2 = 0.85 \mathrm{MHz}$，且发送概率相等，码元传输速率 $R_B = 0.2 \times 10^6 (\mathrm{Baud})$；解调器输入端信号振幅 $a = 4\mathrm{mV}$，信道加性高斯白噪声双边功率谱密度 $n_0 / 2 = 10^{-12} \mathrm{W/Hz}$。

（1）试求 2FSK 系统的频带利用率；

（2）若采用相干解调，求系统的误码率；

（3）若采用非相干解调，求系统的误码率。

**解**：（1）2FSK 信号带宽为

$$B_{2\mathrm{FSK}} = |f_1 - f_2| + 2B_s = |f_1 - f_2| + 2R_B = 0.8 \mathrm{MHz}$$

2FSK 系统的带宽至少要等于信号的带宽，因此，2FSK 系统的频带利用率为

$$\eta = \frac{R_B}{B_{2\mathrm{FSK}}} = \frac{0.2 \times 10^6}{0.8 \times 10^6} = \frac{1}{4} (\mathrm{Baud/Hz})$$

（2）解调器上下两支路带通滤波器带宽为

$$B_{带通} = B_{2\mathrm{ASK}} = 2R_B = 0.4 \times 10^6 \mathrm{MHz}，\quad 则\ \sigma_n^2 = n_0 B_{带通} = 2 \times 10^{-12} \times 0.4 \times 10^6 = 0.8 \times 10^{-6} \mathrm{W}$$

解调器输入端信噪比为

$$r = \frac{a^2}{2\sigma_n^2} = \frac{16 \times 10^{-6}}{1.6 \times 10^{-6}} = 10$$

采用相干解调时，系统误码率为

$$P_e = \frac{1}{2}\text{erfc}(\sqrt{r/2}) = \frac{1}{2}\text{erfc}\sqrt{5} = 7.3 \times 10^{-4}$$

（3）采用非相干解调时，系统的误码率为

$$P_e = \frac{1}{2}e^{-r/2} = \frac{1}{2}e^{-5} = 3.37 \times 10^{-3}$$

### 3. 匹配滤波系统性能

参照图 5-21，2FSK 系统的信号样本为：

$$s(t) = \begin{cases} s_1(t) = a\cos\omega_1 t & \text{发送 "1" 时} \\ s_2(t) = a\cos\omega_2 t & \text{发送 "0" 时} \end{cases} \quad......0 < t < T_s$$

满足在码元周期内有整数个载波周期条件：$\omega_1 T_s = 2n\pi, \omega_2 T = 2m\pi, n$、$m \in$ 整数。匹配滤波器的单位冲激响应

$$h(t) = \begin{cases} h_1(t) = a\cos\omega_1 t & \text{发送 "1" 时} \\ h_2(t) = a\cos\omega_2 t & \text{发送 "0" 时} \end{cases} \quad......0 < t < T_s$$

2FSK 系统采用频率正交条件的样本波形时，$\rho_{12} = 0$，$E_1 = A^2 T_s / 2 = E_2 = E$，对于 $P(0)=P(1)$，最佳判决门限为 0，带入式（5.6-31）得：

$$P_e = \frac{1}{2}\text{erfc}(\sqrt{\frac{E}{2n_0}})$$

## 6.3.3 2PSK 和 2DPSK 的抗噪声性能

### 1. 2PSK 的相干解调性能分析

2PSK 相干解调系统模型与图 6-19（a）相同。在一个码元持续时间 $T_s$ 内，低通滤波器的输出波形可以表示为

$$x(t) = \begin{cases} a + n_c(t) & \text{发送 "1" 时} \\ -a + n_c(t) & \text{发送 "0" 时} \end{cases} \tag{6.3-45}$$

上式中，当发送 "1" 时，$x(t)$ 的一维概率密度函数服从均值为 $a$，方差为 $\sigma_n^2$ 的高斯分布。当发送 "0" 时，$x(t)$ 的一维概率密度函数服从均值为 $-a$，方差为 $\sigma_n^2$ 的高斯分布。

$x(t)$ 经抽样后的判决准则为：$x(t)$ 的抽样值 $x$ 大于 0 时，判为 "1" 码；$x$ 小于 0 时，判为 "0" 码。

当发送 "1" 码和 "0" 码的概率相等时，系统总误码率可以由下式计算

$$P_e = P(1)P_{e1} + P(0)P_{e0} = \frac{1}{2}\text{erfc}(\sqrt{r}) \tag{6.3-46}$$

当 $r \gg 1$ 时，可得

$$P_e \approx \frac{1}{2\sqrt{\pi r}} e^{-r} \qquad (6.3\text{-}47)$$

式中，$r = a^2 / 2\sigma_n^2$。

### 2. 2DPSK 的差分相干解调性能分析

现在我们来分析如图 6-18（a）所示的 2DPSK 的差分相干解调系统的误码率。这里分析误码率需要同时考虑两个相邻的码元。假定码元宽度是载波周期的整倍数，相同相位为"1"。设在一个码元时间内发送的是"1"，且令前一个码元也为"1"码（也可以令为"0"码），则在差分相干解调系统里加到乘法器的两路波形分别表示为

$$y_1(t) = [a + n_{1c}(t)]\cos\omega_c t - n_{1s}(t)\sin\omega_c t$$
$$y_2(t) = [a + n_{2c}(t)]\cos\omega_c t - n_{2s}(t)\sin\omega_c t \qquad (6.3\text{-}48)$$

式中，$y_1(t)$——无延迟支路的输入信号；

$\quad\quad\;\; y_2(t)$——有延迟支路的输入信号；

两路相乘之后，经低通滤波器的输出信号为

$$x(t) = \frac{1}{2}\left\{[a + n_{1c}(t)][a + n_{2c}(t)] + n_{1s}(t)n_{2s}(t)\right\} \qquad (6.3\text{-}49)$$

$x(t)$ 经抽样后的判决准则为：$x(t)$ 的抽样值 $x$ 大于 0 时，判为"1"码是正确判决；$x$ 小于 0 时，判为"0"码是错误判决。

经分析求得将"1"码错判为"0"码的条件概率 $P_{e1}$ 为

$$P_{e1} = \frac{1}{2}\mathrm{e}^{-r} \qquad (6.3\text{-}50)$$

同理可求得将"0"码错判为"1"码的条件概率 $P_{e0}$ 与式（6.3-50）完全一样。

因此，当发送"1"码和"0"码的概率相等时，2DPSK 的差分相干检测系统的总误码率为

$$P_e = \frac{1}{2}\mathrm{e}^{-r} \qquad (6.3\text{-}51)$$

式中，$r = a^2 / 2\sigma_n^2$。

式（6.3-51）与式（6.3-47）相比可见，2DPSK 差分相干解调系统的性能劣于相干解调 2PSK 系统。

### 3. 2DPSK 的相干解调性能分析

2DPSK 的相干解调电路见图 6-17（a），它是在如图 6-14（a）所示 2PSK 相干解调电路的输出端再加码反变换器构成，所以前面讨论的 2PSK 相干解调系统的误码率公式（6.3-47）不是它的最终结果。理论分析可以证明，接入码反变换器后会使误码率增加（1～2 倍）。仅就抗噪声性能而言，2DPSK 的相干解调误码率指标仍优于差分相干解调系统，但是，由于 2DPSK 系统的差分相干解调电路比相干解调电路简单得多，因此 2DPSK 系统中大都采用差分相干解调。

### 4. 匹配滤波系统性能

参照图 5-21，2PSK 系统的信号样本为：

$$s(t) = \begin{cases} s_1(t) = a\cos\omega_c t & \text{发送 "1" 时} \\ s_2(t) = -a\cos\omega_c t & \text{发送 "0" 时} \end{cases} \cdots\cdots 0 < t < T_s$$

满足在码元周期内有整数个载波周期条件：$\omega_c T_s = 2n\pi, n \in$ 整数。匹配滤波器的单位冲激响应

$$h(t) = \begin{cases} h_1(t) = a\cos\omega_c t & \text{发送 "1" 时} \\ h_2(t) = -a\cos\omega_c t & \text{发送 "0" 时} \end{cases} \cdots\cdots 0 < t < T_s$$

$E_1 = A^2 T_s / 2 = -E_2$，$\rho_{12} = -1$，对于 $P(0)=P(1)$，最佳判决门限为 0，带入式（5.6-31）得：

$$P_e = \frac{1}{2}\text{erfc}\left(\sqrt{\frac{E}{n_0}}\right)$$

## 6.3.4　二进制数字调制系统的性能比较

上一节我们对各种二进制数字通信系统的抗噪声性能进行了详细分析。下面我们将对二进制数字通信系统的误码率、频带利用率、对信道的适应能力等方面性能做进一步比较。

### 1. 误码率

表 6-1 列出了本章中讨论的各种二进制数字调制系统的误码率计算公式。由表 6-1 和前面的分析可知，对同一种调制方式，在接收机输入信噪比 $r$ 较小时，相干解调的误码率小于非相干解调的误码率；在 $r \gg 1$ 时，由于指数项起主要作用，相干解调与非相干解调的误码率几乎相等。

应该指出，应用表 6-1 所列公式要注意的一般条件是：信道噪声为高斯白噪声，没有考虑码间串扰的影响；采用瞬时抽样判决。除此之外，其他条件均在表中表明。式中公式 $r = \dfrac{a^2}{2\sigma_n^2}$ 为接收机解调器输入信噪比。

根据表 6-1 所画出的三种数字调制系统的误码率 $P_e$ 与信噪比 $r$ 的关系曲线如图 6-22 所示。可以看出，在相同的信噪比 $r$ 下，相干解调的 2PSK 系统的误码率 $P_e$ 最小；对不同的调制方式，当信噪比 $r$ 相同时，2PSK、2DPSK 的误码率小于 2FSK，而 2FSK 系统的误码率又小于 2ASK 系统；在误码率相同条件下，相干 2PSK 要求 $r$ 最小，2FSK 系统次之，2ASK 系统要求 $r$ 最大，它们之间分别相差 3dB。

**表 6-1**　　　　　　　　　　　　**二进制数字调制系统的误码率**

| 调 制 方 式 | 解 调 方 式 | 误码率 $P_e$ | $r \gg 1$ 时的近似 $P_e$ |
|---|---|---|---|
| 2ASK | 相干 | $P_e = \dfrac{1}{2}\text{erfc}\left(\sqrt{r}/2\right)$ | $P_e = \dfrac{1}{\sqrt{\pi r}}e^{-r/4}$ |
| | 非相干 | | $P_e = \dfrac{1}{2}e^{-r/4}$ |
| 2FSK | 相干 | $P_e = \dfrac{1}{2}\text{erfc}\sqrt{\dfrac{r}{2}}$ | $P_e = \dfrac{1}{\sqrt{2\pi r}}e^{-r/2}$ |
| | 非相干 | $P_e = \dfrac{1}{2}e^{-r/2}$ | |

续表

| 调 制 方 式 | 解 调 方 式 | 误码率 $P_e$ | $r \gg 1$ 时的近似 $P_e$ |
|---|---|---|---|
| 2PSK | 相干 | $P_e = \dfrac{1}{2}\mathrm{erfc}(\sqrt{r})$ | $P_e \approx \dfrac{1}{2\sqrt{\pi r}}\mathrm{e}^{-r}$ |
| 2DPSK | 差分相干 | $P_e = \dfrac{1}{2}\mathrm{e}^{-r}$ | |

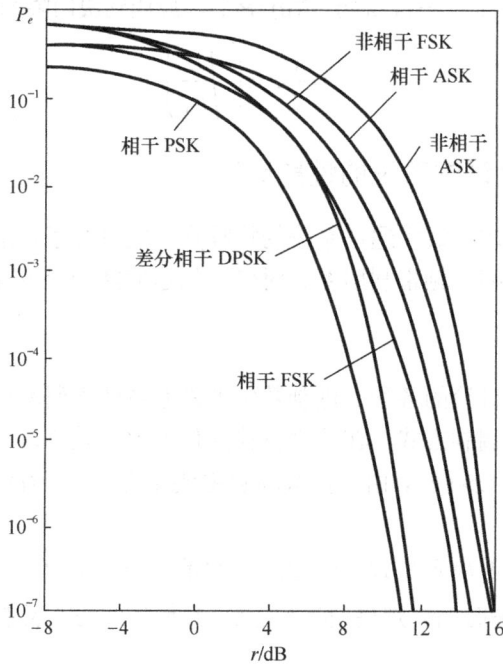

图 6-22　误码率 $P_e$ 与信噪比 r 的关系曲线

## 2．频带宽度

若传输的码元时间宽度为 $T_s$，则 2ASK 系统和 2PSK(2DPSK)系统的频带宽度近似为 $2/T_s$，即 $B_{2ASK} = B_{2PSK} = B_{2DPSK} = 2/T_s$。2ASK 系统和 2PSK(2DPSK)系统具有相同的频带宽度。2FSK 系统的频带宽度近似为 $B_{2FSK} = |f_1 - f_2| + 2/T_s$。因此，从频带利用率上看，2FSK 系统的频带利用率最低。

## 3．对信道特性变化的敏感性

在实际通信系统中，除恒参信道之外，还有很多信道属于随参信道，也即信道参数随时间变化。因此，在选择数字调制方式时，还应考虑系统对信道特性的变化是否敏感。

在 2FSK 系统中，判决器是根据上下两个支路解调输出样值的大小来作出判决，不需要人为地设置判决门限，因而对信道的变化不敏感。

在 2PSK 系统中，当发送符号概率相等时，判决器的最佳判决门限为零，与接收机输入信号的幅度无关。因此，判决门限不随信道特性的变化而变化，接收机总能保持工作在最佳判决门限状态。

对于 2ASK 系统，判决器的最佳判决门限为 $a/2$，它与接收机输入信号的幅度 $a$ 有关。当信道特性发生变化时，接收机输入信号的幅度将随着发生变化，从而导致最佳判决门限也随之而变。这时，接收机不容易保持在最佳判决门限状态，误码率将会增大。可见，从对信道特性变化的敏感程度上看，2ASK 调制系统性能最差。

#### 4．设备复杂度

从设备复杂度方面考虑，一般说来，相干解调因为要提取相干载波，故设备相对比较复杂些，从而使设备成本也略高，所以除在高质量传输系统中采用相干解调外，一般应尽量采用非相干解调方式。

## 6.4　多进制数字调制系统

为更有效地利用通信资源，提高信息传输效率，现代通信往往采用多进制数字调制。多进制数字调制是利用多进制数字基带信号去控制载波的幅度、频率或相位。因此，相应地有多进制数字幅移键控、多进制数字频移键控以及多进制数字相移键控等三种基本方式。与二进制调制方式相比，多进制调制方式的特点是：（1）在相同码元速率下，多进制数字调制系统的信息传输速率高于二进制数字调制系统；（2）在相同的信息速率下，多进制数字调制系统的码元传输速率低于二进制调制系统。（3）采用多进制数字调制的缺点是设备复杂，判决电平增多，误码率高于二进制数字调制系统。

下面分别介绍这三种多进制数字调制方式的基本原理。

### 6.4.1　多进制幅移键控（MASK）

多进制数字幅移键控又称多电平调制。这种方式在原理上是 2ASK 方式的推广。

#### 1．MASK 的时域表达

$M$ 进制幅移键控信号中，载波幅度有 $M$ 种，而在每一码元间隔 $T_s$ 内发送一种幅度的载波信号，MASK 的时域表达式为

$$S_{\text{MASK}}(t) = [\sum_n a_n g(t - nT_s)]\cos\omega_c t = s(t)\cos\omega_c t \qquad (6.4\text{-}1)$$

式中

$$a_n = \begin{cases} 0 & \text{概率为} P_1 \\ 1 & \text{概率为} P_2 \\ 2 & \text{概率为} P_3 \quad \text{且有 } P_1 + P_2 + \cdots + P_M = 1 \\ \vdots & \\ M-1 & \text{概率为} P_M \end{cases}$$

MASK 的波形如图 6-23 所示，图（a）为多进制基带信号，图（b）为 MASK 的已调波形。

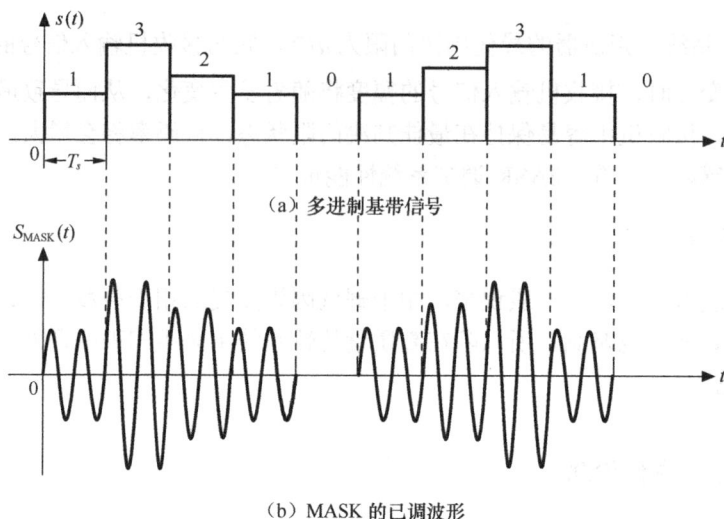

(a) 多进制基带信号

(b) MASK 的已调波形

图 6-23　MASK 的时间波形

由于基带信号的频谱宽度与其脉冲宽度有关，而与其脉冲幅度无关，所以 MASK 信号的功率谱的分析同 2ASK。其带宽仍为基带信号带宽 $B_s$ 的两倍。

$$B_{MASK} = 2B_s = 2f_s = 2R_B \tag{6.4-2}$$

其中 $R_B$ 是多进制码元速率。

所以，系统码元频带利用率为

$$\eta = \frac{R_B}{B} = \frac{1}{2}(Baud/Hz) \tag{6.4-3}$$

系统信息频带利用率为

$$\eta = \frac{R_b}{B} = \frac{R_B}{B}\log_2 M[bit/(s.Hz)] \tag{6.4-4}$$

**特别：** 若考虑基带成形滤波器具有滚降系数为 $\alpha$ 的升余弦特性时，则无码间串扰时基带信号的带宽为

$$B_s = (1+\alpha)B_N = (1+\alpha)\frac{R_B}{2}$$

此时，$B_{MASK} = 2B_s = (1+\alpha)R_B$ \hfill (6.4-5)

对应该数字调制系统的码元频带利用率为

$$\eta = \frac{R_B}{B} = \frac{1}{(1+\alpha)} \quad (B/Hz) \tag{6.4-6}$$

系统信息频带利用率为

$$\eta = \frac{R_b}{B} = \frac{1}{1+\alpha}\log_2 M[bit/(s.Hz)] \tag{6.4-7}$$

### 2. MASK 系统的抗噪声性能

MASK 抗噪声性能的分析方法与 2ASK 系统相同。有相干解调和非相干解调两种方式。

若 $M$ 个振幅出现的概率相等，当采用相干解调和最佳判决门限电平时，系统总的误码率为

$$P_{eMASK} = \left(1 - \frac{1}{M}\right)\mathrm{erfc}\left(\frac{3}{M^2-1}r\right)^{1/2} \tag{6.4-8}$$

式中，$M$ 为进制数或幅度数；$r$ 为信号平均功率与噪声功率之比。

图 6-24 示出了在 $M=2$、4、8、16 时系统相干解调的误码率 $P_e$ 与信噪比 $r$ 的关系曲线。由图可见，为了得到相同的误码率 $P_e$，$M$ 进制数越大，需要的有效信噪比 $r$ 就越高，其抗噪声性能也越差。

MASK 系统的信息频带利用率是 2ASK 系统的 $\log_2 M$ 倍，所以 MASK 在高传输速率的通信系统中得到应用。

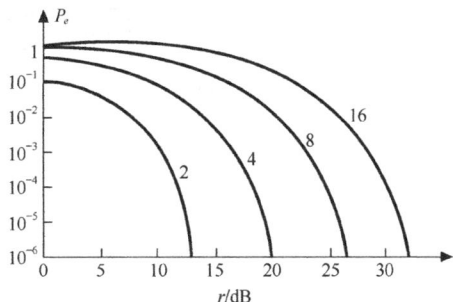

图 6-24　MASK 系统的性能曲线

### 6.4.2　多进制频移键控（MFSK）

多进制数字频移键控是用多个频率的正弦振荡分别代表不同的数字信息。它基本上是二进制数字频率键控方式的直接推广。大多数的 MFSK 系统可用图 6-25 表示。

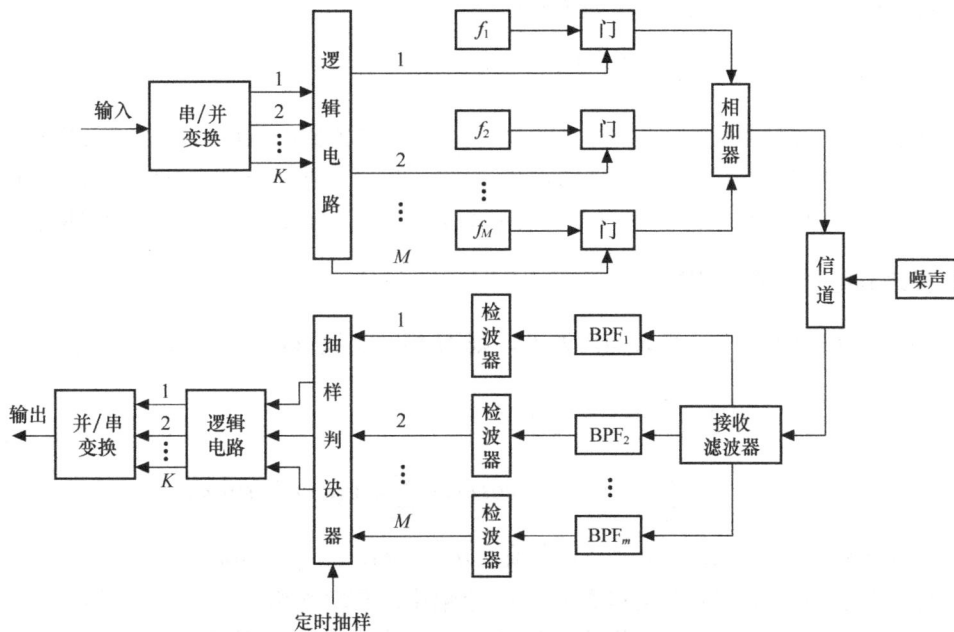

图 6-25　多进制频移键控系统框图

MFSK 系统可看做是 M 个振幅相同，载波频率不同，时间上互不相容的 2ASK 信号的叠加，故带宽为

$$B_{MFSK} = f_H - f_L + 2f_s = f_H - f_L + 2R_B \tag{6.4-9}$$

式中，$f_H$ 为最高载频；$f_H$ 为最低载频；$R_B = 1/T_s$ 为多进制码元速率。

MFSK 抗噪声性能的分析方法与 2FSK 系统相同，有相干解调和非相干解调两种方式。

图 6-26 所示为 $M = 2$、32、1024 时相干解调和非相干解调的误码率曲线。其中实线表示相干解调时的误码率曲线，虚线表示非相干解调时的误码率曲线。

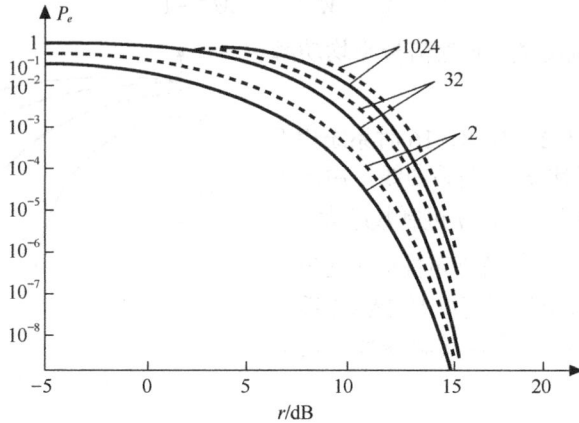

图 6-26　MFSK 系统的性能曲线

由图可见，第一：$M$ 一定时，$r$ 越大，$P_e$ 越小；$r$ 一定时，$M$ 越大，$P_e$ 越大；第二：同一 $M$ 下的每对相干和非相干曲线将随信噪比 $r$ 的增加而趋于同一极限值，即相干解调与非相干解调性能之间的差距将随 $M$ 的增大而减小。

### 6.4.3　多进制相移键控（MPSK、MDPSK）

多进制数字相移键控又称多相制，是二进制相移键控方式的推广，也是利用载波的多个不同相位（或相位差）来代表数字信息的调制方式。它和二进制一样，也可分为绝对相移和相对相移。通常，相位数用 $M = 2^k$ 计算，分别与 $k$ 位二进制码元的不同组合相对应。

#### 1. 多进制绝对移相（MPSK）

假设 $k$ 位二进制码元的持续时间仍为 $T_s$，则 $M$ 相调制波形可写为如下表达式：

$$S_{\text{MPSK}}(t) = \sum_{k=-\infty}^{\infty} g(t - kT_s)\cos(\omega_c t + \varphi_k)$$
$$= \sum_{-\infty}^{\infty} a_k g(t - kT_s)\cos\omega_c t - \sum_{-\infty}^{\infty} b_k g(t - kT_s)\sin\omega_c t \tag{6.4-10}$$

其中，$\varphi_k$ 为受调相位，可以有 $M$ 种不同取值。$a_k = \cos\varphi_k$；$b_k = \sin\varphi_k$。

从上式可见，多相制信号既可以看成是 $M$ 个幅度及频率均相同、初相不同的 2ASK 信号之和，又可以看成是对两个正交载波进行多电平双边带调制所得的信号之和。其带宽与 MASK 带宽相同，即

$$B_{\text{MPSK}} = 2f_s = \frac{2}{T_s} = 2R_B \tag{6.4-11}$$

其中 $R_B$ 是多进制码元速率。此时其信息速率与 MASK 相同，是 2ASK 及 2PSK 系统的 $\log_2 M$ 倍。也就是说，MPSK 系统的信息频带利用率是 2PSK 的 $\log_2 M$ 倍。

可见，多相制是一种信息频带利用率高的高效率传输方式。另外其也有较好的抗噪声性

能，因而得到广泛的应用。目前最常用的是四相制和八相制。

MPSK 信号还可以用矢量图来描述，在矢量图中通常以未调载波相位作为参考矢量。图 6-27 分别画出 $M=2$，$M=4$，$M=8$ 时 3 种情况下的矢量图。当采用相对移相时，矢量图所表示的相位为相对相位差。因此图中将基准相位用虚线表示，在相对移相中，这个基准相位也就是前一个调制码元的相位。相位配置常用两种方式：A 方式如图 6-27（a）所示和 B 方式如图 6-27（b）所示。

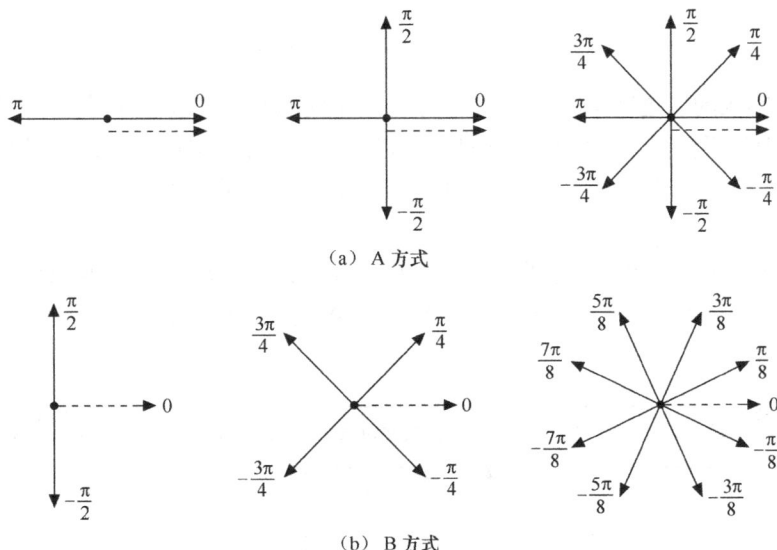

（a）A 方式

（b）B 方式

图 6-27 多进制的两种矢量图

下面以四相相移键控 4PSK（QPSK）为例来说明多相制的原理。

四相制是用载波的 4 种不同相位来表征数字信息。由于 4 种不同相位可代表 4 种不同的数字信息，因此，对输入的二进制数字序列先进行分组，将每两个比特编为一组，可以有 4 种组合（00，10，11，01），然后用载波的 4 种相位来分别表示它们。由于每一种载波相位代表两个比特信息，故每个四进制码元又被称为双比特码元。表 6-2 是双比特码元与载波相位的一种对应关系。

表 6-2　　　　　　　　　　双比特码元与载波相位的关系

| 双比特码元 | 载波相位 $\varphi_k$ | |
| --- | --- | --- |
| | A 方式 | B 方式 |
| 0 0 | 0 | $-3\pi/4$ |
| 1 0 | $\pi/2$ | $-\pi/4$ |
| 1 1 | $\pi$ | $\pi/4$ |
| 0 1 | $-\pi/2$ | $3\pi/4$ |

4PSK 的产生方法可采用调相法和相位选择法。图 6-28 所示为调相法产生 B 方式 4PSK 信号的原理框图。

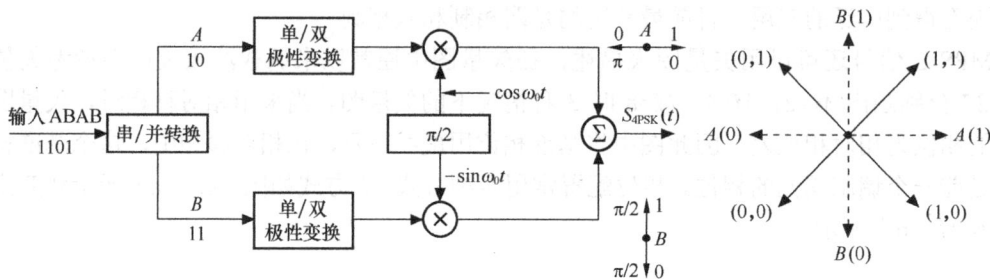

图 6-28  调相法产生 B 方式 4PSK 信号

图 6-28 中输入的二进制串行码元经串/并转换器变为并行的双比特码流，经极性变换后，将单极性码变为双极性码，然后与载波相乘，完成二进制相位调制，两路信号叠加后，即得到 B 方式 4PSK 信号。若需产生 A 方式 4PSK 信号，只需把载波相移 $\pi/4$ 后再与调制信号相乘即可。

用相位选择法产生 4PSK 信号的组成方框图如图 6-29 所示。图中，四相载波发生器分别输出调相所需的 4 种不同相位的载波。按照串/并变换器输出的双比特码元的不同，逻辑选相电路输出相应的载波。

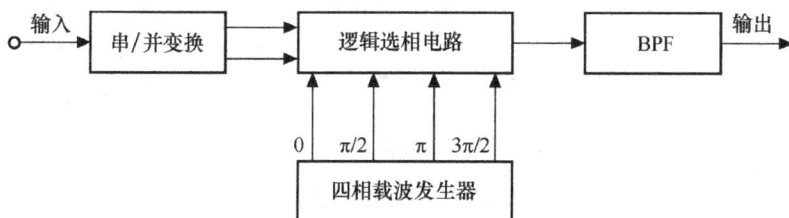

图 6-29  相位选择法产生 4PSK 信号

由于四相绝对移相信号可以看作是两个正交 2PSK 信号的合成，对应图 6-28 B 方式的 4PSK 信号的解调，可采用与 2PSK 信号类似的解调方法进行解调。用两个正交的相干载波分别对两路 2PSK 进行相干解调，如图 6-30 所示，再经并/串变换器将解调后的并行数据恢复成串行数据。

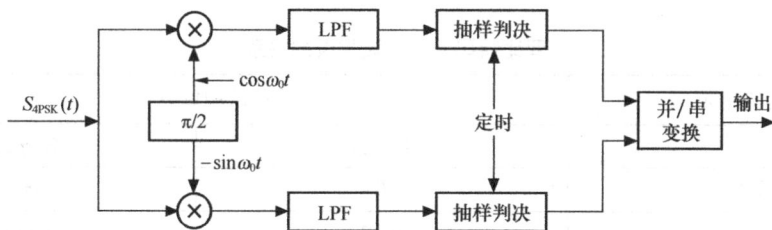

图 6-30  B 方式 4PSK 信号相干解调原理框图

需要注意的是，在 2PSK 信号的相干解调过程中会产生"倒 $\pi$ 现象"即"180°相位模糊现象"。同样对于 4PSK 相干解调也会产生相位模糊现象，并且是 0°、90°、180°和 270° 4 个相位模糊。因此，在实际中更常用的是四相相对移相调制，即 4DPSK。

【例 6.4.1】  QPSK(4PSK)系统，采用 $\alpha=1$ 的升余弦基带信号波形，信道带宽为 20MHz，

求其最大信息传输速率。

**解：** QPSK 系统中，其信息频带利用率为：

$$\eta = \frac{R_b}{B_{\text{QPSK}}} = \frac{1}{1+\alpha}\log_2 M = \frac{1}{1+1}\log_2 4 = 1 \quad [\text{bit}/(\text{s.Hz})]$$

由题意知，$B_{\text{QPSK}} = 20\text{MHz}$，则最大信息传输速率为 $R_b = \eta \times B_{\text{QPSK}} = 20\text{Mbit/s}$

**2. 多进制的相对移相（MDPSK）**

仍以四进制相对相移信号 4DPSK 为例进行讨论。

所谓四相相对移相调制是利用前后码元之间的相对相位变化来表示数字信息。若以前一码元相位作为参考，并令 $\Delta\varphi_k$ 作为本码元与前一码元的初相差，信息编码与载波相位变化关系仍可采用表 6-2 来表示，它们之间的矢量关系也可用图 6-27 表示。不过，这时表 6-2 中的 $\varphi_k$ 应改为 $\Delta\varphi_k$；图 6-27 中的参考相位应是前一码元的相位。四相相对移相调制仍可用式（6.4-10）表示，不过，这时它并不表示数字序列的调相信号波形，而是表示绝对码变换成相对码后的数字序列的调相信号波形。

另外，当相对相位变化等概率出现时，相对调相信号的功率谱密度与绝对调相信号的功率谱密度相同，其带宽也与绝对调相信号带宽相同。

**【例 6.4.2】** 设发送数字信息序列为 101100100100，双比特码元与载波相位的关系如表 6-2 所示，已知双比特码组的宽度为 $T_s$，载波周期也为 $T_s$。请画出 4PSK、4DPSK 信号 A 方式的波形。

**解：** 根据 A 方式对载波相位的不同要求，可分别画出 4PSK 信号和 4DPSK 信号的波形如图 6-31 所示。

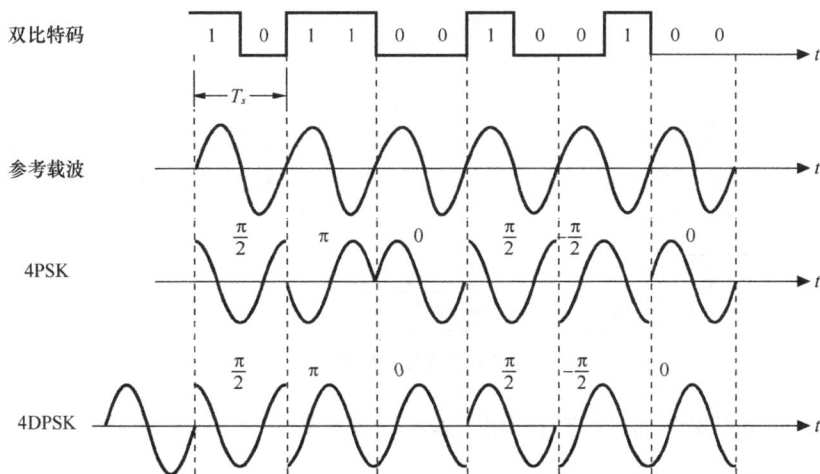

图 6-31 4PSK、4DPSK 信号的调制波形

下面讨论 4DPSK 信号的产生和解调。我们已经知道，为了得到 2DPSK 信号，可以先将绝对码变换成相对码，然后用相对码对载波进行绝对移相。4DPSK 也可先将输入的双比特码经码变换器变换为相对码，然后用双比特的相对码再进行四相绝对移相，所得到的输出信号便是四相相对移相信号。4DPSK 的产生方法基本上同 4PSK，仍可采用调相法和相位选择法，

只是这时需将输入信号由绝对码转换成相对码。

图 6-32 所示是产生 A 方式 4DPSK 信号的原理框图，其中载波采用了 $\pi/4$ 相移器。图中在串/并变换后增加了一个码变换器，它负责把绝对码变换为相对码（差分码）。

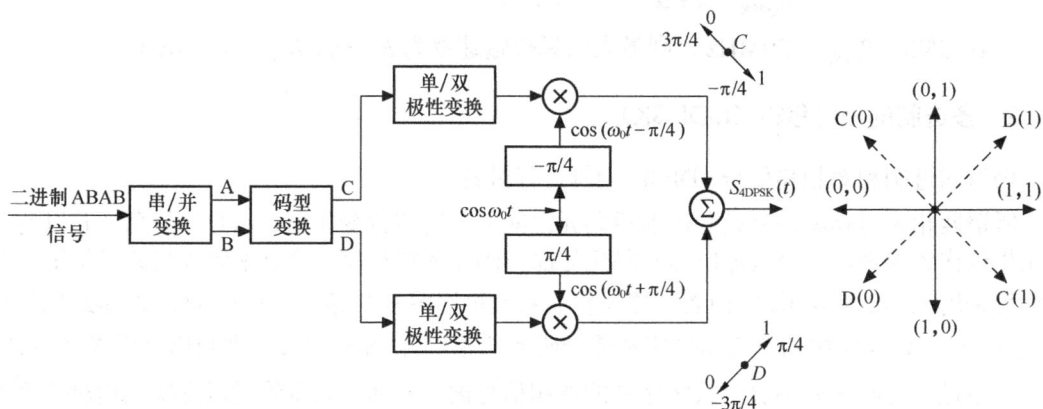

图 6-32　A 方式 4DPSK 信号产生原理框图

相位选择法产生 4DPSK 信号的原理也基本上同 4PSK 的产生方法（参照图 6-29），但也需要将绝对码经码变换器变为相对码，然后再采用相位选择法进行 4PSK 调制，即可得到 4DPSK 信号。

4DPSK 信号的解调与 2DPSK 信号解调方法相类似。可采用相干解调法和差分相干解调法。图 6-33 为相干解调法，相干解调法的输出是相对码，需将相对码经过码变换器变为绝对码，再经并/串变换，变为二进制数字信息输出。

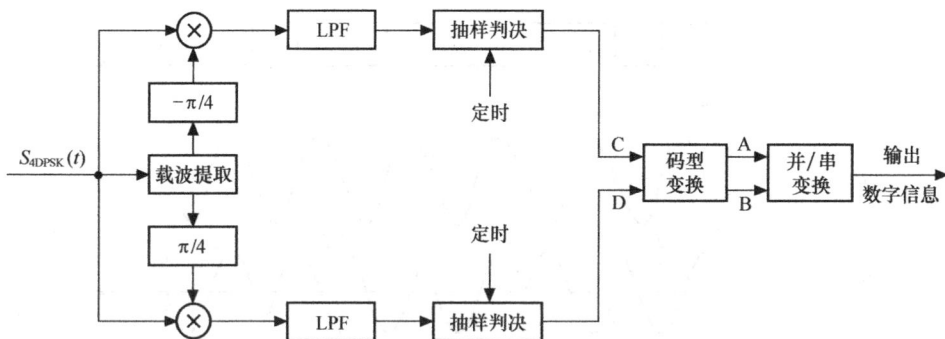

图 6-33　4DPSK 的相干解调原理框图

图 6-34 所示为 4DPSK 信号的差分相干解调原理框图。

### 3. 多进制相移键控的抗噪声性能

对于多进制绝对移相（MPSK），当信噪比 $r$ 足够大时，误码率可近似为

$$P_e = \mathrm{e}^{-r\sin^2(\pi/M)} \tag{6.4-12}$$

对于多进制相对移相（MDPSK），当信噪比 $r$ 足够大时，误码率可近似为

$$P_e = \mathrm{e}^{-2r\sin^2(\pi/2M)} \tag{6.4-13}$$

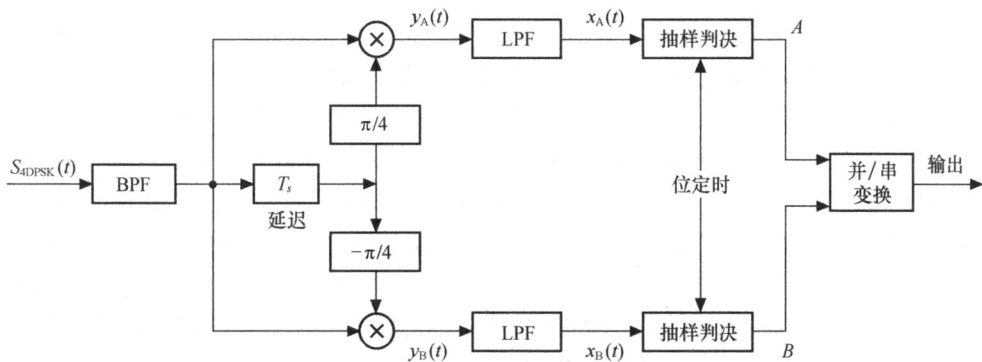

图 6-34 4DPSK 信号的差分相干解调

比较式（6.4-9）和式（6.4-10）可见，在相同误码率下，将有下式成立

$$\frac{r_{差分}}{r_{相干}} = \frac{\sin^2(\pi/M)}{2\sin^2(\pi/2M)}$$ （6.4-14）

这个结果如图 6-35 所示。由图可见，在 M 值很大时，差分移相和相干移相相比约损失 3dB 的功率。在四相时，大约损失 2.3dB 的功率。

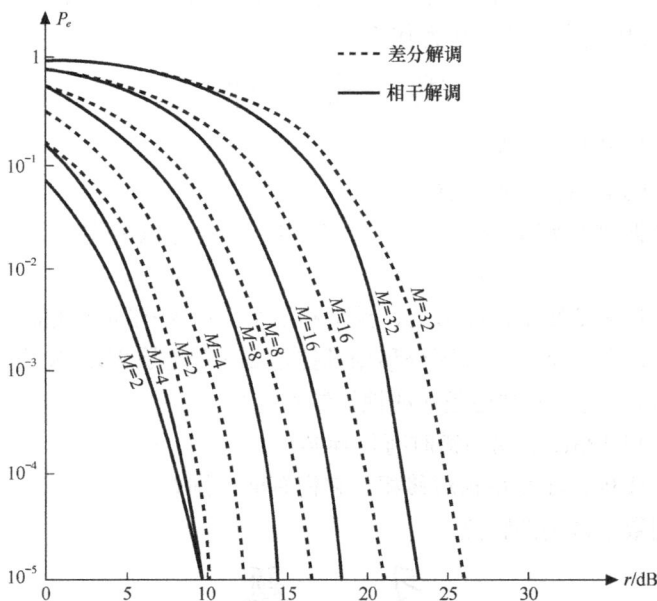

图 6-35 MPSK 系统的误码率性能曲线

# 小 结

本章重点讨论二进制数字调制系统的原理及其抗噪声性能。另外，我们也将简单介绍多进制数字调制系统基本原理及相关知识。

实际通信中大多数信道都具有带通传输特性，不能直接传送基带信号，必须借助载波调制进行频率搬移，将数字基带信号变成适于信道传输的数字频带信号。另外，提高载波频率在理论就可以增加传输带宽，通常也就可以提供大的信息传输容量。因此，数字通信系统总是倾向于采用高频载波传输，这样便可以增加带宽或者提高信息传输容量。

根据已调信号参数改变类型的不同，数字调制可以分为幅移键控（ASK）、频移键控（FSK）和相移键控（PSK）。其中幅移键控属于线性调制，而频移键控属于非线性调制。

在选择调制解调方式时，如果把系统的抗噪声性能放在首位，可选用 2PSK 系统，但由于 2PSK 信号存在相位不确定性，在实用中常以性能略差一些的 2DPSK 代替它；如果要求较高的频带利用率，则应选择相干 2PSK 和 2DPSK，而 2FSK 最不可取；但在随参信道传输中，由于接收信号的幅度和相位受信道传输特性的变化影响很大，2FSK 信号就显出具有较强的抗衰落能力，故在随参信道中，常采用 2FSK 调制方式。

各种键控信号的解调方法可以分为两大类，即相干解调和非相干解调。相干解调的误码率比非相干解调低。但是，相干解调需要在接收端从信号中提取出相干载波，故设备相对较复杂。另外，在衰落信道中，若接收信号存在相位起伏，不利于提取相干载波，就不宜采用相干解调。

对同一种调制方式，在接收机输入信噪比 r 较小时，相干解调的误码率小于非相干解调的误码率；在 $r \gg 1$ 时，由于指数项起主要作用，相干解调与非相干解调的误码率几乎相等。

为提高传输效率，可采用多进制数字键控，包括 MASK, MFSK, MPSK, MDPSK 等。多进制键控的一个码元中包含更多的信息量。但是，为了得到相同的误码率，多进制信号需要占用更宽的频带或使用更大的功率作为代价。

# 思 考 题

1. 为什么数字信号要采用载波传输？
2. 数字调制和模拟调制有哪些异同？
3. 2FSK 信号调制与解调有哪些方式？2FSK 信号可以采用包络检波解调的条件是什么？
4. 2ASK、2FSK 和 2PSK 在波形上、频带利用率上以及抗噪声性能上有何区别？
5. 从波形上看，我们是否可以区分移相键控是 2PSK 还是 2DPSK 方式？
6. 2FSK 信号属于线性调制还是非线性调制？
7. 求解 2ASK 和 2PSK 的功率谱时有何异同点。
8. 什么是绝对移相？什么是相对移相？它们有何区别？
9. 简述多进制数字调制的特点。

# 习 题

6-1 已知某 2ASK 系统的码元传输速率为 $10^3 \mathrm{Baud}$，所用的载波信号为 $A\cos(4\pi \times 10^3 t)$

（1）设所传送的数字信息为 011001，试画出相应的 2ASK 信号波形示意图。

（2）求 2ASK 信号的带宽。

6-2 如果 2FSK 调制系统的传码率为 1200Baud，发"1"和发"0"时的波形分别为 $s_1(t) = A\cos(3600\pi t + \varphi_1)$ 及 $s_0(t) = A\cos(6000\pi t + \varphi_2)$，试求：

（1）若发送的数字信息为 001110，试画出 FSK 信号波形；

（2）若发送数字信息是等可能的，试画出它的功率谱草图；

6-3 已知数字信息 $\{a_n\} = 1011010$，码元速率为 1200Baud，载波频率为 1200Hz。

（1）试分别画出 2PSK、2DPSK 及相对码 $\{b_n\}$ 的波形。

（2）求 2PSK、2DPSK 信号的频带宽度。

6-4 假设在某 2DPSK 系统中，载波频率为 2400Hz，码元速率为 1200 Baud，已知相对码序列为 1100010111

（1）试画出 2DPSK 信号波形（注：相位偏移 $\Delta\phi$ 可自行假设）；

（2）若采用差分相干解调法接收该信号时，试画出解调系统的各点波形；

6-5 已知发送数字信息为 1011001，码元速率为 1000 波特。

（1）设载波信号为 $\cos\left(6\pi\times10^3 t\right)$，试画出对应的 2ASK 信号波形示意图。

（2）设数字信息"1"对应载波频率 $f_1 = 3000\text{Hz}$，"0"对应载波频率 $f_2 = 1000\text{Hz}$，试画出对应的 2FSK 信号波形示意图。

（3）假设数字信息"1"对应相位差为 0，数字信息"0"对应相位差为 $\pi$。已知载波信号为 $\cos\left(6\pi\times10^3 t\right)$，试画出对应的 2PSK 信号和 2DPSK 信号的波形示意图。

（4）计算上述的 2ASK、2FSK、2PSK 和 2DPSK 信号的带宽。

6-6 已知二元序列为 110 010 0010，采用 2DPSK 调制，若采用相对码调制方案，设计发送端方框图，列出序列变换过程及码元相位，并画出已调信号波形（设一个码元周期内含一个周期载波）；画出接收端方框图，画出各点波形（假设信道不限带）。

6-7 若采用 2ASK 方式传送"1"和"0"等概率的二进制数字信息，已知码元宽度为 $T_s = 100\mu\text{s}$，信道输出端高斯白噪声的单边功率谱密度为 $n_0 = 1.338\times10^{-5}\,\text{W/Hz}$。

（1）若利用相干方式解调，限定误码率为 $P_e = 2.055\times10^{-5}$，求所需 2ASK 接收信号的幅度 $a$？

（2）若保证误码率 $P_e$ 不变，改用非相干解调方式，求所需 2ASK 接收信号的幅度 $a$？

6-8 已知发送载波幅度 $A = 10\text{V}$，在 4kHz 带宽的电话信道中分别利用 2ASK、2FSK 及 2PSK 系统进行传输，信道衰减为 $1\text{dB/km}$，$n_0 = 10^{-8}\,\text{W/Hz}$，若采用相干解调，求当误码率 $P_e = 10^{-5}$ 时，各种传输方式分别传信号多少公里？

6-9 按接收机难易程度及误比特率为 $10^{-4}$ 时所需的最低峰值信号功率将 2ASK、2FSK 和 2PSK 进行比较、排序。

6-10 若采用 2ASK 方式传送二进制数字信息，已知码元传输速率为 $R_B = 2\times10^6\,\text{Baud}$，接收端解调器输入信号的振幅 $a = 40\mu\text{V}$，信道加性噪声为高斯白噪声，且其单边功率谱密度 $n_0 = 6\times10^{-18}\,\text{W/Hz}$。试求：

（1）相干接收时，系统的误码率；

（2）非相干接收时，系统的误码率。

6-11 对二进制 ASK 信号进行相干接收，已知发送"1"（有信号）的概率为 $p$，发送"0"（无信号）的概率为 $1-p$；已知发送信号的振幅为 5V，解调器输入端的正态噪声功率为 $3\times10^{-12}\,\text{W}$。

（1）若 $p=1/2$，$p_e = 10^{-4}$，则发送信号传输到解调器输入端时共衰减多少分贝？这时的最佳门限值为多大？

（2）试说明 $p > 1/2$ 时的最佳门限比 $p = 1/2$ 时的大还是小？

（3）若 $p=1/2$，$r=10\text{dB}$，求 $p_e$。

6-12 已知数字信息为"1"时，发送信号的功率为 $1\text{kW}$，信道衰减为 $60\text{dB}$，接收端解调器输入的噪声功率为 $10^{-4}\text{W}$。试求非相干 2ASK 系统及相干 2PSK 系统的误码率。

6-13 2PSK 相干解调中相乘器所需的相干载波若与理想载波有相位差 $\theta$，求相位差对系统误比特率的影响。

6-14 在二进制 2ASK 系统中，如果相干解调时的接收机输入信噪比为 $9\text{dB}$，欲保持相同的误码率，当采用包络解调时，试求接收机的输入信噪比为多少？

6-15 已知码元传输速率 $R_B=10^3\text{Baud}$，接收机输入噪声的双边功率谱密度 $\frac{n_0}{2}=10^{-10}\text{W/Hz}$，今要求误码 $P_e=10^{-5}$。试分别计算出相干 2ASK，非相干 2FSK，差分相干 2DPSK 以及 2PSK 等系统所要求的输入信号功率。

6-16 已知发送数字信息序列为 01011000110100，双比特码元与载波相位的关系如表 6-2 所示，分别画出相应的 4PSK 及 4DPSK 信号的所有可能波形。

6-17 采用 8PSK 调制传输 $4800\text{bit/s}$ 数据，求 8PSK 信号的带宽。

6-18 已知 4PSK 信号采用调相法来产生，如图 P6-1 所示。假设数字基带信号波形采用矩阵脉冲。

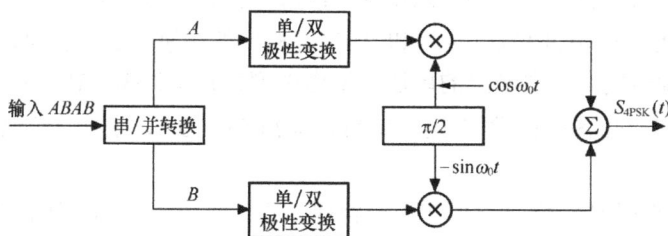

图 P6-1

（1）写出双比特码元和载波相位的对应关系。
（2）计算 4PSK 系统的信息频带利用率。

6-19 求传码率为 200Baud，采用八进制 ASK 系统的带宽和信息速率。若是采用二进制 ASK 系统，其带宽和信息速率又为多少？

6-20 设八进制 FSK 系统的频率配置使得功率谱主瓣恰好不重叠，求传码率为 200 波特时系统的传输带宽及信息速率。

6-21 已知码元传输速率为 200Baud，求八进制 PSK 系统的带宽及信息传输速率。

6-22 对最高频率为 $6\text{MHz}$ 的模拟信号进行线性 PCM 编码，量化电平数为 $M=8$，编码信号先通过 $\alpha=0.2$ 的升余弦滚降滤波器处理，在对载波进行调制：
（1）采用 2PSK 调制，求占用信道带宽和频带利用率；
（2）将调制方式改为 8PSK，求占用信道带宽和频带利用率；

6-23 已知电话信道可用的信号传输频带为 600—3000Hz，取载波为 1800Hz，试说明：
（1）采用 $\alpha=1$ 升余弦基带信号 QPSK 调制可以传输 2400b/s 数据；
（2）采用 $\alpha=0.5$ 余弦滚降基带信号 8PSK 调制可以传输 4800b/s 数据。

第 **7** 章 现代数字调制技术

## 7.1 引言

在第 6 章中已经讨论了几种基本数字调制技术的调制和解调原理。随着数字通信的迅速发展，各种数字调制方式也在不断地改进和发展，现代通信系统中出现了很多性能良好的数字调制技术。

按照在某一时刻调制是否只使用"单一频率"的正弦载波，调制分为单载波调制和多载波调制；按照已调信号的包络是否保持不变，单载波调制又分为恒定包络调制和不恒定包络调制。第 6 章中讨论的 ASK、FSK 和 PSK 都属于单载波调制，其中 FSK 和 PSK 信号的幅度是不变的，属于恒包络调制。

本章我们主要介绍目前实际通信系统中常使用的几种现代数字调制技术。首先介绍改进型四相相移键控，包括偏移四相相移键控（OQPSK）和 $\pi/4$ "差分四相"相移键控（$\pi/4$-DQPSK）；然后介绍恒包络连续相位的频移键控，包括最小频移键控（MSK）和高斯型最小频移键控（GMSK）；而后介绍正交幅度调制（QAM），它是一种不恒定包络调制。在介绍了这几种单载波调制后，再引入多载波调制，着重介绍其中的正交频分复用（OFDM）。

## 7.2 改进型四相相移键控

模拟调制中，恒包络调制（调频和调相）可以采用限幅的方法去除干扰引起的幅度变化，具有较高的抗干扰能力。同样，在数字调制中，假设 QPSK 信号的每个码元的包络为矩形方波，则高频信号也具有恒包络特性，但这时已调信号的频谱宽度将为无穷大，而实际上信道带宽总是有限的，为了对 QPSK 信号的带宽进行限制，先将基带双极性矩形不归零脉冲序列先经过基带成形滤波器进行限带，然后再进行 QPSK 调制。问题是：通过带限处理后的 QPSK 信号将不再是恒包络了。而且当码组 $00 \rightarrow 11$ 或 $01 \rightarrow 10$ 时，会产生 $180°$ 的载波相位跳变，这种相位跳变会引起带限处理后的 QPSK 信号包络起伏，甚至出现包络为 0 的现象。这种现象必须避免，这是因为对包络起伏很大的限带 QPSK 信号进行硬限幅或者通过非线性功率放大，将导致功率谱旁瓣增生，而频谱扩散将增加对相邻信道的干扰。因此对于限带 QPSK 信号的功率放大，只能采用线性功放，但是线性功放的功率转换效率低，为此人们探讨能应用于非线性功率放大的限带数字调制方式。为了消除 $180°$ 的相位跳变，在 QPSK 的基础上提出了 OQPSK 和 $\pi/4$-DQPSK。

### 7.2.1 偏移四相相移键控

QPSK 信号是利用正交调制方法产生的，其原理是先对输入数据作串/并变换，即将二进制数据每两比特分成一组，得到四种组合：$(1，1)$、$(-1，1)$、$(-1，-1)$ 和 $(1，-1)$，每组的前一比特为同相分量 $I(t)$，后一比特为正交分量 $Q(t)$。然后利用同相分量和正交分量分别对两个正交的载波进行 2PSK 调制，最后将调制结果叠加，得到 QPSK 信号。可知 QPSK 信号的相位有四种可能的取值，QPSK 相位关系如图 7-1（a）所示。随着输入数据的不同，QPSK 信号的相位会在这四种相位上跳变，跳变量可能为 $\pm\pi/2$ 或 $\pm\pi$，如图 7-1（a）中的箭头所示。当发生对角过渡，即产生 $\pm\pi$ 的相移时，经过带通滤波器之后所形成的包络起伏必然达到最大。

为了减小包络起伏，这里做一改进：在对 QPSK 做正交调制时，将正交分量的基带信号相对于同相分量的基带信号延迟半个码元间隔 $T_s/2$（即一个比特间隔 $T_b$），这种调制方法称为偏移四相相移键控（OQPSK），调制原理如图 7-2（a）所示。由于 OQPSK 信号也可以看作是由同相支路和正交支路的 2PSK 信号的叠加，所以 OQPSK 信号的功率谱与 QPSK 信号的功率谱形状相同。

这样，由于同相分量和正交分量不能同时发生变化，相邻 1 个比特信号的相位只可能发生 $\pm90°$ 的变化，因而星座图中的信号点只能沿正方形四边移动，不再出现沿对角线移动，消除了已调信号中相位突变 $180°$ 的现象，如图 7-1（b）所示。经带通滤波器后，OQPSK 信号中包络的最大值与最小值之比约为 $\sqrt{2}$，不再出现比值无限大的现象。该信号经过非线性功放后，不会引起功率谱旁瓣大的增生，所以它适合在限带非线性信道中使用。

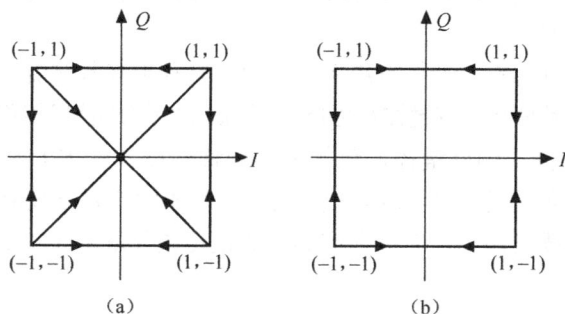

图 7-1  QPSK 和 OQPSK 信号的相位关系

OQPSK 信号的解调原理框图如图 7-2（b）所示。

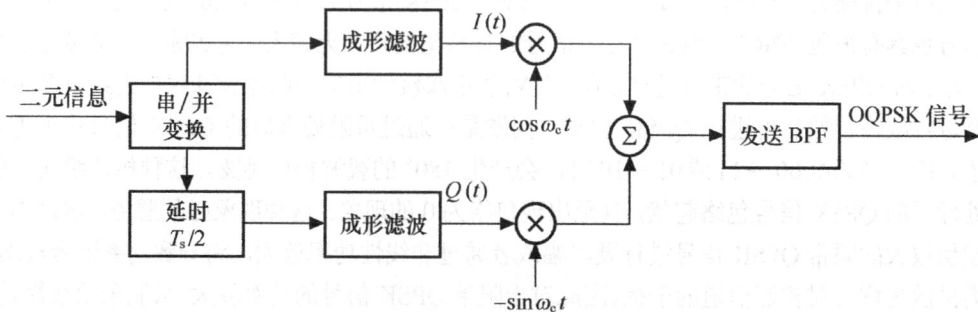

（a）调制原理框图

图 7-2  OQPSK 信号的调制和解调原理框图

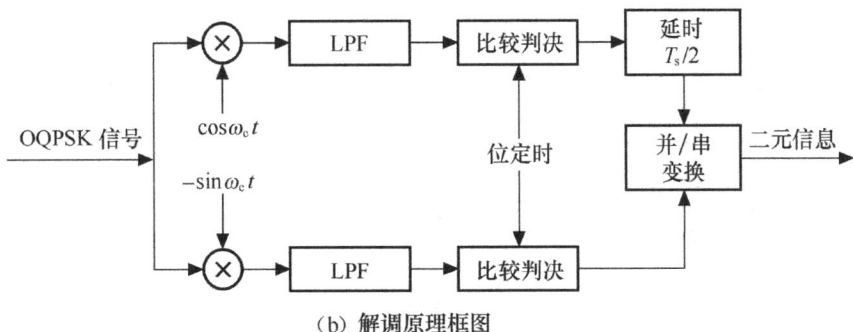

（b）解调原理框图

图 7-2　OQPSK 信号的调制和解调原理框图（续）

如果采用相干解调方式，理论上 OQPSK 信号的误码性能与相干解调的 QPSK 相同。但是，频带受限的 OQPSK 信号包络起伏比频带受限的 QPSK 信号小，经限幅放大后频谱展宽得少，所以 OQPSK 的性能优于 QPSK。

**【例 7.2.1】**　已知二元信息为 00100110，以双极性不归零矩形波进入图 7-2（a）所示的 OQPSK 信号的调制原理框图。

（1）不考虑成形滤波，试画出同相支路和正交支路的基带波形。

（2）说明 OQPSK 信号的相位是如何跳变的。

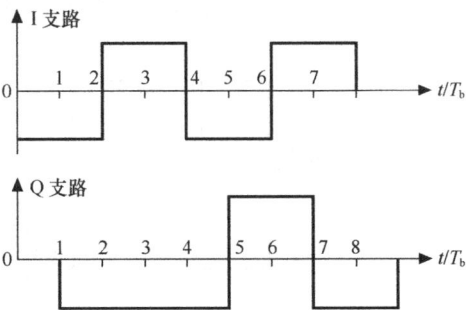

图 7-3　I 支路和 Q 支路的基带波形和频带波形

**解：**

（1）同相支路和正交支路的基带波形如图 7-3 所示。

（2）当输入的二元信息为 00100110 时，OQPSK 信号的相位跳变如表 7-1 所示。

| 表 7-1 | OQPSK 信号的相位 | | | | | | |
|---|---|---|---|---|---|---|---|
| 时段 | $T_b \sim 2T_b$ | $2T_b \sim 3T_b$ | $3T_b \sim 4T_b$ | $4T_b \sim 5T_b$ | $5T_b \sim 6T_b$ | $6T_b \sim 7T_b$ | $7T_b \sim 8T_b$ |
| I 支路 | $-\cos\omega_c t$ | $\cos\omega_c t$ | $\cos\omega_c t$ | $-\cos\omega_c t$ | $-\cos\omega_c t$ | $\cos\omega_c t$ | $\cos\omega_c t$ |
| Q 支路 | $\sin\omega_c t$ | $\sin\omega_c t$ | $\sin\omega_c t$ | $\sin\omega_c t$ | $-\sin\omega_c t$ | $-\sin\omega_c t$ | $\sin\omega_c t$ |
| OQPSK 信号相位跳变 | $2T_b, 3T_b, \cdots, 7T_b$ 时刻的相位跳变：$225° \to 315° \to 315° \to 225° \to 135° \to 45° \to 315°$ | | | | | | |

### 7.2.2　$\pi/4$ 差分四相相移键控

$\pi/4$ 差分四相相移键控是在 QPSK 和 OQPSK 基础上发展起来的，它具有以下特点：

（1）在四进制码元转换时刻，当前码元的相位相对于前一码元的相位改变 $\pm 45°$ 或 $\pm 135°$；

（2）可以使用非相干解调，不需要恢复载波相位，避免相干解调中的"倒 π 现象"。

与 OQPSK 只有四个相位点不同，$\pi/4$-DQPSK 信号已调信号的相位被均匀地分配为相距 $\pi/4$ 的 8 个相位点，如图 7-4（a）所示。8 个相位点被分为两组，分别用"●"和"○"表示，如图 7-4（b）和（c）所示。如果能够使已调信号的相位在两组之间交替跳变，则相位跳变值就只能有 $\pm 45°$ 和 $\pm 135°$ 4 种取值，从而避免了 QPSK 信号相位突变 180° 的现象。

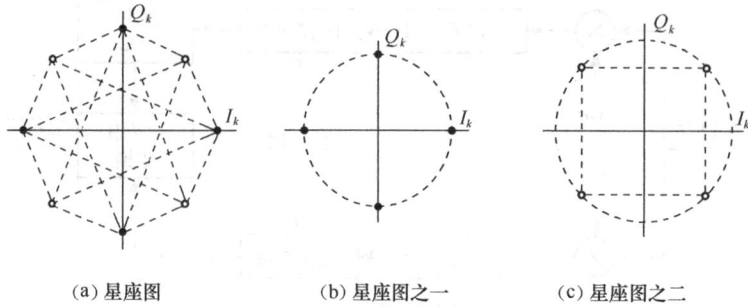

(a) 星座图　　　　　　(b) 星座图之一　　　　　(c) 星座图之二

图 7-4　$\pi/4$-DQPSK 信号的星座图

$\pi/4$-DQPSK 信号的产生如图 7-5 所示，输入数据通过串/并变换得到两组并行的数据串 $m_{I_k}$ 和 $m_{Q_k}$ ，然后通过信号映射得到同相分量 $I_k$ 和正交分量 $Q_k$ 的表达式如下：

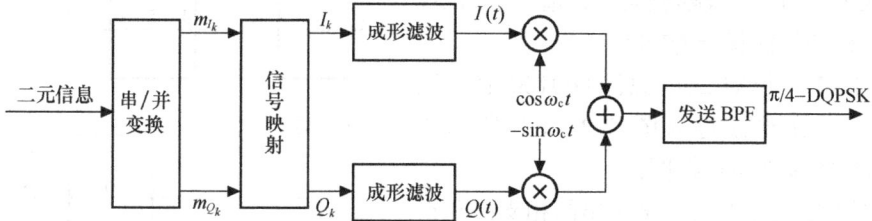

图 7-5　$\pi/4$-DQPSK 信号的产生

$$I_k = \cos\theta_k = I_{k-1}\cos\varphi_k - Q_{k-1}\sin\varphi_k \qquad (7.2\text{-}1)$$

$$Q_k = \sin\theta_k = I_{k-1}\sin\varphi_k + Q_{k-1}\cos\varphi_k \qquad (7.2\text{-}2)$$

容易看出

$$\varphi_k = \theta_k - \theta_{k-1} \qquad (7.2\text{-}3)$$

其中，$\theta_{k-1}$ 和 $\theta_k$ 分别是第 $k$-1 个和第 $k$ 个码元的相位；$\varphi_k$ 是相位差，它和输入码元 $m_{I_k}$ 和 $m_{Q_k}$ 的对应关系如表 7-2 所示。可见，$\pi/4$-DQPSK 信号所传的信息包含在前后四进制的载波相位差 $\varphi_k$ 中，例如，输入二进制数字 "-1，-1" 对应相位差为-135°。可见信号映射相当于差分编码。由于最大相移 135° 比 QPSK 的最大相移 180° 小 $\pi/4$，所以称为 $\pi/4$ 差分四相相移键控，简称为 $\pi/4$-DQPSK。

表 7-2　　　　　　　　　　　　　$\pi/4$-DQPSK 信号的相位变化

| 输入二进制数据（ $m_{I_k}$ ， $m_{Q_k}$ ） | 相位改变 $\varphi_k$ |
|---|---|
| （+1，+1） | 45° |
| （-1，+1） | 135° |
| （-1，-1） | -135° |
| （+1，-1） | -45° |

同相分量 $I_k$ 和正交分量 $Q_k$ 通常先通过脉冲成形滤波器，分别得到进入 DQPSK 调制器的同相分量 $I(t)$ 和正交分量 $Q(t)$，然后被两个相互正交的载波调制，产生 $\pi/4$-DQPSK 信号。

$$S_{\pi/4\text{-QPSK}} = I(t)\cos\omega_c t - Q(t)\sin\omega_c t = \cos(\omega_c t + \theta_k) \quad kT_s \leqslant t \leqslant (k+1)T_s \qquad (7.2\text{-}4)$$

如果采用相干解调，$\pi/4$-DQPSK 信号的抗噪声性能和 QPSK 信号的相同。带限后的 $\pi/4$-DQPSK 信号保持恒包络的性能比带限后的 QPSK 好，但不如 OQPSK，这是因为三者最大相位变化 OQPSK 最小，$\pi/4$-DQPSK 其次，QPSK 最大。

需要指出的是，$\pi/4$-DQPSK 的优势还在于它可以采用差分检测，这是因为 $\pi/4$-DQPSK 信号内的信息完全包含在载波的两个相邻码元之间的相位差 $\varphi_k$ 中。差分检测是一种非相干解调，这大大简化了接收机的设计。而且，通过研究还发现，在存在多径和衰落时，$\pi/4$-DQPSK 的性能优于 OQPSK，需要指明的是，$\pi/4$-DQPSK 信号在每个相邻符号转换时刻都存在相位跳变，有利于接收端进行符号定时同步。所以，$\pi/4$-DQPSK 日益得到重视。

目前 $\pi/4$-DQPSK 调制方式已经应用于美国 IS-136 数字蜂窝移动通信系统、日本 JDC 数字蜂窝系统及 PHS 无绳电话、欧洲中继无线 TETRA 标准以及欧洲数字音频广播 DAB 系统。

## 7.3 恒包络连续相位频移键控

OQPSK 和 $\pi/4$-DQPSK 虽然避免了 QPSK 信号相位突变 180° 的现象，改善了包络起伏，但是并没有从根本上解决包络起伏问题。究其原因，包络起伏是由相位的非连续变化引起的。因此，我们自然会想到使用相位连续变化的调制方式，这种方式称为连续相位调制（CPM）。

本节将主要介绍两种恒包络的连续相位的 2FSK 调制信号：最小频移键控（MSK）信号和高斯最小频移键控（GMSK）信号。MSK 是一种特殊的 2FSK 信号，它是二进制连续相位频移键控（CPFSK）的一种特殊情况。在 6.2.2 小节中讨论的 2FSK 信号通常是由两个独立的振荡源产生的，在频率转换处相位不连续，因此，会造成功率谱产生很大的旁瓣分量，若通过带限系统后，会产生信号包络的起伏变化，这种起伏是我们所不需要的。为了克服以上缺点，对于 2FSK 信号作了改进，引入 MSK 调制方式。为了进一步提高频谱利用率。提出了 GMSK 调制方式。

### 7.3.1 连续相位 2FSK

将二进制数字基带信号 $s(t)$ 对单一频率的载波振荡器进行频率调制，得到相位连续的 2FSK 信号，如图 7-6 所示。

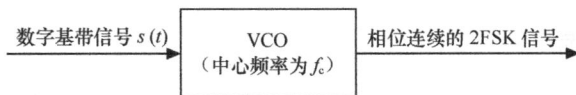

图 7-6 相位连续 2FSK 信号的产生

相位连续的 2FSK 信号表示为

$$s_{\text{FSK}}(t) = A\cos\left[\omega_c t + K_f \int_{-\infty}^{t} s(\tau)\mathrm{d}\tau\right] = A\cos\left[\omega_c t + \theta(t)\right] \tag{7.3-1}$$

其中相位 $\theta(t) = K_f \int_{-\infty}^{t} s(\tau)\mathrm{d}\tau$，$K_f$ 为调频器的频率偏移常数，数字基带信号 $s(t)$ 采用双极性不归零矩形脉冲波形。由于相位 $\theta(t)$ 是 $s(t)$ 的积分，所以相位 $\theta(t)$ 是连续变化的。

### 7.3.2 正交 2FSK

下面我们来讨论正交 2FSK 信号的两个载频 $f_1$ 和 $f_2$ 的最小容许频率间隔。

一般地，2FSK 载波的频率受数字基带信号的控制，可以表示为

$$S_{2FSK}(t) = \begin{cases} S_1(t) = A\cos(\omega_1 t + \theta_0), & a_n = +1 \\ S_2(t) = A\cos(\omega_2 t + \varphi_0), & a_n = -1 \end{cases} \quad 0 \le t \le T_s \tag{7.3-2}$$

式中，$a_n$ 表示数字基带信号，$T_s$ 表示码元间隔，$\omega_1 = 2\pi f_1$，$\omega_2 = 2\pi f_2$。

如果 $S_1(t)$ 和 $S_2(t)$ 正交，要求

$$\int_0^{T_s} S_1(t)S_2(t)\mathrm{d}t = 0 \tag{7.3-3}$$

即

$$\frac{\sin\left[(\omega_1+\omega_2)T_s+\varphi_0+\theta_0\right]}{\omega_1+\omega_2} + \frac{\sin\left[(\omega_1-\omega_2)T_s+\theta_0-\varphi_0\right]}{\omega_1-\omega_2} - \frac{\sin(\varphi_0+\theta_0)}{\omega_1+\omega_2} - \frac{\sin(\theta_0-\varphi_0)}{\omega_1-\omega_2} = 0$$

一般说来，$\omega_1+\omega_2 \gg 1$，上式可以简化为

$$\cos(\theta_0-\varphi_0)\sin(\omega_1-\omega_2)T_s + \sin(\theta_0-\varphi_0)\left[\cos(\omega_1-\omega_2)T_s-1\right] = 0$$

由于 $\theta_0$ 和 $\varphi_0$ 是任意常数，要满足上式，必须保证

$$\sin(\omega_1-\omega_2)T_s = 0 \tag{7.3-4}$$

$$\cos(\omega_1-\omega_2)T_s = 1 \tag{7.3-5}$$

容易推导得出，只要

$$\left|\omega_1-\omega_2\right|T_s = 2n\pi \text{ 或 } \left|f_2-f_1\right| = \frac{n}{T_s}, \quad n = \pm1, \pm2, \cdots \tag{7.3-6}$$

成立，$S_1(t)$ 和 $S_2(t)$ 就正交。

在上面的讨论中，假设 $\theta_0$ 和 $\varphi_0$ 是任意的，在接收端无法预知，只能采用非相干解调。而对于相干解调，要求 $\theta_0$ 和 $\varphi_0$ 是确定的，这时可令 $\theta_0 - \varphi_0 = 0$。于是仅要求满足

$$\left|f_2-f_1\right| = \frac{n}{2T_s} \tag{7.3-7}$$

所以对于相干解调，2FSK 信号的最小频率间隔为 $\frac{1}{2T_s}$。

### 7.3.3 MSK 信号

MSK 称为最小移频键控，有时也称为快速移频键控（FFSK），所谓"最小"是指这种调制方式能以最小的调制指数（0.5）获得正交信号；而"快速"是指在给定同样的频带内，MSK 能比 2PSK 的数据传输速率更高，且在带外的频谱分量要比 2PSK 衰减得快。

MSK 信号具有如下特点：

（1）MSK 信号的包络是恒定不变的；

（2）MSK 是调制指数为 0.5 的正交信号，频率偏移等于 $\pm\frac{1}{4T_s}$ Hz；

（3）MSK 波形相位在码元转换时刻是连续的；

（4）MSK 附加相位在一个码元持续时间内线性地变化 $\pm\pi/2$。

MSK 信号可以表示为

$$S_{\text{MSK}}(t) = \cos[\omega_c t + \theta_k(t)]$$

$$= \cos\left(\omega_c t + \frac{\pi a_k}{2T_s}t + \varphi_k\right) \quad kT_s \leq t \leq (k+1)T_s \tag{7.3-8}$$

式中，$\omega_c$ 表示载频；$\frac{\pi a_k}{2T_s}$ 表示相对载频的频偏；$\varphi_k$ 表示第 $k$ 个码元的起始相位；$a_k = \pm 1$ 是数字基带信号，$T_s$ 表示码元宽度。$\theta_k(t)$ 称为附加相位函数，它是除载波相位之外的附加相位。

$$\theta_k(t) = \frac{\pi a_k}{2T_s}t + \varphi_k \tag{7.3-9}$$

当 $a_k = +1$ 时，信号的频率为

$$f_2 = f_c + \frac{1}{4T_s} \tag{7.3-10}$$

当 $a_k = -1$ 时，信号的频率为

$$f_1 = f_c - \frac{1}{4T_s} \tag{7.3-11}$$

所以

$$\Delta f = f_2 - f_1 = \frac{1}{2T_s} \tag{7.3-12}$$

即最小频差 $\Delta f$ 等于码元传输速率的一半。定义调制指数为

$$\beta = \Delta f T_s = \Delta f / f_s = \frac{1}{2} \tag{7.3-13}$$

可见，$f_1$ 和 $f_2$ 的频差是 2FSK 的两信号 $S_1(t)$ 和 $S_2(t)$ 正交的最小频差间隔，所以称为最小频移键控。

可以利用图 7-7 的调频器来产生 MSK 信号。

图中基带信号 $s(t)$ 是二进制双极性不归零矩形脉冲序列，$T_s$ 是码元长度，VCO 是压控振荡器，用作调频器，调制指数 $\beta = 0.5$。

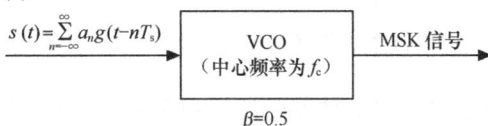

图 7-7 MSK 信号的产生

### 1. MSK 信号的相位连续性

根据相位 $\theta_k(t)$ 连续条件，要求在 $t = kT_s$ 时满足

$$a_{k-1}\frac{\pi k T_s}{2T_s} + \varphi_{k-1} = a_k \frac{\pi k T_s}{2T_s} + \varphi_k \tag{7.3-14}$$

可得

$$\varphi_k = \varphi_{k-1} + (a_{k-1} - a_k)\frac{\pi k}{2}$$

$$= \begin{cases} \varphi_{k-1}, & \text{当 } a_k = a_{k-1}\text{时} \\ \varphi_{k-1} \pm k\pi, & \text{当 } a_k \neq a_{k-1}\text{时} \end{cases} \tag{7.3-15}$$

上式可见，MSK 信号在第 $k$ 个码元的起始相位不仅与当前的 $a_k$ 有关，还与前面的 $a_{k-1}$ 和 $\varphi_{k-1}$ 有关。为简便起见，设第一个码元的起始相位为 0，则

$$\varphi_k = 0 \text{或} \pi \tag{7.3-16}$$

下面来分析在每个码元间隔 $T_s$ 内相对于载波相位的附加相位函数 $\theta_k(t)$ 将如何变化。由式 (7.3-9) 可知，$\theta_k(t)$ 是 MSK 信号的总相位减去随时间线性增长的载波相位得到的剩余相位，它是一个直线方程式。在一个码元间隔内，当 $a_k = +1$ 时，$\theta_k(t)$ 增大 $\pi/2$；当 $a_k = -1$ 时，$\theta_k(t)$ 减小 $\pi/2$。$\theta_k(t)$ 随 $t$ 的变化规律如图 7-8 所示。图中正斜率直线表示传 1 码时的相位轨迹，负斜率直线表示传 -1 码时的相位轨迹，这种由相位轨迹构成的图形称为相位网络图。

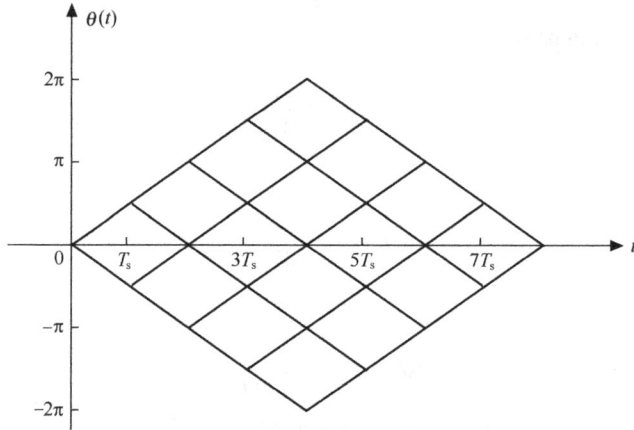

图 7-8  MSK 相位网格图

下面举例来说明如何画出 MSK 信号的波形。例如选择载波频率 $f_c = \dfrac{1.75}{T_s}$，MSK 信号的两个频率分别为 $f_1 = \dfrac{1.5}{T_s}$，$f_2 = \dfrac{2}{T_s}$，初始相位 $\varphi_0 = 0$，图 7-9（a）所示为 MSK 的频率间隔图。由图 7-9（b）的基带信号和图 7-9（c）中的 MSK 波形可看出："+"信号与"-"信号的相位在码元转换时刻是连续的，而且在一个码元期间所对应的波形恰好相差 1/2 载波周期。

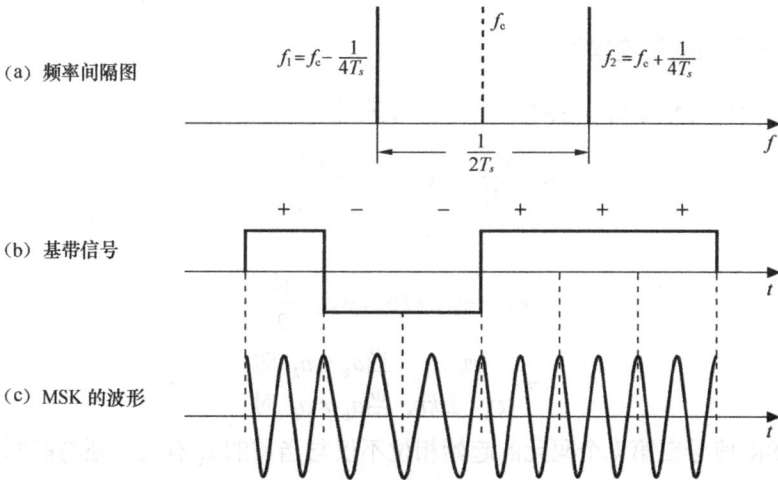

图 7-9  MSK 信号的频率间隔与波形

**2. MSK 信号的产生与解调**

将式（7.3-8）进行三角公式变换得

$$S_{MSK}(t) = \cos\theta_k(t)\cos\omega_c t - \sin\theta_k(t)\sin\omega_c t$$

$$= \cos\left(\frac{\pi a_k}{2T_s}t + \varphi_k\right)\cos\omega_c t - \sin\left(\frac{\pi a_k}{2T_s}t + \varphi_k\right)\sin\omega_c t$$

$$= \left(\cos\frac{\pi a_k}{2T_s}t\cos\varphi_k - \sin\frac{\pi a_k}{2T_s}t\sin\varphi_k\right)\cos\omega_c t - \tag{7.3-17}$$

$$\left(\sin\frac{\pi a_k}{2T_s}t\cos\varphi_k + \cos\frac{\pi a_k}{2T_s}t\sin\varphi_k\right)\sin\omega_c t$$

考虑到 $a_k = \pm 1$，$\varphi_k = 0$ 或 $\pi$，最后可以得到

$$S_{MSK}(t) = \cos\varphi_k\cos\frac{\pi t}{2T_s}\cos\varphi_c t - a_k\cos\varphi_k\sin\frac{\pi t}{2T_s}\sin\omega_c t \tag{7.3-18}$$

可以证明：

（1）在 $(2n-1)T_s \le t \le (2n+1)T_s$ 期间，$\cos\varphi_{2n-1} = \cos\varphi_{2n}$，或为 +1，或为 -1；

（2）在 $2nT_s \le t \le (2n+2)T_s$ 期间，$a_{2n}\cos\varphi_{2n} = a_{2n+1}\cos\varphi_{2n+1}$，或为 +1，或为 -1。

设 $b_I = \cos\varphi_k$ 为同相分量；$b_Q = a_k\cos\varphi_k$ 为正交分量，则在 $kT_s \le t \le (k+1)T_s$ 期间，有

$$b_Q = b_I a_k, \quad a_k = b_I b_Q = b_{k-1}b_k \tag{7.3-19}$$

式（7.3-19）可以这样理解：$\{a_k\}$ 是双极性数据序列，或为 +1，或为 -1。当 $a_k = +1$ 时，$b_{k-1}$ 和 $b_k$ 相同，否则相反，$\{b_k\}$ 也是双极性数据序列，可见 $\{a_k\}$ 差分编码后得到 $\{b_k\}$。而 $b_{2n-1}$ 及 $b_{2n}$ 分别是 $\{b_k\}$ 奇数及偶数标号的比特数据。在 $(2n-1)T_s \le t \le (2n+1)T_s$ 期间，$b_I$ 保持不变，等于 $b_{2n-1}$，在 $2nT_s \le t \le (2n+2)T_s$ 期间，$b_Q$ 保持不变，等于 $b_{2n}$。所以式（7.3-8）表示为

$$S_{MSK}(t) = \cos\left(\omega_c t + \frac{\pi t}{2T_s}a_k + \varphi_k\right) = \cos\left(\omega_c t + \frac{\pi t}{2T_s}b_I b_Q + \varphi_k\right)$$

$$= b_I\cos\frac{\pi t}{2T_s}\cos\omega_c t - b_Q\sin\frac{\pi t}{2T_s}\sin\omega_c t; \qquad kT_s \le t \le (k+1)T_s \tag{7.3-20}$$

可见，MSK 信号可以用两个正交的分量表示。根据该式构成的 MSK 信号的产生方框图如图 7-10 所示。图中输入数据序列为双极性不归零矩形脉冲序列 $\{a_k\}$，它经过差分编码后变成序列 $\{b_k\}$，经过串/并变换得到速率减半的两路信号，将正交支路延迟 $T_s$，得到相互交错 $T_s$ 的两路信号 $\{b_{2n-1}\}$ 和 $\{b_{2n}\}$，然后用加权函数 $\cos\frac{\pi t}{2T_s}$ 和 $\sin\frac{\pi t}{2T_s}$ 分别加权，加权后的两路信号再分别对正交载波 $\cos\omega_c t$ 和 $-\sin\omega_c t$ 进行幅度调制，调制后的信号相加再通过带通滤波器，就得到 MSK 信号。

现在来讨论 MSK 信号的解调。由于 MSK 信号是一种 FSK 信号，所以它可以采用相干解调和非相干解调，其电路形式很多，这里介绍一种最佳接收机方框图，如图 7-11 所示。它采用相乘积分型的相关解调，图中积分器的积分间隔为 $2T_s$。同相支路在 $(2n+1)T_s$ 时

刻对积分器的输出波形进行抽样，正交支路在 $(2n+2)T_s$ 时刻抽样判决，经并/串变换，变为串行数据，与调制器相对应，因在发送端经差分编码，故接收端输出需经差分译码后，即可恢复原始数据。

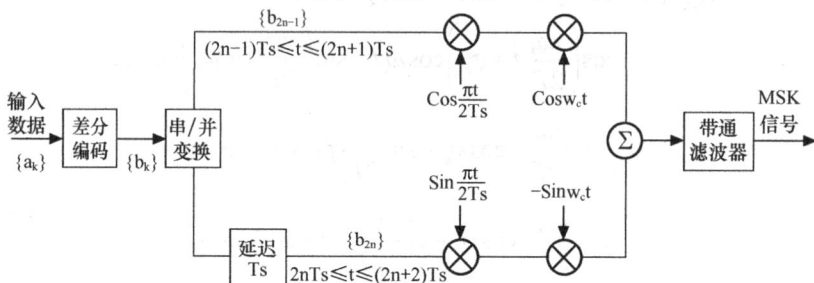

图 7-10  MSK 信号的产生方框图

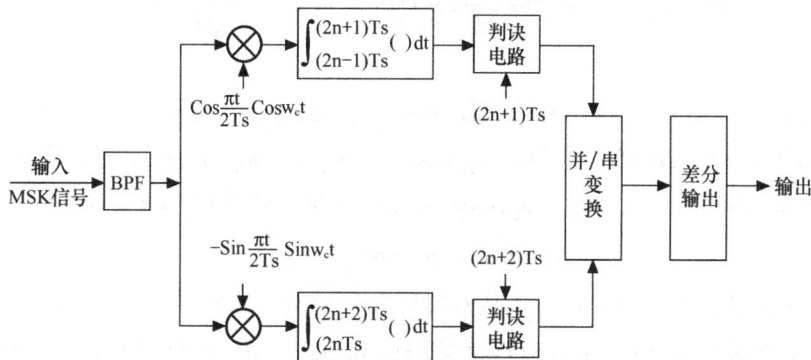

图 7-11  MSK 的最佳接收机方框图

实际上，可以直接把 $\{b_k\}$ 作为要传输的数据，因此调制时不需要差分编码，对应地在解调时就不需要差分译码。MSK 可以看作是一类特殊的 OQPSK，同相支路和正交支路的基带信号分别被 $b_{2n-1}\cos\dfrac{\pi t}{2T_s}$ 和 $-b_{2n}\sin\dfrac{\pi t}{2T_s}$ 取代，所以其误码性能和 QPSK、OQPSK 信号相同。

### 3. MSK 信号的频谱特性

通过推导，MSK 信号的归一化功率谱密度 $P_s(f)$ 的表达式如下：

$$P_s(f) = \frac{16T_s}{\pi^2}\left[\frac{\cos 2\pi(f-f_c)T_s}{1-16(f-f_c)^2 T_s^2}\right]^2 \tag{7.3-21}$$

上式中，$f_c$ 为载频，$T_s$ 为码元宽度。

按照上式画出的功率谱曲线如图 7-12 所示（用实线示出）。应当注意，图中横坐标是以载频为中心画的，即横坐标代表频率 $(f-f_c)$；$T_s$ 表示二进制码元间隔。图中还给出了其他几种调制信号的功率谱密度曲线作比较。由图可见，与 QPSK 和 OQPSK 信号相比，MSK 信号的功率谱更为集中，即其旁瓣下降得更快。故它对相邻频道的干扰较小。

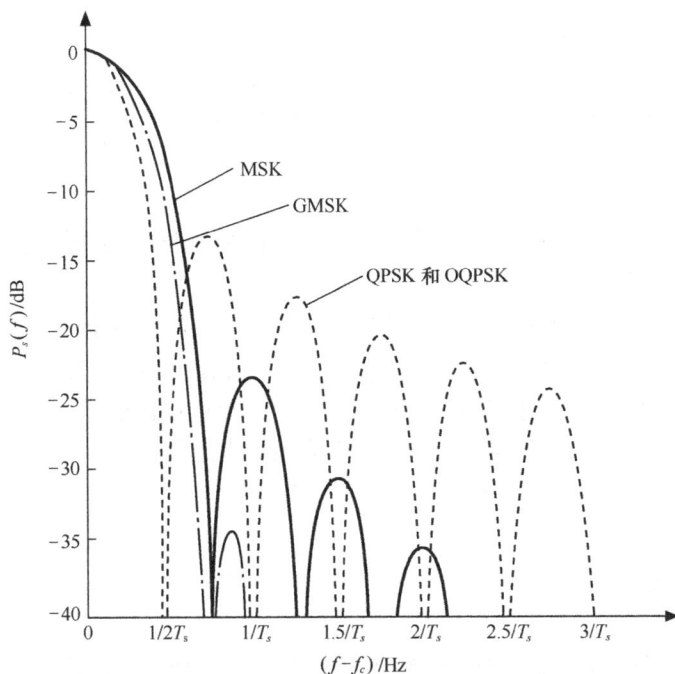

图 7-12 MSK、GMSK 和 OQPSK 等信号的功率谱密度

## 7.3.4 GMSK 信号

MSK 信号虽然具有频谱特性和误码性能较好的特点，然而，在一些通信场合，例如在移动通信中，MSK 所占带宽仍较宽。此外，其频谱的带外衰减仍不够快，以至于在 25kHz 信道间隔内传输 16kbit/s 的数字信号时，将会产生邻道干扰。为此，人们设法对 MSK 的调制方式进行改进：在频率调制之前用一个低通滤波器对基带信号进行预滤波，它通过滤出高频分量，给出比较紧凑的功率谱，从而提高谱利用率。

为了获得窄带输出信号的频谱，预滤波器一般需要满足以下条件：

（1）带宽窄并且具有陡峭的截止特性，以抑制高频分量；

（2）冲激响应过冲量要小，以防止产生过大的瞬时频偏；

（3）保证输出脉冲的面积不变，以保证 π/2 的相移。

要满足这些特性，选择高斯型滤波器是合适的。此高斯型滤波器的传输函数为

$$H(f) = \exp\left[-(\ln 2 / 2)(f / B)^2\right] \tag{7.3-22}$$

式中，$B$ 为高斯滤波器的 **3dB** 带宽。

将式（7.3-22）作傅里叶逆变换，得到此滤波器的冲激响应为

$$h(t) = \frac{\sqrt{\pi}}{\alpha} \exp\left(-\frac{\pi^2}{\alpha^2} t^2\right) \tag{7.3-23}$$

式中，$\alpha = \sqrt{\ln 2 / 2} / B$。由于 $h(t)$ 为高斯型特性，故称为高斯型滤波器。

调制前，先利用高斯滤波器将基带信号成形为高斯型脉冲，再进行 MSK 调制，如图 7-13 所示，这样的调制方式称为高斯最小频移键控，缩写为 GMSK。习惯上使用 BT$_s$ 来定义 GMSK，

式中，B 为 3dB 带宽，$T_s$ 为码元间隔。

$$s(t)=\sum_{n=-\infty}^{\infty}a_ng(t-nT_s)$$ 高斯低通滤波器 → MSK 调制器 → GMSK 信号

图 7-13　GMSK 信号的产生

GMSK 既可以像 MSK 那样相干解调，也可以像 FSK 那样非相干解调。它最大的优势是信号具有恒定的幅度及信号的功率谱利用率较高。

GMSK 信号的功率谱很难分析计算，用计算机仿真方法得到的结果如图 7-12 所示。由图可见，GMSK 具有功率谱集中的优点。需要指明的是，GMSK 信号频谱特性的改善是通过降低误比特率性能换来的，预滤波器的带宽越窄，输出功率谱就越紧凑，但误比特率性能变得越差。所以，从谱利用率和误码率综合考虑，$BT_s$ 应该折衷选择。目前数字蜂窝移动通信 GSM 系统采用 $BT_s$=0.3 的 GMSK 调制方式。

## 7.4　正交幅度调制

正交幅度调制（QAM）是一种幅度和相位联合键控（APK）的调制方式。它可以提高系统可靠性，且能获得较高的信息频带利用率，是目前应用较为广泛的一种数字调制方式。

### 7.4.1　QAM 信号的表示

正交幅度调制是用两路独立的基带数字信号对两个相互正交的同频载波进行抑制载波的双边带调制，利用已调信号在同一带宽内频谱正交的性质来实现两路并行的数字信息传输。

#### 1. 时域表示

APK 是指载波的幅度和相位两个参量同时受基带信号的控制。APK 信号的一般表示式为

$$S_{APK}(t)=\sum_n A_ng(t-nT_S)\cos(\omega_ct+\varphi_n) \tag{7.4-1}$$

式中，$A_n$ 是基带信号第 $n$ 个码元的幅度，$\varphi_n$ 是第 $n$ 个信号码元的初始相位，$g(t)$是幅度为 1、宽度为 $T_s$ 的单个矩形脉冲。利用三角公式将上式进一步展开，得到 APK 信号的表达式

$$S_{APK}(t)=\left[\sum_n A_ng(t-nT_s)\cos\varphi_n\right]\cos\omega_ct-\left[\sum_n A_ng(t-nT_s)\sin\varphi_n\right]\sin\omega_ct \tag{7.4-2}$$

令

$$\begin{cases}X_n=A_n\cos\varphi_k\\Y_n=A_n\sin\varphi_k\end{cases} \tag{7.4-3}$$

将式（7.4-3）代入式（7.4-2）有

$$\begin{aligned}s_{MQAM}(t)&=\left[\sum_n X_ng(t-nT_s)\right]\cos\omega_ct\\&-\left[\sum_n Y_ng(t-nT_s)\right]\sin\omega_ct\\&=m_I(t)\cos\omega_ct-m_Q(t)\sin\omega_ct\end{aligned} \tag{7.4-4}$$

式中 $m_I(t) = \sum\limits_n X_n g(t - nT_s)$，$m_Q(t) = \sum\limits_n Y_n g(t - nT_s)$ 为同相和正交支路的基带信号。$X_n$、$Y_n$ 决定 QAM 信号在信号空间中的 $M$ 个坐标点。

**2. 矢量图**

如果 QAM 信号在信号空间中的坐标点数目（状态数）$M = 4$，记为 4QAM，它的同相和正交支路都采用二进制信号；如果同相和正交支路都采用四进制信号将得到 16QAM 信号。依此类推，如果两条支路都采用 L 进制信号将得到 MQAM 信号，其中 $M = L^2$。

矢量端点的分布图称为星座图。通常可以用星座图来描述 QAM 信号的信号空间分布状态。MQAM 目前研究较多，并被建议用于数字通信中的是十六进制的正交幅度调制（16QAM）或六十四进制的正交幅度调制（64QAM），下面重点讨论 16QAM。

对于 $M=16$ 的 16QAM 来说，有多种分布形式的信号星座图。两种具有代表意义的信号星座图如图 7-14 所示。在图 7-14（a）中，信号点的分布成方形，故称为方型 16QAM 星座，也称为标准型 16QAM。在图 7-14（b）中，信号点的分布成星形，故称为星型 16QAM 星座。

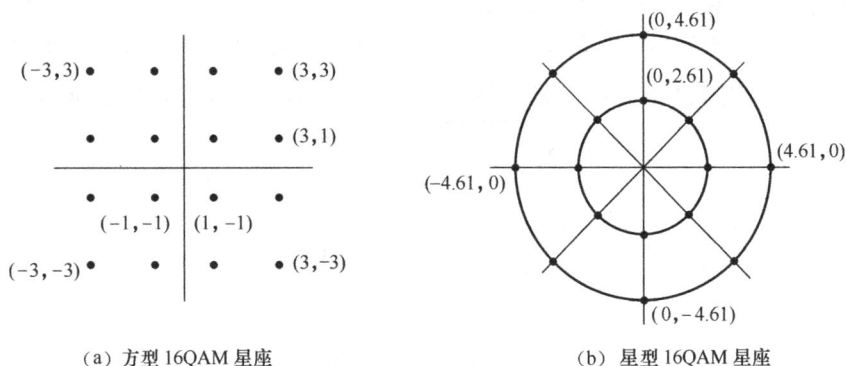

（a）方型 16QAM 星座　　　　　（b）星型 16QAM 星座

图 7-14　16QAM 的星座图

若所有信号点等概率出现，则平均发射信号功率为

$$P_s = \frac{1}{M} \sum_{n=1}^{M} \left( X_n^2 + Y_n^2 \right) \tag{7.4-5}$$

假设两种星座图的信号点之间的最小距离都为 2，如图 7-14 所示。对于方型 16QAM，信号平均功率为

$$P_s = \frac{1}{M} \sum_{n=1}^{M} \left( X_n^2 + Y_n^2 \right) = \frac{1}{16} \left( 4 \times 2 + 8 \times 10 + 4 \times 18 \right) = 10 \tag{7.4-6}$$

对于星型 16QAM，信号平均功率为

$$P_s = \frac{1}{M} \sum_{n=1}^{M} \left( X_n^2 + Y_n^2 \right) = \frac{1}{16} \left( 8 \times 2.61^2 + 8 \times 4.61^2 \right) = 14.03 \tag{7.4-7}$$

由此可见，方型和星型 16QAM 两者功率相差 1.4dB。另外，两者的星座结构也有重要的差别，一是星型 16QAM 只有两个幅度值，而方型 16QAM 有 3 种幅度值；二是星型 16QAM 只有 8 种相位值，而方型 16QAM 有 12 种相位值。这两点使得在衰落信道中，星型 16QAM 比方型 16QAM 更具有吸引力。

但是由于方型星座 QAM 信号所需的平均发送功率仅比最优的 QAM 星座结构的信号平均功率

稍大，而方型星座的 MQAM 信号的产生及解调比较容易实现，所以方型星座的 MQAM 信号在实际通信中得到了广泛的应用。当 $M=4$，16，32，64 时 MQAM 信号的星座图如图 7-15 所示。

为了传输和检测方便，同相和正交支路的 $L$ 进制码元一般为双极性码元，间隔相同，例如取为 $\pm 1$，$\pm 3$，$\cdots$，$\pm(L-1)$。由图 7-15 容易看出，如果 $M = L^2$ 为 2 的偶数次方，则方型星座的 MQAM 信号可等效为同相和正交支路的 $L$ 进制抑制载波的 ASK 信号之和。

如果状态数 $M \neq L^2$，比如 $M = 32$，亦需利用 36QAM 的星座图，将最远的角顶上的 4 个星点空置，如图 7-15 所示，这样可以在同样抗噪性能下节省发送功率。

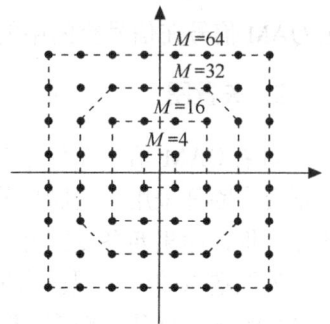

图 7-15 MQAM 信号的星座图

### 7.4.2 MQAM 信号的产生和解调

MQAM 信号调制原理图如图 7-16 所示。图中，输入的二进制序列经过串/并变换器输出速率减半的两路并行序列，再分别经过 2 电平到 $L$ 电平的变换，形成 $L$ 电平的基带信号 $m_I(t)$ 和 $m_Q(t)$，再分别对同相载波和正交载波相乘，最后将两路信号相加即可得到方型星座的 MQAM 信号。

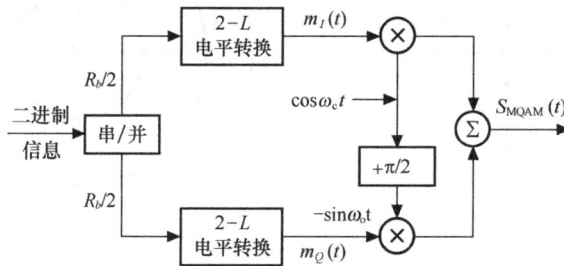

图 7-16 QAM 信号调制原理图

MQAM 信号可以采用正交相干解调方法，其解调器原理如图 7-17 所示。多电平判决器对多电平基带信号进行判决和检测。

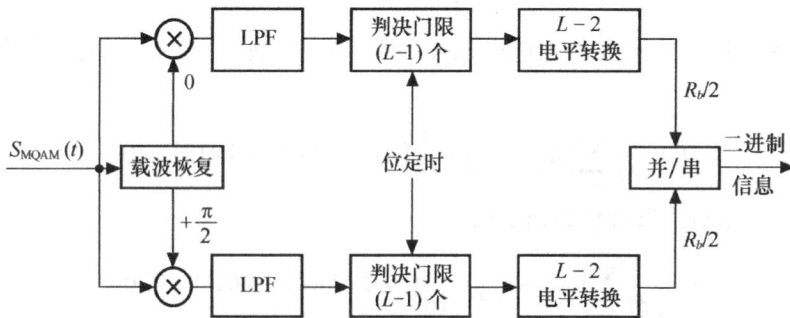

图 7-17 MQAM 信号相干解调原理图

### 7.4.3 MQAM 信号的频带利用率

现在讨论当 $M = 4$，16，64，256，$\cdots$ 时 MQAM 的频带利用率。MQAM 信号是由同相和正交支路的 $\sqrt{M}$ 进制的 ASK 信号叠加而成，所以它的功率谱是两支路信号功率谱的叠加。

当基带信号采用不归零的矩形脉冲时，MQAM 信号的第一零点带宽（主瓣宽度）为 $B = 2R_B$，即码元频带利用率为

$$\eta = \frac{R_B}{B} = \frac{1}{2} \quad \text{（Baud/Hz）} \tag{7.4-8}$$

MQAM 是利用已调信号在同一带宽内频谱正交的性质来实现两路并行的数字信息传输，所以与一路 L 进制的 ASK 信号相比较，相同带宽的 MQAM 信号可以传送 2 倍的信息量。所以，当基带信号采用不归零的矩形脉冲时，MQAM 信号的信息频带利用率为

$$\eta = \frac{R_b}{B} = \frac{\log_2 M}{2} = \log_2 L \quad \text{（bit/s/Hz）} \tag{7.4-9}$$

式（7.4-9）也可以通过 $R_b = R_B \log_2 M$ 利用式（7.4-8）得到，其中 $M = L^2$。

当基带信号采用滚降频谱特性的波形时，MQAM 信号的信息频带利用率为

$$\eta = \frac{R_b}{B} = \frac{\log_2 M}{1 + \alpha} \quad \text{（bit/s/Hz）} \tag{7.4-10}$$

可见，在给定的信息速率 $R_b$ 和进制数 $M$ 的条件下，MQAM 信号的信息频带利用率与 MPSK、MASK 是相同的。在给定的信息速率 $R_b$ 下，随着进制数 $M$ 的增加，MQAM 的信息频带利用率将提高。

### 7.4.4　MQAM 信号的抗噪性能分析

在矢量图中可以看出各信号点之间的距离，相邻点的最小距离直接代表噪声容限的大小。比如，随着进制数 M 的增加，在信号空间中各信号点间的最小距离减小，相应的信号判决区域随之减小，因此，当信号受到噪声和干扰的损害时，接收信号错误概率将随之增大。下面我们从这个角度出发，来比较一下相同进制数时 PSK 和 QAM 的抗噪性能。

假设已调信号的最大幅度为 1，则 MPSK 信号星座图上信号点间的最小距离为

$$d_{MPSK} = 2\sin\left(\frac{\pi}{M}\right) \tag{7.4-11}$$

而 MQAM 信号方型星座图上信号点间的最小距离为

$$d_{MQAM} = \frac{\sqrt{2}}{L-1} = \frac{\sqrt{2}}{\sqrt{M}-1} \tag{7.4-12}$$

式中，$L$ 为星座图上信号点在水平轴和垂直轴上投影的电平数，$M = L^2$。

可以看出，当 $M = 4$ 时，4PSK 和 4QAM 的星座图相同，$d_{14PSK} = d_{4QAM}$。当 $M = 16$ 时，假设最大功率（最大幅度）相同，在最大幅度为 1 的条件下，$d_{16QAM} = 0.47$，而 $d_{16PSK} = 0.39$，$d_{16QAM}$ 超过 $d_{16PSK}$ 大约 1.64dB。

而实际上，一般以平均功率相同的条件来比较各信号点之间的最短距离。可以证明，MQAM 信号的最大功率与平均功率之比为

$$\frac{\text{最大功率}}{\text{平均功率}} = \frac{L(L-1)^2}{2\sum_{i=1}^{L/2}(2i-1)^2} \tag{7.4-13}$$

这样，在平均功率相同条件下，$d_{16QAM}$ 超过 $d_{16PSK}$ 大约 4.19dB。这表明，16QAM 系统的

抗干扰能力优于 16PSK。

## 7.5　正交频分复用多载波调制

前面介绍的 ASK、PSK、FSK、MSK、QAM 等调制方式在某一时刻都只用单一的载波频率来发送信号，而多载波调制是同时发射多路不同载波的信号。正交频分复用（OFDM）是一种多载波传输技术，它不是如今才发展起来的新技术，早期主要用于军用的无线高频通信系统，由于其实现的复杂限制了它的进一步应用。直到 20 世纪 80 年代，人们提出了采用离散傅里叶变换来实现多个载波的调制，简化了系统结构，使得 OFDM 技术更趋于实用化。

### 7.5.1　多载波调制技术

多载波调制技术是一种并行体制，它将高速率的数据序列经串/并变换后分割为若干路低速数据流，每路低速数据采用一个独立的载波进行调制，叠加在一起构成发送信号，在接收端用同样数量的载波对发送信号进行相干接收，获得低速率信息数据后，再通过并/串变换得到原来的高速信号。多载波传输系统原理框图如图 7-18 所示。

输入 → 串/并变换 → 编码映射 → 调制器 → 相加 → 信道 → 相干解调 → 译码判决 → 并/串变换 → 输出

图 7-18　多载波传输系统原理框图

与单载波系统相比，多载波调制技术具有很多优点：

（1）抗多径干扰和频率选择性衰落的能力强，因为串/并变换降低了码元速率，从而增大码元宽度，减少多径时延在接收信息码元中所占的相对百分比，以削弱多径干扰对传输系统性能的影响；而且如果在每一路符号中插入保护时隙大于最大时延，可以进一步消除符号间干扰（ISI）。

（2）多载波系统抗脉冲干扰的能力要比单载波系统大得多，因为 OFDM 信号的解调是在一个很长的符号周期内积分，从而使脉冲噪声的影响得以分散。

（3）它可以采用动态比特分配技术，遵循信息论中的"注水定理"，即优质信道多传输，较差信道少传输，劣质信道不传输的原则，可使系统达到最大比特率。

### 7.5.2　正交频分复用技术

正交频分复用（OFDM）作为一种多载波传输技术，要求各子载波保持相互正交。它是一种高效的调制技术，适合在多径传播和多普勒频移的无线移动信道中传输高速数据，它具有较强的抗多径传播和频率选择性衰落的能力以及较高的频谱利用率。目前 OFDM 多载波调制技术已成功地应用于接入网中的数字环路（DSL）、数字音频广播（DAB）、高清晰度电视（HDTV）的地面广播系统、欧洲数字视频广播（DVB）、无线局域网（WLAN）和无线城域网（WMAN）等系统。在新一代无线通信系统中，为了传输更高比特速率，有效措施之一就是采用 OFDM 方式来实现多载波调制技术。

OFDM 在发送端的调制原理框图如图 7-19 所示。$N$ 个待发送的串行数据经过串/并变换之后得到码元周期为 $T_s$ 的 $N$ 路并行码，然后用 $N$ 个子载波分别对 $N$ 路并行码进行 PSK 调制或 QAM 调制，相加后得到的波形即为 OFDM 信号。

为了保证 $N$ 个子载波相互正交，也就是在信道传输符号的持续时间 $T_s$ 内它们乘积的积分值为 0。由三角函数系的正交性

$$\int_0^{T_s} \cos 2\pi \frac{mt}{T_s} \cos 2\pi \frac{nt}{T_s} \mathrm{d}t = \begin{cases} 0 & m \neq n \\ \pi & m = n \end{cases} \qquad m,n = 1,2,\cdots \tag{7.5-1}$$

$$\int_0^{T_s} \sin 2\pi \frac{mt}{T_s} \sin 2\pi \frac{nt}{T_s} \mathrm{d}t = \begin{cases} 0 & m \neq n \\ \pi & m = n \end{cases} \qquad m,n = 1,2,\cdots \tag{7.5-2}$$

$$\int_0^{T_s} \cos 2\pi \frac{mt}{T_s} \sin 2\pi \frac{nt}{T_s} \mathrm{d}t = 0 \qquad m,n = 1,2,\cdots \tag{7.5-3}$$

因此，要求保证同相载波和正交载波同时都正交，就需要载波频率间隔

$$\Delta f = f_n - f_{n-1} = \frac{1}{T_s}, \quad n = 1,2,\cdots,N-1 \tag{7.5-4}$$

OFDM 系统一般采用矩形脉冲成形，它能保证子载波信号的正交性，无载波间干扰。

假设对 $N$ 路并行码采用 BPSK 调制，则 OFDM 信号表示为

$$S_m(t) = \sum_{n=0}^{N-1} A_n \cos \omega_n t \tag{7.5-5}$$

其中，$A_n$ 为第 $n$ 路并行码，为 +1 或 -1；$\omega_n$ 为第 $n$ 路码的子载波角频率，$\omega_n = 2\pi f_n$。

OFDM 信号由 $N$ 个信号叠加而成，每个信号频谱为 $Sa\left(\dfrac{\omega T_s}{2}\right)$ 函数（中心频率为子载波频率），相邻信号频谱之间有 1/2 重叠，OFDM 信号的频谱结构示意图如图 7-20 所示。

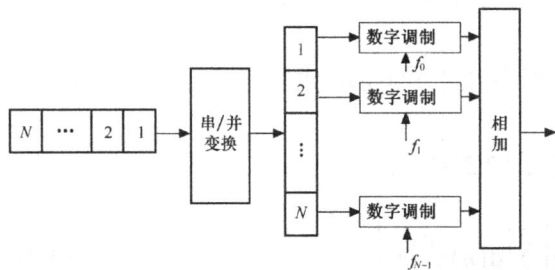

图 7-19 OFDM 调制原理框图

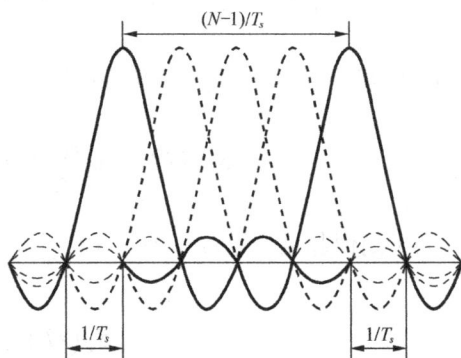

图 7-20 OFDM 信号的频谱结构示意图

忽略旁瓣的功率，OFDM 的频谱宽度为

$$B = (N-1)\frac{1}{T_s} + \frac{2}{T_s} = \frac{N+1}{T_s} \tag{7.5-6}$$

由于信道中每 $T_s$ 内传 $N$ 个并行的码元，所以码元速率 $R_B = \dfrac{N}{T_s}$，所以频带利用率

$$\frac{R_B}{B} = \frac{N}{N+1} \text{（Baud/Hz）} \tag{7.5-7}$$

可见，与用单个载波的串行体制相比，OFDM 系统的频带利用率提高了近一倍。

在接收端，对 $S_m(t)$ 用频率为 $f_n$ 的正弦载波在 $[0,T_s]$ 进行相关运算。就可得到各子载波上携带的信息 $A_n$，然后通过并/串变换，恢复出发送的二进制数据序列。由此可得如图 7-21 所示的 OFDM 的解调原理框图。

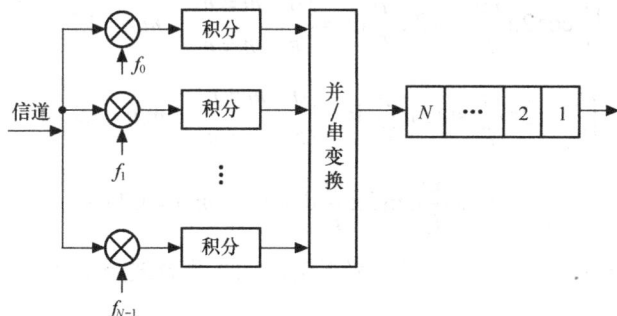

图 7-21　OFDM 解调原理框图

上述的实现方法所需设备非常复杂，特别是当 N 很大时，需要大量的正弦波发生器、调制器和相关解调器等设备，费用非常昂贵。20 世纪 80 年代，人们提出采用离散傅里叶反变换（IDFT）来实现多个载波的调制，可以降低 OFDM 系统的复杂度和成本，从而使得 OFDM 技术更趋于实用化。

将式（7.5-5）改写为如下形式：

$$S_m(t) = \mathrm{Re}\left[\sum_{n=0}^{N-1} A_n \mathrm{e}^{\mathrm{j}\omega_n t}\right] \tag{7.5-8}$$

如果对 $S_m(t)$ 以 $\dfrac{N}{T_s}$ 的抽样速率进行抽样，则在 $[0,T_s]$ 内得到 $N$ 点离散序列 $d(n), n = 0,1,\cdots,N-1$。这时，抽样间隔 $T = \dfrac{T_s}{N}$，则抽样时刻 $t = kT$ 的 OFDM 信号为

$$S_m(kT) = \mathrm{Re}\left[\sum_{n=0}^{N-1} d(n)\mathrm{e}^{\mathrm{j}\omega_n kT}\right] = \mathrm{Re}\left[\sum_{n=0}^{N-1} d(n)\mathrm{e}^{\mathrm{j}\omega_n kT_s / N}\right] \tag{7.5-9}$$

为了简便起见，设 $\omega_n = 2\pi f_n = 2\pi \dfrac{n}{T_S}$，则式（7.5-9）为

$$S_m(kT) = \mathrm{Re}\left[\sum_{n=0}^{N-1} d(n)\mathrm{e}^{\mathrm{j}2\pi \frac{nk}{N}}\right] \tag{7.5-10}$$

将式（7.5-10）与离散傅里叶反变换（IDFT）形式

$$g(kT) = \sum_{n=0}^{N-1} G\left(\frac{n}{NT}\right)\mathrm{e}^{\mathrm{j}2\pi nk/N} \tag{7.5-11}$$

相比较可以看出，（7.5-11）的实部正好是（7.5-10）。可见，OFDM 信号的产生可以基于快速离散傅里叶变换实现。在发送端对串/并变换的数据序列进行 IDFT，将结果经信道发送至接收端，然后对接收到的信号再作 DFT，取其实部，就可以不失真地恢复出原始的数据。用 DFT 实现 OFDM 的原理如图 7-22 所示。

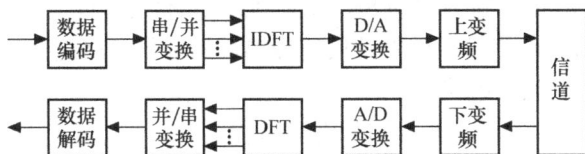

图 7-22 用 DFT 实现 OFDM 的原理框图

# 小 结

本章我们主要介绍目前实际通信系统中常使用的几种现代数字调制技术。

OQPSK 是在 QPSK 基础上发展起来的。为了减小包络起伏，在对 QPSK 做正交调制时，将正交支路的基带信号相对于同相支路的基带信号延迟半个码元间隔 $T_s/2$。

$\pi/4$-DQPSK 信号是在 QPSK 和 OQPSK 基础上发展起来的。与 QPSK 和 OQPSK 相比，它具有以下优点：在四进制码元转换时刻，当前码元的相位相对于前一码元的相位改变 $\pm 45°$ 或 $\pm 135°$；可以使用非相干解调，避免 QPSK 信号相干解调中的"倒 $\pi$ 现象"。

MSK 是一种特殊的 2FSK 信号，它是二进制连续相位频移键控 CPFSK 的一种特殊情况。它以最小的调制指数（0.5）获得正交信号；在给定同样的频带内，MSK 能比 2PSK 的数据传输速率更高，且在带外的频谱分量要比 2PSK 衰减的快。

GMSK 是在 MSK 的基础发展起来的：在 MSK 调制之前用一个高斯型低通滤波器对基带信号进行预滤波，它通过滤出高频分量，给出比较紧凑的功率谱，从而提高谱利用率。GMSK 的功率谱比 MSK 更为集中。

正交幅度调制（QAM）是一种幅度和相位联合键控（APK）的调制方式。它可以提高系统可靠性，且能获得较高的频带利用率。QAM 是用两路独立的基带数字信号对两个相互正交的同频载波进行抑制载波的双边带调制，利用这种已调信号在同一带宽内频谱正交的性质来实现两路并行的数字信息传输。

多载波调制技术是一种并行体制，它将高速率的数据序列经串/并变换后分割为若干路低速数据流，然后每路低速数据采用一个独立的载波调制叠加在一起构成发送信号，在接收端用同样数量的载波对发送信号进行相干接收，获得低速率信息数据后，再通过并/串变换得到原来的高速信号。

正交频分复用（OFDM）作为一种多载波传输技术，要求各子载波保持相互正交。OFDM 信号由 N 个子信号叠加而成，相邻信号频谱之间有 1/2 重叠。与串行体制相比，频带利用率提高了近一倍。OFDM 信号的产生可以基于快速离散傅立叶变换实现。在发送端对串并变换的数据序列进行 IDFT，将结果经信道发送至接收端，然后对接收到的信号再作 DFT，取其实部，就可以不失真地恢复出原始的数据。它降低了 OFDM 系统的复杂度和成本，从而使得 OFDM 技术更趋于实用化。

# 思 考 题

1. 什么是恒包络调制？
2. OQPSK 的特点是什么？

3. 什么是 π/4-DQPSK？它与 DQPSK 以及 OQPSK 有何异同？

4. 为什么 π/4-DQPSK 信号通过限带信道传输后的信号包络起伏比 OQPSK 信号的包络起伏大，比 QPSK 信号的包络起伏小？

5. 与一般 2FSK 信号相比，MSK 信号有哪些优点？

6. GMSK 调制有何特点？

7. 什么是多载波调制技术？它和 OFDM 有什么关系？

8. 简单说明 OFDM 的原理，并分析 OFDM 的频带利用率。

9. 为什么能用 DFT 来实现 OFDM？

# 习　　题

7-1　已知二元信息为 01101110，以双极性不归零矩形波进入图 7-2（a）所示的 OQPSK 信号的调制原理框图，不考虑成形滤波。

（1）试画出 I 支路和 Q 支路的基带波形和频带波形，并说明相位是如何跳变的。

（2）假设 OQPSK 调制器的输入为等概率的二进制符号，信息速率为 1Mbit/s，试画出 OQPSK 信号的功率谱密度。

7-2　已知二元信息为 000100，设 $k=0$ 时，$\theta_0=0$，采用 π/4-DQPSK 传输方式，试计算第 $k$ 个码元的相位 $\theta_k$、同相分量 $I_k$ 和正交分量 $Q_k$，并说明 π/4-DQPSK 信号的相位是如何跳变的。

7-3　设发送数字序列为 $\{-1,+1,+1,-1,-1,-1,+1,-1\}$，试画出 MSK 信号相位变化图形。如果码元速率为 1000Baud，载频为 3000Hz，试画出 MSK 信号的波形。

7-4　试证明在 MSK 调制中，相位递归条件：

$$\varphi_k = \varphi_{k-1} + \left(a_{k-1}-a_k\right)\left[\frac{\pi}{2}(k-1)\right] = \begin{cases} \varphi_{k-1} & 当 a_k = a_{k-1} 时 \\ \varphi_{k-1} \pm (k-1)\pi & 当 a_k \neq a_{k-1} 时 \end{cases}$$

7-5　一个 GMSK 信号的 $BT_s = 0.3$，码元速率 $R_B = 270$k Baud，试计算高斯滤波器的 3dB 带宽 $B$。

7-6　已知二进制信息为 0111 1000 0001 进入图 7-16 所示的 QAM 信号调制原理图，假设 $M=16$，同相支路和正交支路的四进制基带信号与二进制信息对应关系为 $+3\to1$，$+1\to110$，$-1\to01$，$-3\to00$，不考虑预调制低通滤波器。

（1）试画出同相支路和正交支路的基带信号波形和频带信号波形。

（2）画出对应的星座图。

（3）画出对应的解调原理图。

7-7　计算 64QAM 信号的最大信息频带利用率。

7-8　假设已调信号的最大幅度为 A，分别计算 16QAM 和 16PSK 星座图上信号点间的最小距离，并说明哪一个的抗干扰能力强。

7-9　图 P7-1 为 8PSK 星座图，假设星座图中的信号点最小距离为 $A$。

（1）计算 8PSK 星座图中的半径 $r$；

（2）如果各信号点等概率出现，计算平均发送功率；

（3）如果信息速率为 30Mbit/s，计算码元速率。

（4）能否给信号星座图的每点分配 3 个二进制码元，使得相邻点只差 1 个码元？

7-10  电话信道可以通过 $300-3300\text{Hz}$ 频带的所有频率。设计一个调制解调器，符号传输速率为 2400 符号/秒，而信息速率为 9600bit/s，试选择合适的 QAM 信号、载波频率、滚降因子 $\alpha$。并设计一个最佳接收的系统方框图。

7-11  图 P7-2 为两种 8QAM 信号的星座图，相邻点的最短距离为 $2A$，假设各信号点是等概的。

（1）试计算各星座的平均发送功率。哪个星座的功率最有效？

（2）如果调制器输入的信息速率 $R_b = 30\text{Mbit/s}$，试计算 8QAM 信号的符号速率 $R_B$。

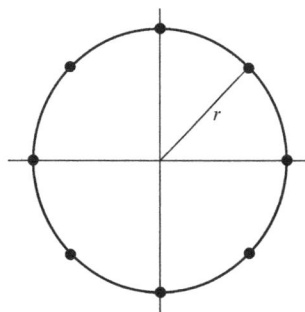

图 P7-1  8PSK 星座图

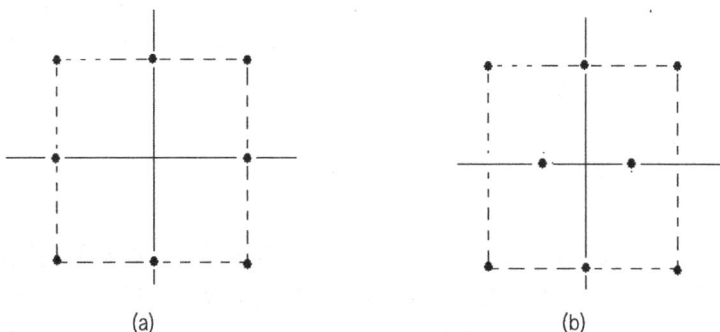

图 P7-2  两种 8QAM 信号的星座图

7-12  多载波调制系统用 2 个子载波分别对 2 路码元速率为 1000 波特的并行码进行 2PSK 调制，相加后得到的波形送入信道中。如果各子载波分别采用 $\sin 2000\pi t, \sin 4000\pi t$。说明该多载波调制系统是否为 OFDM 系统；并画出相应的调制和解调框图。

7-13  OFDM 系统用 4 个子载波分别对 4 路码元速率为 1000 波特的并行码进行 2PSK 调制，相加后得到的波形送入信道中。如果各子载波分别采用 $\cos 20000\pi t, \cos 22000\pi t,$ $\cos 24000\pi t, \cos 26000\pi t$。画出信道中传输波形的频谱示意图；并计算信道中传输信号的主瓣带宽和对应的频带利用率。

# 第 8 章  信道

任何一个通信系统，均可视为由发送端、信道和接收端三大部分组成。因此，信道是通信系统必不可少的组成部分，信道特性的好坏直接影响到系统的总特性。本章将重点讨论信道特性及其对信号传输的影响。

## 8.1  信道的定义和分类

通常对信道的定义有两种理解：一种是指信号的传输媒质，如对称电缆、同轴电缆、超短波及微波视距传播路径、短波电离层反射路径、对流层散射路径以及光纤等，称此种类型的信道为狭义信道。另一种是将传输媒质和各种信号形式的转换、耦合等设备都归纳在一起，包括发送设备、接收设备，馈线与天线、调制器等部件和电路在内的传输路径或传输通路，这种范围扩大了的信道称为广义信道。

广义信道按照它包含的功能，可以划分为调制信道与编码信道。

在模拟通信系统中，主要是研究调制和解调的基本原理，其传输信道可以用调制信道来定义。所谓调制信道是指图 8-1 中调制器输出端到解调器输入端的部分。从调制和解调的角度来看，调制器输出到解调器输入端的所有变换装置及传输媒质，不管其中间过程如何，只是对已调信号进行某种变换，因此可以将其视为一个整体。在研究调制、解调问题时，定义一个调制信道是非常方便的。

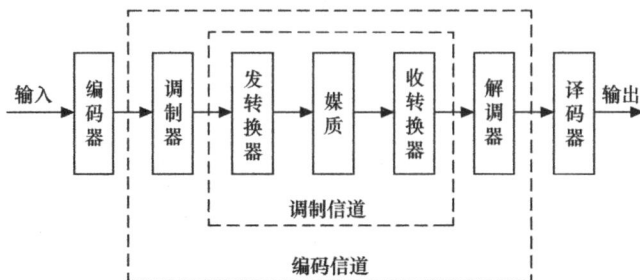

图 8-1  调制信道和编码信道

在数字通信系统中，如果我们只关心编码和译码问题，可以定义编码信道来突出研究的重点。所谓编码信道是指图 8-1 中编码器输出端到译码器输入端的部分。因为从编码和译码的角度来看，编码器是把信源所产生的消息信号变换为数字信号，译码器则是将数字信号恢复成原来的消息信号，而编码器输出端至译码器输入端之间的一切环节只是起到了传输数字信号的作用，所以可以将其归为一体来讨论。图 8-1 为调制信道与编码信道的示意图。

## 8.2 信道的数学模型

信道的数学模型用来表征实际物理信道的特性，它反映信道输出和输入之间的关系。下面我们简要描述调制信道和编码信道这两种广义信道的数学模型。

### 8.2.1 调制信道的模型

调制信道属于模拟信道，通过对调制信道进行大量的分析研究，发现它具有如下共性：

（1）有一对（或多对）输入端和一对（或多对）输出端；

（2）绝大多数的信道都是线性的，即满足线性叠加原理；

（3）信号通过信道具有一定的延迟时间，而且它还会受到（固定的或时变的）损耗；

（4）即使没有信号输入，在信道的输出端仍可能有一定的输出（噪声）。

图 8-2 调制信道模型

根据以上几条性质，调制信道可以用一个线性时变网络来表示，如图 8-2 所示。

图 8-2 中输入与输出之间的关系可以表示为

$$e_0(t) = f[e_i(t)] + n(t) \tag{8.2-1}$$

式中，$e_i(t)$ 是输入的已调信号；$e_0(t)$ 是信道的输出；$n(t)$ 为加性噪声（或称加性干扰），它与 $e_i(t)$ 不发生依赖关系，或者说，$n(t)$ 独立于 $e_i(t)$。

$f[e_i(t)]$ 中 "$f$" 表示网络输入和输出信号之间的某种函数关系。为了便于数学分析，通常假设 $f[e_i(t)] = k(t)e_i(t)$，其中 $k(t)$ 依赖于网络特性，它对 $e_i(t)$ 来说是一种乘性干扰。因此，式（8.2-1）) 就可以改写为

$$e_0(t) = k(t)e_i(t) + n(t) \tag{8.2-2}$$

由以上分析可见，信道对信号的影响可归纳为两点：一是乘性干扰 $k(t)$；二是加性干扰 $n(t)$。如果了解 $k(t)$ 和 $n(t)$ 的特性，则信道对信号的具体影响就能确定。信道的不同特性反映在信道模型上有不同的 $k(t)$ 和 $n(t)$。

实际中乘性干扰 $k(t)$ 是一个很复杂的函数，它可能包括各种线性畸变、非线性畸变。同时由于信道的延迟特性和损耗特性随时间随机变化，故 $k(t)$ 往往只能用随机过程来描述。不过经大量观察表明，有些信道的 $k(t)$ 基本不随时间变化，也就是说，信道对信号的影响是固定的或变化极为缓慢的；而有的信道却不然，其 $k(t)$ 随机快变化。因此，在分析研究乘性干扰 $k(t)$ 时，可以把调制信道粗略地分为两大类：一类称为恒参信道（恒定参数信道），即它们的 $k(t)$ 可看成不随时间变化或变化极为缓慢；另一类则称为随参信道（随机参数信道，或称变参信道），其 $k(t)$ 随时间随机快变。

### 8.2.2 编码信道模型

编码信道是包括调制信道及调制器、解调器在内的信道。它与调制信道模型有明显的不

同：调制信道对信号的影响是通过 $k(t)$ 和 $n(t)$ 使信号的模拟波形发生变化。而编码信道对信号的影响则是一种数字序列的变换，即把一种数字序列变成另一种数字序列。故有时把调制信道看成是一种模拟信道，而把编码信道看成是一种数字信道。

由于编码信道包含调制信道，因而它同样要受到调制信道的影响。但是，从编/译码的角度看，这个影响已反映在解调器的输出数字序列中，即输出数字序列以某种概率发生差错，引起误码。因此，编码信道的模型可用数字信号的条件转移概率来描述。在常见的二进制数字传输系统中，编码信道的简单模型如图 8-3 所示。之所以称这个模型是"简单的"，是因为已经假定此编码信道是无记忆信道，即前后码元的差错发生是相互独立的。

图 8-3 的模型中，$P(0)$ 和 $P(1)$ 分别表示发送"0"符号和"1"符号的先验概率，$P(0/0)$ 与 $P(1/1)$ 是正确转移的概率，而 $P(1/0)$ 与 $P(0/1)$ 是错误转移的概率。信道噪声越大将导致输出数字序列发生错误越多，错误转移条件概率 $P(1/0)$ 与 $P(0/1)$ 也就越大；反之，错误转移条件概率 $P(1/0)$ 与 $P(0/1)$ 就越小。信道输出总的错误概率为

$$Pe=P(0)P(1/0)+P(1)P(0/1) \tag{8.2-3}$$

由概率论的性质可知

$$P(0/0)+P(1/0)=1$$
$$P(1/1)+P(0/1)=1$$

转移概率完全由编码信道的特性决定，一个特定的编码信道就会有其相应确定的转移概率关系。而编码信道的转移概率一般需要对实际信道做大量的统计分析才能得到。

由无记忆二进制编码信道模型可以容易地推广到多进制无记忆编码信道模型。图 8-4 给出了一个多进制无记忆编码信道模型。

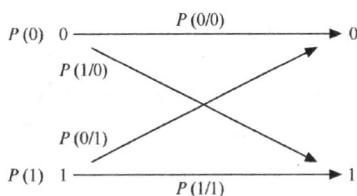

图 8-3 二进制编码信道模型

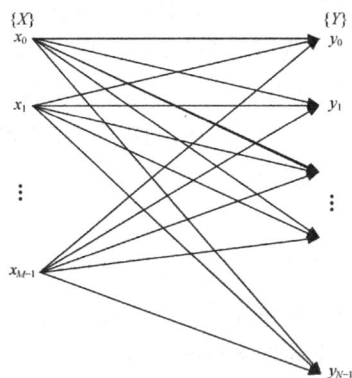

图 8-4 多进制无记忆编码信道模型

由于编码信道包含调制信道，且它的特性也紧密地依赖于调制信道，故在建立了编码信道和调制信道的一般概念之后，有必要对调制信道作进一步的讨论。如前所述，调制信道分为恒参信道和随参信道，故我们分别来加以讨论。

## 8.3 通信信道实例

### 8.3.1 恒参信道

恒参信道是指由架空明线、电缆、波导、中长波地波传播、超短波及微波视距传播、卫

星中继、光导纤维以及光波视距传播等传输媒质构成的信道。为了分析它们的一般特性及其对信号传输的影响,我们先简要介绍几种有代表性的恒参信道。

### 1. 有线信道

一般的有线信道均可以看作是恒参信道。有线信道包括明线、对称电缆、同轴电缆等。

**（1）明线**

明线是指平行架设在电线杆上的架空线路,如图 8-5 所示。它本身是导电裸线或带绝缘层的导线。其传输损耗低,但是易受天气和环境的影响,对外界噪声干扰较敏感,并且很难沿一条路径架设大量的（成百对）线路,故目前已经逐渐被电缆所代替。

**（2）对称电缆**

对称电缆是由若干对叫做芯线的双导线放在一根保护套内制成的。为了减小各对导线之间的干扰,每一对导线都做成扭绞形状的,称为双绞线。对称电缆的芯线比明线细,直径约在 0.4～1.4mm,故其损耗较明线大,但是性能较稳定。图 8-6 所示为对称电缆实例图。

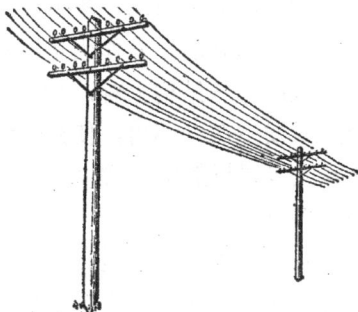

图 8-5　架空明线

图 8-6　对称电缆实例

**（3）同轴电缆**

同轴电缆则是由内外两根互绝缘的同心圆柱形导体构成的,在这两根导体间用绝缘体隔离开。内导体为铜线,外导体为铜管或网。在内外导体间可以填充满塑料作为电介质,或者用空气作介质但同时有塑料支架用于连接和固定内外导体。由于外导体通常接地,所以它同时能够很好地起到屏蔽作用。电磁场封闭在内外导体之间,故辐射损耗小,受外界干扰影响小。同轴电缆常用于传送多路电话和电视,同时也是局域网中最常见的传输介质之一。在实用中多将几根同轴电缆和几根电线放入同一根保护套内,以增强传输能力;其中的几根电线则用来传输控制信号或供给电源。

图 8-7 为同轴电缆示意图。其中图（a）所示为同轴电缆的基本结构,图（b）为同轴电缆实例图。

### 2. 光纤信道

传输光信号的有线信道是光导纤维,简称光纤。光纤是由华裔科学家高锟(Charles Kuen Kao)发明的。他于 1966 年发表的一篇题为《适合于光频率的绝缘介质纤维表面波导》的论文奠定了光纤发展和应用的基础。因此,他被认为是"光纤之父"。

光纤的材料主要是石英玻璃,民间又称光纤为石英玻璃丝,它的直径只有 125μm,如同人的头发丝粗细。在通信中,它与原有传输线相比,是一种新型信息传输信道,但它比原有传输线传送的信息量要高出成千上万倍，可达到 Tbit/s，而且衰耗极低。正因为光纤信道的性质非常稳定，因此可以看成是典型的恒参信道。

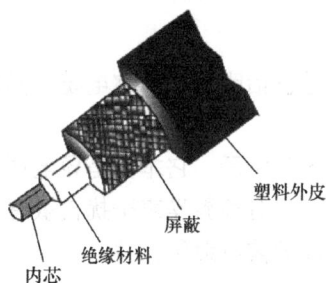

（a）同轴电缆的基本结构

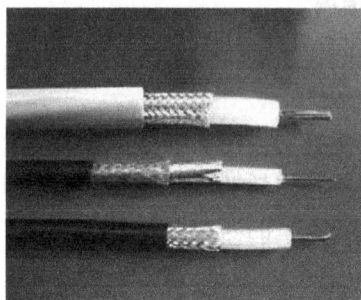

（b）同轴电缆实例

图 8-7　同轴电缆示意图

光纤由两种不同折射率的玻璃材料拉制而成。光纤结构如图 8-8 所示。图中 a 是光纤纤芯的半径，b 是光纤包层的半径。光纤纤芯是一个透明的圆柱形介质，其作用是以极小的能量损耗传输载有信息的光信号。紧靠纤芯的外面一层称为包层，从结构上看，它是一个空心的、并与纤芯共轴的圆柱形介质，其作用是保证光全反射只发生在纤芯内，使光信号封闭在纤芯中传输。为了实现光信号的传输，要求纤芯折射率 $n_1$ 比包层折射率 $n_2$ 稍大些，这是光纤结构的关键，关于这一点，读者可参考光纤通信方面的相关著作。

仅有纤芯和包层的光钎是裸光纤。裸光纤十分脆弱，并不实用，为了提高光纤的抗拉力及弯曲强度，还需要在包层外加上一层涂覆层，其作用是为了进一步确保光纤不受外界的机械作用和吸收诱发微变的剪切应力。实用的光纤一般在涂覆层的外面再加一层套塑（也称两次涂覆）。图 8-9 为光纤实例图。

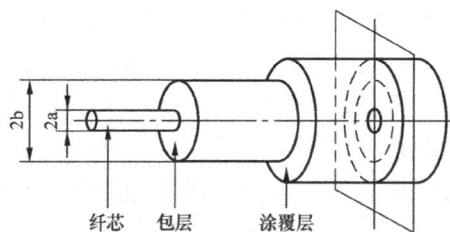

图 8-8　光纤结构示意图

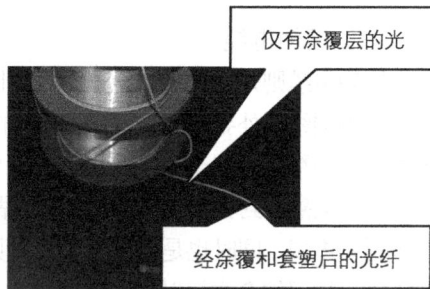

图 8-9　光纤实例图

### 3. 无线电视距中继信道

无线电视距中继是指工作频率在超短波和微波波段时，电磁波基本上沿视线传播，通信距离依靠中继方式延伸的无线电线路。相邻中继站间距离一般在 40～50km。它主要用于长途干线、移动通信网及某些数据收集（如水文、气象数据的测报）系统中。

无线电中继信道的构成如图 8-10 所示。它由终

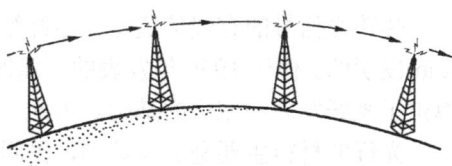

图 8-10　无线电中继信道的构成

端站、中继站及各站间的电波传播路径所构成。由于这种系统具有传输容量大，发射功率小、通信稳定可靠，以及和同轴电缆相比，可以节省有色金属等优点，因此，被广泛用来传输多路电话及电视。

#### 4．卫星中继信道

人造卫星中继信道可视为无线电中继信道的一种特殊形式。

卫星通信是指利用人造卫星作为中继站转发无线电信号，在多个地球站之间进行的通信。由于作为中继站的卫星离地面很高，所以经过一次中继转接之后即可进行长距离的通信。

卫星中继信道的构成如图 8-11 所示。地面站 A 通过定向天线向通信卫星发射的无线电信号，首先被通信卫星内的转发器所接收，由转发器进行处理（如放大、变频）后，再通过卫星天线发回地面，被地面站 B 接收，完成从 A 站到 B 站之间的信号传递。从地面站到通信卫星信号所经过的路线称为上行线路，由卫星到地面站信号所经过的路线称为下行线路。同样，地面站 B 也可以通过卫星转发器向地面站 A 发送信号。

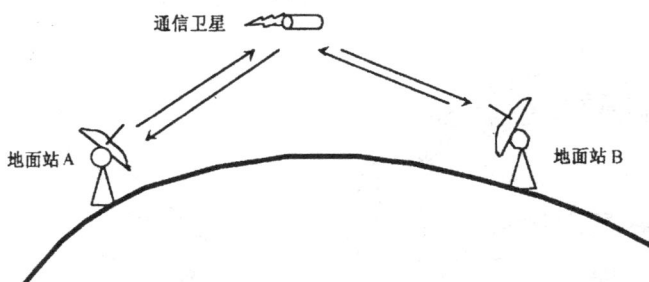

图 8-11　卫星中继信道

由于卫星中继信道具有传播性能稳定可靠、传输距离远、容量大、覆盖地域广，因此，被广泛用于传输多路电话、数据和电视节目，还支持 Internet 业务。

### 8.3.2　随参信道

随参信道包括无线通信中的移动信道以及由短波电离层反射，超短波流星余迹散射，超短波及微波对流层散射，超短波电离层散射以及超短波视距绕射等传输媒质分别构成的调制信道。下面简要介绍两种典型的随参信道。

#### 1．短波电离层反射信道

波长为 10～100m 的无线电波称为短波（其相应频率为 30～3MHz）。短波可以沿地面传播，简称为地波传播；也可以由电离层反射传播，简称为天波传播。由于地面的吸收作用，地波传播的距离较短，约为几十千米。而天波传播由于经电离层一次反射或多次反射，传输距离可达几千千米甚至上万千米。

电离层是指大气层中离地面约 40～800km 高度范围内包含有大量的自由电子和离子的气体层，它是大气层在受到太阳射线和宇宙射线的照射后发生电离而形成的。电离层能反射电波，对电波也有吸收作用。但电离层对长波和中波吸收较多而对短波吸收较少，因而短波通信更适合以天波方式传播。比短波频率更高的超短波及微波可以穿过电离层，因而它们也不能靠电离层反射来传播。

短波电离层反射信道如图 8-12 所示。它有如下特点：

（1）由于电离层不是一个平面而是有一定厚度的，并且有不同高度的两到四层，所以发送天线发送的信号经由不同高度的电离层反射和从不同高度的电离层反射到达接收端的信号是由许多来自不同方向、不同路径长度和损耗的信号之和，这种信号称为多径信号，这种现象称为多径传播。

（2）电离层的性质（如电离层的电子密度、高度、厚度等）受到太阳辐射和其他许多因素的影响，不断的随机变化。

### 2. 对流层散射信道

对流层是指离地面 10~12km 的比电离层低的不均匀气团。当电磁波射入对流层时，这种不均匀性就会引起电磁波的散射，也就是漫反射，部分电磁波向接收方向散射，起到中继作用。对流层散射传播的工作频段主要是超短波和微波，通信距离最大可达 600~800km，如图 8-13 所示。由于对流层不是一个平面而是一个散体，电波信号经过对流层散射时也会产生多径传播。

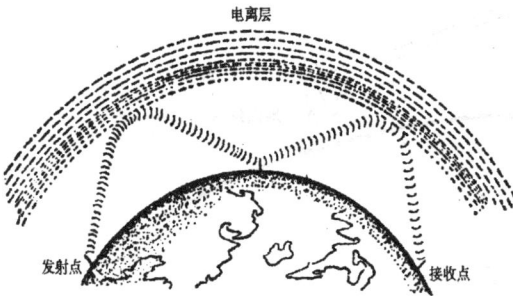

图 8-12　短波电离层反射信道　　　　　　　图 8-13　对流层散射信道

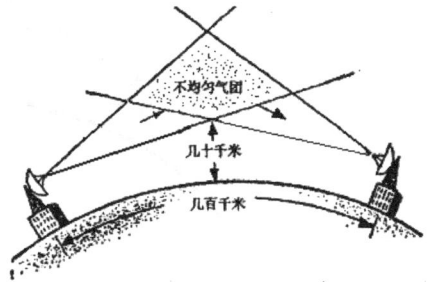

以上我们介绍了几种有代表性的通信信道实例。下面我们再讨论恒参信道和随参信道特性及其对信号传输的影响。

## 8.4　恒参信道特性及其对信号传输的影响

由于恒参信道对信号传输的影响是确定的或者是变化极其缓慢的。因此，其传输特性可以等效为一个线性时不变网络，该线性网络的传输特性可以用幅度—频率特性和相位—频率特性来表征。

### 1. 信号不失真传输的条件

对于信号传输而言，通常追求的是信号通过信道时不产生失真或者失真小到不易察觉的程度。由《信号与系统》课程可知，线性网络传输特性 $H(\omega)$ 通常可用幅度—频率特性 $|H(\omega)|$ 和相位—频率特性 $\varphi(\omega)$ 来表征，即

$$H(\omega)=|H(\omega)|e^{j\varphi(\omega)} \tag{8.4-1}$$

要使任意一个信号通过线性网络不产生波形失真，网络的传输特性 $H(\omega)$ 应该具备以下两个理想条件：

（1）网络的幅度－频率特性 $|H(\omega)|$ 是一个不随频率变化的常数，如图 8-14（a）所示，其中 A 为常数。

（2）网络的相位－频率特性 $\varphi(\omega)$ 应与频率成直线关系，如图 8-14（b）所示，其中 K 为常数。

网络的相位－频率特性常用群时延－频率特性 $\tau(\omega)$ 来表示。所谓群时延－频率特性是指相位－频率特性的导数，即

$$\tau(\omega) = -\frac{\mathrm{d}\varphi(\omega)}{\mathrm{d}\omega} \tag{8.4-2}$$

可见，对于理想的无失真信道，如果相频特性是线性的，则群时延－频率特性是一条水平直线，如图 8-14（c）所示。

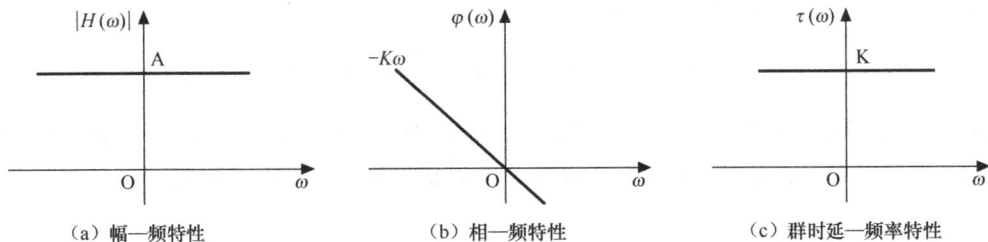

（a）幅－频特性　　　　（b）相－频特性　　　　（c）群时延－频率特性

图 8-14　理想的幅－频特性、相－频特性、群时延－频率特性

#### 2．信号两种主要失真及其影响

信号经过恒参信道时，若信道的幅度特性在信号频带内不是常数，则信号的各频率分量通过信道后将产生不同的幅度衰减，从而引起信号波形的失真，我们称这种失真为幅－频失真；幅－频失真对模拟通信影响较大，导致信噪比下降。

若信道的相频特性在信号频带内不是频率的线性函数，则信号的各频率分量通过信道后将产生不同的时延，从而引起波形的群时延失真，我们称这种失真为相－频失真。相－频失真对语音通信影响不大，但对数字通信影响较大，会引起严重的码间干扰，造成误码。

信道的幅－频失真是一种线性失真，可以用一个线性网络进行补偿。若此线性网络的频率特性与信道的幅－频特性之和，在信号频谱占用的频带内，为一条水平直线，则此补偿网络就能够完全抵消信道产生的幅－频失真。信道的相－频失真也是一种线性失真，所以也可以用一个线性网络进行补偿。

除了幅度－频率特性和相位－频率特性外，恒参信道中还可能存在其他一些使信号产生失真的因素，如非线性失真、频率偏移和相位抖动等。非线性失真是指信道输入信号和输出信号的幅度关系不是直线关系。非线性特性将使信号产生新的谐波分量，造成所谓谐波失真，这种失真主要是由信道中的元器件特性不理想造成的。频率偏移是指信道输入信号的频谱经过信道传输后产生了平移。这主要是由发送端和接收端中用于调制/解调或频率变换的振荡器的频率误差引起的。相位抖动也是由这些振荡器的频率不稳定产生的。相位抖动的结果是对信号产生附加调制。上述这些因素产生的信号失真一旦出现，就很难消除。

【例 8.4.1】　设某恒参信道的传输特性为

$$H(\omega) = \left[1 + \cos\omega T_0\right]\mathrm{e}^{-j\omega t_d}$$

其中，$t_d$ 为常数。试确定信号 $s(t)$ 通过该信道后的输出信号表达式，并讨论该信道对信号传输的影响。

**解**：该恒参信道的传输函数为

$$H(\omega) = \left[1 + \cos \omega T_0\right] e^{-j\omega t_d}$$

$$= e^{-j\omega t_d} + \frac{1}{2}(e^{j\omega T_0} + e^{-j\omega T_0})e^{-j\omega t_d}$$

$$= e^{-j\omega t_d} + \frac{1}{2}e^{-j\omega(t_d - T_0)} + \frac{1}{2}e^{-j\omega(t_d + T_0)}$$

冲激响应为
$$h(t) = \delta(t - t_d) + \frac{1}{2}\delta(t - t_d + T_0) + \frac{1}{2}\delta(t - t_d - T_0)$$

输出信号为
$$y(t) = s(t) * h(t)$$

$$= s(t - t_d) + \frac{1}{2}s(t - t_d + T_0) + \frac{1}{2}s(t - t_d - T_0)$$

讨论：因为该信道的幅频特性 $|H(\omega)| = 1 + \cos \omega T_0$ 不为常数，所以输出信号存在幅频失真，而相频特性 $\varphi(\omega) = -\omega t_d$ 是频率 $\omega$ 的线性函数，所以输出信号不存在相频失真。

## 8.5 随参信道特性及其对信号传输的影响

由前面通信信道实例可以看出，随参信道的特性比恒参信道要复杂得多，对信号的影响也要严重得多，其根本原因在于它包含一个复杂的传输媒介。虽然，随参信道中包含着除媒介以外的其他转化器，并且也应该把它们的特性算作随参信道特性的组成部分。但是，从对信号传输的影响来看，传输媒介的影响是主要的，而转换器特性的影响是次要的，甚至可以忽略不计的。

由于前面随参信道的实例分析可知，随参信道的传输媒质有以下3个特点：

（1）对信号的衰耗随时间而变化。在随参信道中，传输媒介参数随气象条件和时间的变化而随机变化。如电离层对电波的吸收特性随年份、季节、白天和黑夜在不断地变化，因而对传输信号的衰减也在不断地发生变化，这种变化通常称为衰落。但是，由于这种信道参数的变化相对而言是十分缓慢的，所以称这种衰落为"慢衰落"。慢衰落对传输信号的影响可以通过调节设备的增益来补偿。实际中，还存在一种"快衰落"，后面将介绍的由多径传播所引起的衰落就属于"快衰落"。

（2）传输的时延随时间而变化。

（3）多径传播。

由于多径传播对信号传输质量的影响最大，下面对其进行专门讨论。

### 1. 多径传播对信号传输的影响

（1）产生瑞利型衰落和频率弥散

在存在多径传播的无线信道中，接收信号将是衰减和时延都随时间变化的各路径信号的合成。设发射波为 $A\cos \omega_0 t$，它经过 $n$ 条路径传播到接收端，则接收信号 $R(t)$ 可用下式表示

$$R(t) = \sum_{i=1}^{n} r_i(t)\cos \omega_0 \left[t - \tau_i(t)\right] = \sum_{i=1}^{n} r_i(t)\cos \left[\omega_0 t + \varphi_i(t)\right] \tag{8.5-1}$$

式中，$r_i(t)$ 为由第 $i$ 条路径到达的接收信号幅度；$\tau_i(t)$ 为第 $i$ 条路径到达的接收信号的时延；$\varphi_i(t) = -\omega_0\tau_i(t)$。$r_i(t)$，$\tau_i(t)$ 和 $\varphi_i(t)$ 都是随机变化的。

应用三角公式，式（8.5-1）可以改写为

$$R(t) = \sum_{i=1}^{n} r_i(t)\cos\varphi_i(t)\cos\omega_0 t - \sum_{i=1}^{n} r_i(t)\sin\varphi_i(t)\sin\omega_0 t \qquad (8.5\text{-}2)$$

其中，设

$$同相分量 X_c(t) = \sum_{i=1}^{n} r_i(t)\cos\varphi_i(t) \qquad (8.5\text{-}3)$$

$$正交分量 X_s(t) = \sum_{i=1}^{n} r_i(t)\sin\varphi_i(t) \qquad (8.5\text{-}4)$$

将式（8.5-3）和式（8.5-4）代入式（8.5-2），得出

$$R(t) = X_c(t)\cos\omega_0 t - X_s(t)\sin\omega_0 t = V(t)\cos\left[\omega_0 t + \varphi(t)\right] \qquad (8.5\text{-}5)$$

式中，$V(t)$ 为接收信号 $R(t)$ 的包络

$$V(t) = \sqrt{X_c^2(t) + X_s^2(t)} \qquad (8.5\text{-}6)$$

$\varphi(t)$ 为接收信号 $R(t)$ 的相位

$$\varphi(t) = \tan^{-1}\frac{X_s(t)}{X_c(t)} \qquad (8.5\text{-}7)$$

根据大量的实验观察表明，当传播路径充分大时，$R(t)$ 可视为一个包络和相位均随机缓慢变化的窄带信号。

由式（8.5-5）可以看出，第一，从波形上看，多径传播的结果使发射信号 $A\cos\omega_0 t$ 变成了包络和相位随机缓慢变化的窄带信号，这样的信号称之为衰落信号，如图 8-15（a）所示；第二，从频谱上看，多径传播引起了频率弥散，即由单个频率变成了一个窄带频谱，如图 8-15（b）所示。

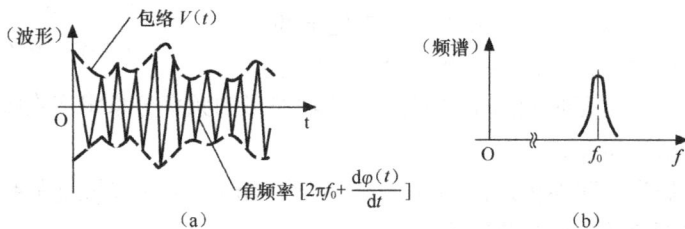

图 8-15　衰落信号的波形与频谱示意图

多径传播使包络产生的起伏虽然比信号的周期缓慢，但是其周期仍然可能是在秒的数量级。故通常将由多径效应引起的衰落称为"快衰落"。

（2）造成频率选择性衰落

多径传播不仅会造成上述的衰落和频率弥散，同时还可能发生频率选择性衰落。在多径传播时，由于各条路径的等效网络传输函数不同，于是各网络对不同频率的信号衰减也就不同，这就使接收点合成信号的频谱中某些分量衰减特别严重，这种现象称为频率选择性衰落。下面通过一个例子来建立这个概念。

设多径传播的路径只有两条，且这两条路径具有相同的衰减，但是时延不同，其传播模型如图 8-16 所示。若发射信号 $f(t)$ 经过两条路径传播后，到达接收端的信号分别为 $af(t - t_0)$

和 $af(t-t_0-\tau)$ 。其中 $a$ 是传播衰减， $t_0$ 是第一条路径的时延， $\tau$ 是两条路径的时延差。

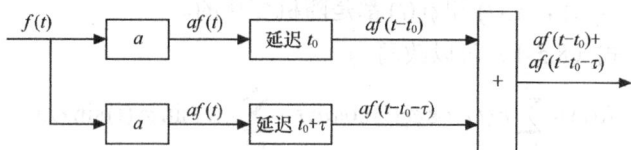

图 8-16　两径传播模型

则接收合成信号为

$$R(t) = af(t-t_0) + af(t-t_0-\tau) \tag{8.5-8}$$

设发射信号的傅里叶变换对为

$$f(t) \Leftrightarrow F(\omega) \tag{8.5-9}$$

则接收合成信号的频谱为

$$R(\omega) = aF(\omega)e^{-j\omega t_0}(1+e^{-j\omega\tau}) \tag{8.5-10}$$

于是，该两径信道的传输函数为

$$H(\omega) = \frac{R(\omega)}{F(\omega)} = ae^{-j\omega t_0}(1+e^{-j\omega\tau}) \tag{8.5-11}$$

则

$$|H(\omega)| = a\left|(1+e^{-j\omega\tau})\right| = 2a\left|\cos\frac{\omega\tau}{2}\right| \tag{8.5-12}$$

式（8.5-12）传输函数的曲线如图 8-17 所示。它表明此多径信道的传输衰减和信号频率有关。当角频率 $\omega = 2n\pi/\tau$ 时（ $n$ 为整数）的频率分量最强，出现传输极点；而当 $\omega = (2n+1)\pi/\tau$ （n 为整数）时的频率分量为零，出现传输零点。这种曲线的最大值和最小值位置决定于两条路径的相对时延差 $\tau$ 。而 $\tau$ 是随时间变化的，故传输特性出现的零点与极点在频率轴上的位置也是随时间变化的。显然，当一个传输波形的频谱宽于 $1/\tau(t)$ 时[ $\tau(t)$ 表示有时变的相对时延]，传输波形的频率分量将产生畸变，这种畸变就是由频率选择性衰落所引起。

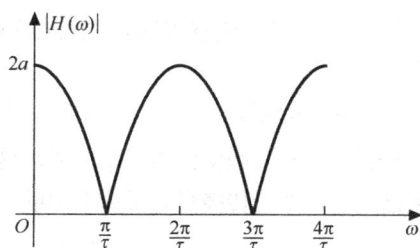

图 8-17　选择性衰落特性

【例 8.5.1】　假设某随参信道的两径时延差 $\tau$ 为 1ms，试求该信道在哪些频率上传输衰耗最大？选用哪些频率传输信号最有利？

解：假设该随参信道的两条路径对信号的增益强度相同，均为 $V_0$ 。则该信道的幅频特性为：

$$|H(\omega_0)| = 2V_0\left|\cos\frac{\omega\tau}{2}\right|$$

当 $\omega = \frac{1}{\tau}(2n+1)\pi, n = 0,1,2,\cdots$ 时, $|H(\omega_0)|$ 出现传输零点；

当 $\omega = \frac{1}{\tau}2n\pi, n = 0,1,2,\cdots$ 时, $|H(\omega_0)|$ 出现传输极点；

所以在 $f = \frac{n}{\tau} = n\,\text{kHz}(n$ 为整数)时，对传输信号最有利；

在 $f = \left(n+\frac{1}{2}\right)\frac{1}{\tau} = \left(n+\frac{1}{2}\right)\text{kHz}(n$ 为整数)时，对传输信号衰耗最大。

上述概念可以推广到多径传播中去，虽然此时信道的传输特性将比两条路径的信道传输特性要复杂得多，但同样存在频率选择性衰落现象。多径传播时的相对时延差通常用最大多径时延差来表征。设信道最大多径时延差为 $\tau_{\max}$，则定义多径传播信道的相关带宽为

$$B_C = \frac{1}{\tau_{\max}} \qquad (8.5\text{-}13)$$

相关带宽表示信道传输特性相邻两个零点之间的频率间隔。如果信号的带宽比相关带宽宽，则将产生严重的频率选择性衰落。为了减小频率选择性衰落，就应使信号的带宽小于相关带宽。

在工程设计中，为了保证接收信号质量，通常选择信号带宽为相关带宽的 1/5～1/3。即信号带宽 $B$ 满足

$$B = \left(\frac{1}{3} \sim \frac{1}{5}\right) B_C \qquad (8.5\text{-}14)$$

当在多径信道中传输数字信号时，特别是传输高速数字信号，频率选择性衰落将会引起严重的码间干扰。为了减小码间干扰的影响，就必须限制数字信号传输速率。

**2．抗衰落的措施**

随参信道的衰落，将会严重地影响系统的性能。为了抗快衰落，通常可采用多种措施，例如，各种抗衰落的调制解调技术、抗衰落接收技术及扩频技术等，其中较为有效且常用的抗衰落措施是分集接收技术。

衰落信道中接收的信号是到达接收机的各路径分量的合成，如果在接收端同时获得几个不同路径的信号，把这些信号适当合并构成总的接收信号，这样就能大大减小衰落的影响，这就是分集接收的基本思想。"分集"两字就是把代表同一信息的信号分散传输，以求在接收端获得若干衰落样式不相关的复制品，然后用适当的方法加以集中合并，从而达到以强补弱的效果。获取不相关衰落信号的方法是将分散得到的几个合成信号集中（合并）。只要被分集的几个信号之间是统计独立的，经适当的合并后就能大大改善系统的性能。

## 8.6 信道衰减

通常在通信系统中，信号通过信道的传输，由于传输媒介的特性，传输过程中必然会产生信号的衰减或衰耗。所谓衰减是指传输过程中信号强度的损失，其度量一般用电平表示，常用"dB"（分贝）作为单位。

电平的定义是指电路中两点或几点在相同阻抗下电量的相对比值。这里的电量自然指"电功率"、"电压"、"电流"并将倍数化为对数，分别记作：$10\lg P_1/P_0$、$20\lg U_1/U_0$、$20\lg I_1/I_0$。上式中 $P$、$U$、$I$ 分别是电功率、电压、电流。可见，电平就是表征信号强弱的相对量。电平分为绝对电平与相对电平。

在通信中，常采用信号输入输出端功率比值取 10 倍常用对数（即功率电平）来表示信号的强弱。

**1．绝对电平**

设以 $P_0$（瓦）作为进行比较的基准功率有效值，则在信号功率为 $P_1$（瓦）的测试点上，

它的功率电平 $A$ 为

$$A = 10\lg\frac{P_1}{P_0}(\text{dB}) \tag{8.6-1}$$

上式中 lg 表示取常用对数，如果改用自然对数则

$$A = \frac{1}{2}\ln\frac{P_1}{P_0}(\text{N}_p) \tag{8.6-2}$$

Np 又叫奈培，$1\text{Np} = 8.686\text{dB}$。

通常以 1 毫瓦（mW）作为基准功率，相对 1mW 的功率电平称为**绝对功率电平**，单位记作 dB(mW)，括号内的值表示基准功率，简写为 dBm。所谓"绝对"是指此功率电平对应一个确切的信号功率，如某点信号 +3dBm 对应功率为 2mW。

实际传输工程中，衰减值允许有多大，要根据规定的发送电平和接收机灵敏度来确定。例如：CCITT V.2 建议规定用户设备加到线路上的功率电平在任何频率都不得大于 0dBm，即 1mW。数据电路设备（如 Modem）接收机灵敏度在不同的应用场合有不同的值，大约在 −43dBm ～26dBm 的范围内。

**【例 8.6.1】** 设某点信号功率为 $0.1\,\text{mW}$，$1\,\text{mW}$，$10\,\text{mW}$，试计算该点对应的绝对功率电平值是多少？

**解**：$0.1\,\text{mW}$ 对应的绝对功率电平值 $A_1 = 10\log\dfrac{0.1\text{mW}}{1\text{mW}} = -10\text{dBm}$

$1\,\text{mW}$ 对应的绝对功率电平值 $A_2 = 10\log\dfrac{1\text{mW}}{1\text{mW}} = 0\text{dBm}$

$10\,\text{mW}$ 对应的绝对功率电平值 $A_3 = 10\log\dfrac{10\text{mW}}{1\text{mW}} = 10\text{dBm}$

### 2．相对电平

在电信传输系统中，信号传输一般用相对电平来表示。不使用固定的功率作为比较的基准，而是以参考点的信号功率为比较对象，这样求得的电平称为相对电平。

电平可直接相加减，也可用电压、电流进行换算，此时应考虑测试点的阻抗问题。

# 小　　结

本章主要信道的定义和分类、信道的模型、信道的传输特性及其对信号传输的影响。

信道是信号的传输通道。信道特性将直接影响通信的质量。信道按其参数特性可分为恒参信道和随参信道。恒参信道对信号传输的影响是确定的或者是变化极其缓慢的。因此，其传输特性可以等效为一个线性时不变网络，该线性网络的传输特性可以用幅度—频率特性和相位—频率特性来表征。随参信道的参数随时间随机变化，所以它的特性比恒参信道要复杂，对传输信号的影响也较为严重。影响信道特性的主要因素是传输媒介。随参信道的传输媒质有以下 3 个特点：（1）对信号的衰耗随时间而变化。（2）传输的时延随时间而变。（3）多径传播。

随参信道的衰落，将会严重地影响系统的性能。为了抗快衰落，通常可采用多种措施，例如，各种抗衰落的调制解调技术、抗衰落接收技术及扩频技术等，其中较为有效且常用的

抗衰落措施是分集接收技术。

在通信系统中，信号通过信道的传输，由于传输媒介的特性，传输过程中必然会产生信号的衰减或衰耗。所谓衰减是指传输过程中信号强度的损失，其度量一般用电平表示，常用"dB"（分贝）作为单位。

# 思 考 题

1．什么是恒参信道？什么是随参信道？

2．信号在恒参信道中传输时主要有哪些失真？如何才能减少这些失真？

3．什么是快衰落？什么是慢衰落？什么是多径传播？

4．多径传播对信号传输有哪些影响？

5．什么是信道衰减？

# 习 题

8-1　设某恒参信道可用图 P8-1 所示的线性二端口网络来等效。试求它的传输函数 $H(\omega)$，并说明信号通过该信道时会产生哪些失真？

8-2　设一恒参信道的幅频特性和相频特性分别为

$$\begin{cases} |H(\omega)| = K_0 \\ \varphi(\omega) = -\omega t_d \end{cases}$$

其中，$K_0$ 和 $t_d$ 都是常数。试确定信号 $s(t)$ 通过该信道后输出信号的时域表示式，并讨论之。

8-3　设某恒参信道的传输特性具有相位频率特性，但无幅度失真。它的传输函数为

$$H(\omega) = A \exp\left[-j(\omega t_d - b\sin\omega T_0)\right]$$

式中，$A$、$b$、$T_0$、$t_d$ 均为常数。试求确知信号 $s(t)$ 通过该信道后输出信号的时域表示式，并讨论之。（注：$e^{jb\sin\omega T_0} \approx 1 + jb\sin\omega T_0$）

8-4　已知信道的结构如图 P8-2 所示，求信道冲激响应和传输函数，并说明是恒参信道还是随参信道，何种信号经过信道有明显失真？何种信号经过信道的失真可以忽略？

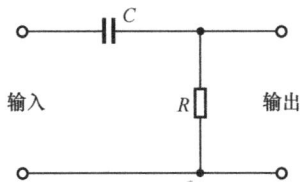

图 P8-1

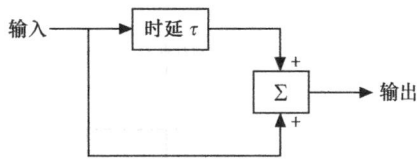

图 P8-2

8-5　今有两个恒参信道，其等效模型分别如图 P8-3（a），（b）所示。试求这两个信道的群迟延特性，画出它们的群迟延曲线，并说明信号通过它们时有无群迟延失真。

8-6　已知信道的传输特性如图 P8-4（a）所示，其输入信号 $s(t) = m(t)\cos\omega_c t$，$s(t)$ 的频谱密度如图 P8-4（b）所示，且 $W < \Delta\omega$，试求信道的输出信号，并说明有无失真。

8-7　瑞利型衰落的包络值 $V$ 为何值时，$V$ 的一维概率密度函数有最大值？

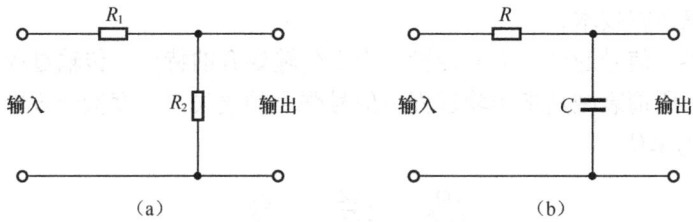

图 P8-3

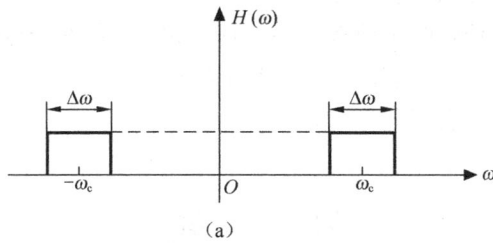

(a)

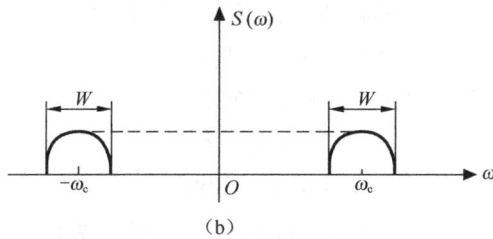

(b)

图 P8-4

8-8　已知随机变量 $V$ 的一维概率密度函数为

$$f(V) = \frac{V}{\sigma^2}\exp\left[-\frac{V^2}{2\sigma^2}\right], \quad (V \geqslant 0, \sigma > 0)$$

求包络值 V 的数学期望和方差。

8-9　图 P8-5 所示的传号和空号相间的数字信号通过某随参信道。一只接收是通过该信道两条途径的信号之后。设两径的传输衰减相等（均为 $d_0$），且时延差 $\tau = \dfrac{T}{4}$。试画出接收信号的波形示意图。

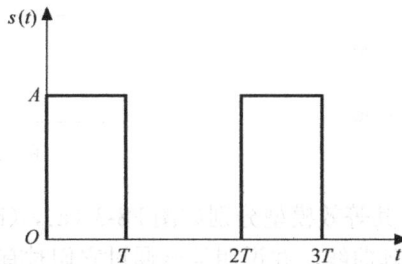

图 P8-5

8-10　设某随参信道的最大多径时延差等于 3ms，为了避免发生选择性衰落，试估计在该信道上传输的数字信号的码元脉冲宽度。

第 **9** 章 信道编码

## 9.1 引言

由于实际信道存在噪声和干扰，使得经过信道传输后收到的码字与发送码字相比存在差错。一般情况下，信道噪声和干扰越大，码字产生差错的可能性也就越大。信道编码的目的在于改善通信系统的传输质量，发现或者纠正差错，以提高通信系统的可靠性。

从信道编码的构造方法看，其基本思路是根据一定的规律在待发送的信息码元中加入一些冗余的码元，这些码元称为监督码元，也叫校验码元。这样接收端就可以利用监督码元与信息码元的关系来发现或纠正错误，以使受损或出错的信息仍能在接收端恢复。一般来说，增加的监督码元越多，检错或纠错的能力就越强。所以，信道编码的实质就是通过牺牲有效性来换取可靠性的提高。在信息码元中加入监督码元的多少，可以通过冗余度 $\gamma$ 来衡量。例如，每 3 个信息码元中加入 1 个监督码元，这时冗余度 $\gamma = 1/4$。信道编码的任务就是构造出以最小冗余度代价换取最大可靠性的"好码"。

在无记忆信道中，噪声独立随机地影响着每个传输码元，因此接收的码元序列中的错误是独立随机出现的，以高斯白噪声为主体的信道属于这类信道。在有记忆信道中，噪声和干扰的影响往往前后相关，错误成串出现，例如存在多径传播的衰落信道还有些信道既有独立随机差错也有突发性成串差错，称为混合信道。对不同类型的信道，需要设计不同类型的信道编码，才能收到良好效果。按照信道特性和设计的码字类型进行划分，信道编码可以分为纠独立随机差错码、纠突发差错码和纠混合差错码。本章将主要讨论纠独立随机差错码。

信道编码还有以下几种分类方式：

按码字的功能分类，有检错和纠错码。检错码只能检测错误，但不能判断到底是哪一位出错，因而不能纠正错误。

按监督码元与信息码元之间的关系分类，有线性码和非线性码。线性码是指监督码元与信息码元之间的关系是线性关系，即它们的关系可用一组线性代数方程联系起来；非线性码是指二者具有非线性关系。非线性码的分析比较困难，实现也较为复杂，本章中只讨论线性码。

按照对信息码元和监督码元的约束关系分类，有分组码和卷积码。所谓分组码是指把信源输出的信息序列，以 $k$ 个信息码元划分为一组，然后由这 $k$ 个码元按照一定的规则产生 $r$ 个监督码元，从而组成长度为 $n$（$= k + r$）的码字（也称为码组）。在分组码中，监督码元仅与本组的信息码元有关，一般用符号（$n,k$）表示。用 $\eta = k/n$ 表示码字中信息码元所占的比重，叫做编码效率，$\eta$ 是衡量分组码有效性的一个基本参数。编码效率和冗余度的关系为 $\eta = 1-\gamma$。所谓卷积码是指把信源输出的信息序列，以 $k_0$ 个信息码元划分为一组，通过编码器输出长度为 $n_0$（$\geqslant k_0$）的码段。与分组码不同的是，该码段的（$n_0 - k_0$）个监督码元不仅与本组的信息码元有关，而且也与前面的 $m$ 组信息码元有关。卷积码一般用 $(n_0, k_0, m)$ 表示，编码效率 $\eta = k_0/n_0$。

按照信息码元在编码后是否保持原来的形式分类，有系统码和非系统码。系统码是指编码后的信息码元保持原样不变；而在非系统码中则改变了原来的信息形式。比如，分组码中的系统码的结构为：前面 $k$ 位为信息码元，与编码前原样不变，信息码元后面是附加的 $r$ 个监督码元。

本章将讨论常见的信道编码和译码的方法。信道编码的数字通信模型如图 9-1 所示。进入信道编码器的是二进制信息码元序列 $M$。信道编码根据一定的规律在信息码元中加入监督码元，输出码字序列 $C$。由于信道中存在噪声和干扰，接收码字序列 $R$ 与发送码字序列 $C$ 之间存在差错。信道译码根据某种译码规则，从接收到的码字 $R$ 给出与发送的信息序列 $M$ 最接近的估值序列 $\hat{M}$。

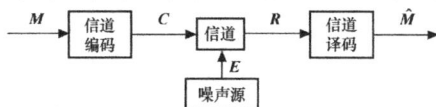

图 9-1　信道编码的数字通信模型

## 9.2　信道编码的基本原理

香农的信道编码定理指出：对于一个给定的有扰信道，如果信道容量为 $C$，只要发送端以低于 $C$ 的信息速率 $R$ 发送信息，则一定存在一种编码方法，使译码差错概率 $P_E$ 随着码长 $n$ 的增加，按指数规律下降到任意小的值。这就是说，通过信道编码可以使通信过程不发生差错，或者使差错控制在允许的数值之下。

### 9.2.1　信道编码的检错和纠错能力

信道编码的检错和纠错能力是通过信息量的冗余度来换取的。为了便于理解，先通过一个简单的例子来说明。例如，要传送 $A$ 和 $B$ 两个消息，可以用一个二进制码元来表示一个消息，比如"0"码代表 $A$，"1"码表示 $B$。在这种情况下，若传输中产生错码，即"0"错成"1"，或"1"错成"0"，接收端将无法检测到差错，因此，这种编码没有检错和纠错能力。

如果用两个二进制码元来表示一个消息，有 4 种可能的码字，即"00"、"01"、"10"和"11"。比如规定"00"表示消息 $A$，"11"表示消息 $B$。码字"01"或"10"不允许使用，称为禁用码字，对应地，用来表示消息的码字称为许用码字。如果在传输消息的过程中发生一位错码，许用码字则变成禁用码字"01"或"10"，译码器就可判决为有错。这表明在信息码元后面附加一位监督码元以后，当只发生一位错码时，码字具有检错能力。但由于不能判决是哪一位发生了错码，所以没有纠错能力。

进一步，如果在信息码元之后附加两位相同的监督码元，即用"000"代表消息 $A$，"111"表示 $B$。由于 3 位的二元码有 $2^3 = 8$ 种组合，除去 2 组许用码字外，余下的 6 组 001、010、100、011、101、110 均为禁用码字。此时，如果传输中产生一位错误，接收端将收到禁用码字，可以判决传输有错，而且还可以根据"大数法则"来译码，即 3 位码字中如有 2 个或 3 个"0"，则译为消息 $A$；如有 2 个或 3 个"1"，则译为消息 $B$。所以，此时可以纠正一位错码。如果在传输中产生两位错码，接收端也将收到禁用码字，译码器仍可检错，但是不再具有纠错能力。如果在传输中产生三位错码，接收端收到是许用码字，这时不再具有检错能力。因此，这时的信道编码具有检出两位和两位以下错码的能力，或者具有纠正一位错码的能力。

上面的例子中的编码是一种 $k=1$ 的 $(n,k)$ 线性分组码，它的编码规则是 $(n-1)$ 个监督码元是信息码元的重复，称这种编码为重复码。

下面我们将介绍编码中的几个定义，来讨论检错和纠错的能力。

在信道编码中，$n$ 长码字中非零码元的数目定义为码字的汉明（Hamming）重量，简称码重。例如"10101"码字的码重为 3，"01111"码字的码重为 4。

两个 $n$ 长码字 $x$，$y$ 对应码元取值不同的个数定义为码字的汉明距离，简称码距，用 $d(x, y)$ 表示。在一种编码中，码字集合中任意两码字间的最小距离，称为该编码的最小汉明距离，简称为最小码距，用 $d_{min}$ 表示。例如码长 $n=3$ 的重复码，只有 2 个许用码字，即 000 和 111，显然 $d_{min}=3$。

编码的最小汉明距离 $d_{min}$ 是 $(n,k)$ 分组码的另一个重要参数。它表明了码的检错和纠错能力，$d_{min}$ 越大，检、纠错能力越强。下面来具体讨论码的检、纠错能力与最小码距 $d_{min}$ 之间的关系。

（1）为了检测 $e$ 个错码，则要求最小码距

$$d_{min} \geq e+1 \tag{9.2-1}$$

式（9.2-1）可以通过图 9-2（a）来说明。图中 $C$ 表示某码字，当误码不超过 $e$ 个时，该码字的位置将不超出以码字 $C$ 为圆心，以 $e$ 为半径的圆。只要其他许用码字都不落入此圆内，则 $C$ 码字发生 $e$ 个误码时就不可能与许用码字相混。

（2）为了纠正 $t$ 个错码，则要求最小码距为

$$d_{min} \geq 2t+1 \tag{9.2-2}$$

式（9.2-2）可以用图 9-2（b）来说明。图中 $C_1$ 和 $C_2$ 分别表示任意两个许用码字，当各自错码不超过 $t$ 个时，发生错码后两个许用码字的位置将不会超出以 $C_1$ 和 $C_2$ 为圆心，以 $t$ 为半径的圆。只要这两个圆不相交，可以根据它们落在哪个圆内而判断为 $C_1$ 或 $C_2$ 码字，即可以纠正错误。而以 $C_1$ 和 $C_2$ 为圆心的两个圆不相交的最近圆心距离为 $2t+1$，即纠正 $t$ 个错误的最小码距。

（3）为了纠正 $t$ 个错码，同时能检测 $e(e>t)$ 个错码（简称为纠检结合），则要求最小码距

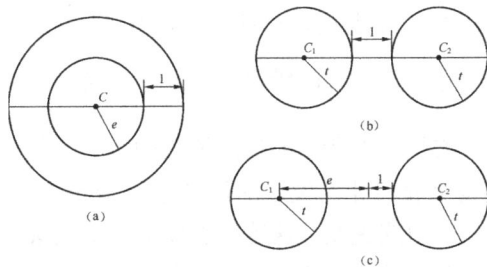

图 9-2 最小码距与检、纠错能力的关系

$$d_{min} \geq e+t+1, \quad (e>t) \tag{9.2-3}$$

能纠正 $t$ 个错码，同时能检测 $e$ 个错码的含义：当错码不超过 $t$ 个时，能自动纠正错码；而当错码超过 $t$ 个时，则不可能纠正错误，但仍可检测 $e$ 个错码。式（9.2-3）可以用图 9-2（c）来说明。如果码的检错能力为 $e$，则当码字 $C_1$ 中存在 $e$ 个错码时，该码字与任一许用码字 $C_2$ 的距离至少应为 $t+1$，否则将进入许用码字 $C_2$ 的纠错能力范围内，被错纠为 $C_2$。

讨论了编码的检错和纠错能力之后，我们来分析采用信道编码的效用。

假设二进制对称信道（BSC）的错误转移概率为 $P_e$，容易证明：在码长为 $n$ 的码字中发生 $x$ 个错码的概率为

$$P_n(x) = \binom{n}{x} P_e^x (1-P_e)^{n-x} \tag{9.2-4}$$

式中
$$\binom{n}{x} = \frac{n!}{x!(n-x)!}$$

容易验证：$\sum_{x=0}^{n} P_n(x) = \sum_{x=0}^{n} \binom{n}{x} P_e^x (1-P_e)^{n-x} = 1$

当 $P_e \ll 1$，式（9.2-4）可简化为
$$P_n(x) \approx \frac{n!}{x!(n-x)!} P_e^x$$

比如，当码长 $n = 7$，$P_e = 10^{-3}$ 时，则有
$$P_7(1) \approx 7P_e = 7 \times 10^{-3}, \quad P_7(2) \approx 21P_e^2 = 2.1 \times 10^{-5}, \quad P_7(3) \approx 35P_e^3 = 3.5 \times 10^{-8}, \quad \cdots$$

可见，采用差错控制编码后，即使只能纠正这种码字中 1～2 个错误，也可以使误码率下降几个数量级。这表明信道编码具有较大的实用价值。当然，如在突发信道中传输，由于错码是成串集中出现的，上述只能纠正码字中 1 或 2 个错码的编码效用就不像在随机信道中那样明显了，需要采用更为有效的纠错编码。

**【例 9.2.1】** 设二进制对称信道中的的错误转移概率 $P_e = 0.1$，计算 $(3,1)$ 重复码的译码错误概率（即经过信道译码后，不能纠正出来的错误概率）。

**解：** 因为 $d_{\min} = 3$，所以 $(3,1)$ 重复码能纠正码字中的一个错误码元，则译码错误概率为
$$P_e = P_3(2) + P_3(3) = 1 - \left[ P_3(0) + P_3(1) \right] = 1 - \left[ (1-P_e)^3 + 3P_e(1-P_e)^2 \right] = 2.8 \times 10^{-2}$$

可见，经过信道编译码后，误码率由 0.1 减至 $2.8 \times 10^{-2}$。

最小码距 $d_{\min}$ 与编码效率 $\eta$ 是码的两个最主要参数。一般说来，这两个参数是相互矛盾的，码的检、纠错能力越强，最小码距 $d_{\min}$ 越大，编码效率 $\eta$ 越小。纠错编码的任务就是构造出 $\eta$ 一定且 $d_{\min}$ 尽可能大的码，或 $d_{\min}$ 一定且 $\eta$ 尽可能大的码。

### 9.2.2 信道编码的译码方法

在图 9-1 所示的信道编码的数字通信模型中，信道译码器根据一套译码规则，从接收到的码字 $\boldsymbol{R}$ 给出与发送的信息序列 $\boldsymbol{M}$ 最接近的估值序列 $\hat{\boldsymbol{M}}$。由于发送端 $\boldsymbol{M}$ 与码字 $\boldsymbol{C}$ 之间存在一一对应关系，这等价于译码器根据 $\boldsymbol{R}$ 产生一个 $\boldsymbol{C}$ 的估值序列 $\hat{\boldsymbol{C}}$。显然，当且仅当 $\boldsymbol{C} = \hat{\boldsymbol{C}}$ 时，信息估值序列 $\hat{\boldsymbol{M}} = \boldsymbol{M}$，这时译码器做到了正确译码。

#### 1. 最大后验概率（MAP）译码

对于接收到的码 $\boldsymbol{R}$，如果译码器能在 $2^k$ 个许用码字中选择一个使条件译码正确概率 $P(\hat{\boldsymbol{C}} = \boldsymbol{C} | \boldsymbol{R})(i = 1, 2, \cdots, 2^k)$ 最大的码字 $\boldsymbol{C}_i$ 作为 $\boldsymbol{C}$ 的估值序列 $\hat{\boldsymbol{C}}$，由于 $\max P(\hat{\boldsymbol{C}} = \boldsymbol{C} | \boldsymbol{R})$ 对应于 $\min P(\hat{\boldsymbol{C}} \neq \boldsymbol{C} | \boldsymbol{R})$，则这种译码规则一定使译码器输出错误概率最小，称这种译码规则为最大后验概率（MAP）译码。可以用式（9.2-5）表示为
$$\min P_E = \min P(\hat{\boldsymbol{C}} \neq \boldsymbol{C} | \boldsymbol{R}) = \max P(\hat{\boldsymbol{C}} = \boldsymbol{C} | \boldsymbol{R}) \tag{9.2-5}$$

MAP 译码是一种最佳译码，但在实际译码中，找出后验概率 $P(\boldsymbol{C} | \boldsymbol{R})$ 相当困难。当满足一定条件时，MAP 译码可以转变成最大似然译码和最小汉明距离译码。

#### 2. 最大似然（ML）译码

假设发送端每个码字的概率 $P(\boldsymbol{C}_i)$ 均相同，且由于 $P(\boldsymbol{R})$ 与译码方法无关。由贝叶斯公式

$$P(C_i \mid R) = \frac{P(C_i)P(R \mid C_i)}{P(R)} \qquad (9.2\text{-}6)$$

可得

$$\max_{i=1,2,\cdots,2^k} P(C_i \mid R) \Rightarrow \max_{i=1,2,\cdots,2^k} P(R \mid C_i) \qquad (9.2\text{-}7)$$

式（9.2-7）所示的是实际应用中最常用的一种译码方法——最大似然译码法：在 $2^k$ 个许用码字 $C$ 中选择某一个 $C_i$ 使 $P(R \mid C_i)$，$i = 1,2,\cdots,2^k$ 最大，其中 $P(R \mid C_i)$ 称为似然函数。对于离散无记忆信道（DMC），最大似然译码是使译码错误概率最小的一种最佳译码法，但此时要求发端发送每一码字的概率 $P(C_i)$，$i = 1,2,\cdots,2^k$ 均相等，否则它不是最佳的。

### 3. 最小汉明距离译码

从式（9.2-4）可以看出：通常情况下（$P_e < 0.5$），在传输过程中没有错误的可能性比出现一个错误的可能性大，出现一个错误的可能性比出现两个错误的可能性大，依此类推。译码器在 $2^k$ 个许用码字中，寻求与接收码字 $R$ 的汉明距离最小的码字 $C_i$，作为最可能发送的码字而接收，这就是最小汉明距离译码。可以证明：在高斯白噪声信道中，最大似然译码就是最小汉明距离译码。在重复码情况下，最小汉明距离译码就是根据收到序列中 0 和 1 的多少，依照少数服从多数的原则来判断信息码元是 0 还是 1，这种译码方案就是大数法则。

## 9.2.3 差错控制的 3 种方式

在数字通信系统中，通常利用信道编码来提高系统的可靠性，控制差错，主要方式有 3 种：前向纠错、反馈重传和混合纠错。它们的系统构成如图 9-3 所示，图中有斜线的方框图表示在该端检出错误或纠正错误。

### 1. 前向纠错方式

前向纠错记作 FEC（Forward Error-Correction）。发送端发送能够纠正错误的码，接收端收到码后自动地纠正传输中的错误。其特点是单向传输，实时性好，但译码设备较复杂。

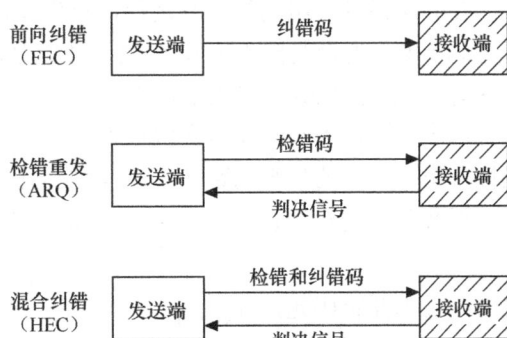

图 9-3 3 种差错控制方式

### 2. 检错重发方式

检错重发又称自动请求重传方式，记作 ARQ（Automatic Repeat request）。由发送端送出能够发现错误的码，由接收端判决传输中有无错误产生，如果发现错误，则通过反向信道把这一判决结果反馈给发送端，然后，发送端将错误的信息再次重发，从而达到正确传输的目的。其特点是需要反馈信道，译码设备简单，对突发错误和信道干扰较严重时有效，但实时性差，主要应用在计算机数据通信中。

### 3. 混合纠错

混合纠错记作 HEC（Hybrid Error-Correction）是 FEC 和 ARQ 方式的结合。发送端发送具有自动纠错同时又具有检错能力的码。接收端收到码后，检查差错情况，如果错误在码的纠错能力范围以内，则自动纠错；如果超出了码的纠错能力，但能检测出来，则经过反馈信道请求发送端重发。这种方式具有自动纠错和检错重发的优点，误码率较低，因此，近年来得到广泛应用。

## 9.3 线性分组码

线性分组码既是分组码，又是线性码。分组码的编码包括两个基本步骤：首先将信源输出的信息序列以 $k$ 个信息码元划分为一组；然后根据一定的编码规则由这 $k$ 个信息码元产生 $r$ 个监督码元，构成 $n(=k+r)$ 个码元组成的码字。线性码是指监督码元与信息码元之间的关系是线性关系，它们的关系可用一组线性代数方程联系起来。

线性分组码一般用符号 $(n,k)$ 表示，其中 $k$ 是每个码字中二进制信息码元的数目；$n$ 是码字的长度，简称为码长；$r(=n-k)$ 为每个码字中的监督码元数目。每个二进制码元可能有 2 种取值，$n$ 个码元可能有 $2^n$ 种组合，$(n,k)$ 线性分组码只准许使用 $2^k$ 种码字来传送信息，还有 $(2^n-2^k)$ 种码字作为禁用码字。如果在接收端收到禁用码字，则认为发现了错码。

一个 $n$ 长的码字 $C$ 可以用矢量 $C=(c_{n-1},c_{n-2},\cdots,c_1,c_0)$ 表示。线性分组码 $(n,k)$ 为系统码的结构如图 9-4 所示，码字的前 $k$ 位为信息码元，与编码前原样不变，后 $r$ 位为监督码元。

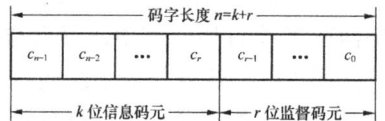

图 9-4 $(n,k)$ 线性分组码为系统码的结构

### 9.3.1 线性分组码的编码

在介绍线性分组码的原理之前，首先我们来看一种简单而又常用的线性分组码——奇偶监督码（也称为奇偶校验码），分为奇数监督码和偶数监督码。无论信息码元有多少，监督码元只有一位。在偶数监督码中，监督码元的加入使得每个码字中"1"的数目为偶数；在奇数监督码中，监督码元的加入使得每个码字中"1"的数目为奇数。奇偶监督码是一种 $(n,n-1)$ 线性分组码，它的最小码距 $d_{\min}=2$，能够检一位错码。

偶数监督码 $C=(c_{n-1},c_{n-2},\cdots,c_1,c_0)$ 满足下式条件

$$c_{n-1}\oplus c_{n-2}\oplus\cdots\oplus c_0=0 \tag{9.3-1}$$

式中，$c_0$ 为监督码元，$(c_{n-1},c_{n-2},\cdots,c_1)$ 为信息码元，$\oplus$ 表示模 2 加。

接收端对偶数监督码进行译码，实际上就是在计算

$$S=c_{n-1}\oplus c_{n-2}\oplus\cdots\oplus c_0 \tag{9.3-2}$$

如果 $S=0$，则认为无错，反之有错。式（9.3-2）称为监督关系式或校验关系式，S 称为监督子或校验子。由于只有一个监督码元，则只有一个监督关系式，S 的取值只有两种，只能代表有错和无错这两种信息，不能进一步指明错码的位置。可以推测，如果将监督码元增加一位，则有两个监督关系式，监督子 $S_1S_0$ 的可能值就有 4 种组合，故能表示 4 种不同的信息，如果用其中一种表示无错，则其余 3 种就可以用来指示一位错码的 3 种不同位置。同理，监督子 $S_{r-1}S_{r-2}\cdots S_0$ 的可能值就有 $2^r$ 种组合，可以用其中一种表示无错，其余 $(2^r-1)$ 种用来指示一个错码的 $(2^r-1)$ 个可能的位置。

因此，如果希望用 r 个监督码元构造的 $(n,k)$ 线性分组码能够纠正一位错码，则要求

$$2^r-1\geqslant n \tag{9.3-3}$$

下面我们通过一个例子来说明线性分组码的编码原理。

例如一个（7，3）线性分组码，码字表示为 $(c_6, c_5, \cdots, c_1, c_0)$，其中 $c_6, c_5, c_4$ 为信息码元，$c_3, c_2, c_1, c_0$ 为监督码元。监督码元由下面线性方程组产生

$$\begin{cases} c_3 = c_6 \oplus c_4 \\ c_2 = c_6 \oplus c_5 \oplus c_4 \\ c_1 = c_6 \oplus c_5 \\ c_0 = c_5 \oplus c_4 \end{cases} \tag{9.3-4}$$

式（9.3-4）确定了由信息元得到监督元的规则，所以称为监督方程或校验方程。利用监督方程，每给出一个 3 位的信息组，就可编出对应的监督码元，如表 9-1 所示。

**表 9-1** （7，3）分组码的信息码元和监督码元

| 信 息 码 元 | 监 督 码 元 | 信 息 码 元 | 监 督 码 元 |
|---|---|---|---|
| 000 | 0000 | 100 | 1110 |
| 001 | 1101 | 101 | 0011 |
| 010 | 0111 | 110 | 1001 |
| 011 | 1010 | 111 | 0100 |

将式（9.3-4）改写成

$$\begin{cases} c_6 \oplus c_4 \oplus c_3 = 0 \\ c_6 \oplus c_5 \oplus c_4 \oplus c_2 = 0 \\ c_6 \oplus c_5 \oplus c_1 = 0 \\ c_5 \oplus c_4 \oplus c_0 = 0 \end{cases} \tag{9.3-5}$$

上式可以用矩阵形式表示为

$$\begin{bmatrix} 1 & 0 & 1 & 1 & 0 & 0 & 0 \\ 1 & 1 & 1 & 0 & 1 & 0 & 0 \\ 1 & 1 & 0 & 0 & 0 & 1 & 0 \\ 0 & 1 & 1 & 0 & 0 & 0 & 1 \end{bmatrix} \begin{bmatrix} c_6 \\ c_5 \\ c_4 \\ c_3 \\ c_2 \\ c_1 \\ c_0 \end{bmatrix} = \begin{bmatrix} 0 \\ 0 \\ 0 \\ 0 \end{bmatrix} \tag{9.3-6}$$

一般地，在 $(n, k)$ 线性分组码中，如果

$$\boldsymbol{HC}^{\mathrm{T}} = \boldsymbol{0}^{\mathrm{T}} \text{ 或 } \boldsymbol{CH}^{\mathrm{T}} = \boldsymbol{0} \tag{9.3-7}$$

则 $\boldsymbol{H}$ 称为 $(n, k)$ 线性分组码的监督矩阵（或校验矩阵）。

式中，$\boldsymbol{C} = (c_{n-1}, c_{n-2}, \cdots, c_1, c_0)$ 表示编码器的输出码字；$\boldsymbol{0}$ 表示 $r$ 个 0 元素组成的行向量。$\boldsymbol{C}^{\mathrm{T}}$、$\boldsymbol{0}^{\mathrm{T}}$ 或 $\boldsymbol{H}^{\mathrm{T}}$ 分别为 $\boldsymbol{C}$、$\boldsymbol{0}$、$\boldsymbol{H}$ 的转置矩阵。

本例中，对照式（9.3-6）和式（9.3-7）可知，该（7，3）线性分组码的监督矩阵

$$\boldsymbol{H} = \begin{bmatrix} 1 & 0 & 1 & 1 & 0 & 0 & 0 \\ 1 & 1 & 1 & 0 & 1 & 0 & 0 \\ 1 & 1 & 0 & 0 & 0 & 1 & 0 \\ 0 & 1 & 1 & 0 & 0 & 0 & 1 \end{bmatrix} \tag{9.3-8}$$

显然，$\boldsymbol{H}$ 阵共有 $r$ 行 $n$ 列。$\boldsymbol{H}$ 阵的每一行都代表一个监督方程，它表示与该行中 "1" 对

应的码元的和为 0。只要监督矩阵 $H$ 给定，编码时监督码元和信息码元的关系就完全确定了。

在线性码中，容易验证：如果 $X$ 和 $Y$ 为线性码的任意两个码字，则 $X \oplus Y$ 也是这种线性码中的一个码字。这一性质称为线性码的封闭性。由于线性码任意两个码字之和仍是一个码字，所以两个码字之间的距离必定是另一码字的码重。容易得出：线性码的最小距离等于非零码字的最小码重。另外指明，在线性码中必定包含全零的码字，这是因为信息码元全为零时，监督码元肯定全为零。

应当指出，相同的编码可以对应不同的监督矩阵 $H$，当然这些监督矩阵之间存在一定的变换关系，它们可以通过初等行变换得到。如果监督矩阵 $H$ 的后 $r$ 列为单位方阵，则称为监督矩阵 $H$ 的标准形式，简称为标准的监督矩阵。式（9.3-8）所示的监督矩阵就是一个标准的监督矩阵。标准的监督矩阵可用分块矩阵表示为

$$H = [Q, I_r] \tag{9.3-9}$$

式中，$I_r$——$r \times r$ 阶单位方阵；

$Q$——$r \times (n-r)$ 矩阵。

例如，式（9.3-4）也可以改写为

$$\begin{cases} c_5 \oplus c_3 \oplus c_2 = 0 \\ c_6 \oplus c_5 \oplus c_4 \oplus c_2 = 0 \\ c_6 \oplus c_5 \oplus c_1 = 0 \\ c_5 \oplus c_4 \oplus c_0 = 0 \end{cases} \tag{9.3-10}$$

根据式（9.3-7），这时监督矩阵 $H$ 为

$$H = \begin{bmatrix} 0 & 1 & 0 & 1 & 1 & 0 & 0 \\ 1 & 1 & 1 & 0 & 1 & 0 & 0 \\ 1 & 1 & 0 & 0 & 0 & 1 & 0 \\ 0 & 1 & 1 & 0 & 0 & 0 & 1 \end{bmatrix} \tag{9.3-11}$$

式（9.3-11）的监督矩阵 $H$ 不是标准的监督矩阵，它可通过初等行变换化成标准的 $H$ 阵，如式（9.3-8）所示。相同的编码只能对应唯一的标准监督矩阵。利用标准形式的 $H$ 阵进行编译码较方便，所以 $H$ 阵的标准形式是一种常用形式。

线性分组码的编码器输入为信息码元序列，输出为码字。虽然给定监督矩阵 $H$，编码规则就确定了，能够由信息码元得出监督码元。但是 $k$ 个信息码元与码长为 $n$ 的码字的之间关系并不直观。因此将式（9.3-4）改写成

$$\begin{cases} c_6 = c_6 \\ c_5 = c_5 \\ c_4 = c_4 \\ c_3 = c_6 \oplus c_4 \\ c_2 = c_6 \oplus c_5 \oplus c_4 \\ c_1 = c_6 \oplus c_5 \\ c_0 = c_5 \oplus c_4 \end{cases} \tag{9.3-12}$$

式（9.3-12）用矩阵形式表示为

$$[c_6, c_5, c_4, c_3, c_2, c_1, c_0] = [c_6, c_5, c_4] \begin{bmatrix} 1 & 0 & 0 & 1 & 1 & 1 & 0 \\ 0 & 1 & 0 & 0 & 1 & 1 & 1 \\ 0 & 0 & 1 & 1 & 1 & 0 & 1 \end{bmatrix} \tag{9.3-13}$$

一般地，在 $(n,k)$ 线性分组码中，设 $M$ 是编码器的输入信息码元序列，如果编码器的输出码字 $C$ 表示为

$$C = MG \tag{9.3-14}$$

则 $G$ 为该线性分组码 $(n,k)$ 码的生成矩阵。生成矩阵 $G$ 为 $k \times n$ 矩阵。容易看出，任何一个码字都可以表示为生成矩阵的行向量的线性组合。

本例中，对照式（9.3-13）和式（9.3-14）可知，该（7，3）线性分组码的生成矩阵

$$G = \begin{bmatrix} 1 & 0 & 0 & 1 & 1 & 1 & 0 \\ 0 & 1 & 0 & 0 & 1 & 1 & 1 \\ 0 & 0 & 1 & 1 & 1 & 0 & 1 \end{bmatrix} \tag{9.3-15}$$

生成矩阵 $G$ 一旦给定，给出信息码元就容易得到码字。比如信息码元为 $[c_6, c_5, c_4] = 110$，则根据式（9.3-14）得到码字 $[c_6, c_5, c_4, c_3, c_2, c_1, c_0] = [110]G = [1101001]$。(7,3) 分组码的信息码元和用生成矩阵 $G$ 得到的码字之间的对应关系如表 9-2 第 1 列和第 2 列所示。

表 9-2 　　　　　　　　　　　（7，3）分组码的信息码元和码字

| 信息码元 | 用生成矩阵 $G$ 得到的码字 | 用生成矩阵 $G_2$ 得到的码字 |
|:---:|:---:|:---:|
| 000 | 0000000 | 0000000 |
| 001 | 0011101 | 1110100 |
| 010 | 0100111 | 0100111 |
| 011 | 0111010 | 1010011 |
| 100 | 1001110 | 1001110 |
| 101 | 1010011 | 0111010 |
| 110 | 1101001 | 1101001 |
| 111 | 1110100 | 0011101 |

生成矩阵 $G$ 起着编码器的变换作用，它建立了编码器输入的信息码元与输出的码字之间的一一对应关系。容易看出，$G$ 的各行本身就是一个码字。如果能够找到 $k$ 个不相关的已知码字，就能构成线性分组码的生成矩阵 $G$。$G$ 阵的 $k$ 行应该是线性无关的，因为任一码字都是 $G$ 的各行的线性组合，如果各行线性无关，则可以组合出 $2^k$ 种不同的码字，它恰好是有 $k$ 位信息码元的全部码字空间。如果 $G$ 的各行线性相关，则不可能组合出 $2^k$ 种不同的码字。

应该指出，不同的生成矩阵 $G$ 可以对应相同的 $(n,k)$ 码的码字集合。不同形式的生成矩阵 $G$ 仅表示信息码元与码字之间不同的一一对应关系。例如用式（9.3-16）表示的生成矩阵 $G_2$ 得到的码字集合和用式（9.3-15）表示的生成矩阵 $G$ 得到的码字集合相同，如表 9-2 所示。

$$G_2 = \begin{bmatrix} 1 & 0 & 0 & 1 & 1 & 1 & 0 \\ 0 & 1 & 0 & 0 & 1 & 1 & 1 \\ 1 & 1 & 1 & 0 & 1 & 0 & 0 \end{bmatrix} \tag{9.3-16}$$

表 9-2 第 2 列和第 3 列所示的码，虽然用了不同形式的生成矩阵，但都属于同一个 $(n,k)$ 码的码字集合，因此它们的检错和纠错能力是一样的。不过，它们之间还是有区别的。由 $G$ 生成的码字，其前 $k$ 位与信息码元完全相同，这种码称为系统码。系统码的编码器仅需存储 $k \times (n-k)$ 个数字，译码时仅需对前 $k$ 个信息码元纠错即可恢复消息。由于系统码的编码和译码比较简单，而性能与非系统码一样，所以系统码得到了广泛的应用。

系统码的生成矩阵可用分块矩阵表示为

$$G = [I_k, P] \qquad\qquad (9.3\text{-}17)$$

式中，$I_k$ ——$k \times k$ 阶单位方阵；

    $P$ ——$k \times (n{-}k)$ 矩阵。

式（9.3-17）所示的生成矩阵 $G$ 的前 $k$ 列为单位方阵，称为生成矩阵的标准形式，简称为标准的生成矩阵。相同的码字空间只对应唯一的标准生成矩阵。一般的生成矩阵可通过初等行变换化成标准的生成矩阵。

前面讨论了线性分组码的生成矩阵和监督矩阵，二者之间有无联系呢？回答是肯定的。$(n,k)$ 线性分组码的 $G$ 阵和 $H$ 阵之间有非常密切的关系。由于生成矩阵 $G$ 的每一行都是一个码字，所以 $G$ 的每行都满足 $HC^T = 0^T$，则有

$$HG^T = 0^T \text{ 或 } GH^T = 0 \qquad\qquad (9.3\text{-}18)$$

其中，$0$ 表示 $k \times (n-k)$ 的零矩阵。

将式（9.3-9）所示的标准监督矩阵和式（9.3-17）所示的标准生成矩阵代入式（9.3-18）可得

$$P = Q^T \text{ 或 } P^T = Q \qquad\qquad (9.3\text{-}19)$$

因此线性分组码中，标准的监督矩阵 $H$ 和标准的生成矩阵 $G$ 之间可以相互转换。它们之间的关系

$$G = [I_k, P] = [I_k, Q^T] \text{ 或 } H = [Q, I_r] = [P^T, I_r] \qquad\qquad (9.3\text{-}20)$$

例如，本例中的（7，3）线性分组码的标准监督矩阵如式（9.3-8）所示，由式（9.3-20）可以写出对应的标准生成矩阵如式（9.3-15）所示。

讨论了线性分组码的编码方法后，下面继续讨论线性分组码的译码方法。

### 9.3.2 线性分组码的译码

在介绍线性分组码的译码之前，先引入错误图样的概念。

设进入信道的码字 $C = (c_{n-1}, c_{n-2}, \cdots, c_1, c_0)$，信道译码器接收到的 $n$ 长的码字 $R = (r_{n-1}, r_{n-2}, \cdots, r_1, r_0)$。由于信道中存在干扰，$R$ 中的某些码元可能与 $C$ 中对应码元的值不同，也就是说产生了错误。由于二进制序列中的错误不外乎是"1"错成"0"或者"0"错成"1"，因此，如果把信道中的干扰用二进制序列 $E = (e_{n-1}, e_{n-2}, \cdots, e_1, e_0)$ 表示，则有错的 $e_i$ 值为"1"，无错的 $e_i$ 值为"0"，我们称 $E$ 为信道的错误图样。接收码字 $R$ 是发送的码字 $C$ 与错误图样 $E$ 模 2 相加的结果，可表示为

$$R = C \oplus E \qquad\qquad (9.3\text{-}21)$$

例如，发送码字 $C =$（10111000），接收码字 $R =$（10010100），第三、五、六位产生了错误，因此信道的错误图样 $E$ 的三、五、六位取值为 1，各位取值为 0，这时错误图样 $E =$（00101100）。

在发送端可以通过监督矩阵确定监督码元和信息码元的关系，那么在接收端是否可以利用此关系，采用监督矩阵来进行译码呢？答案是肯定的。

定义

$$S = HR^T \text{ 或 } S^T = HR^T \qquad\qquad (9.3\text{-}22)$$

称 $S = (S_{r-1} S_{r-2} \cdots S_0)$ 为接收码字 $R$ 的监督子 （或校验子，或伴随式）。如果 $S^T = HR^T = 0^T$，则接收码字无错码，否则有错。

因为 $HC^T = 0^T$ 和 $R = C \oplus E$，所以

$$S^{\mathrm{T}} = HR^{\mathrm{T}} = H(C \oplus E)^{\mathrm{T}} = HC^{\mathrm{T}} \oplus HE^{\mathrm{T}} = HE^{\mathrm{T}} \tag{9.3-23}$$

将 $H = (h_1, h_2, \cdots, h_n)$ 代入式（9.3-23），可以得到

$$S^{\mathrm{T}} = h_1 e_{n-1} \oplus h_2 e_{n-2} \oplus \cdots \oplus h_n e_0 \tag{9.3-24}$$

其中，$h_i$ 表示监督矩阵 $H$ 的第 i 列，$i = 1, 2, \cdots, n$。

由上面分析得到如下结论：

（1）监督子仅与错误图样有关，而与发送的具体码字无关，即监督子仅由错误图样决定。

（2）若 $S = 0$，则判断没有错码出现，它表明接收的码字是一个许用码字，当然如果错码超过了纠错能力，也无法检测出错码。若 $S \neq 0$，则判有错码出现。

（3）不同的错误图样具有不同的监督子，监督子是 $H$ 阵中"与错误码元相对应"的各列之和。对于纠一位错的监督矩阵，监督子就是 $H$ 阵中与错误码元位置对应的各列。如式（9.3-24）所示。

【例 9.3.1】 设（7，3）线性分组码的监督矩阵为

$$H = \begin{bmatrix} 1 & 0 & 1 & 1 & 0 & 0 & 0 \\ 1 & 1 & 1 & 0 & 1 & 0 & 0 \\ 1 & 1 & 0 & 0 & 0 & 1 & 0 \\ 0 & 1 & 1 & 0 & 0 & 0 & 1 \end{bmatrix}$$

（1）写出对应的生成矩阵，计算（7，3）码的所有码字，并说明该码集合的最小码距 $d_{\min}$。

（2）当接收码字 $R_1 = (1010011)$，$R_2 = (1110011)$，$R_3 = (0011011)$ 时，分别计算接收码字的监督子，并讨论之。

**解：**（1）由监督矩阵可以得到生成矩阵

$$G = \begin{bmatrix} 1 & 0 & 0 & 1 & 1 & 1 & 0 \\ 0 & 1 & 0 & 0 & 1 & 1 & 1 \\ 0 & 0 & 1 & 1 & 1 & 0 & 1 \end{bmatrix}$$

由式（9.3-14）可得

$$[c_6, c_5, c_4, c_3, c_2, c_1, c_0] = [c_6, c_5, c_4] \begin{bmatrix} 1 & 0 & 0 & 1 & 1 & 1 & 0 \\ 0 & 1 & 0 & 0 & 1 & 1 & 1 \\ 0 & 0 & 1 & 1 & 1 & 0 & 1 \end{bmatrix}$$

从而得到所有的码字如表 9-3 所示。

表 9-3 　　　　　　　　　　（7，3）分组码的信息码元和码字

| 信 息 码 元 | 码　　字 | 信 息 码 元 | 码　　字 |
|---|---|---|---|
| 000 | 000 0000 | 100 | 100 1110 |
| 001 | 001 1101 | 101 | 101 0011 |
| 010 | 010 0111 | 110 | 110 1001 |
| 011 | 011 1010 | 111 | 111 0100 |

因为线性码的最小距离等于非零码字的最小码重，所以最小码距 $d_{\min}$ 为 4。

（2）接收码字 $R_1 = (1010011)$，接收端译码器根据接收码字计算监督子

$$S = R_1 H^{\mathrm{T}} = 0$$

因此，译码器判接收字无错，即传输中没有发生错误。

若接收码字 $R_2 = (1110011)$，其监督子为

$$S = R_2 H^T = [0111]$$

由于 $S \neq \mathbf{0}$，译码器判为有错，即传输中有错误发生。$(7,3)$ 码是纠单个错误的码，且 $S^T$ 等于 $H$ 的第二列，因此判定接收码字 $R_2 = (1110011)$ 的第二位 $r_5$ 是错的，则纠正错码后，得到的码字为 $(1010011)$。

设接收码字 $R_3 = (0011011)$，其监督子为

$$S = R_3 H^T = [0110]$$

$S^T$ 不等于 $H$ 的任一列。但是 $S^T$ 既可以认为是 $H$ 阵第一列和第四列之和，也可以认为是第二列和第七列之和，这时无法判定错误出在哪些位上，可见它无法纠正 2 位错码，只能检测 2 位错码。

本例中的 $(7,3)$ 码的最小码距 $d_{\min} = 4$，可以纠单个错误，同时检测 2 位错误。对应地，观察监督矩阵 $H$ 可以发现，任两列相加都不可能等于 $H$ 的任一列，即能够检测出 2 个错误。

### 9.3.3　完备码和汉明码

$(n, k)$ 线性分组码的伴随式有 $2^{n-k}$ 个可能的组合。设该码的纠错能力为 $t$，则对于任何一个重量不大于 t 的差错图样，都应有一个伴随式与之对应。即伴随式的数目满足

$$2^{n-k} \geqslant \binom{n}{0} + \binom{n}{1} + \cdots + \binom{n}{t} = \sum_{i=0}^{t} \binom{n}{i} \tag{9.3-25}$$

这个条件称为汉明限。如果上式中的等号成立，即伴随式和可纠错图样一一对应，这时的线性分组码称为完备码。

纠错能力 $t=1$ 的完备码称为汉明码。它是 1950 年由 Hamming 提出的一种能纠正单个错误而且编码效率较高的一种线性分组码。它不仅性能好而且编译码电路非常简单，易于工程实现，因此是工程中常用的一种纠错码，特别是在计算机的存贮和运算系统中更常用到。此外，它与某些码类的关系很密切，因此这是一类特别引人注意的码。

汉明码属于线性分组码，前面关于线性分组码的分析方法全部适用于汉明码。同时汉明码又是一种特殊的 $(n,k)$ 线性分组码，它的最小码距 $d_{\min} = 3$，能够纠正一个错码。设 $(n,k)$ 线性分组码中 $k = 4$，为了纠正一位错码，要求监督位数 $r \geqslant 3$。如果取 $r = 3$，则码字长度 $n = k + r = 7$。

下面通过一个例子来讨论汉明码如何进行编码和译码。

【例 9.3.2】　如果 $(7,4)$ 汉明码的监督子与错码位置的对应关系如表 9-4 所示。

表 9-4　　　　　　　　　　汉明码的监督子与错码位置的对应关系

| $S_2 S_1 S_0$ | 错 码 位 置 | $S_2 S_1 S_0$ | 错 码 位 置 |
| --- | --- | --- | --- |
| 001 | $c_0$ | 101 | $c_4$ |
| 010 | $c_1$ | 110 | $c_5$ |
| 100 | $c_2$ | 111 | $c_6$ |
| 011 | $c_3$ | 000 | 无错 |

（1）写出监督关系式；

（2）写出监督矩阵；

（3）写出生成矩阵。

**解：**（1）由表 9-4 可见，仅当一位错码的位置在 $c_6, c_5, c_4$ 或 $c_2$ 时，监督子 $S_2$ 为 1；否则为 0。因此可以写出一个监督关系式

$$S_2 = c_6 \oplus c_5 \oplus c_4 \oplus c_2$$

同理，得到另外两个监督关系式

$$S_1 = c_6 \oplus c_5 \oplus c_3 \oplus c_1$$

$$S_0 = c_6 \oplus c_4 \oplus c_3 \oplus c_0$$

（2）由于 $\boldsymbol{S}^T = \boldsymbol{h}_1 e_6 \oplus \boldsymbol{h}_2 e_5 \oplus \cdots \oplus \boldsymbol{h}_7 e_0$，对于能够纠正一位错码的汉明码，监督子就是 $\boldsymbol{H}$ 阵中与错误码元位置对应的各列。比如错码位置在 $c_2$，则错误图样 $\boldsymbol{E} = (0,0,0,0,1,0,0)$，此时 $S_2 S_1 S_0 = 100$，即监督矩阵 $\boldsymbol{H}$ 第 5 列为 100，同理可得监督矩阵 $\boldsymbol{H}$ 列。

$$\boldsymbol{H} = \begin{bmatrix} 1 & 1 & 1 & 0 & 1 & 0 & 0 \\ 1 & 1 & 0 & 1 & 0 & 1 & 0 \\ 1 & 0 & 1 & 1 & 0 & 0 & 1 \end{bmatrix}$$

（3）由标准的 $\boldsymbol{H}$ 阵可以直接得到标准的生成矩阵

$$\boldsymbol{G} = \begin{bmatrix} 1 & 0 & 0 & 0 & 1 & 1 & 1 \\ 0 & 1 & 0 & 0 & 1 & 1 & 0 \\ 0 & 0 & 1 & 0 & 1 & 0 & 1 \\ 0 & 0 & 0 & 1 & 0 & 1 & 1 \end{bmatrix}$$

生成矩阵也可以通过上面的 3 个监督关系式求得。令其中的 $S_2$，$S_1$ 和 $S_0$ 都为 0，它表示编成的码字中没有错码。对照式（9.3-14）由码字和信息码元的关系可以求得生成矩阵 $\boldsymbol{G}$。

## 9.4 循环码

在线性分组码中，有一种重要的码称为循环码。它除了具有线性分组码的一般特点，还具有循环性：循环码中任一码字的码元循环移位（左移或右移）后仍是该码的一个码字。由于循环码是在严密的现代代数理论的基础上发展起来的，其编码和译码的电路较简单，且它的检、纠错能力较强，目前它已成为研究最深入、理论最成熟、应用最广泛的一类线性分组码。

一般来说，如果码字 $\boldsymbol{C} = (c_{n-1}, c_{n-2}, c_{n-3}, \cdots, c_1, c_0)$ 是一个循环码的码字，则将码字中的码元左循环移位 $i$ 次或右循环移位（$n-i$）次后得到的 $(c_{n-i-1}, c_{n-i-2}, \cdots, c_0, c_{n-1}, \cdots, c_{n-i})$ 也是该码中的码字。

例如，表 9-5 给出的（7,4）分组码的所有 16 个码字在移位之下是封闭的，所以它是一个循环码。

| 表 9-5 | | | | (7,4) 循环码 | | | | | |
|---|---|---|---|---|---|---|---|---|---|
| 序　号 | 码　字 | 序　号 | 码　字 | 序　号 | 码　字 | 序　号 | 码　字 |
| 1 | 0000000 | 5 | 0101100 | 9 | 1011000 | 13 | 1110100 |
| 2 | 0001011 | 6 | 0100111 | 10 | 1010011 | 14 | 1111111 |
| 3 | 0010110 | 7 | 0111010 | 11 | 1001110 | 15 | 1100010 |
| 4 | 0011101 | 8 | 0110001 | 12 | 1000101 | 16 | 1101001 |

### 9.4.1 循环码的码多项式

循环码可用多种方式进行描述。在代数编码理论中，通常用多项式去描述循环码，它把码字中各码元当作是一个多项式的系数，即把一个 $n$ 长的码字 $\boldsymbol{C} = (c_{n-1}, c_{n-2}, c_{n-3}, \cdots, c_1, c_0)$ 用一个次数不超过（$n-1$）的多项式表示为

$$C(x) = c_{n-1}x^{n-1} + c_{n-2}x^{n-2} + \cdots + c_1x + c_0 \tag{9.4-1}$$

称 $C(x)$ 为码字 $C$ 的码多项式，显然 $C$ 与 $C(x)$ 是一一对应的。在这种多项式中，$x$ 的幂次仅是码元位置的标记，我们并不关心 $x$ 的取值。需要指明的是，由于码元为二进制码元，即多项式系数 $c_i (i = n-1, n-2, \cdots, 1, 0)$ 取 0 或 1。码多项式中系数按模 2 运算，模 2 加法和乘法如下

| + | 0 | 1 |
|---|---|---|
| 0 | 0 | 1 |
| 1 | 1 | 0 |

| × | 0 | 1 |
|---|---|---|
| 0 | 0 | 0 |
| 1 | 0 | 1 |

可以证明，一个长度为 $n$ 的循环码的码多项式必定是模 $(x^n+1)$ 运算的一个余式。

为此，我们先来介绍多项式的按模运算。

如果一个多项式 $F(x)$ 被另一个 $n$ 次多项式 $N(x)$ 除，得到一个商式 $Q(x)$ 和一个次数小于 $n$ 的余式 $R(x)$，即

$$F(x) = N(x)Q(x) + R(x) \tag{9.4-2}$$

记作

$$F(x) \equiv R(x) \quad [\mod N(x)] \tag{9.4-3}$$

则称在模 $N(x)$ 运算下，$F(x) \equiv R(x)$。

例如，$x^4+1$ 被 $x^3+1$ 除，因为

$$\frac{x^4+1}{x^3+1} = x + \frac{x+1}{x^3+1}$$

所以

$$x^4+1 \equiv x+1 \quad [\mod(x^3+1)]$$

注意：在模 2 计算中，系数只能为 "0" 或 "1"，因此用加法代替了减法，故余式不是 $-x+1$，而是 $x+1$。

将式（9.4-1）乘以 $x$，再除以 $(x^n+1)$，得到

$$\frac{xC(x)}{x^n+1} = c_{n-1} + \frac{c_{n-2}x^{n-1} + \cdots + c_1x^2 + c_0x + c_{n-1}}{x^n+1} \tag{9.4-4}$$

式（9.4-4）表明，码多项式 $C(x)$ 乘以 $x$ 再除以 $(x^n+1)$ 所得的余式就是码字左循环一次的码多项式。可以推知，$C(x)$ 的 $i$ 次左循环移位对应的码多项式是 $C(x)$ 乘以 $x^i$ 再除以 $(x^n+1)$ 所得的余式。即

$$x^iC(x) \equiv C'(x) \quad [\mod(x^n+1)] \tag{9.4-5}$$

### 9.4.2 循环码的生成多项式和生成矩阵

循环码属于线性分组码，前面讲过，如果能够找到 $k$ 个不相关的已知码字，就能构成线性分组码的生成矩阵 $G$。根据循环码的循环特性，可由一个码字的循环移位得到其他非 0 码字。在 $(n, k)$ 循环码的 $2^k$ 个码多项式中，取前 $(k-1)$ 位皆为 0 的码多项式 $g(x)$（次数为 $n-k$），再经 $(k-1)$ 次左循环移位，共得到 $k$ 个码多项式：$g(x)$，$xg(x)$，$\cdots$，$x^{k-1}g(x)$。这 $k$ 个码多项式显然是线性无关的，可作为码生成矩阵的 $k$ 行，于是得到 $(n, k)$ 循环码的码生成矩阵 $G(x)$ 为

$$\mathbf{G}(x)=\begin{bmatrix} x^{k-1}g(x) \\ \vdots \\ xg(x) \\ g(x) \end{bmatrix} \tag{9.4-6}$$

码的生成矩阵一旦确定，码就确定了。这就说明，$(n,k)$ 循环码可由它的一个 $(n-k)$ 次码多项式 $g(x)$ 来确定，称 $g(x)$ 为码的生成多项式。

在 $(n,k)$ 循环码中，码的生成多项式 $g(x)$ 有如下的性质：

（1）$g(x)$ 是一个常数项不为 0 的 $(n-k)$ 次码多项式。

在循环码中，除全"0"码字外，再没有连续 $k$ 位均为 0 的码字，即连"0"的长度最多只有 $(k-1)$ 位。否则，经过若干次的循环移位后将得到 $k$ 个信息码元全为 0，而监督码元不为 0 的码字，这对线性码来说是不可能的。因此 $g(x)$ 是一个常数项不为 0 的 $(n-k)$ 次码多项式。

（2）$g(x)$ 是唯一的 $(n-k)$ 次多项式。

如果存在另一个 $(n-k)$ 次码多项式，设为 $g'(x)$，根据线性码的封闭性，则 $g(x)+g'(x)$ 也必为一个码多项式。由于 $g(x)$ 和 $g'(x)$ 的次数相同，它们的和式的 $(n-k)$ 次项系数为 0，那么 $g(x)+g'(x)$ 是一个次数低于 $(n-k)$ 次的码多项式，即连"0"的个数多于 $(k-1)$。显然这与前面的结论是矛盾的，所以 $g(x)$ 是唯一的 $(n-k)$ 次码多项式。

（3）所有码多项式 $C(x)$ 都可被 $g(x)$ 整除，而且任一次数不大于 $(k-1)$ 的多项式乘 $g(x)$ 都是码多项式。

根据线性分组码编码器的输入、输出和生成矩阵的关系，如式（9.3-14）所示。设 $\mathbf{M}=(m_{k-1},m_{k-2},\cdots,m_0)$ 为 $k$ 个信息码元，$\mathbf{G}(x)$ 为该 $(n,k)$ 循环码的生成矩阵，则相应的码多项式为

$$C(x)=\mathbf{M}\mathbf{G}(x)=(m_{k-1},\cdots m_1,m_0)\begin{bmatrix} x^{k-1}g(x) \\ \vdots \\ xg(x) \\ g(x) \end{bmatrix} \tag{9.4-7}$$

$$=\left(m_{k-1}x^{k-1}+\cdots+m_1x+m_0\right)g(x)=M(x)g(x)$$

式中 $C(x)$ 的次数不大于 $n-1$，$M(x)$ 是 $2^k$ 个信息码元的多项式，$C(x)$ 为相应的 $2^k$ 个码多项式。

（4）$(n,k)$ 循环码的生成多项式 $g(x)$ 是 $(x^n+1)$ 的一个 $(n-k)$ 次因式。

由于 $g(x)$ 是一个 $(n-k)$ 次的多项式，所以 $x^k g(x)$ 为一个 $n$ 次多项式，由于生成多项式 $g(x)$ 本身是一个码字，由式（9.4-5）可知 $x^k g(x)$ 在模 $(x^n+1)$ 运算下仍为一个码字 $C(x)$，所以

$$\frac{x^k g(x)}{x^n+1}=Q(x)+\frac{C(x)}{x^n+1} \tag{9.4-8}$$

由于左端的分子和分母都是 $n$ 次多项式，所以 $Q(x)=1$，因此

$$x^k g(x)=\left(x^n+1\right)+C(x)$$

由式（9.4-7）可知，任意的循环码多项式 $C(x)$ 都是 $g(x)$ 的倍式，即

$$C(x)=M(x)g(x) \tag{9.4-9}$$

所以，

$$\left(x^n + 1\right) = g(x)\left[x^k + M(x)\right] \tag{9.4-10}$$

可见，$(n, k)$ 循环码的生成多项式 $g(x)$ 是 $\left(x^n + 1\right)$ 的一个 $(n-k)$ 次因式。这一结论为我们寻找循环码的生成多项式指出了方向。

例如对于 $n = 7$，由于

$$x^7 + 1 = (x+1)\left(x^3 + x^2 + 1\right)\left(x^3 + x + 1\right)$$

所以，可以构成的所有长度为 $n = 7$ 的 $(7, k)$ 循环码如表 9-6 所示。有了这张表，选择适当的因式来形成生成多项式 $g(x)$，就可以构成我们需要的循环码。

**【例 9.4.1】** 求表 9.5 所示的 $(7, 4)$ 循环码的生成多项式，并在此基础上得到其生成矩阵 **G**。

**解：** 由码字 0001011 得到生成多项式 $g(x) = x^3 + x + 1$，所以生成矩阵

表 9-6　长度 n=7 的几种循环码的生成多项式

| $(n,k)$ 码 | $g(x)$ |
|---|---|
| $(7,6)$ | $x+1$ |
| $(7,4)$ | $x^3 + x + 1$ 或 $x^3 + x^2 + 1$ |
| $(7,3)$ | $(x+1)\left(x^3 + x + 1\right)$ 或 $(x+1)\left(x^3 + x^2 + 1\right)$ |
| $(7,1)$ | $\left(x^3 + x^2 + 1\right)\left(x^3 + x + 1\right)$ |

$$G(x) = \begin{bmatrix} x^3 g(x) \\ x^2 g(x) \\ x g(x) \\ g(x) \end{bmatrix} = \begin{bmatrix} x^6 + x^4 + x^3 \\ x^5 + x^3 + x^2 \\ x^4 + x^2 + x \\ x^3 + x + 1 \end{bmatrix}$$

或者

$$G = \begin{bmatrix} 1 & 0 & 1 & 1 & 0 & 0 & 0 \\ 0 & 1 & 0 & 1 & 1 & 0 & 0 \\ 0 & 0 & 1 & 0 & 1 & 1 & 0 \\ 0 & 0 & 0 & 1 & 0 & 1 & 1 \end{bmatrix}$$

一般地，这样得到的生成矩阵不是标准阵，可以通过初等行变换将它化为标准阵。

### 9.4.3　循环码的检错和纠错

假设发送的码多项式为 $C(x)$，错误图样为 $E(x)$，则接收端收到的码多项式 $R(x) = C(x) + E(x)$，由于 $C(x)$ 必被 $g(x)$ 整除，则

$$\frac{R(x)}{g(x)} = \frac{C(x) + E(x)}{g(x)} = \frac{E(x)}{g(x)} \tag{9.4-11}$$

定义 $g(x)$ 除 $E(x)$ 所得的余式为监督子（或校验子，或伴随式），用 $S(x)$ 表示，则

$$S(x) \equiv E(x) \equiv R(x) \quad 模\ g(x) \tag{9.4-12}$$

在接收端达到检错目的的译码原理十分简单。将接收码字 $R(x)$ 用生成多项式 $g(x)$ 去除，求得余式，即监督子 $S(x)$，以它是否为 "0" 来判别码字中有无错误。

在接收端达到纠错目的的译码原理相对复杂。为了能够纠错，要求每个可纠正的错误图样必

须与一个特定的余式一一对应。和一般的线性分组码一样，当 $2^{n-k} \geqslant n+1$ 时，具有纠一位错码的能力。通过计算监督子 $S(x)$，就可确定错误位置，从而纠错。下面通过一个例子来说明。

【例 9.4.2】　由生成多项式 $g(x)=x^3+x+1$ 得到的（7，4）循环码，如何得到它的监督子和错码位置的对应关系？

**解：**解：若 $E(x)=0$，则 $S(x)=0$，即无错。

若 $r_0$ 错，即 $E(x)=1$，则 $S(x)\equiv E(x)=1$，或 $S_2S_1S_0=001$；

若 $r_1$ 错，即 $E(x)=x$，则 $S(x)\equiv E(x)=x$，或 $S_2S_1S_0=010$；

若 $r_3$ 错，即 $E(x)=x^2$，则 $S(x)\equiv E(x)=x^2$，或 $S_2S_1S_0=100$；

若 $r_3$ 错，即 $E(x)=x^3$，则 $S(x)\equiv E(x)=x+1$，或 $S_2S_1S_0=011$；

若 $r_4$ 错，即 $E(x)=x^4$，则 $S(x)\equiv E(x)=x^2+x$，或 $S_2S_1S_0=110$；

若 $r_5$ 错，即 $E(x)=x^5$，则 $S(x)\equiv E(x)=x^2+x+1$，或 $S_2S_1S_0=111$；

若 $r_6$ 错，即 $E(x)=x^6$，则 $S(x)\equiv E(x)=x^2+1$，或 $S_2S_1S_0=101$。

根据计算结果，可以得到（7，4）循环码的纠错校验表如表 9-7 所示。

根据纠错校验表则可以纠正错误。例如，如果接收的码字为 0011110，此时接收码字的多项式为 $R(x)=x^4+x^3+x^2+x$，由于 $g(x)=x^3+x+1$，则监督子 $S(x)=\dfrac{R(x)}{g(x)}=x+1$，则

$S_2S_1S_0=011$，所以 $r_3$ 错，则纠正接收码字 0011110 的错误后，得到的码字为 0010110。

表 9-7　（7，4）循环码的纠错校验表

| $S_2S_1S_0$ | 错码位置 | $S_2S_1S_0$ | 错码位置 |
|---|---|---|---|
| 001 | $r_0$ | 110 | $r_4$ |
| 010 | $r_0$ | 111 | $r_5$ |
| 100 | $r_2$ | 101 | $r_6$ |
| 011 | $r_3$ | 000 | 无错 |

### 9.4.4　循环码的编码和译码

循环码最引人注目的特点有两个：一是由于循环码有许多固有的代数结构，从而可以找到各种简单实用的译码方法；二是用反馈线性移位寄存器可以很容易地实现其编码和监督子的计算。

**1．循环码的编码**

下面来介绍如何构造系统循环码。

系统码是指信息码元在前 $k$ 位，监督码元在后 $r$ 位，可以用以下思路来产生：将信息码元的多项式 $M(x)$（次数不大于 $k-1$）乘以 $x^{n-k}$，即将信息码元左移 $(n-k)$ 位，这时 $x^{n-k}M(x)$ 是码多项式（次数不大于 $n-1$）开始的前 $k$ 项，在其后排列监督码元的多项式，就可得到循环码的码多项式。

由于码多项式 $C(x)$ 必定能够为 $g(x)$ 整除，根据这条原则，就可以对给定的信息码元进行编码。用 $g(x)$ 除 $x^{n-k}M(x)$，得到余式 $b(x)$，$b(x)$ 的次数必不大于 $(n-k-1)$。如果将余式 $b(x)$ 加在信息码元的后面作为监督码元，即将 $b(x)$ 与 $x^{n-k}M(x)$ 相加，得到的多项式表示为

$$C(x)=x^{n-k}M(x)+b(x) \tag{9.4-13}$$

它必然为一个码多项式，因为它能够被 $g(x)$ 整除，而且商的次数不大于 $(k-1)$。

在选定生成多项式 $g(x)$ 之后，编码步骤可归纳如下：

（1）用信息码元的多项式 $M(x)$ 表示信息码元。例如信息码元为 1010，它相当于 $M(x) = x^3 + x$。

（2）用 $M(x)$ 乘以 $x^{n-k}$，得到 $x^{n-k}M(x)$。如果需要构造（7，4）循环码，即 $(n-k) = 3$，这时，$x^{n-k}M(x) = x^6 + x^4$

（3）用 $g(x)$ 除 $x^{n-k}M(x)$，得到余式 $b(x)$。如果（7，4）循环码的生成多项式选用 $g(x) = x^3 + x + 1$，计算 $\dfrac{x^6 + x^4}{g(x)} = \dfrac{x^6 + x^4}{x^3 + x + 1} = x^3 + 1 + \dfrac{x+1}{x^3 + x + 1}$ 得到余式 $b(x) = x + 1$。

（4）编出码字 $C(x) = x^{n-k}M(x) + b(x)$。在上例中，码字为 1010011。

上述几个步骤可以用除法电路来实现。除法电路由 $n-k$ 个移位寄存器和多个模 2 加法器以及一个双刀双掷开关 K 构成，假设生成多项式为

$$g(x) = g_{n-k}x^{n-k} + g_{n-k-1}x^{n-k-1} + \cdots + g_1 x + g_0 \qquad (9.4\text{-}14)$$

如果 $g_i = 1$，说明对应的移位寄存器的输出端有一个模 2 加法器（有连线）；如果 $g_i = 0$，说明对应的移位寄存器的输出端没有一个模 2 加法器（无连线）。

以 $g(x) = x^3 + x + 1$ 的（7，4）循环码为例来说明。除法电路由 3 个移位寄存器和 2 个模 2 加法器以及一个双刀双掷开关 K 构成，如图 9-5 所示。在系统时钟与信息码速率同步条件下，开关 K 倒向下，输入的信息码元一方面送入除法器进行运算，另一方面直接输出。当信息码元全部进入除法器后，开关 K 倒向上，这时输出端接到移位寄存器，得到监督码元。则监督码元依次排在信息码元后输出，合成为一个码字。

## 2. 循环码的译码

循环码的译码原理已在前面做过介绍。将接收码字 $R(x)$ 用生成多项式 $g(x)$ 去除，求得余式，即监督子 $S(x)$，根据监督子的值来进行译码。

下面仍以 $g(x) = x^3 + x + 1$ 的（7，4）循环码为例来说明译码器的工作过程。（7，4）循环码的译码电路如图 9-6 所示。

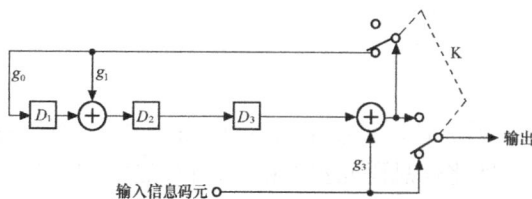

图 9-5 （7，4）循环码的编码电路

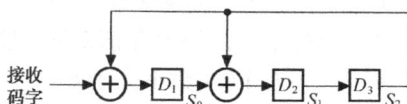

图 9-6 （7，4）循环码的译码电路

首先将接收到的码字 $R(x)$ 送入 $g(x) = x^3 + x + 1$ 的除法电路进行除法运算。当 $R(x)$ 全部送入除法电路后，除法电路也就运算了 7 次，$D_1, D_2, D_3$ 寄存器的内容分别为 $S_0$，$S_1$，$S_2$，从而得到监督子 $S(x) = S_2 x^2 + S_1 x + S_0$ 中。例如发送的码字为 1001110，而接收的码字也为 1001110 时，$D_1, D_2, D_3$ 寄存器的值为 000。如果接收码字为 1001111，7 次移位后，$D_1, D_2, D_3$ 寄存器的值为 100，对应于 $S_2 S_1 S_0 = 001$。根据表 9-7 所示的纠错校验表，说明 $r_0$ 有错，从而译码。

【例9.4.3】已知一个循环码的生成多项式为 $g(x) = (x+1)(x^4 + x + 1)$，如果编码效率 $R = 2/3$。

（1）计算码长 $n$ 和信息位数 $k$；

（2）写出所有非全零码中的次数最低的码多项式 $C(x)$；

（3）写出信息码组为 1010110110 时，系统循环码的编码输出。

（4）如果该码用于检错，则怎样的错误图样多项式 $E(x)$ 不能被收端检出？

**解：**

（1）因为生成多项式 $g(x)$ 是一个 $(n-k)$ 次的码多项式，由题意可知

$$n-k=5$$

又因为

$$R=k/n=2/3$$

所以

$$n=15, \quad k=10$$

（2）因为次数最低的码多项式就是生成多项式，所以

$$C(x)=g(x)=(x+1)(x^4+x+1)=x^5+x^4+x^2+1$$

（3）编码步骤可归纳如下：

① 用信息码元的多项式 $M(x)$ 表示信息码元。当信息码组为 1010110110 时，信息码元多项式

$$M(x)=x^9+x^7+x^5+x^4+x^2+x$$

② 用 $M(x)$ 乘以 $x^{n-k}$，得到 $x^{n-k}M(x)$。本例中，$x^{n-k}=x^5$。

③ 用 $g(x)=x^5+x^4+x^2+1$ 除 $x^{n-k}M(x)$，得到余式 $b(x)=x^3+x^2$。

④ 编出码字

$$C(x)=x^{n-k}M(x)+b(x)$$
$$=x^{14}+x^{12}+x^{10}+x^9+x^7+x^6+x^3+x^2$$

所以编码输出为 101011011001100。

（4）因为循环码在接收端以监督子 $S(x)$ 是否为"0"来判别码字中有无错误。而监督子 $S(x)$ 就是将接收码字 $R(x)$ 用生成多项式 $g(x)$ 去除求得的余式。

又因为

$$S(x)\equiv E(x)\equiv R(x) \quad 模\ g(x)$$

所以，当错误图样多项式 $E(x)$ 能被生成多项式 $g(x)$ 整除时，错码不能被收端检出。

### 9.4.5  CRC 码

循环冗余校验码（CRC）是一种系统的缩短循环码，它广泛应用于帧校验。循环冗余校验码的"循环"表现在 $g(x)$ 是循环码的生成多项式，"冗余"表现在校验码（即监督码）的长度 $(n-k)$ 一定。CRC 码的结构如图 9-7 所示。

如前所示，循环码的生成多项式 $g(x)$ 必是 $x^n+1$ 的因子。一旦 $(n-k)$ 固定，则对应的 $x^n+1$ 相对而言较少，限制了码的个数。但是在帧校验的实际应用中，$n$ 是不定的，可以连续变化。为了增加 $n$、$k$ 取值的数目，以增加码的个数，循环码经常用缩短形式，即缩短循环码。

缩短循环码是取 $(n, k)$ 循环码中前 $i$ 位信息位为 0 的码字作为码字，得到一个

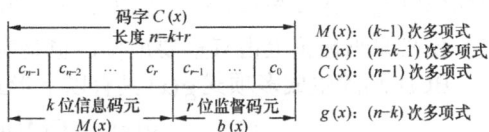

图 9-7  CRC 码的结构

$(n-i,\ k-i)$ $(1 \leqslant i \leqslant k)$ 缩短循环码。缩短循环码的码集是 $(n,k)$ 循环码码集的子集，因此它的生成多项式与原循环码相同，均为 $g(x)$。CRC 码是一种系统的缩短循环码。它可以通过以下两个步骤得到：

（1）设计系统循环码 $(n,k)$。即在发送端进行编码，得到码字 $C(x) = x^{n-k}M(x) + b(x)$，其中，$b(x)$ 为用 $g(x)$ 除 $x^{n-k}M(x)$ 得到的余式。

（2）缩短任意 $i$ 位得到 $(n-i, k-i)$ 的 CRC 码。

由于缩短循环码是挑选前 $i$ 个信息位均为 0 的码字，在此过程中没有删除过 "1"，因此，缩短后的码重即 $d_{\min}$ 不变，所以 $(n-i,\ k-i)$ 缩短循环码纠错能力与原来的 $(n,k)$ 码相同，只是缩短码的编码效率将下降。缩短循环码的 $G$ 矩阵可以从原循环码的标准 $G$ 阵中去掉前 $i$ 行和前 $i$ 列得到，$H$ 矩阵可以从原典型 $H$ 阵中去掉前 $i$ 列得到。

**【例 9.4.4】** 由 [7，4] 循环汉明码缩短一位，便得到了 [6，3] 缩短码，它的 $G$ 和 $H$ 矩阵可直接由 [7，4] 码得到：

$$G_{[7,4]} = \begin{bmatrix} 1 & 0 & 0 & 0 & 1 & 1 & 0 \\ 0 & 1 & 0 & 0 & 0 & 1 & 1 \\ 0 & 0 & 1 & 0 & 1 & 1 & 1 \\ 0 & 0 & 0 & 1 & 1 & 0 & 1 \end{bmatrix} \Rightarrow G_{[6,3]} = \begin{bmatrix} 1 & 0 & 0 & 0 & 1 & 1 \\ 0 & 1 & 0 & 1 & 1 & 1 \\ 0 & 0 & 1 & 1 & 0 & 1 \end{bmatrix}$$

$$H_{[7,4]} = \begin{bmatrix} 1 & 0 & 1 & 1 & 1 & 0 & 0 \\ 1 & 1 & 1 & 0 & 0 & 1 & 0 \\ 0 & 1 & 1 & 1 & 0 & 0 & 1 \end{bmatrix} \Rightarrow H_{[6,3]} = \begin{bmatrix} 0 & 1 & 1 & 1 & 0 & 0 \\ 1 & 1 & 0 & 0 & 1 & 0 \\ 1 & 1 & 1 & 0 & 0 & 1 \end{bmatrix}$$

需要指明，由于缩短，CRC 码失去了循环码外部的循环特性，但是其循环码的内在特性依然存在。其纠错能力可以通过循环码来分析，编解码电路也可以用循环码来实现。

### 9.4.6　BCH 码和 RS 码

BCH 码是一类最重要的循环码，这是一类纠错能力强，构造方便的好码。它是 1959 年霍昆格姆（Hocgenghem）、博斯（Bose）和查德胡里（Chaudhuri）分别独立提出的纠正多个随机错误的循环码，人们用他们三人名字的字头命名，称为 BCH 码。

如何构造一个循环码以满足纠错能力为 $t$ 的要求，这是编码理论中的一个重要课题。BCH 码就是针对这一问题提出的。在已提出的许多纠正随机错误的分组码中，BCH 码是迄今为止所发现的一类很好的码。该码具有严格的代数结构，生成多项式 $g(x)$ 与最小码距 $d_{\min}$ 之间具有密切关系，设计者可以根据对 $d_{\min}$ 的要求，轻易地构造出具有预定纠错能力的码。BCH 编码和译码电路比较简单，易于工程实现，在中短码长的情况下性能接近理论最佳值。因此 BCH 码不仅在编码理论上占有重要地位，也是实际使用最广泛的码之一。

BCH 码的生成多项式 $g(x)$ 具有以下形式：

$$g(x) = \text{LCM}[m_1(x)m_3(x)\cdots m_{2t-1}(x)] \tag{9.4-15}$$

其中，$t$ 为纠错个数，$m_i(x)$ 为既约多项式，LCM 表示最小公倍式。BCH 码的最小码距 $d_{\min} \geqslant 2t + 1$。

BCH 码的码长 $n = 2^m - 1$ 或是 $(2^m - 1)$ 因子，前者称为本原 BCH 码，后者称为非本原 BCH 码。在非本原 BCH 码中有一类特殊的 （23，12）码，称为高莱（Golay）码，该码的码距为

7，能纠正 3 个随机独立错误，而且它是完备码，监督位得到了最充分的利用。

实际中还常采用一类纠错能力很强的里德—索洛蒙（Reed-Solomon）码，简称 RS 码。它是一种特殊的非二进制 BCH 码。对于任意选取的正整数 S，可构造一个相应码长为 $n = q^s - 1$ 的 $q$ 进制 BCH 码，其中 $q$ 为某个素数的幂。当 $s = 1$，$q > 2$ 时所建立的码长为 $n = q - 1$ 的 $q$ 进制 BCH 码就是 RS 码。RS 码具有纠随机差错和突发差错的优越性能，在光纤通信、卫星通信、移动通信、深空通信以及高密度磁记录系统等领域具有广泛的应用。

## 9.5 卷积码

线性码可以分为分组码和卷积码。卷积码，又称连环码，由埃里亚斯（Elias）于 1955 年最早提出，它是一种非分组码。不同于分组码之处在于：在分组码中，监督码元仅与本组的信息码元有关；而在卷积码中，监督码元不仅与本组的信息码元有关，而且也与其前 $m$ 组的信息码元也有关,卷积码一般用 $(n_0, k_0, m)$ 表示。 称 $m$ 为编码存贮，它表示输入信息组在编码器中需存贮的单位时间。称 $m + 1 = N$ 为编码约束度，说明编码过程中互相约束的码段个数。称 $n_c = n_0(m+1)$ 为编码约束长度，说明编码过程中互相约束的码元个数。

和分组码的研究方法类似，卷积码可以采用解析表示法，即采用码的生成矩阵、监督矩阵和码的多项式来研究。此外，由于卷积码的特点，还可以采用图形表示法来研究卷积码，即从树状图、网格图和状态图的观点进行研究。

本节主要介绍卷积码的一些基本概念，通过具体的例子来讨论如何得到卷积码的生成矩阵、监督矩阵和树状图，并简单介绍了卷积码的几种译码方法。

### 9.5.1 卷积码的解析表示

图 9-8 所示的（3，1，2）卷积码编码器。每一个单位时间，输入一个信息码元 $m_i$，且移位寄存器内的数据往右移一位。编码器有 3 个输出，一个输出是输入信息码元 $m_i$ 的直接输出；另两个输出为监督码元 $p_{i,1}$、 $p_{i,2}$，是输入 $m_i$ 与前两个单位时间送入的信息元 $m_{i-1}$、 $m_{i-2}$ 按照一定规则通过运算得到的。

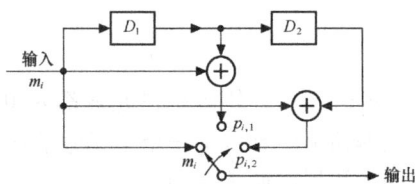

图 9-8 （3，1，2）卷积码编码器

卷积码码字中的每一个子码 $C_i = (m_i, p_{i,1}, p_{i,2})$ 最左边 $k_0$（这里 $k_0 = 1$）个码元是输入的信息码元，其余的是监督码元，这是系统码的形式。

#### 1. 生成矩阵和监督矩阵

设编码器输出的子码表示为 $C = (c_{i,1}, c_{i,2}, c_{i,3})$， 由图 9-8 容易得到

$$\begin{cases} c_{i,1} = m_i \\ c_{i,2} = p_{i,1} = m_{i-1} \oplus m_i \\ c_{i,3} = p_{i,2} = m_{i-2} \oplus m_i \end{cases} \qquad (9.5\text{-}1)$$

式（9.5-1）可写成矩阵形式

$$[c_{i,1}, c_{i,2}, c_{i,3}] = [m_{i-2}, m_{i-1}, m_i] A \qquad (9.5\text{-}2)$$

其中系数矩阵 $A = \begin{bmatrix} 0 & 0 & 1 \\ 0 & 1 & 0 \\ 1 & 1 & 1 \end{bmatrix}$

设编码器的初始状态全为 0，在第一信息码元 $m_0$ 和第二信息码元 $m_1$ 输入时，存在过渡过程，此时有

$$[c_{0,1}, c_{0,2}, c_{0,3}] = [m_0, 0, 0] T_1 \qquad (9.5\text{-}3)$$

$$[c_{1,1}, c_{1,2}, c_{1,3}] = [m_0, m_1, 0] T_2 \qquad (9.5\text{-}4)$$

式中，$T_1 = \begin{bmatrix} 1 & 1 & 1 \\ 0 & 0 & 0 \\ 0 & 0 & 0 \end{bmatrix}$，$T_2 = \begin{bmatrix} 0 & 1 & 0 \\ 1 & 1 & 1 \\ 0 & 0 & 0 \end{bmatrix}$。

设编码器的输入序列为 $M = [m_0, m_1, m_2, \cdots]$，编码器的输出序列表示为 $C = [c_{0,1}, c_{0,2}, c_{0,3}, c_{1,1}, c_{1,2}, c_{1,3}, c_{2,1}, c_{2,2}, c_{2,3}, \cdots]$。类似于线性分组码，用生成矩阵 $G_\infty$ 来表示卷积码的输入序列和输出序列之间关系

$$C = M G_\infty \qquad (9.5\text{-}5)$$

本例中，生成矩阵 $G_\infty$ 为

$$G_\infty = \begin{bmatrix} T_1 & T_2 & A & & \mathbf{0} \\ & & & A & \\ \mathbf{0} & & & & A & \cdots \end{bmatrix} = \begin{bmatrix} 111 & 010 & 001 & & & & \\ 000 & 111 & 010 & 001 & & \mathbf{0} & \\ 000 & 000 & 111 & 010 & 001 & & \\ & & & 111 & 010 & 001 & \\ & & & & 111 & 010 & 001 \\ & \mathbf{0} & & & & 111 & 010 \\ & & & & & & \cdots \end{bmatrix} \qquad (9.5\text{-}6)$$

式（9.5-6）中，矩阵空白元素都为 0。当输入的信息序列是一个半无限的序列时，卷积码的编码器输出序列也是一个半无限的序列。显然，卷积码的生成矩阵为半无限矩阵，它有无限多的行和列，通常记为 $G_\infty$。

讨论了卷积码的生成矩阵之后，还需要研究它的监督矩阵。我们仍以图 9-8 的卷积码来讨论监督矩阵。

假设移位寄存器的初始状态为 0，码字中的监督码元和信息码元的关系为

$$\begin{cases} c_{0,2} = m_0 \\ c_{0,3} = m_0 \\ c_{1,2} = m_0 \oplus m_1 \\ c_{1,3} = m_1 \\ c_{2,2} = m_1 \oplus m_2 \\ c_{2,3} = m_0 \oplus m_2 \\ \cdots\cdots \end{cases} \qquad (9.5\text{-}7)$$

用矩阵形式表示为

$$\begin{bmatrix} 110 \\ 101 \\ 100 & 110 \\ 000 & 101 \\ 000 & 100 & 110 & \cdots \\ 100 & 000 & 101 & \cdots \\ & & & \cdots \end{bmatrix} \begin{bmatrix} m_0,c_{0,2},c_{0,3},m_1,c_{1,2},c_{1,3},m_2,c_{2,2},c_{2,3},\cdots \end{bmatrix}^{\mathrm{T}} = \mathbf{0}^{\mathrm{T}} \qquad (9.5\text{-}8)$$

类似于线性分组码，与 $H_\infty C^{\mathrm{T}} = \mathbf{0}^{\mathrm{T}}$ 相比较，可见式（9.5-8）左边的矩阵就是卷积码的监督矩阵 $H_\infty$。显然，$H_\infty$ 和 $G_\infty$ 一样，也是一个半无限矩阵。

卷积码是线性码，和分组码一样，生成矩阵 $G_\infty$ 和监督矩阵 $H_\infty$ 之间必须满足：
$$H_\infty \cdot G_\infty^{\mathrm{T}} = \mathbf{0}^{\mathrm{T}} \text{ 或 } G_\infty \cdot H_\infty^{\mathrm{T}} = \mathbf{0} \qquad (9.5\text{-}9)$$

**2. 多项式表示**

编码器中移位寄存器与模 2 加的连接关系以及编码器的输入序列、输出序列可以用时延算子 $D$ 的多项式来表示。例如输入序列 $M = [m_0,m_1,m_2,\cdots]$，则输入序列多项式为
$$M(D) = m_0 + m_1 D + m_2 D^2 + \cdots \qquad (9.5\text{-}10)$$
其中，$D$ 的幂次表示时间起点的单位时延数。

用时延算子多项式来表示编码器中移位寄存器与模 2 加的连接关系时，称为生成多项式。如果某级寄存器与某个模 2 加法器相连接，则生成多项式对应项的系数取 1，无连接时取 0。图 9-8 中的生成多项式为
$$\begin{cases} g_1(D) = 1 \\ g_2(D) = 1 + D \\ g_3(D) = 1 + D^2 \end{cases} \qquad (9.5\text{-}11)$$

为方便起见，常用八进制序列和二进制序列来表示生成多项式，比如
$$\begin{cases} g_1(D) = 1 \rightarrow g_1 = (100)_2 = (4)_8 \\ g_2(D) = 1 + D \rightarrow g_2 = (110)_2 = (6)_8 \\ g_3(D) = 1 + D^2 \rightarrow g_3 = (101)_2 = (5)_8 \end{cases} \qquad (9.5\text{-}12)$$

利用生成多项式与输入序列多项式相乘，可以产生输出序列多项式，从而得到输出序列。而且生成多项式和生成矩阵一一对应。基于篇幅在这里不作介绍，有兴趣的读者可以查阅参考文献[27]。

### 9.5.2 卷积码的图形描述

描述卷积码除了用解析表示外，还可用树状图、状态图和网格图来描述。网格图和状态图可以看作是树状图的紧凑形式。

树状图是一种重要的描述卷积码的表示方法，以图 9-8 所示的（3，1，2）卷积码编码器为例来说明其工作过程。假设移位寄存器的起始状态全为零。当第一个输入比特为"0"时，输出的子码为 000；若当第一个输入比特为"1"时，输出的子码为 111。当输入第二比特时，第一比特右移一位，此时的输出比特显然与当前输入比特和前一输入比特有关。当输入第三

比特时，第一比特和第二比特都右移一位，此时的输出比特显然与当前输入比特和前二位输入比特有关。当输入第四比特时，第二比特和第三比特都右移一位，此时的输出比特与当前输入比特和前二个输入比特有关，而这时第一比特已经不再影响当前的输入比特了。编码器在移位过程中可能产生的各种序列，可用树状图来描述。

图9-9给出了如图9-8所示卷积码的树状图。按照习惯的做法，码树的起始节点位于左边；移位寄存器的起始状态全为零，即 $D_2D_1=00$ ，用 $a$ 来表示，标注在起始节点处。当输入码元是0时，则由节点出发走上支路；当输入码元是1时，则由节点出发走下支路。树状图中的 $b$ 表示 $D_2D_1=01$ ，$c$ 表示 $D_2D_1=10$ ，$d$ 表示 $D_2D_1=11$ 。可见，输出可由此时的输入和状态共同决定。

根据树状图，已知输入信息序列就可以得到输出序列，例如当输入编码器的信息序列为 0110…时，输出的序列为 000 111 101 011 …。

由树状图可见，随着信息序列不断送入，编码器就不断由一个状态转移到另一个状态，并输出相应的码序列。如果把这种状态画成一个流程图，这种图就称为状态图。图 9-10 给出了如图9-8所示卷积码的状态图。图中，实线表示0输入的状态转移，虚线表示1输入时的状态转移。假设原状态为 $b$ ，输入信息码元为1时，状态转移到 $d$ ，编码器输出子码为（101）。

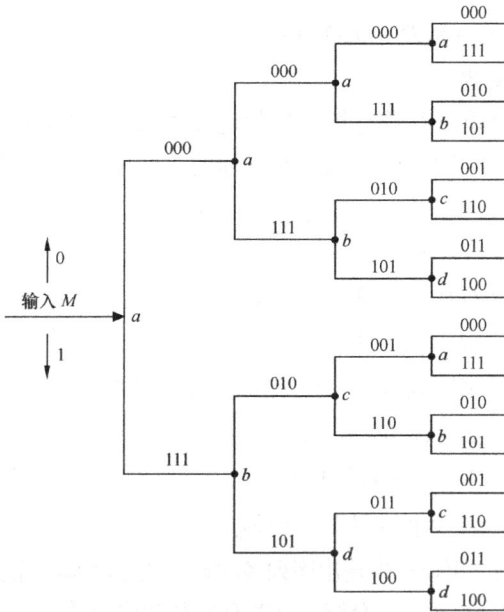

图9-9 （3，1，2）卷积码的树状图

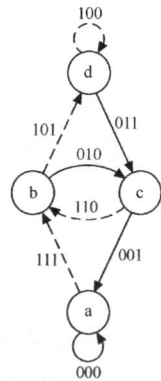

图9-10 （3，1，2）卷积码的状态图

状态图不能表示出编码器状态转移与时间的关系，为了表示这种状态与时间的关系，可以用和树状图相似的网格图来表示。注意到树状图中状态的重复性，为了使图形变得紧凑，我们把树状图中具有相同状态的节点合并在一起，由此得到卷积码的网格图。图9-11给出了如图9-8所示卷积码的网格图。图中，树状图中的上支路对应输入0，用实线表示，下支路对应输入1，用虚线表示；支路上标注的码元为编码器的输出码元。假设编码器的起始状态全为零，由图9-11可见，从第（$m+1$）个节点开始，网格图达到稳定状态，开始重复。

根据网格图，如果已知编码器的输入序列，容易得到卷积编码器的输出序列。例如当输入序列为011010…时，则输出序列为000 111 101 011 110 010…。

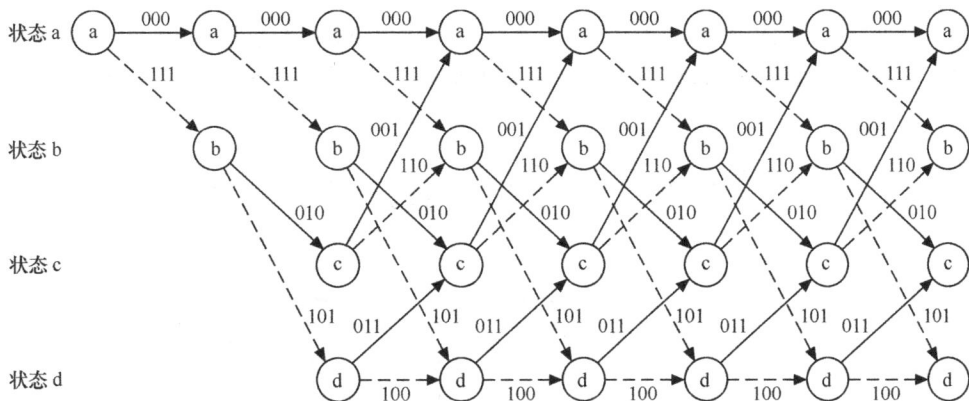

图 9-11 （3，1，2）卷积码的网格图

### 9.5.3 卷积码的译码方法

前面介绍了采用解析分析法和图形分析法来研究卷译码。采用何种方法描述卷积码的编码器，与其译码方法有很大关系。例如，在代数译码时采用解析表示法对译码原理的理解较方便。而借助图形表示法则更能清晰地分析概率译码的过程。

卷积码有 3 种主要的译码方法：序列译码、门限译码和最大似然译码。1957 年伍成克拉夫（Wozencraft）提出了一种有效的译码方法，即序列译码。1963 年梅西（Massey）提出了一种性能稍差，但比较实用的门限译码方法。1967 年维特比（Viterbi）提出了最大似然译码法，它又称为维特比译码。门限译码是一种代数译码法，序列译码和维特比最大似然译码都是概率译码。

代数译码利用编码本身得代数结构进行解码，并不考虑信道的统计特性。比如门限译码，它以分组码理论为基础，其主要特点是算法简单，易于实现，但是它的误码性能要比概率译码差。它的译码方法是从线性码的监督子出发，找到一组特殊的能够检查信息位置是否发生错误的方程组，从而实现纠错译码。

概率译码的基本思想是：把已经接收到的序列与所有可能的发送序列相比较，选择其中可能性最大的的一个序列作为发送序列。概率最大在大多数场合可解释为距离最小，这种距离最小体现的正是最大似然译码准则。维特比译码（VB 译码）是目前用得较多的一种译码方法。它是一种最大似然译码，其译码的复杂性均随 $m$ 按指数增长。Viterbi 算法在编码约束长度不太长或误比特率要求不太高的条件下，计算速度快，且设备比较简单，被广泛地应用于现代通信中。随着大规模集成电路技术的发展，对存储器级数较大的卷积码也可以采用最大似然译码。目前维特比译码已经得到了广泛的应用。

下面将以如图 9-12 所示的（2，1，2）卷积码来介绍如何对卷积码进行维特比译码。若编码器从零状态开始，并且结束于零状态，所输出的码序列称为结尾卷积码序列。则最先的 $m$ 个时间单位，相应于编码器由零状态出发往各个状态行进，而最后 $m$ 个时间单位，相应于编码器由各状态返回到零状态。因此，当送完 $L$ 段信息序列后，还必须向编码器再送入 $m$ 段全 0 序列，以迫使编码器回到零状态。

假设进入编码器的信息码元数目 $L=5$，图 9-12 的

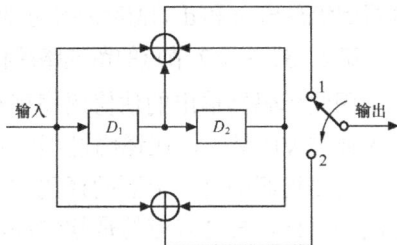

图 9-12 （2，1，2）卷积编码器

卷积码对应的结尾卷积码网格图如图 9-13 所示。图中，移位寄存器的初始状态取 00，即 $D_2D_1 = 00$，用 a 来表示；b 表示 $D_2D_1 = 01$；c 表示 $D_2D_1 = 10$；d 表示 $D_2D_1 = 11$。

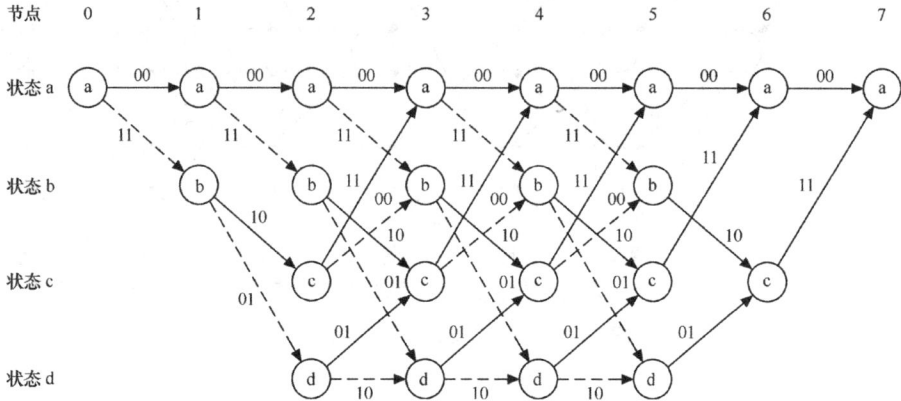

图 9-13 （2，1，2）卷积码的网格图

维特比译码算法是最大似然译码的一种简化，它并不是在网格图上一次比较所有可能路径，而是接收一段，比较一段，选择一段有最大似然值的码段，从而达到整个码序列是一个有最大似然值的序列。维特比译码算法的步骤可以简述如下：

（1）从第 $(m+1)$ 个节点（时间单位）开始，选择接收序列的前 $n_0(m+1)$ 个码元，分别同到达第 $m$ 个节点的 $2^{k_0(m+1)}$ 个码序列进行比较，计算它们的码距，并选择码距最小的路径作为留选路径。网格图中的每一个状态都只有一条留选路径，共有 $2^{k_0m}$ 条留选路径。

（2）观察下一个节点，把此时刻进入每一状态的所有子码和接收的子码比较得到码距，将该码距和同这些状态相连的前一时刻的留选路径的码距相加，得到了此时刻进入每一状态的留选路径。注意每一个状态都只保留一条码距最小的路径。依此类推，直到达到第 L 个节点。

（3）在 L 个节点后，网格图上的状态数目减少，留选路径也相应减少。最后到第 L+m 节点，篱笆图归到全零状态，仅剩下一条留选路径，这条路径就是要找的具有最大似然函数的路径。

需要指明的是，对于某一个状态而言，比较两条路径与接收序列的累积码距时，如果两个码距相等，则可以任选一条路径作为留选路径，它不会影响最终的译码结构。

【例 9.5.1】 输入编码器的信息序列 $M$=（10111），由编码器输出的结尾卷积码序列 $C$=（11，10，00，01，10，01，11），通过二元对称信道（BSC）送入译码器的序列 $R$=（10，10，00，01，11，01，11）有两个错误，对照图 9-13 所示的网格码来说明如何利用维特比译码算法得出译码器输出的估值码序列 $\hat{C}$ 和信息序列 $\hat{M}$？

解：分析网格图，在第 3 节点，到达状态 a 的路径有 2 条，即（00 00 00）和（11 10 11），分别计算它们与接收序列的前 6 个码元（10，10，00）的码距，得到状态 a 的留选路径（00 00 00）。同理得到状态 b、c 和 d 的留存路径分别为（00 11 10）、（11 10 00）、（00 10 01），如图 9-14（a）所示。

第 4、5、6 和 7 节点的留选路径和对应的信息序列分别如图 9-14（b）、（c）、（d）和（e）所示。

因此译码器输出的估值码序列 $\hat{C}$ =（11，10，00，01，10，01，11），信息序列 $\hat{M}$ =（1011100），可见通过 VB 译码，在译码过程中纠正了接收码字的 2 个错误。

需要指明的是，上面的译码方法采用的是硬判决方式，即进入译码器的序列已经量化为二进制{0，1}。与之对应的是软判决，它将 $Q$ 电平量化（$Q = 2^m$）的序列送入维特比译码器。一般说来，软判决比硬判决可获得 1.5～2dB 的性能改善。

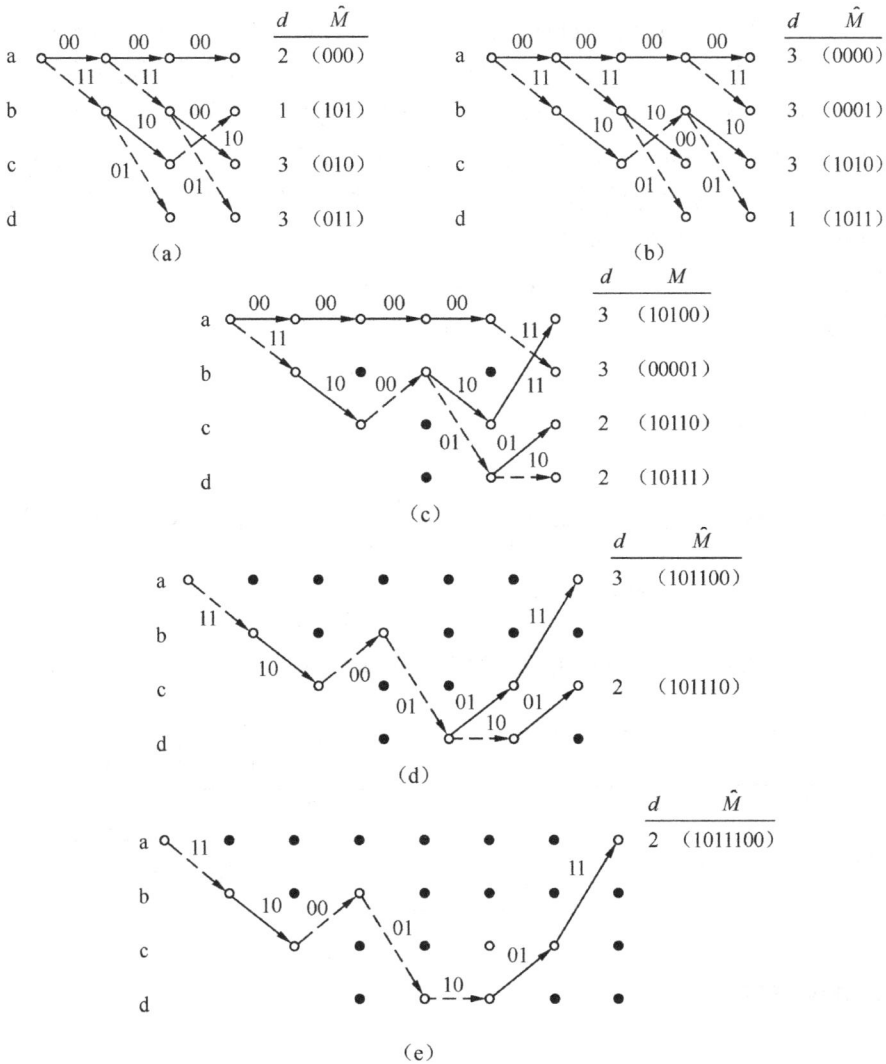

图 9-14 维特比译码图解

### 9.5.4 递归型系统卷积码

系统卷积码是最常用的卷积码，它是卷积码的一个子类。一个 $(n_0, k_0, m)$ 系统卷积码的主要特征是其 $i$ 时刻的输出由两部分组成：前 $k_0$ 位是 $i$ 时刻输入的信息组，后 $(n_0 - k_0)$ 位是校验位，是 $i \sim (i-m)$ 各时刻输入的信息比特的线性组合。

系统码之所以流行，是由于它具有固有的一些优点。第一个优点是系统码的前 $k_0$ 位无需编码，简单易行。第二个优点是由接收码字估计出发送码字后无需计算，只需要取出前 $k_0$ 个信息位即可。系统卷积码的第三个优点在于它的差错在译码中不会无限传播，一定是非恶性的。

卷积码中，一个码组的译码差错将影响下一个码组的译码准确性，一个又影响下一个。如果这些差错的影响无限延续，使译码器永远不能正确译码，则称为差错的恶性传播。这种可能产生恶性差错传播的码称为恶性码。恶性码是决不能容忍的，必须千方百计地设法识别并摒弃。

系统卷积码是安全的，但一般不是最优的。在一定的码率下，具有最大自由距离的卷积码通常都是非系统码（NSC：Non Systematic Convolutional code）。特别是随着码率的增加，非系统码在性能上的优越性变得比较明显。因此目前实用的卷积码绝大多数都是非系统卷积码。

1993 年 Berro 等提出 Turbo 码的同时提出了一类新的递归型系统卷积码（RSC: Recursive Systematic Convolutional code），该码在高码率时比最好的 NSC 还要好。实用的 RSC 码可以由实用的 NSC 码转化而来。方法是将 NSC 码生成函数矩阵的各项都除以首项而使之归一，其余项成为分式，其分母体现了递归。

下面通过一个例子来说明如何从 NSC 码转化为 RSC 码。

【例 9.5.2】一个（2，1，4）NSC 码的生成函数矩阵

$$G(D) = \left[ 1 + D + D^2 + D^3 + D^4 \quad 1 + D^4 \right]$$

试画出对应的 RSC 编码电路图。

**解：**

对 NSC 码的生成函数矩阵各项乘以 $\dfrac{1}{1 + D + D^2 + D^3 + D^4}$，得到 RSC 码的生成函数矩阵

$$G_2(D) = \left[ 1 \quad \frac{1 + D^4}{1 + D + D^2 + D^3 + D^4} \right]$$

NSC 编码电路图和对应的 RSC 编码电路图如图 9-15 所示。

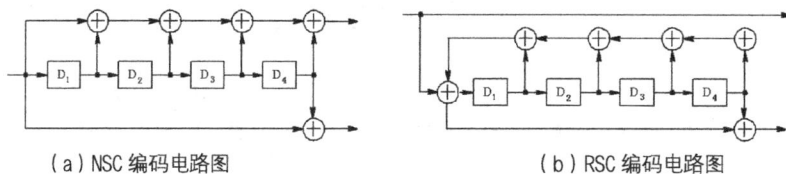

（a）NSC 编码电路图　　　　　　（b）RSC 编码电路图

图 9-15　递归系统卷积码的构成

## 9.6　纠突发差错的码

许多实际通信系统中，如移动通信中，多径传播造成的衰落可能会产生一系列突发差错。前面讨论的纠错码主要针对随机错误的，这里将讨论针对突发差错的交织码。

在某种意义上说，交织是一种信道改造技术，它通过信号设计将一个原来属于突发差错的有记忆信道改造为基本上是独立差错的随机无记忆信道。交织编码原理框图如图 9-16 所示。

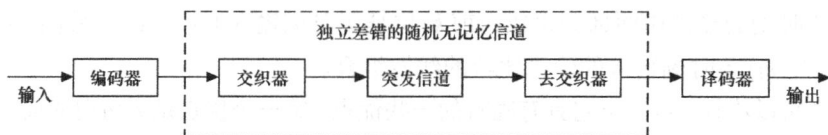

图 9-16　交织编码原理框图

举例说明。假设将 $X = [x_1, x_2, x_3, x_4, x_5, \cdots, x_{21}, x_{22}, x_{23}, x_{24}, x_{25}]$ 送入交织器，交织器设计成按列写入按行取出（假定 5 行 5 列），然后送入突发差错的有记忆信道。在接收端，去交织器进行交织器的相反变换，即按行写入按列取出。即交织器的输入为

$$X = [x_1, x_2, x_3, x_4, x_5, x_6, x_7, x_8, x_9, x_{10}, \cdots, x_{21}, x_{22}, x_{23}, x_{24}, x_{25}]$$

交织矩阵为

$$\begin{bmatrix} x_1 & x_6 & x_{11} & x_{16} & x_{21} \\ x_2 & x_7 & x_{12} & x_{17} & x_{22} \\ x_3 & x_8 & x_{13} & x_{18} & x_{23} \\ x_4 & x_9 & x_{14} & x_{19} & x_{24} \\ x_5 & x_{10} & x_{15} & x_{20} & x_{25} \end{bmatrix}$$

则交织器的输出为

$$\left[ x_1, x_6, x_{11}, x_{16}, x_{21}, x_2, x_7, x_{12}, x_{17}, x_{22}, x_{27}, \cdots, x_5, x_{10}, x_{15}, x_{20}, x_{25} \right]$$

假设突发信道产生在传送 $x_2, x_7, x_{12}, x_{17}, x_{22}$ 连错 5 个，变成 $x_2', x_7', x_{12}', x_{17}', x_{22}'$。则去交织器的输出为

$$\left[ x_1, x_2', x_3, x_4, x_5, x_6, x_7', x_8, x_9, x_{10}, \cdots, x_{21}, x_{22}', x_{23}, x_{24}, x_{25} \right]$$

可见送入译码器的序列不再是突发差错。

推广至一般，这类交织器被称为周期性的分组交织器，分组长度为 $L=M\times N$，故又称之为（M，N）分组交织器。它将分组长度 L 分成 M 列 N 行并构成一个交织矩阵，该交织矩阵存储器是按列写入按行读出，读出后送至发送信道。在接收端，将来自发送信道的信息送入去交织器的同一类型（M，N）交织矩阵存储器，而它是按行写入按列读出的。这种分组周期交织方法的特性如下：

（1）任何长度 $l\leq M$ 的突发差错，经交织变换后，成为至少被 N-1 位隔开后的一些单个独立差错。

（2）任何长度 $l>M$ 的突发性差错，经去交织变换后，可将长突发变换成短突发，长度为 $[l/M]$。

（3）完成交织与去交织变换在不计信道时延的条件下，两端间的时延为 $2MN$ 个符号，而交织与去交织各占 $MN$ 个符号，即要求存储 $MN$ 个符号。

（4）在很特殊的情况下，周期为 M 个符号的单个独立差错序列经去交织后，会产生相应序列长度的突发错误。

交织编码是克服衰落信道中突发性干扰的有效方法，目前已在移动通信中得到广泛的实际应用。但是交织编码的主要缺点正如性质（3）所指出，它会带来较大的 $2MN$ 个符号的迟延。为了更有效地改造突发差错为独立差错，$MN$ 应足够大。但是，大的附加时延会给实时话音通信带来很不利的影响，同时也增大了设备的复杂性。

交织器的作用是将突发错误随机化，从而减小错误事件之间的相关性。除了这里讨论的分组交织，交织器的类型还有很多。另处在 9.7 小节中我们将看到交织器在 Turbo 码中的重要作用。

纠突发差错的码还有法尔码、RS 码、乘积码和级联码，此处不一一讨论。

## 9.7 Turbo 码

传统的短码结构与信道极限存在很大的距离，尽管只要码字长度足够长，随机编码也能保证错误率任意小，但由于码字数量巨大，使得译码不可能实现。很久以来人们一直在寻找码率接近香农理论值、误差概率小的好码，并提出了许多构造好码的方法。1993 年 Berro 等人提出了 Turbo 码，它巧妙地将卷积码和随机交织器结合在一起，实现了随机编码的思想；同时，采用软输出迭代译码来逼近最大似然译码，达到了接近香农限的性能，成为近年来编码理论的一个研究热点。

由于具有出色的纠错性能，Turbo 码有望在各种通信系统中获得应用，如移动通信、卫星通信等。Turbo 码在移动通信中的应用尤其令人关注。移动信道存在多径瑞利衰落、多普勒频移及多址接入干

扰（MAI）等不利因素，而且带宽和功率均受限，信道环境十分恶劣，因此对信道编码有着严格的要求。第三代移动通信系统（3G）各种无线传输技术方案的信道编码中均选用了 Turbo 编码技术。

### 9.7.1　Turbo 编码

Turbo 码是一种带有内部交织器的并行级联码，它由两个结构相同的 RSC 分量码编码器并行级联而成，3GPP 提出的 Turbo 编码方案如图 9-17 所示。Turbo 码内部交织器在 RSC II 之前将信息序列中的 $J$ 个比特的位置进行了随机置换，使得突发错误随机化，当交织器充分大时，Turbo 码就具有近似于随机长码的特性。

RSC I 和 RSC II 的生成多项式可表示为

$$G(D) = \left[ 1 \quad , \quad \frac{g_1(D)}{g_0(D)} \right] \qquad (9.7\text{-}1)$$

其中逆向反馈多项式 $g_0(D) = 1 + D^2 + D^3$，前向反馈多项式 $g_1(D) = 1 + D + D^3$。

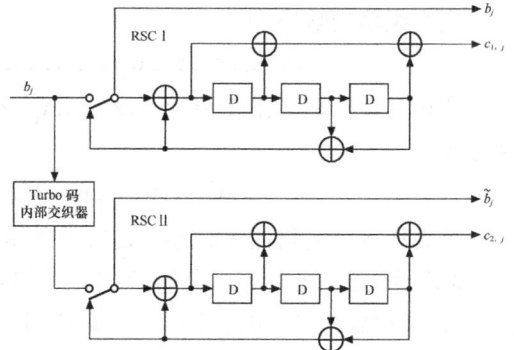

图 9-17　Turbo 编码器

RSC I 编码器的输入信息序列 $\{b_j\}$ 由 J 个独立的 0 或 1 等概取值的比特 $b_j$ 组成，RSC I 生成的校验序列为 $c_{1,j}$。$b_j$ 经交织后，输入到 RSC II，产生另一个校验序列 $c_{2,j}$。Turbo 码的码率为 1/3，输出序列经复用后的编码输出顺序为 $b_1, c_{1,1}, c_{2,1}, b_2, c_{1,2}, c_{2,2}, \cdots$。

### 9.7.2　Turbo 译码

由于交织器的出现，导致 Turbo 码的最优（最大似然）译码变得非常复杂，不可能实现。而一种次优迭代译码算法在降低了复杂度的同时又具有较好的性能，使得 Turbo 码的应用成为可能。译码算法中的迭代思想已经作为"Turbo 原理"广泛用于编码、调制、信号检测等领域。

迭代译码的基本思想是分别对两个 RSC 分量码进行最优译码，以迭代的方式使两者分享共同的信息，并利用反馈环路来改善译码器的译码性能。Turbo 码译码器的基本结构如图 9-18 所示。它是两个软输入软输出译码器 DEC I 和 DEC II 的串行级联，交织器与编码器中使用交织器相同。

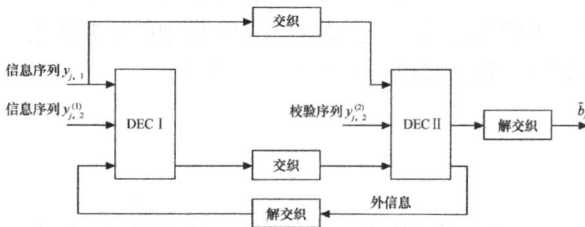

图 9-18　Turbo 码译码器

迭代译码的过程可以表述为：DEC I 对分量码 RSC I 进行最佳译码，产生信息比特的似然信息，并将其中的"外部信息"经过交织器后传给 DEC II；译码器 DEC II 将此信息作为先验信息，对分量码 RSC II 进行最佳译码，产生交织后的信息比特的似然信息，并将其中的"外部信息"经过解交织器后传给 DEC I，译码器 DEC I 将此信息作为先验信息，进行下一回合的译码。整个译码过程犹如两个译码器在打乒乓球，经过若干回合，DEC I 或 DEC II 的"外部信息"趋于稳定，似然比渐近值逼近于整个码的最大似然译码，然后对此似然比进行硬判决，即可得到信息序列 $\{b_j\}$ 的最佳估值序列 $\{\hat{b}_j\}$。

# 小　结

本章讨论了几种常见的信道编码和译码方法。

信道编码的基本思路是在发送端根据一定的规律在待发送的信息码元中加入监督码元，接收端就可以利用监督码元与信息码元的关系来发现或纠正错误。其实质就是通过牺牲有效性来换取可靠性的提高。最小码距 $d_{\min}$ 与编码效率 $\eta$ 是码的两个最主要参数，信道编码的任务就是构造出 $\eta$ 一定且 $d_{\min}$ 尽可能大的码，或 $d_{\min}$ 一定且 $\eta$ 尽可能大的码。常见的译码方法有最大后验概率译码、最大似然译码和最小汉明距离译码。

按照信道特性和设计的码字类型进行划分，信道编码可以分为纠独立随机差错码、纠突发差错码和纠混合差错码。按码字的功能分类，有检错码和纠错码。按监督码元与信息码元之间的关系分类，有线性码和非线性码。按照对信息码元和监督码元的约束关系不同分类，有分组码和卷积码。按照信息码元在编码后是否保持原来的形式不变，可划分为系统码和非系统码。

纠错能力与最小码距 $d_{\min}$ 之间的关系为：①为了检测 $e$ 个错误，则要求最小码距 $d_{\min} \geq e+1$。②为了纠正 $t$ 个错码，则要求最小码距为 $d_{\min} \geq 2t+1$。③为了纠正 $t$ 个错码，同时能检测 $e$（$e>t$）个错码，则要求最小码距 $d_{\min} \geq e+t+1$，$e>t$。

线性码是指监督码元与信息码元之间的关系是线性关系，即它们的关系可用一组线性代数方程联系起来。线性码可以分为分组码和卷积码。所谓分组码是指把信源输出的信息序列，以 $k$ 个信息码元划分为一组，然后由这 $k$ 个码元按照一定的规则产生 $r$ 个监督码元，从而组成长度 $n=k+r$ 的码字。一般用符号 $(n,k)$ 表示。编码效率 $\eta = k/n$。线性分组码具有封闭性，即任意的两个许用码字之和仍为一个许用码字，它的最小码距等于非零码字的最小码重。

线性分组码的编码可由生成矩阵 $G$ 和监督矩阵 $H$ 确定。标准的 $G$ 阵和 $H$ 阵的形式为 $G=[I_k,P]$，$H=[Q,I_r]$，相互关系为 $P=Q^{\mathrm{T}}$。线性分组码的信息码元 $M$、码字 $C$、$G$ 阵和 $H$ 阵的关系为：$HC^{\mathrm{T}}=0^{\mathrm{T}}$，$C=MG$，$HG^{\mathrm{T}}=0^{\mathrm{T}}$。线性分组码的译码可以通过计算监督子 $S=RH^{\mathrm{T}}$，利用监督子与错码位置的对应关系来进行。

如果 $(n, k)$ 线性分组码的纠错能力为 $t$，$2^{n-k}$ 个伴随式和可纠错图样一一对应，即 $2^{n-k} = \sum_{i=0}^{t}\binom{n}{i}$，这时的线性分组码称为完备码。纠错能力 $t=1$ 的完备码称为汉明码。

循环码除了具有线性分组码的一般特点，还具有循环性。在代数编码理论中，通常用多项式来描述循环码。$(n,k)$ 循环码的生成多项式 $g(x)$ 是 $(x^n+1)$ 的一个常数项不为 0 的 $(n-k)$ 次因式，选定 $g(x)$ 之后，就可以利用 $g(x)$ 来进行编码和译码。

卷积码是指把信源输出的信息序列，以 $k_0$ 个信息码元划分为一组，通过编码器输出长为 $n_0$（$\geq k_0$）一段的码段。而卷积码的子码中的 $(n_0-k_0)$ 个监督码元不仅与本组的信息码元有关，而且也与其前 m 组的信息码元有关。一般用 $(n_0,k_0,m)$ 表示，编码效率 $\eta = k_0/n_0$。类似于线性分组码，卷积码的输入序列、输出序列、监督矩阵和生成矩阵具有下列的关系：$C=MG_\infty$，$H_\infty C^{\mathrm{T}}=0^{\mathrm{T}}$，$G_\infty \cdot H_\infty^{\mathrm{T}}=0$。

卷积码有 3 种主要的译码方法：序列译码、门限译码和最大似然译码。目前用得较多的一种译码方法是维特比译码（VB 译码），它是最大似然译码的一种简化，它不是一次比较所有可能路径，而是接收一段，比较一段，然后选择有最大似然值的码段，从而达到整个码序列是一个有最大似然值的序列。

交织码的作用是将突发错误随机化，从而减小错误事件之间的相关性。

Turbo 码是一种带有内部交织器的并行级联码，它由两个结构相同的 RSC 分量码编码器并行级联而成。可以采用迭代译码分别对两个 RSC 分量码进行最优译码，以迭代的方式使两者分享共同的信息，并利用反馈环路来改善译码器的译码性能。

# 思 考 题

1. 简述信道编码的几种分类方式。
2. 简述香农的信道编码定理。
3. 最小码距和检、纠错能力的关系是怎样的？
4. 简述信道编码的两个主要参数及其关系。
5. 信道编码有哪几种常见的译码方法？
6. 比较分组码和卷积码。
7. 简述系统码的特点及其生成矩阵的形式。
8. 如何由线性分组码的标准生成矩阵得到标准监督矩阵？
9. 汉明码的监督子和监督矩阵之间有什么关系？
10. 如何选择循环码的生成多项式？
11. 如何由循环码的生成多项式得到生成矩阵？
12. 线性码的生成矩阵和监督矩阵之间有什么关系？
13. 是否存在某码既是完备码又是循环码？
14. 卷积码有几种常见的译码方法？
15. 递归型系统卷积码有哪些优点？

# 习 题

9-1 求下列二元码字之间的汉明距离。

（1）00000，11011

（2）110011，010011

9-2 假设二进制对称信道的差错率 $P_e = 0.1$，当（5，1）重复码通过该信道时，平均译码错误概率为多少？

9-3 （6，3）线性分组码的输入信息组是 $M = (m_2 m_1 m_0)$，输出码字为 $C = (c_5 c_4 c_3 c_2 c_1 c_0)$。已知输入信息组和输出码字之间的关系式为

$$\begin{cases} c_5 = m_2 \\ c_4 = m_1 \\ c_3 = m_0 \\ c_2 = m_2 + m_1 \\ c_1 = m_2 + m_1 + m_0 \\ c_0 = m_2 + m_0 \end{cases}$$

（1）写出该线性分组码的生成矩阵。

（2）写出该线性分组码的监督矩阵。

（3）写出信息码元与码字的对应关系。

（4）若用于检错，能检出几位错码？若用于纠错，能纠正几位错码？

（5）若接收码字为（001101），检验它是否出错。

9-4　已知一线性码的全部码字为(000000)、(001110)、(010101)、(011011)、(100011)、(101101)、(110110)、(111000)，若用于检错，能检出几位错码？若用于纠错，能纠正几位错码？

9-5　设线性码的生成矩阵为

$$G = \begin{bmatrix} 0 & 0 & 1 & 0 & 1 & 1 \\ 1 & 0 & 0 & 1 & 0 & 1 \\ 0 & 1 & 0 & 1 & 1 & 0 \end{bmatrix}$$

（1）确定 $(n,k)$ 码中的 $n$ 和 $k$。

（2）写出监督矩阵。

（3）写出该 $(n,k)$ 码的全部码字。

（4）说明纠错能力。

9-6　已知（7，4）汉明码的生成矩阵为

$$G = \begin{bmatrix} 0 & 0 & 0 & 1 & 0 & 1 & 1 \\ 0 & 0 & 1 & 0 & 1 & 1 & 0 \\ 0 & 1 & 0 & 1 & 1 & 0 & 0 \\ 1 & 0 & 1 & 1 & 0 & 0 & 0 \end{bmatrix}$$

（1）写出标准的生成矩阵和监督矩阵。

（2）写出监督子与错码位置的对应关系。

（3）如果接收码字为（1111111），（1010111），试计算监督子，并进行译码。

9-7　已知系统汉明码的监督矩阵为

$$H = \begin{bmatrix} 1 & 1 & 1 & 0 & 1 & 0 & 0 \\ 0 & 1 & 1 & 1 & 0 & 1 & 0 \\ 1 & 1 & 0 & 1 & 0 & 0 & 1 \end{bmatrix}$$

（1）写出生成矩阵。

（2）当编码器的输入序列为 110101101010……时，写出编码器的输出序列。

9-8　已知（7，4）循环码的全部码字为(0000000)、(0001011)、(0010110)、(0101100)、(1011000)、(0110001)、(1100010)、(1000101)、(1001110)、(1010011)、(0011101)、(0100111)、(1101001)、(1110100)、(0111010)、(1111111)。试写出该循环码的生成多项式 $g(x)$ 和生成矩阵。

9-9　已知（7，4）循环码的生成多项式为 $g(x)=x^3+x+1$，当收到一个循环码字为（0010111）或（1000101）时，根据监督子判断有无错码？哪一位错了？

9-10　已知（6，3）线性分组码的生成矩阵 $G_1$ 和生成矩阵 $G_2$

$$G_1 = \begin{bmatrix} 1 & 0 & 1 & 0 & 1 & 1 \\ 1 & 1 & 0 & 1 & 0 & 1 \\ 1 & 1 & 1 & 0 & 0 & 0 \end{bmatrix} \quad G_2 = \begin{bmatrix} 1 & 0 & 0 & 1 & 1 & 0 \\ 0 & 1 & 0 & 0 & 1 & 1 \\ 0 & 0 & 1 & 1 & 0 & 1 \end{bmatrix}$$

（1）由生成矩阵 $G_1$ 得到与信息码元对应的码字集合；

（2）由生成矩阵 $\mathbf{G}_2$ 得到与信息码元对应的码字集合；

（3）比较（1）和（2）的码字集合，并说明原因。

9-11 已知（7,3）循环码的生成多项式为 $g(x)=x^4+x^3+x^2+1$，

（1）试写出对应的生成矩阵、监督矩阵；

（2）若信息码组为（111），试写出系统码的码组。

9-12 已知 $x^7+1=(x+1)(x^3+x+1)(x^3+x^2+1)$

（1）写出（7，3）循环码的生成多项式；

（2）写出（7，4）循环码的生成多项式；

（3）写出（7，1）循环码的生成多项式。

9-13 已知（7,3）循环码的生成多项式为 $g(x)=x^4+x^2+x+1$，

（1）试画出用 $g(x)$ 除法电路实现的系统循环码的编码电路；

（2）若译码器输入是 1011011，试给出译码结果。

9-14 已知卷积码的生成多项式

$$\begin{cases} g_1(D)=1 \rightarrow g_1=(100)_2=(4)_8 \\ g_2(D)=1+D \rightarrow g_2=(101)_2=(5)_8 \\ g_3(D)=1+D^2 \rightarrow g_3=(111)_2=(7)_8 \end{cases}$$

试画出该卷积码的电路图。

9-15 图 9-12 所示为（2,1,2）卷积码编码器

（1）计算它的生成矩阵。

（2）画出树状图。

（3）如果输入信息序列为 110100…，计算它的输出码序列。

（4）如果接收码序列为（10，10，00，01，00，01，11），试利用维特比译码算法得出译码器输出的估值码序列 $\hat{C}$ 和信息序列 $\hat{M}$。

9-16 某信源的信息速率为 28kbit/s，通过一个码率为 4/7 的循环码编码器，采用滚降系数为 1 的频谱成形，再进行 4PSK 调制。

（1）4PSK 的符号速率是多少？

（2）画出 4PSK 信号的功率谱示意图（假定载波频率为 1MHz）。

9-17 一个码长 $n=15$ 的汉明码，监督位数 r 应为多少？编码效率为多少？

9-18 一个递归型系统卷积（RSC）码的生成函数矩阵为

$$G(D)=\left[1 \quad , \quad \frac{g_1(D)}{g_0(D)}\right]$$

其中逆向反馈多项式 $g_0(D)=1+D^2+D^3$，前向反馈多项式 $g_1(D)=1+D+D^3$。试写出对应的 NSC 码的生成函数矩阵，并画出 NSC 码和 RSC 码的编码电路图。

9-19 如果一个 Turbo 码的 RSC 分量码的生成函数矩阵为

$$G(D)=\left[1 \quad \frac{1+D^4}{1+D+D^2+D^3+D^4}\right]$$

画出对应的 Turbo 码的编码电路图。

第 **10** 章  扩频通信

## 10.1  引言

扩频通信，又称扩展频谱通信，是现代通信的热点技术之一，已被广泛运用于军事与民用通信系统中。

扩频通信技术是一种信息传输方式，用来传输信息的信号带宽远远大于信息本身的带宽，频带的扩展由独立于信息的扩频码来实现，与所传输的信息数据无关；在接收端则用相同的扩频码进行相关解调，实现解扩，恢复所传的信息数据。这项技术又称为扩频调制，而传输扩频信号的系统为扩频系统。

扩频信号具有良好的相关特性，包括尖锐的自相关特性和低值的互相关特性，使得扩频通信系统具有抗干扰能力强和保密性好等许多优点，在移动通信、卫星通信、宇宙通信、雷达、导航以及测距等领域得到了广泛应用。

本章主要介绍扩频通信的基本原理、伪随机序列、直接序列扩频系统、跳频系统，最后简单介绍码分复用的基本概念。

## 10.2  扩频通信的基本原理

用频带换取信噪比，就是扩频通信的基本原理，其目的是为了提高通信系统的可靠性。如果通信中信噪比为主要矛盾（如无线通信），而信号带宽有富裕，往往就可以采用这种用带宽换取信噪比的方法提高通信的可靠性；即使带宽没有富裕，但是为了保证可靠性也要牺牲带宽，确保信噪比。

### 10.2.1  概述

扩频通信是利用扩频信号传送信息的一种通信方式，它所用的传送频带要比任何用户的信息频带和数据速率大许多倍。扩频通信的理论基础是香农定理。香农定理描述了信道容量、信号带宽与信噪比之间的关系，它给出了通信系统所能达到的极限信息传输速率。在一定的信道容量条件下，信号带宽和信噪比是可以互换的，即可通过增加信号带宽来减小发送信号功率，也可以通过增加发送功率来减小信号的带宽。根据此定理，扩频通信系统虽然占有较大的信道带宽，但它可以用较低的信噪比来传输信息，可以降低接收的信噪比门限值。

扩频通信系统模型如图 10-1 所示，发送端输入的信息先经信息调制形成数字信号，然后由扩频码发生器产生的扩频码序列去调制数字信号以展宽信号的频谱。展宽后的信号再调制到射频并从天线发射出去。在接收端收到的宽带射频信号，变频至中频，然后由本地产生的与发端相同的扩频码序列去相关解扩。再经信息解调、恢复成原始信息输出。因此，一般的扩频通信系统都要进行三次调制和三次解调。一次调制为信息调制，二次调制为扩频调制，三次调制为射频调制，以及相应的信息解调、解扩和射频解调。

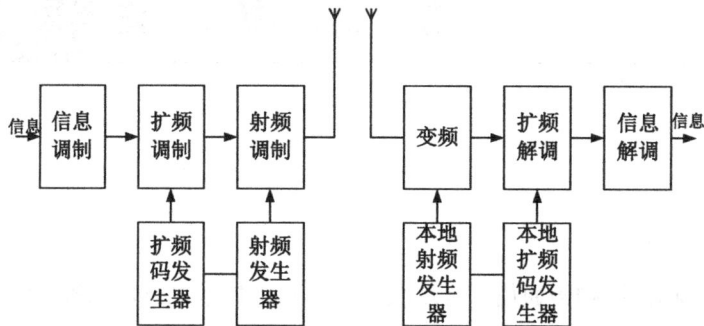

图 10-1 扩频通信系统模型

与一般通信系统相比，扩频通信系统多了扩频调制和扩频解调部分。

## 10.2.2 主要工作方式

扩展频谱的方法有：直接序列扩频、跳变频率扩频、跳变时间扩频、宽带线性调频及混合方式。

（1）直接序列扩频（DS-SS）

直接序列扩频，简称直接扩频或直扩，这种方法就是直接用具有高码率的扩频码序列在发送端展宽信号的频谱，而在接收端，用相同的扩频码序列进行解扩，把展宽的扩频信号还原成原始的信息。

（2）跳变频率扩频（FH-SS）

跳变频率扩频，简称跳频，跳频系统用伪随机码序列控制发射机的载频，使其离散地在一个给定的频带内跳变，形成一个宽带的离散频率谱，从而扩展发射信号的频率变化范围。

（3）跳变时间扩频（TH-SS）

跳变时间扩频，简称跳时，与跳频类似，跳时是使发射信号在时间轴上跳变。跳时系统把一段时间（一帧）分成许多时间片，在哪个时间片内发射信号由伪随机码序列控制。由于采用了比信息码元宽度窄很多的时间片发送信号，所以扩展了信号的频谱。简单的跳时系统抗干扰性不强，很少单独采用，它主要与直扩或跳频方式结合组成混合扩频方式。

（4）宽带线性调频

宽带线性调频（Chirp Modulation），简称 Chirp，如果发射的射频脉冲信号在一个周期内，其载频的频率作线性变化，则称为线性调频。因为其频率在较宽的频带内变化，信号的频带也被展宽了。这种扩频调制方式主要应用于雷达系统中。

（5）混合方式

将上述几种基本的扩频方式组合起来，可构成各种混合方式，如 DS/FH、DS/TH、DS/FH/TH 等。一般说来，采用混合方式在技术上要复杂一些，实现起来也要困难一些。但是，混合方式的优点是有时能得到只用其中一种方式得不到的特性，对于需要同时解决抗干扰、多址组网、定时定位、抗多径衰落和"远-近"问题时，就不得不同时采用多种扩频方式。

### 10.2.3　扩频通信的主要特点

#### 1. 扩频通信的优点

（1）抗干扰能力强。

扩频通信将信号展到很宽的频带上，大大降低了信号的功率谱密度，接收端对扩频信号进行相关处理压缩频带，恢复成窄带信号。由于接收端干扰被展到一个很宽的频带上，使之进入信号通频带内的干扰功率大大降低，从而增加了输出端的信噪比，因而系统具有很强的抗干扰能力。扩频通信系统的抗干扰能力主要取决于扩频处理增益。在目前商用的通信系统中，扩频通信是唯一能够工作于负信噪比条件下的通信系统。

（2）信号隐蔽性好。

扩频通信属于一种保密通信，发射端信号经扩频处理后，信号功率几乎均匀地分布在很宽的频带上，功率谱密度极低，通常都隐藏在噪声功率谱密度之下，有些系统可工作于 $-20\text{dB} \sim -15\text{dB}$ 的环境下，敌方很难检测出信号的参数。即使被发现，由于其伪随机码对第三方是未知的，因而也很难进行正确接收，从而使信号被"隐蔽"，降低了信号被"截获"的机会，达到安全保障通信的目的。

（3）频谱密度低，对其他通信系统的干扰小。

由于传统调制方式接收机不具有解扩功能，在输出信号功率相同的情况下，扩频信号扩展了频带，降低了输出信号单位频带内的功率，因而对目前使用的各种窄带通信系统的干扰很小。针对当前无线电通信中频率资源匮乏的问题，利用扩频通信技术，能与传统通信系统共用频段，使得频率资源可重复利用。

（4）可以实现码分多址。

扩频通信使用不同的扩频码组建不同的通信网，其每一个接收机都分配规定的扩频码组作为地址，发送端用不同的扩频码组去调制发射机，并充分利用扩频码组之间尖锐的自相关特性和低值的互相关特性，在接收端利用相关检测技术进行解扩，在分配给不同用户不同码型的情况下，可以区分不同用户的有用信号。这样一来，在一宽频带上许多对用户可以同时通话而互不干扰，从而实现码分多址通信的目的。在数字蜂窝移动通信系统中，采用扩频码技术的 CDMA 系统，可以提高系统容量近 20 倍。除此之外，用码分多址构成的通信网，不需要严格的网同步，用户入网方便，用户移动时不需要任何转接和交换，系统的可靠性高，生存能力强。

（5）抗衰落和多径干扰能力强。

扩频信号占据很宽的频带，当遇到衰落时，如频率选择性衰落，它只影响到扩频信号的一小部分频谱衰落，不会使所有信号产生严重畸变，因此具有抗频率选择性衰落的能力。

在无线通信的各个频段，多径干扰始终是一个难以解决的问题之一。一般的方法是排除干扰或变干扰为利。排除干扰是设法把最强的有用信号分离出来，而排除其他路径来的干扰信号，这就是梳状滤波器的基本思路。而变干扰为利是设法把不同路径到达的不同时延的信号在接收时从时间上对齐相加，合并成较强的有用信号，这就是移动通信中分集接收技术的基本思路。这两种技术在扩频通信中都易于实现。

（6）能精确地定时和测距。

我们知道电磁波在空间的传播速度是固定不变的光速。人们自然会想到如果能够精确测量电磁波在两个物体之间传播的时间，也就等于测量两个物体之间的距离。在扩频通信中如果扩展频谱很宽，则意味着所采用的扩频码速率很高，每个码片占用的时间就很短。当发射出去的扩频信号被所测物体反射回来后，在接收端解调出扩频码序列，然后比较收发两个码序列相位之差，就可以精确测出扩频信号往返的时间差，从而算出二者之间的距离。测量的精度决定于码片的宽度，也就是扩展频谱的宽度。码片越窄，扩展的频谱越宽，精度越高。

（7）有利于数字加密，防止窃听。

（8）适合数字语音和数据传输，以及开展多种通信业务。

**2．扩频通信的缺点**

（1）占用信号频带宽，扩频后的伪码序列带宽远远大于扩频前的信息码元带宽。
（2）系统实现复杂。
（3）在衰落时变信道中，实现同步、信道估值都比较困难。

## 10.2.4　扩频通信的主要性能指标

扩频通信的基本性能指标主要有两项：扩频处理增益和干扰容限。

**1．扩频处理增益**

假设系统的输入信噪比、输出信噪比分别为$(S/N)_{in}$和$(S/N)_{out}$，则扩频处理增益定义为

$$G_p = \frac{\left(\frac{S}{N}\right)_{out}}{\left(\frac{S}{N}\right)_{in}} \tag{10.2-1}$$

由于高斯白噪声的功率谱近似均匀分布，因此也常用扩频前后带宽的比值来近似估计系统的扩频处理增益，即

$$G_p = \frac{B}{\Delta f} \tag{10.2-2}$$

式（10.2-2）中，$B$表示扩频后信号的射频带宽，$\Delta f$表示基带信号带宽。

$G_p$表示信噪比的改善程度，决定了系统抗干扰能力的强弱，目前国外在工程上能实现的直扩系统处理增益可达到70dB。

**2．干扰容限**

干扰容限是指在系统正常工作的条件下，接收机输入端所允许干扰的最大强度值（用分

贝值表示），其定义为

$$M = G_p - \left[ L_S + \left( \frac{S}{N} \right)_{门限} \right] \tag{10.2-3}$$

式（10.2-3）中，$G_p$ 表示扩频处理增益（dB）；$L_S$ 为实际传输路径损耗（dB）；$\left( \frac{S}{N} \right)_{门限}$ 为接收机门限信噪比（dB）。

干扰容限反映了扩频系统接收机能在多大干扰环境下正常工作的能力和可能抵抗极限干扰的强度，只有当干扰功率超过干扰容限后，才能对扩频系统形成干扰。因此，干扰容限往往比扩频处理增益更能准确地反映系统的抗干扰能力。

**【例 10.1】** 某扩频通信系统，已知 $G_p$=24dB，$L_S$=8dB，$\left( \frac{S}{N} \right)_{门限}$=6dB，求该系统的干扰容限。

**解：**

$$M = 24 - 8 - 6 = 10\text{dB}$$

该扩频通信系统最大允许承受的干扰容限为 10dB，即干扰允许比信号强 10 倍，该系统能在干扰功率比信号功率高 10 倍的范围内正常工作。

## 10.3 伪随机序列

在直接序列扩频和跳频扩频技术中，都要用到一类称之为伪噪声序列（PN 序列）的扩频码序列。这类序列具有类似随机噪声的一些统计特性，但和真正的随机信号又不同，它可以重复产生和处理，是具有类似于随机序列基本特性的确定序列，故称作伪随机序列，又称伪随机码，它通常广泛应用的是二进制序列，因此本节仅研究二进制序列。

### 10.3.1 定义

二进制独立随机序列在概率论中称为贝努利序列，它由两个元素 0，1 或 1，–1 组成，序列中不同位置的元素取值相互独立，0 或 1 的出现概率相等，简称此种序列为随机序列。随机序列具有以下 3 个基本特性：

（1）在序列中"0"和"1"出现的相对频率各为 1/2。

（2）序列中连 0 或连 1 称为游程，连 0 或连 1 的个数称为游程的长度。序列中长度为 1 的游程数占游程总数的 1/2；长度为 2 的游程数占游程总数的 1/4；长度为 3 的游程数占游程总数的 1/8；长度为 $n$ 的游程数占游程总数的 $1/2^n$（对于所有有限的 $n$）。此性质简称为随机序列的游程特性。

（3）如果将给定的随机序列位移任何个元素，则所得序列和原序列对应的元素有一半相同，一半不同。

如果确定序列近似满足以上 3 个特性，则称此确定序列为伪随机序列。

### 10.3.2 $m$ 序列

最长线性反馈移位寄存器序列是最基本和最常用的一种伪随机序列，简称 $m$ 序列，它通常是由具有线性反馈的移位寄存器产生的周期最长的序列。$m$ 序列有尖锐的自相关特性，有较小的互相关值，码元平衡，但正交码组数不多，序列复杂度不大。

#### 1. $m$ 序列的产生

由 $m$ 级寄存器构成的线性移位寄存器如图 10-2 所示，通常把 $m$ 称作移位寄存器的长度。每个寄存器的反馈支路都乘以 $C_i$。当 $C_i = 0$ 时，表示该支路断开；当 $C_i = 1$ 时，表示该支路接通。$m$ 级移位寄存器共有 $2^m$ 个状态，除去全 0 状态外还剩下 $2^m - 1$ 个状态，因此能够输出的最大长度的码序列为 $2^m - 1$。产生 $m$ 序列的线性反馈移位寄存器称作最长线性移位寄存器。

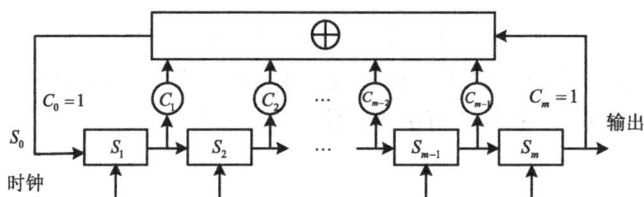

图 10-2　$m$ 序列发生器的结构

为了获得一个 $m$ 序列，反馈线连接不是随意的，对给定的 $m$，寻找能够产生 $m$ 序列的抽头位置或者说是系数 $C_i$，是一个复杂的数学问题，这里不作讨论，仅给出一些结果，如表 10-1 所示。

**表 10-1** $m$ 序列特征多项式

| $m$ | 抽 头 位 置 |
|---|---|
| 3 | [1,3] |
| 4 | [1,4] |
| 5 | [2,5] [2,3,4,5] [1,2,4,5] |
| 6 | [1,6] [1,2,5,6] [2,3,5,6] |
| 7 | [3,7] [1,2,3,7] [1,2,4,5,6,7] [2,3,4,7] [1,2,3,4,5,7] [2,4,6,7] [1,7] [1,3,6,7] [2,5,6,7] |
| 8 | [2,3,4,8] [3,5,6,8] [1,2,5,6,7,8] [1,3,5,8] [2,5,6,8] [1,5,6,8] [1,2,3,4,6,8] [1,6,7,8] |

在研究长度为 $m$ 的序列生成及其性质时，常用一个 $m$ 阶多项式 $f(x)$ 描述它的反馈结构：

$$f(x) = C_0 + C_1 x + C_2 x^2 + \cdots + C_m x^m \tag{10.3-1}$$

式（10.3-1）中，$C_k \in (0,1)$，$k = 0,1,2,3,\cdots,m$；$m$ 为移位寄存器的级数；式中 $C_0 \equiv 1$，$C_m \equiv 1$。假设 $m = 4$，抽头 $[1,4]$ 可以表示为

$$f(x) = C_0 + C_1 x + C_4 x^4 = 1 + x + x^4 \tag{10.3-2}$$

这些多项式称作移位寄存器的特征多项式。不同特征多项式对应不同的反馈逻辑，即对应不同的序列。由 $m$ 级移位寄存器组成的线性反馈电路所产生的序列周期不会超过 $2^m - 1$，其中周期等于 $2^m - 1$ 的序列即为 $m$ 序列。

**2. $m$ 序列的性质**

（1）均衡性

在一个周期中"1"的个数比"0"的个数多 1。在 $m$ 序列的一个完整周期 $N = 2^m - 1$ 内，"0"出现 $2^{m-1} - 1$ 次，"1"出现 $2^{m-1}$ 次，"1"比"0"多出现一次。这是因为 $m$ 序列一个周期经历 $2^m - 1$ 个状态，少一个全 0 状态。

（2）游程特性

一个周期中长度为 1 的游程数占游程总数的 1/2；长度为 2 的游程数占游程总数的 1/4；长度为 3 的游程数占游程总数的 1/8……最长的游程是 $m$ 个连 1（只有一个），最长连 0 的游程长度为 $m-1$（也只有一个）。

（3）移位相加特性

一个 $m$ 序列 $M_a$ 与其移位序列 $M_b$ 模 2 加得到的序列 $M_r$ 仍是 $M_a$ 的移位序列（移位数与 $M_b$ 的不同），即

$$M_a \oplus M_b = M_r$$

（4）相关特性

两个序列 $a, b$ 的对应位模 2 加，设 $A$ 为所得结果序列 0 比特的数目，$D$ 为 1 比特的数目，序列 $a, b$ 的互相关系数为

$$R_{a,b} = \frac{A - D}{A + D} \tag{10.3-3}$$

当序列循环移动 $n$ 位时，随着 $n$ 取值的不同，互相关系数也在变化，这时式（10.3-3）就是 $n$ 的函数，称作序列 $a, b$ 的互相关函数。若两个序列相等 $a = b$，$R_{a,b}(n) = R_{a,a}(n)$，称作自相关函数。

① $m$ 序列的自相关性

$m$ 序列的自相关函数是周期的二值函数。可以证明，对长度为 $N$ 的 $m$ 序列都有结果：

$$R_{a,a}(n) = \begin{cases} 1 & n = l \cdot N \quad l = 0, \pm 1, \pm 2, \cdots \\ \dfrac{-1}{N} & \text{其余} n \end{cases} \tag{10.3-4}$$

式（10.3-4）中，$n$ 和 $R_{a,a}(n)$ 都取离散值，用直线段把这些点连接起来，可以得到关于 $n$ 的自相关函数曲线。

若把 $m$ 序列表示为一个双极性 NRZ 信号，用 -1 脉冲表示逻辑"1"，用 +1 脉冲表示"0"，可得到一个周期性脉冲信号。每个周期有 $N$ 个脉冲，每个脉冲称作码片（chip），码片的长度为 $T_c$，周期为 $T = NT_c$。此时，$m$ 序列就是连续时间 $t$ 的函数 $m(t)$。

设一周期为 7 的 $m$ 序列 1110100，其波形如图 10-3（a）所示。它的自相关函数定义为

$$R_{a,a}(\tau) = \frac{1}{T} \int_{-T/2}^{T/2} m(t)m(t + \tau)\mathrm{d}t \tag{10.3-5}$$

式（10.3-5）中，$\tau$ 是连续时间的偏移量，$R_{a,a}(\tau)$ 是 $\tau$ 的周期函数，在一个周期 $[-T/2, T/2]$ 内，它可以表示为

$$R_{a,a}(\tau) = \begin{cases} 1 - \dfrac{N+1}{NT_c}|\tau| & |\tau| \leqslant T_c \\ \dfrac{-1}{N} & \text{其他} \end{cases} \quad (10.3\text{-}6)$$

该序列的自相关函数波形如图10-3（b）所示。它在 $nT_c$ 时刻的抽样就是 $R_{a,a}(n)$，只有两种取值（1和 $-1/N$）。当序列的周期很大时，$m$ 序列的自相关函数波形变得十分尖锐而接近冲激函数 $\delta(t)$，而这正是高斯白噪声的自相关函数。

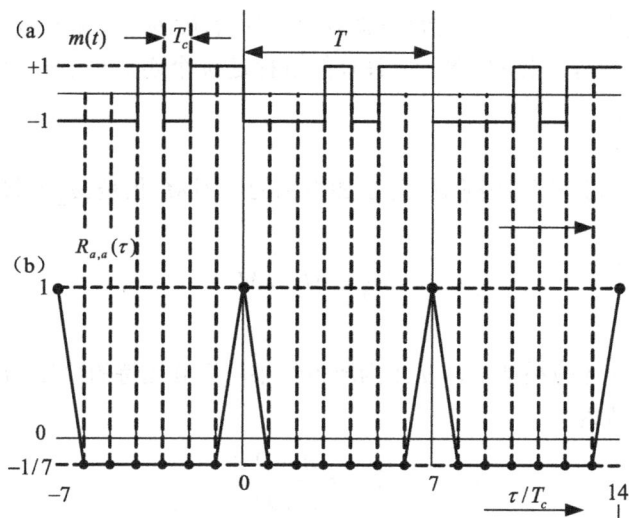

图10-3　$m$序列的自相关特性

② $m$ 序列的互相关性

$m$ 序列的互相关性是指相同周期的两个不同的 $m$ 序列一致的程度。互相关值越接近于 0，说明这两个 $m$ 序列的差别越大，即互相关性越弱；互相关值越大，说明这两个 $m$ 序列差别较小，即互相关性较强。当 $m$ 序列用作码分多址系统的地址码时，必须选择互相关值很小的 $m$ 序列组，以避免用户之间的相互干扰。

如果 $m$ 序列用 1 和 -1 表示，-1 脉冲表示逻辑"1"，+1 脉冲表示"0"。即 $m$ 序列 $a_n$ 和 $b_{n+\tau}$ 的取值是 -1 或 1，此时这两个 $m$ 序列的互相关函数可由式（10.3-7）计算：

$$R_{a,b}(\tau) = \frac{1}{N} \sum_{k=1}^{N} a_k b_{k+\tau} \quad (10.3\text{-}7)$$

同一周期的 $N = 2^m - 1$ 的 $m$ 序列组，其两两 $m$ 序列对的互相关特性差别很大，有的 $m$ 序列对的互相关特性好，有的则较差，不能实际使用。但是一般来说，随着周期的增加，其归一化互相关值的最大值会递减。通常在实际应用中，我们只关心互相关特性好的 $m$ 序列对的特性。

对于周期为 $N$ 的 $m$ 序列组，最好的 $m$ 序列对，它的互相关函数值只取 3 个，分别是：

$$R_{a,b}(\tau) = \begin{cases} \dfrac{t(m)-2}{N} \\[2mm] \dfrac{-1}{N} \\[2mm] \dfrac{-t(m)}{N} \end{cases} \tag{10.3-8}$$

式（10.3-8）中，$t(m)=1+2^{[(m+2)/2]}$，$[\ ]$ 表示取实数的整数部分。

这 3 个值被称为理想三值，能够满足这一特性的 $m$ 序列对，称为 $m$ 序列优选对，它们可用于实际工程当中。

在 CDMA 数字蜂窝移动通信系统中，可为每个基站分配一个 PN 序列，以不同的 PN 序列来区分基站地址；也可只用一个 PN 序列，而用 PN 序列的相位来区分基站地址，即每个基站分配一个 PN 序列的初始相位。Qualcomm-CDMA 数字蜂窝移动通信系统就是采用给每个基站分配一个 PN 序列的初始相位，共有 512 种初始相位，分配给 512 个基站。CDMA 数字蜂窝移动通信系统中移动用户的识别，需要采用周期足够长的 PN 序列，以满足对用户地址量的需求。在 Qualcomm-CDMA 数字蜂窝移动通信系统中采用的 PN 序列周期为 $2^{42}-1$（称为 PN 长码）。

### 3. $m$ 序列的功率谱

信号的自相关函数和功率谱之间形成一傅里叶变换对，即

$$\begin{cases} P_\xi(\omega) = \int_{-\infty}^{+\infty} R(\tau)\mathrm{e}^{-j\omega\tau}\mathrm{d}\tau \\[2mm] R(\tau) = \dfrac{1}{2\pi}\int_{-\infty}^{+\infty} P_\xi(\omega)\mathrm{e}^{j\omega\tau}\mathrm{d}\omega \end{cases} \tag{10.3-9}$$

由于 $m$ 序列的自相关函数是周期性的，则对应的频谱是离散的。自相关函数的波形是三角波，对应的离散谱的包络为 $S_a^2(x)$。

$m$ 序列的功率谱为

$$P(f) = \frac{1}{N^2}\delta(f) + \left(\frac{N+1}{N^2}\right)\sum_{\substack{n=-\infty \\ n\neq 0}}^{\infty} S_a^2\left(\frac{n}{N}\right)\delta\left(f-\frac{n}{NT_c}\right) \tag{10.3-10}$$

图 10-4（a）给出了 $N=7$ 的 $m$ 序列功率谱特性，$T_c$ 为伪码 chip 的持续时间。图 10-4（b）给出了一些功率谱包络随 $N$ 变化的情况。可以看出在序列周期 $T$ 保持不变的情况下，随着 $N$ 的增加，码片 $T_c=T/N$ 变短，脉冲变窄，频谱变宽，谱线变短。上述情况表明，随着 $N$ 的增加，频谱变宽并且功率谱密度也在下降，而接近高斯白噪声的频谱。这从频域说明了 $m$ 序列具有随机信号的特征。

双极性 $m$ 序列的功率谱有如下特点：

（1）$m$ 序列的功率谱为离散谱，谱线间隔 $f_0=1/NT_c$；

（2）功率谱的包络以 $S_a^2(T_c f)$ 规律变化；

（3）直流分量的强度与 $N^2$ 成反比，$N$ 越大，直流分量越小，载漏越小；

（4）带宽由码元宽度 $T_c$ 决定，$T_c$ 越小，即码元速率越高，带宽越宽；

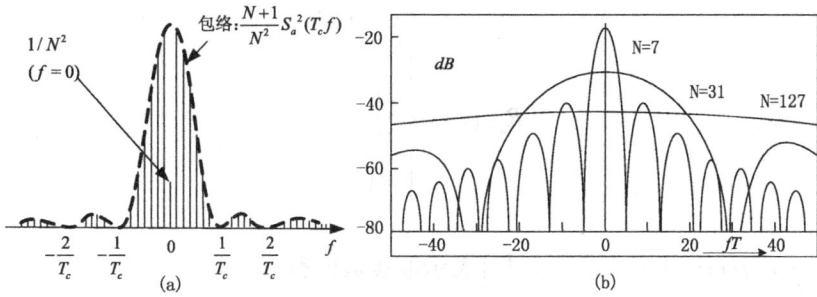

图 10-4    $m$ 序列的功率谱密度图

（5）第一个零点出现在 $1/T_c$；

（6）增加 $m$ 序列的长度 $N$，减小码元宽度 $T_c$，将使谱线加密，谱密度降低，更接近于理想噪声特性。

### 10.3.3    Gold 码

$m$ 序列虽然性能优良，但同样长度的 $m$ 序列个数不多，且序列之间的互相关值并不都好，不便于在码分多址系统中应用。R. Gold 于 1967 年提出了一种基于 $m$ 序列优选对的码序列，称为 Gold 码序列。它是 $m$ 序列的组合码，由优选对的两个 $m$ 序列逐位模 2 加得到，当改变其中一个 $m$ 序列的相位（向后移位）时，可得到一新的 Gold 序列。Gold 序列具有较优良的自相关和互相关特性，而且构造简单，产生的序列数多，因而获得了广泛的应用。

#### 1. Gold 码的构成

Gold 码是由 $m$ 序列的优选对移位模 2 加构成，如图 10-5 所示。图中 $m$ 序列发生器 1 和 2 产生的 $m$ 序列是一个 $m$ 序列优选对，$m$ 序列发生器 1 的初始状态固定不变，调整 $m$ 序列发生器 2 的初始状态，在同一时钟脉冲控制下，产生相同长度的两个不同 $m$ 序列 $m_1$ 和 $m_2$，经过模 2 加后可得到 Gold 序列。通过设置 $m$ 序列发生器 2 的不同初始状态，可以得到不同的 Gold 序列。

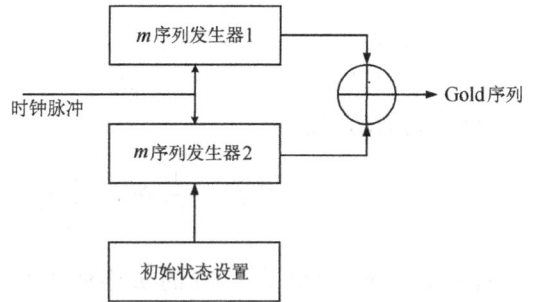

图 10-5    Gold 码发生器框图

#### 2. Gold 码的性质

（1）长度为 $N$ 的一个优选对可以构成 $N$ 个 Gold 码，这 $N$ 个 Gold 码加上 $m_1$ 和 $m_2$，共 $N+2$ 个。它们之中任何两个码的周期性互相关函数也是三值函数。

（2）优选对的数目与 $m$ 序列的长度有关，Gold 码的个数随着 $N = 2^m - 1$ 的增加而以 2 的 $m$ 次幂增长，因此 Gold 码的个数比 $m$ 序列数多得多，并且它们具有优良的自相关和互相关特性，完全可以满足实际工程的需要。表 10-2 列出了 $m$ 序列长度、优选对数、Gold 码数、$m$ 序列数。

**表 10-2**           **m 序列长度、优选对数、Gold 码数、m 序列数**

| m | 5 | 6 | 7 | 9 | 10 |
|---|---|---|---|---|---|
| $N = 2^m - 1$ | 31 | 63 | 127 | 511 | 1023 |
| 优选对数 | 12 | 6 | 90 | 288 | 330 |
| Gold 码数 | 396 | 390 | 11610 | 147744 | 338250 |
| m 序列数 | 6 | 6 | 18 | 48 | 60 |

（3）Gold 码的周期性自相关函数也是三值函数。同一优选对产生的 Gold 码的周期性互相关函数为三值函数；同长度的不同优选对产生的 Gold 码的周期性互相关函数不是三值函数。

（4）Gold 序列的互相关峰值、旁瓣与主瓣之比都比 m 序列小得多。这一特性在实现码分多址时非常有用。在 WCDMA 系统中，下行链路采用 Gold 码区分小区和用户，上行链路采用 Gold 码区分用户。

## 10.4　直接序列扩频系统

直接序列扩频系统亦称直扩系统，或称伪噪音系统，记作 DS 系统。

直接序列扩频系统在发送端直接用高码率的扩频码去展宽数据信号的频谱，而在接收端则用同样的扩频序列进行解扩，把展宽的扩频信号还原成原始的信息。扩频后的信号带宽比原来的扩展了 $N$ 倍，功率谱密度下降到 $1/N$，这是扩频信号的特点，扩频码与所传输的信息数据无关，和一般的正弦载波一样，不影响信息传输的透明性。扩频码序列仅是起扩展信号频谱带宽的作用。

### 10.4.1　直扩系统的扩频与解扩

直接序列扩频通信系统中，扩展信号带宽的方法是用一个 PN 序列和它相乘，得到的宽带信号可以在基带传输系统传输，也可以进行各种载波数字调制，如 2PSK、QPSK 等，其输出则是扩频的射频信号，再经天线辐射出去。下面以 2PSK 为例子，说明直接序列扩频通信系统的原理和抗干扰能力。

采用 2PSK 调制的直扩通信系统模型如图 10-6 所示。

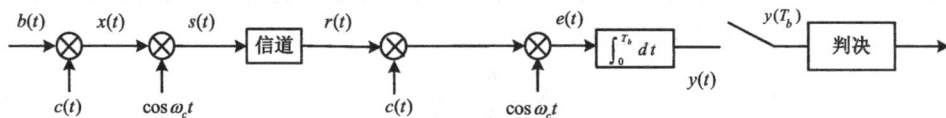

图 10-6　直接序列扩频通信系统模型

为了突出扩频系统的原理，在讨论过程中认为信道是理想的，也不考虑高斯白噪声的影响。

$b(t)$ 为二进制数字基带信号，$c(t)$ 为 m 序列发生器输出的 PN 码序列。它们的取值都是 ±1 的双极性 NRZ 码，这里逻辑 "0" 表示为 +1，逻辑 "1" 表示为 -1。通常，$b(t)$ 一个比特的长度 $T_b$ 等于 PN 序列 $c(t)$ 的一个周期，即 $T_b = NT_c$。由于均为 NRZ 码，可设 $b(t)$ 信号带宽为 $B_b = R_b = 1/T_b$，$c(t)$ 的带宽为 $B_c = R_c = 1/T_c$。

设 PN 序列 $c(t)$ 为 $m$ 序列，$N = 15$，则 2PSK 调制的直扩信号波形图如图 10-7 所示。由图可见，扩频调制的特点是，当信息数据为 +1 时 PN 序列极性不变，当信息数据为 –1 时 PN 序列倒相。在实际工程中，常用模 2 加法器作为扩频调制器，它与用相乘器构成的扩频调制器是等效的。

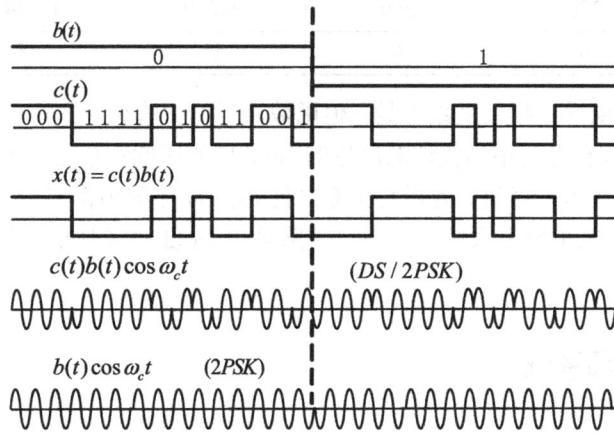

图 10-7   直接序列扩频系统的波形

由于 $x(t) = b(t)c(t)$，所以 $x(t)$ 的频谱等于 $b(t)$ 的频谱与 $c(t)$ 的频谱的卷积，如图 10-8 所示。

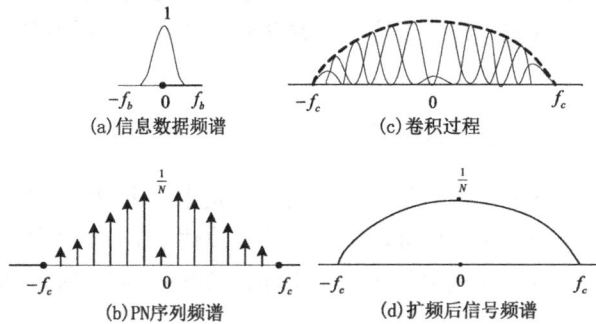

图 10-8   扩频调制频谱变化示意图

$b(t)$ 和 $c(t)$ 相乘的结果使携带信息的基带信号的带宽被扩展到近似为 $c(t)$ 的带宽 $B_c$。扩展的倍数就等于 PN 序列一个周期的码片数：

$$N = \frac{B_c}{B_b} = \frac{T_b}{T_c} \qquad (10.4\text{-}1)$$

而信号的功率谱密度下降到原来的 $1/N$。

信号这样的处理过程就是扩频。$c(t)$ 在这里起着扩频作用，称作扩频码，这种扩频方式就是直接序列扩频。扩频后的基带信号进行 2PSK 调制，得到信号：

$$s(t) = x(t)\cos\omega_c t = b(t)c(t)\cos\omega_c t \qquad (10.4\text{-}2)$$

为了和一般的 2PSK 信号区别，把 $s(t)$ 称作 DS/2PSK 信号。$s(t)$ 的波形如图 10-7 所示。为了便于比较，图中还画出 $b(t)$ 的窄带 2PSK 信号波形。调制后的信号 $s(t)$ 的带宽为 $2B_c$。由于扩频和 2PSK 调制这两步操作都是信号的相乘，从原理上，也可以把上述信号处理次序调换，此时基带信号首先调制成为窄带的 2PSK 信号，信号带宽为 $2R_b$，然后与 $c(t)$ 相乘被扩频到 $2B_c$。

在接收端，接收机接收的信号 $r(t)$ 一般是有用的信号和噪声及各种干扰信号的混合。为了突出解扩的概念，这里暂时不考虑它们的影响，即假设 $r(t) = s(t)$。在实际工程中，一般是先解扩后解调，这样可以使解调器的输入信噪比比较高，对载波提取等单元比较有利。

接收机将收到的信号首先和本地产生的 PN 码 $c(t)$ 相乘，由于 $c^2(t) = (\pm 1)^2 = 1$，所以

$$r(t)c(t) = s(t)c(t) = b(t)c(t)\cos\omega_c t \cdot c(t) = b(t)\cos\omega_c t \qquad (10.4\text{-}3)$$

即相乘所得信号显然是一个窄带的 2PSK 信号。把信号恢复成一个窄带信号的过程就是解扩。解扩后所得到的窄带 2PSK 信号可以采用一般 2PSK 解调的方法解调。这里采用相干解调的方法，2PSK 信号和相干载波相乘后进行积分，在 $T_b$ 时刻抽样并清零。对抽样值 $y(T_b)$ 进行判决：若 $y(T_b) > 0$，判为"0"；若 $y(T_b) < 0$，判为"1"。

最后要注意的是，为了信号的解扩，要求本地的 PN 码序列和发射机的 PN 码序列严格同步，否则所接收到的就是一片噪声。扩频码同步是扩频通信的关键技术之一。同步过程分为两步：第一步对接收到的扩频码进行捕捉，使接收、发送扩频码的相位（时延）误差小于某一值；第二步用锁相环对收到的扩频码进行跟踪，使两者相位相同，并将这一状态保持下去。捕捉又叫粗同步，主要方法有并行相关法、串行相关法和匹配滤波法。跟踪又叫细同步，它需要连续地检测同步误差，根据检测结果不断调整本地 PN 码的相位，使时延差逐渐趋于零，并保持此状态。

### 10.4.2 直扩信号接收机抗干扰性能

在扩频信号传输的信道中，总会存在各种干扰和噪声。相对携带信息的扩频信号带宽，干扰可以分为窄带干扰和宽带干扰。干扰信号对扩频信号传输是比较复杂的问题，这里不作详细的讨论。与一般的窄带传输系统比较，扩频信号的一个重要特点是抗窄带干扰的能力强，而随着干扰带宽的不断增大，直扩系统的抗干扰能力逐渐接近常规系统。

假设干扰为一窄带干扰信号 $i(t)$，其频率接近信号的载波频率。接收机输入的信号为

$$r(t) = s(t) + i(t) \qquad (10.4\text{-}4)$$

它和本地 PN 序列相乘后，乘法器的输出除了所希望的信号外，还存在干扰：

$$r(t)c(t) = s(t)c(t) + i(t)c(t) = c^2(t)b(t)\cos\omega_c t + i(t)c(t) = b(t)\cos\omega_c t + i(t)c(t) \qquad (10.4\text{-}5)$$

窄带干扰信号 $i(t)$ 和 $c(t)$ 相乘后，其带宽被扩展到 $W = 2B_c = 2/T_c$。设输入干扰信号的功率为 $P_i$，则 $i(t)c(t)$ 就是一个带宽为 $W$，功率谱密度为 $P_i/W = T_c P_i/2$ 的干扰信号。于是落入信号带宽的干扰功率为

$$P_o = \frac{2}{T_b} \cdot \frac{P_i}{2/T_c} = \frac{P_i}{T_b/T_c} = \frac{P_i}{N} \qquad (10.4\text{-}6)$$

最终扩频系统的输出干扰功率是输入干扰功率的 $1/N$，即

$$G_p = \frac{P_i}{P_o} = \frac{T_b}{T_c} = N \qquad (10.4\text{-}7)$$

式中 $G_p$ 称作扩频系统的处理增益，它等于扩频系统带宽的扩展因子 $N$ 。这是扩频系统特性的重要参数。扩频与解扩功率谱变化及对窄带干扰的扩频说明如图 10-9 所示。

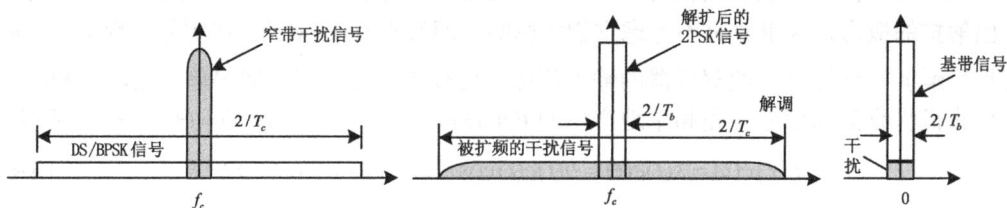

图 10-9 解扩前后信号和干扰频谱的变化

可见，解扩器将信号的带宽和功率谱密度分别压缩 $N$ 倍和增大 $N$ 倍，而将噪声的带宽及功率谱密度分别增大 $N$ 倍和减小 $N$ 倍。扩频后的干扰和载波相乘、积分（相当于低通滤波）大大地消弱了它对信号的干扰，因此在抽样判决器的输出信号受干扰的影响就大为减小，输出的抽样值比较稳定。

## 10.5 跳频系统

跳频扩频系统就是用二进制伪随机码序列去控制射频载波振荡器输出信号的频率，使发射信号的载波频率随伪随机码的变化而跳变，在多个频率中进行有选择的频移键控。频率跳变系统可供随机选取的载波频率数通常是几千至几万个离散频率，在如此多的离散频率中，每次输出哪一个频率由伪随机码决定。与直扩系统相比，跳频系统中的伪随机序列并不是直接传输，而是用来选择信道。由于跳频系统对载波的调制方式并无限制，且能与现有的模拟调制兼容，故在军用短波、超短波电台和 GSM 系统中得到了广泛的应用。

### 10.5.1 跳频系统的扩频与解扩

跳频是指载波频率在很宽频率范围内按某种图案进行跳变。跳频系统原理框图如图 10-10 所示。如果图中的频率合成器被置定在某一固定的频率上，这就是普通的数字调制系统，其射频为窄带谱。跳频系统与常规窄带系统的区别在于其载波频率受到伪随机序列的控制而随机跳变。由图 10-10 可知，用信源产生的信息流去调制频率合成器产生的载频，得到射频信号，而频率合成器产生的载频受伪随机码的控制，按一定规律跳变，发射机的振荡频率在很宽的频率范围内不断地改变，从而使射频载波亦在一个很宽的范围内变化，于是形成了一个宽带离散谱。

经过信道传输后，通过跳频同步设备得到接收机本地跳频序列 $c'(t)$ ， $c'(t)$ 控制频率合成器产生本地跳频载波，与接收信号进行变频实现解跳，对解跳后的信号进一步信息解调得到原信息。接收机的本振信号也是一频率跳变信号，跳变规律与发射端相同，即收发双方的跳频必须同步，这样才能保证通信的建立。解决同步及定时是实际跳频系统的一个关键问题。

跳频信号的数字调制方式，一般采用 FSK 方式。这是因为在一个很宽的频率范围内，载波信号的产生和在信道的传输过程，要保持各离散频率载波相位相干是比较困难的。所以，在跳频系统中，一般不用 PSK，而采用 FSK 调制和非相干解调。这种跳频信号表示为 FH/MFSK。

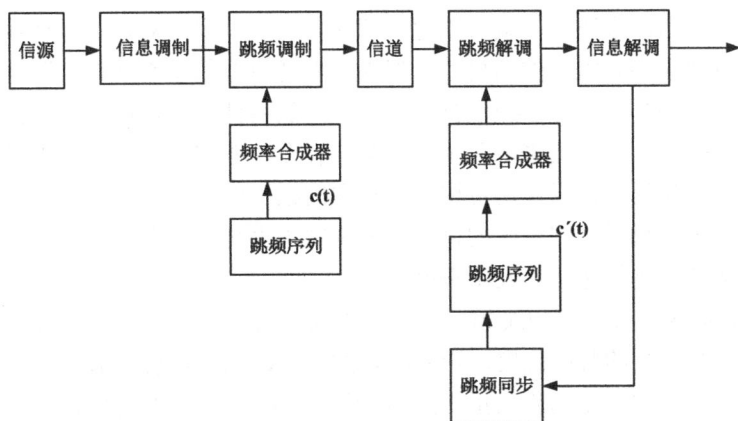

图 10-10　跳频系统原理框图

对跳频系统来说，一个重要的指标是跳变的速率，可以分为快、慢两类。慢跳变比较容易实现，但抗干扰性能也较差，跳变的速率远比信号速率低，可能是数秒至数十秒才跳变一次。快跳的速率接近信号的最低频率，可达每秒几十跳、上百跳或上千跳。快跳的抗干扰和隐蔽性能较好，但实现既能快速跳变又有高稳定度的频率合成器比较困难。这是实现快速跳频系统的又一关键问题。跳频速度越快，越有利于躲避敌方的干扰，但要求频率合成器的换频时间越短。目前锁相频率合成器的换频时间可以做到毫秒级，直接数字合成（DDS）式频率合成器的换频时间可以做到微秒级。跳频时间间隔应远大于频率合成器的换频时间。

### 10.5.2　跳频图案的产生

用来控制载波频率跳变的地址码称为跳频序列。序列中的每一个元素，对应于跳频频率集合中的一个频率，在跳频序列的控制下，载波频率随机跳变的规律称为跳频图案，如图 10-11 所示。

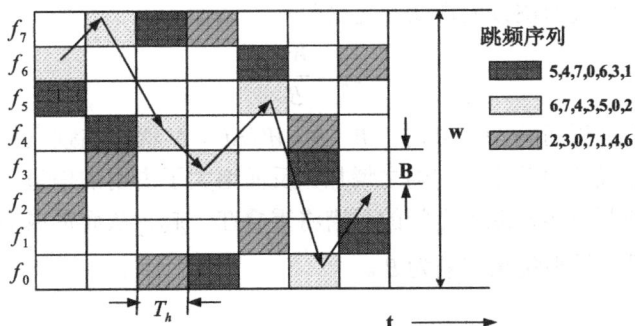

图 10-11　跳频图案

图中横轴为时间，纵轴为频率，这个时间与频率的平面称作时间-频率域。它说明载波频率随时间跳变的规律。跳频信号在每一个瞬间，都是窄带的已调信号，信号的带宽为 $B$，称为瞬时带宽。由于快速的频率跳变形成了宏观的宽带信号，跳频信号所覆盖的整个频谱范围就称作跳频信号的总带宽（或称跳频带宽），用 $W$ 表示，即最高频率与最低频率之差为跳频带宽 $W$。跳频信号每一跳持续的时间 $T_h$ 称作跳频周期或跳频的驻留时间。只要接收机也按照这个规律同步跳变调谐，收发双方就可以建立起通信连接。出于对通信保密或抗干扰、抗衰落的需要，跳频规律应当有很大的随机性，但为了保证双方的正常通信，跳频的规律实际上是可以再生的伪随机序列。它除了应当具有直扩序列的特性外，还应该有宽的跳频间隔，以利于抗干扰以及衰落，并且在频带内各个跳变频率存在的概率相等，即在频带内均匀分布。

跳频信号在每一瞬间系统只占用可用频谱资源的极小的一部分，因此可以在其余的频谱安排另外的跳频系统，只要这些系统的跳频序列不发生重叠，即在每频点上不发生碰撞，就可以共享同一跳频带宽进行通信而互不干扰。

图 10-11 中，共 8 个频点参与跳频，有 3 个跳频序列，其中一个序列为 6，7，4，3，5，0，2。图中 3 个跳频序列的跳频图案，没有频点的重叠，因此不会引起系统间的干扰。通常把没有频点碰撞的两个跳频序列称为正交的。利用多个正交的跳频序列可以组成正交跳频网。该网中的每个用户利用被分配得到的跳频码序列，建立自己的信道，这是另一种形式的码分多址连接方式，所以跳频系统具有码分多址和频带共享的组网能力。

### 10.5.3　跳频系统的抗干扰原理

跳频系统的抗干扰原理与直扩系统的不同：直扩是靠频谱的扩展和解扩处理来提高信噪比的；而跳频是靠躲避干扰来达到提高信噪比的。从上述跳频通信系统的分析可以看出，跳频系统占用了比信息带宽宽得多的传输频带。在某一瞬间看，跳频系统只是在单一射频载波上通信。但从总的通信时间上看，跳频信号占据宽的射频频带来换取强的抗干扰能力。任何外来干扰信号只有在与有用信号的频率相同，且在有用信号的载波持续时间（驻留时间）内才起作用。而有用信号载波的频率受扩频伪随机码的控制，当频率跳变后，干扰信号就不再起作用了。可以说频率跳变信号的特点是在一个很宽的带宽范围内采用"躲避"式的方法来抵抗干扰信号，所以有人把频率跳变系统称为"躲避"式系统。可供选取的频率数和频率跳变速率决定了整个系统的抗干扰能力，同时也决定了伪随机码发生器和频率合成器的指标。跳频系统的抗干扰性能用其跳频处理增益表示。

在跳频系统中，系统的跳频处理增益定义为

$$G_h = \frac{W}{B} \tag{10.5-1}$$

实际上，当最小跳频间隔 $\Delta f = B$ 时，$W/B = W/\Delta f = N$ 就是跳频点数。当最小跳频间隔 $\Delta f > B$，系统的抗干扰能力并不一定随之增加，反而增大了占用的信道带宽，这显然是不可取的。若 $\Delta f < B$，则两个相邻载频之间的频谱将重叠在一起，从而形成多址干扰，所以在跳频通信系统中，一般选最小跳频间隔为 $B$。

## 10.6　码分复用

码分复用是用一组相互正交的码字区分信号的多路复用方法。在码分复用中，各路信号码元在频谱上和时间上都是混叠的，但是代表每路信号的码字是正交的。

### 10.6.1　正交码

用 $x = (x_1, x_2, \cdots, x_N)$ 和 $y = (y_1, y_2, \cdots, y_N)$ 表示两个码长为 $N$ 的码字，二进制码元

$x_i, y_i \in (+1, -1)$，$i = 1, 2, \cdots, N$。定义两个码字的互相关系数为

$$\rho(x, y) = \frac{1}{N} \sum_{i=1}^{N} x_i y_i \qquad (10.6\text{-}1)$$

可见，互相关系数 $-1 \leqslant \rho(x, y) \leqslant 1$。

对于（0，1）二元序列，规定（0，1）分别对应（+1，-1），即将单极性映射成双极性，再用式（10.6-1）来计算互相关系数。这样的映射关系有一个优点：它可以将单极性信号的模 2 加关系映射成式（10.6-1）中的相乘关系。表 10-3 所示为双极性信号的相乘，表 10-4 所示为单极性信号的模 2 加。

<table><tr><td colspan="3">表 10-3　双极性信号的相乘</td></tr><tr><td>×</td><td>1</td><td>-1</td></tr><tr><td>1</td><td>1</td><td>-1</td></tr><tr><td>-1</td><td>-1</td><td>1</td></tr></table>

<table><tr><td colspan="3">表 10-4　单极性信号的模 2 加</td></tr><tr><td>×</td><td>0</td><td>1</td></tr><tr><td>0</td><td>0</td><td>1</td></tr><tr><td>1</td><td>1</td><td>0</td></tr></table>

如果互相关系数

$$\rho(x, y) = 0 \qquad (10.6\text{-}2)$$

则称码字 $x$ 和 $y$ 相互正交。

如果互相关系数 $\rho(x, y) \approx 0$，则称码字 $x$ 和 $y$ 准正交。如果互相关系数 $\rho(x, y) < 0$，则称码字 $x$ 和 $y$ 超正交。

通信系统中常采用二值的非正弦型正交函数作为正交码，这样的码易于用数字电路产生和处理。此类函数有瑞得麦彻（Radermacher）函数、沃尔什（Walsh）函数、正交 Gold 码等。本节主要介绍应用较为广泛的正交码——沃尔什码。

沃尔什函数集是完备的非正弦型正交函数集，相应的离散沃尔什函数简称为沃尔什序列或沃尔什码。在 IS-95CDMA 蜂窝移动通信系统中应用了 64 阶沃尔什序列。

沃尔什序列可由哈达玛（Hadamard）矩阵产生。哈达玛矩阵是一方阵，该方阵的每一元素为+1 或-1，各行（或列）之间是正交的，其最低阶的哈达玛矩阵为二阶：

$$H_2 = \begin{bmatrix} 1 & 1 \\ 1 & -1 \end{bmatrix}$$

高阶哈达玛矩阵可以由递推公式（10.6-3）构成

$$H_{2N} = \begin{bmatrix} H_N & H_N \\ H_N & -H_N \end{bmatrix} \qquad (10.6\text{-}3)$$

其中：$N = 2^m$，$m = 1, 2, \cdots$。

例如，4 阶哈达玛矩阵为

$$H_4 = \begin{bmatrix} H_2 & H_2 \\ H_2 & -H_2 \end{bmatrix} = \begin{bmatrix} 1 & 1 & 1 & 1 \\ 1 & -1 & 1 & -1 \\ 1 & 1 & -1 & -1 \\ 1 & -1 & -1 & 1 \end{bmatrix}$$

哈达玛矩阵的各行（或列）序列均为沃尔什序列，只是哈达玛矩阵的行序号与沃尔什序列按符号改变次数排序的下标号不同，而前者的行序号与后者的下标号之间具有一定的对应关系。由哈达玛矩阵（行号为 $i$）产生的沃尔什序列用 $W_h(i)$ 表示。

例如，由4阶哈达玛矩阵构成4阶沃尔什序列。由 $H_4$ 的各行（列）构成长度为4（即包含4个元素）的4阶沃尔什序列为（括号中的数字是哈达玛矩阵的行号）

$$W_h(0) : 1 \quad 1 \quad 1 \quad 1$$
$$W_h(1) : 1 \quad -1 \quad 1 \quad -1$$
$$W_h(2) : 1 \quad 1 \quad -1 \quad -1$$
$$W_h(3) : 1 \quad -1 \quad -1 \quad 1$$

对应的沃尔什函数如图10-12所示。

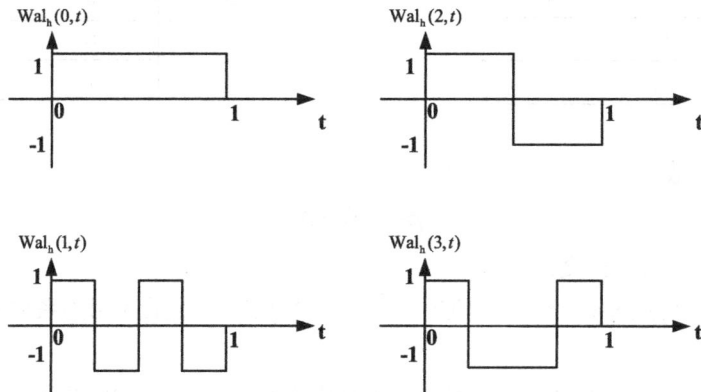

图10-12　沃尔什函数集

容易看出，哈达玛矩阵中的行向量就是沃尔什码的码字，[1 1 1 1]、[1 -1 1 -1]、[1 1 -1 -1]、[1 -1 -1 1]任意两个码字之间的互相关系数为0，即码字之间两两正交。

沃尔什码有良好的互相关性和较好的自相关特性。利用沃尔什函数矩阵的递推关系，可得到 $64 \times 64$ 阵列的沃尔什序列。这些序列在 Qualcomm-CDMA 数字蜂窝移动通信系统中被作为前向码分信道，因为是正交码，可供码分的信道数等于正交码长，即64个，并采用64位的正交沃尔什函数来用作反向信道的编码调制。

### 10.6.2　码分复用

将正交码字用于码分复用中作为"载波"，则合成的多路信号经信道传输后，在接收端可以采用计算互相关系数的方法将各路信号分开。图10-13中画出了4路信号进行码分复用的原理图。不考虑信道噪声时，信道中的多路复用信号为

$$e = \sum_{k=1}^{K} a_k = \sum_{k=1}^{K} d_k W_k \tag{10.6-4}$$

接收机可以通过计算

$$\rho(e, W_k) = \frac{1}{N} \sum_{n=1}^{N} e_n W_{k,n} = \frac{1}{N} \sum_{n=1}^{N} \sum_{k=1}^{K} d_k W_{k,n} W_{k,n} = d_k \ (k = 1, 2, \cdots, K) \tag{10.6-5}$$

恢复出第 $k$ 个用户的原始数据。其中，$W_k$ 表示第 $k$ 个用户的正交码字，$d_k$ 表示第 $k$ 个用户发送的数据，$K$ 表示用户数，$N$ 表示正交码字的码长。图 10-13 中，$K=4, N=4$。

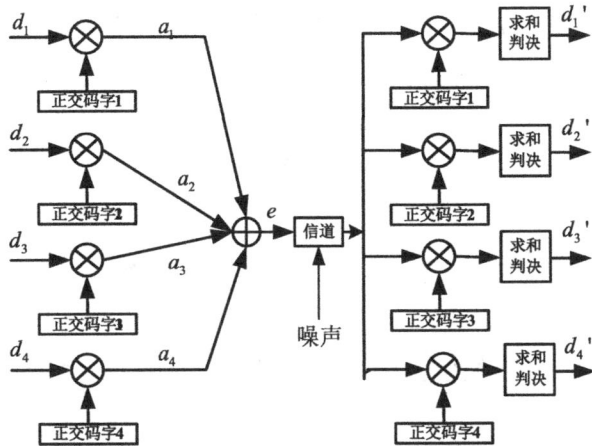

图 10-13  码分复用原理图

在 CDM 系统中，各路信号在时域和频域上是重叠的，这时不能采用传统的滤波器（对 FDM 而言）和选通门（对 TDM 而言）来分离信号，而是用与发送信号相匹配的接收机通过相关检测才能正确接收。

图 10-14 画出了码分复用系统中各点的波形，由此可以更加深刻理解码分复用系统的工作原理。其中 $d_1 \sim d_4$ 为 4 路信号的数据波形，分别为+1，+1，-1，-1；$W_1 \sim W_4$ 为 4 个正交码，分别为 [1 1 1 1]、[1 -1 1 -1]、[1 1 -1 -1]、[1 -1 -1 1]。$a_1 \sim a_4$ 表示信号 1、2、3、4 与载波相乘后的信号。信道中传输的复用信号为 $e$，在接收端，复用信号分别和本路的载波相乘、求和，抽样判决器可根据极性判断接收到的码元是"1"码还是"0"码，恢复出原始的数据 $d_1' \sim d_4'$。

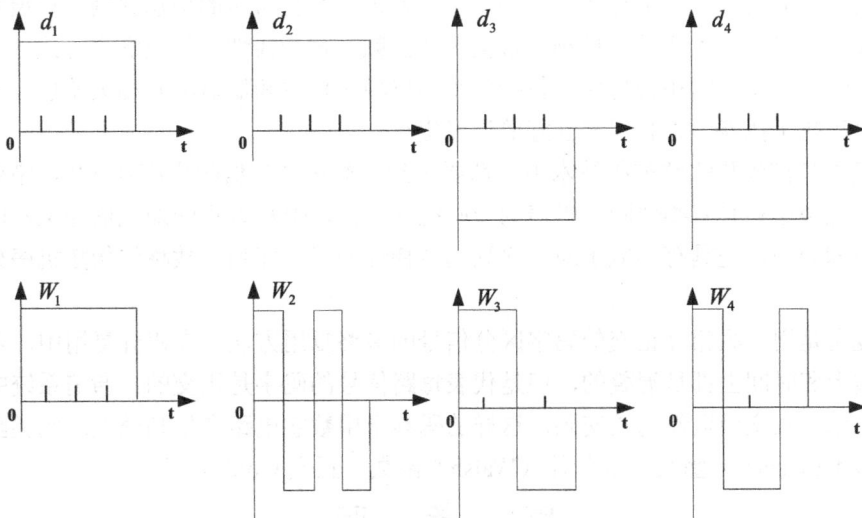

图 10-14  CDM 系统中各点的波形

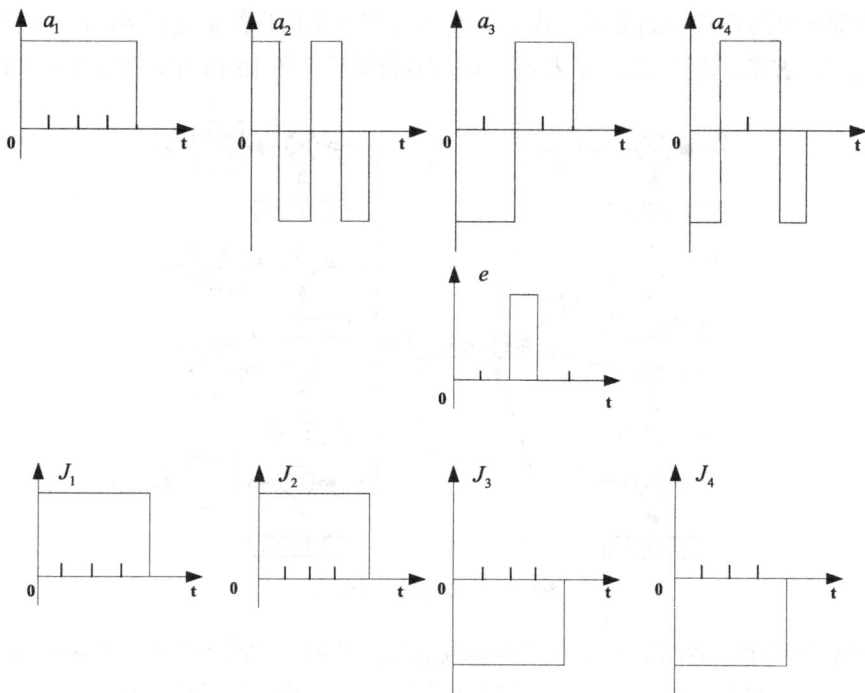

图 10-4  CDM 系统中各点的波形（续）

# 小　　结

本章主要介绍了扩频通信的相关理论知识。

扩频通信，又称扩展频谱通信，是一种信息传输方式，用来传输信息的信号带宽远远大于信息本身的带宽，频带的扩展由独立于信息的扩频码来实现，与所传输的信息数据无关；在接收端则用相同的扩频码进行相关解调，实现解扩，恢复所传的信息数据。扩展频谱的方法有：直接序列扩频、跳变频率扩频、跳变时间扩频、宽带线性调频及混合方式。

扩频信号具有良好的相关特性，包括尖锐的自相关特性和低值的互相关特性，使得扩频通信系统具有抗干扰能力强和保密性好等许多优点。

在直接序列扩频和跳频扩频技术中，都要用到一类称之为伪噪声序列（PN 序列）的扩频码序列。这类序列具有类似随机噪声的一些统计特性，但和真正的随机信号又不同，它可以重复产生和处理，是具有类似于随机序列基本特性的确定序列，故称作伪随机序列，又称伪随机码。

码分复用是用一组相互正交的码字区分信号的多路复用方法。在码分复用中，各路信号码元在频谱上和时间上都是混叠的，但是代表每路信号的码字是正交的。通信系统中常采用二值的非正弦型正交函数作为正交码，这样的码易于用数字电路产生和处理。此类函数有瑞得麦彻（Radermacher）函数、沃尔什（Walsh）函数、正交 Gold 码等。

# 思　考　题

1. 简述扩频调制系统的特点。

2. 常见的扩频方法有哪几种？

3. 扩频通信的基本性能指标主要有哪些？各有何物理意义？

4. 扩频通信系统具有很强的抗多径干扰和抗多址干扰能力，其根本原因是什么？

5. 简要说明直接序列扩频和解扩的原理。

6. 为什么扩频信号能够有效地抑制窄带干扰？

7. 简述码分复用的概念。

8. 什么是正交码、准正交码和超正交码？

9. 什么是游程？m 序列游程分布的一般规律如何？

# 习　　题

10-1　已知线性反馈移位寄存器的特征多项式为 $f(x)=x^3+x+1$。（1）画出该序列的发生器逻辑框图；（2）假设起始状态是 100，写出它的输出序列；（3）其周期是多少？

10-2　已知 $m$ 序列的特征多项式为 $f(x)=x^4+x+1$，写出此序列一个周期中的所有游程，并分析该 $m$ 序列的游程特性。

10-3　设一周期为 7 的 $m$ 序列，若该序列的一个周期为 0100111，该序列右移 1 次产生另一个序列的相应周期为 1010011，证明：这两个序列的模 2 加为另一个移位序列。

10-4　一个由 9 级移位寄存器产生的 m 序列，写出在每一周期中所有可能的游程长度的个数。

10-5　已知优选对 $m_1$、$m_2$ 的特征多项式分别为 $f_1(x)=x^3+x+1$ 和 $f_2(x)=x^3+x^2+1$，写出由此优选对产生的所有 Gold 码。

10-6　某系统的扩频处理增益 $G_p$ 为 40dB，实际传输路径损耗为 $L_s$=2dB；接收机门限信噪比 $\left(\dfrac{S}{N}\right)_{门限}$=9dB，为保证系统正常工作，则系统的干扰容限为多少？

10-7　计算码字 1　1　1　–1　–1　1　1　–1 的自相关函数。

10-8　试写出 8 阶哈达玛矩阵，并验证此矩阵的第 4 行和第 7 行是正交的。

# 附录一　英文缩写词对照表

| 缩　写　字　母 | 英　文　全　称 | 中　文　译　名 |
|---|---|---|
| A/D (converter) | Analog/digital converter | 模拟/数字转换器 |
| ADM | Adaptive delta modulating | 自适应增量调制 |
| ADPCM | Adaptive differential pulse code modulating | 自适应差分脉码调制 |
| AM | Amplitude modulating | 幅度调制 |
| AMI (code) | Alternative mark inversed code | 传号交替反转码 |
| AMPS | Advanced mobile phone system | 先进移动电话系统 |
| APK | Amplitude-phase keying | 幅相键控 |
| ASK | Amplitude shift keying | 幅移键控 |
| AWGN | Additive white Gaussian noise | 加性高斯白噪声 |
| BPF | Band pass filter | 带通滤波器 |
| BSC | Binary symmetry channel | 二进制(二元)对称信道 |
| CCITT | Consultive committee for international telegraph and telephone | 国际电报电话咨询委员会 |
| CDM | Code division multiplexing | 码分复用 |
| CDMA | Code division multiple accessing | 码分多址 |
| CPFSK | Continuous phase frequency shift keying | 连续相位频移键控 |
| CPM | Continuous phase modulation | 连续相位调制 |
| DCT | Discrete cosine transform | 离散余弦变换 |
| DFT | Discrete Fourier transform | 离散傅里叶变换 |
| D/A (converter) | Digital /analog converter | 数字/模拟变换器 |
| DM（ΔM） | Delta modulation | 增量调制 |
| DMC | Discrete memoryless channel | 离散无记忆信道 |
| DPCM | Differential pulse code modulating | 差分脉码调制 |
| DPSK | Differential phase shift keying | 差分相移键控 |
| DQPSK | Differential quadrature phase shift keying | 差分正交相移键控 |
| DS-CDMA | Direct-sequency CDMA | 直接序列-码分多址 |
| DS-SS | Direct-sequency spread spectrum | 直接序列扩频 |

| DSB | Double side band | 双边带 |
|---|---|---|
| DSB-SC | Double side band suppressed carrier | 双边带抑制载波 |
| FDD | Frequency division duplex | 频分双工 |
| FDDI | Fiber distributed data interface | 光纤分布式数据接口 |
| FDM | Frequency division multiplexing | 频分复用 |
| FDMA | Frequency division multiple accessing | 频分多址 |
| FFSK | Fast frequency shift keying | 快速频移键控 |
| FH-SS | Frequency hopping spread spectrum | 跳频扩频 |
| FM | Frequency modulating | 频率调制 |
| FSK | Frequency shift keying | 频移键控 |
| GMSK | Gaussian(type) minimum frequency keying | 高斯最小频移键控 |
| GSM | Global systems for mobile communication | 全球移动通信系统 |
| $HDB_3$ | High density bipolar code of three order | 三阶高密度双极性码 |
| HDTV | High definition television | 高清晰度电视 |
| IDFT | Inverse discrete Fourier transform | 离散傅里叶反变换 |
| ISDN | Integrated service digital network | 综合业务数字网 |
| ISI | Intersymbol interference | 符号间干扰 |
| ISO | International standards organization | 国际标准化组织 |
| ITU | International Telecommunication Union | 国际电信联盟 |
| KLF | Karhunen Loeve transform | 卡南—洛伊夫变换 |
| LMS | Least mean square(algorithm) | 最小均方误差（算法） |
| LPF | Lower pass filter | 低通滤波器 |
| LSB | Lower side band | 下边带 |
| MAI | Multiple Access Interference | 多址干扰 |
| MASK | M-ary amplitude shift keying | 多元幅移键控 |
| MAP | Maximum a posteriori probability | 最大后验概率 |
| MC-CDMA | Multicarrier CDMA | 多载波码分多址 |
| ML (decoding) | Maximum likelihood decoding | 最大似然译码 |
| MF | Matched filter | 匹配滤波器 |
| MFSK | M-ary frequency shift keying | 多元频移键控 |
| MPSK | M-ary phase shift keying | 多元相移键控 |
| MSK | Minimum frequency shift keying | 最小频移键控 |
| NBFM | Narrow band frequency modulating | 窄带调频 |
| NBPM | Narrow band phase modulating | 窄带调相 |
| NRZ (code) | Non-return zero code | 不归零码 |
| OFDM | Orthogonal Frequency Division Multiplexing | 正交频分复用 |
| OOK | On-off keying | 通断键控 |
| OQPSK | Offset quaternary phase shift keying | 偏值四相相移键控 |
| PAM | Pulse amplitude modulating | 脉冲幅度调制 |

| PCM | Pulse code modulating | 脉冲编码调制 |
| PDM | Pulse duration modulation | 脉冲宽度调制 |
| PDH | Plesiochronous digital hierarchy | 准同步数字序列 |
| PM | Phase modulationg | 相位调制 |
| PN | Pseudo-noise | 伪噪声 |
| PPM | Pulse position modulating | 脉冲位置调制 |
| PSK | Phase shift keying | 相移键控 |
| PST (code) | Paired selected ternary code | 成对选择三进码 |
| QAM | Quadrature amplitude modulating | 正交调幅 |
| QPSK | Quaternary phase shift keying | 四进制相移键控 |
| RZ (code) | Return zero code | 归零码 |
| SBC | Sub-band coding | 子带编码 |
| SBF | Sub-band filter | 边带滤波器 |
| SDH | Synchronous digital hierarchy | 同步数字序列 |
| SDMA | Space division multiple-access | 空分多址 |
| SS | Spread spectrum | 扩频 |
| SSB | Single side band | 单边带 |
| STM | Synchronous transmission modulus | 同步传输模块 |
| TACS | Total access communication system | 全接入通信系统 |
| TDD | Time division duplex | 时分双工 |
| TDM | Time division multiplexing | 时分复用 |
| TDMA | Time division multiple-access | 时分多址 |
| TD-SCDMA | Time-division synchronization CDMA | 时分同步码分多址 |
| TH | Time hopping | 跳时 |
| TS | Time slot | 时隙 |
| USB | Upper side band | 上边带 |
| VCO | Voltage-controlled oscillator | 压控振荡器 |
| VSB | Vestigial sideband | 残留边带 |
| WBFM | Wideband frequency modulating | 宽带调频 |
| WBPM | Wideband phase modulating | 宽带调相 |
| WCDMA | Wide-band CDMA | 宽带码分多址 |

## 附录二   傅里叶变换

### 1. 定义

正变换             $F(\omega) = \int_{-\infty}^{\infty} f(t) \mathrm{e}^{-j\omega t} \mathrm{d}t$

反变换             $f(t) = \dfrac{1}{2\pi} \int_{-\infty}^{\infty} F(\omega) \mathrm{e}^{j\omega t} \mathrm{d}\omega$

### 2. 性质

| 运算名称 | 函数 | 傅里叶变换 |
|---|---|---|
| 线性 | $af_1(t) + bf_2(t)$ | $aF_1(\omega) + bF_2(\omega)$ |
| 对称性 | $F(t)$ | $2\pi f(-\omega)$ |
| 比例变换 | $f(at)$ | $\dfrac{1}{\lvert a \rvert} F(\omega/a)$ |
| 反演 | $f(-t)$ | $F(-\omega)$ |
| 时延 | $f(t-t_0)$ | $F(\omega)\mathrm{e}^{-j\omega t_0}$ |
| 频移 | $f(t)\mathrm{e}^{j\omega_0 t}$ | $F(\omega - \omega_0)$ |
| 时域微分 | $\dfrac{\mathrm{d}^n f(t)}{\mathrm{d}t^n}$ | $(j\omega)^n F(\omega)$ |
| 频域微分 | $(-j)^n t^n f(t)$ | $\dfrac{\mathrm{d}^n F(\omega)}{\mathrm{d}\omega^n}$ |
| 时域积分 | $\int_{-\infty}^{t} f(\tau)\mathrm{d}\tau$ | $\dfrac{1}{j\omega} F(\omega) + \pi F(0)\delta(\omega)$ |
| 时域相关 | $R(\tau) = \int_{-\infty}^{\infty} f_1(t) f_2(t+\tau)\mathrm{d}t$ | $F_1(\omega)F_2^{*}(\omega)$ |
| 时域卷积 | $f_1(t) * f_2(t)$ | $F_1(\omega)F_2(\omega)$ |
| 频域卷积 | $f_1(t)f_2(t)$ | $\dfrac{1}{2\pi}[F_1(\omega) * F_2(\omega)]$ |
| 调制定理 | $f(t)\cos\omega_c t$ | $\dfrac{1}{2}\big[F(\omega + \omega_c) + F(\omega - \omega_c)\big]$ |
| 希尔伯特变换 | $\widehat{f}(t)$ | $-j\mathrm{sgn}(\omega)F(\omega)$ |

### 3. 常用信号的傅里叶变换

| 函数名称 | 函数 | 傅里叶变换 |
|---|---|---|
| 矩形脉冲 | $G_\tau(t) = \begin{cases} 1 & \|t\| \leqslant \tau/2 \\ 0 & \|t\| > \tau/2 \end{cases}$ | $\tau Sa\left(\dfrac{\omega\tau}{2}\right)$ |
| 抽样函数 | $Sa(\omega_c t)$ | $\dfrac{\pi}{\omega_c} G_{2\omega_c}(\omega)$ |
| 指数函数 | $e^{-at}u(t), \quad a > 0$ | $\dfrac{1}{a + j(\omega)}$ |
| 双边指数函数 | $e^{-a\|t\|}, \quad a > 0$ | $\dfrac{2a}{a^2 + \omega^2}$ |
| 三角函数 | $\Delta_{2\tau}(t) = \begin{cases} 1 - \dfrac{\|t\|}{\tau} & \|t\| \leqslant \tau \\ 0 & \|t\| > \tau \end{cases}$ | $\tau Sa^2\left(\dfrac{\omega\tau}{2}\right)$ |
| 高斯函数 | $e^{-\left(\frac{t}{\tau}\right)^2}$ | $\sqrt{\pi}\tau e^{-\left(\frac{\omega\tau}{2}\right)^2}$ |
| 冲激脉冲 | $\delta(t)$ | $1$ |
| 正负号函数 | $\operatorname{sgn}(t) = \begin{cases} 1 & t > 0 \\ -1 & t < 0 \end{cases}$ | $\dfrac{2}{j\omega}$ |
| 升余弦脉冲 | $\begin{cases} \left(1 + \cos\dfrac{2\pi}{\tau}t\right), & \|t\| \leqslant \tau/2 \\ 0, & \|t\| > \tau/2 \end{cases}$ | $\dfrac{\tau Sa\dfrac{\omega\tau}{2}}{1 - \dfrac{\omega^2\tau^2}{4\pi^2}}$ |
| 升余弦频谱特性 | $\dfrac{\cos \pi t/T_s}{1 - 4t^2/T_s^2} \cdot Sa\left(\dfrac{\pi t}{T_s}\right)$ | $\begin{cases} \dfrac{T_s}{2}\left(1 + \cos\dfrac{\omega T_s}{2}\right), & \|\omega\| \leqslant \dfrac{2\pi}{T_s} \\ 0, & \|\omega\| > \dfrac{2\pi}{T_s} \end{cases}$ |
| 阶跃函数 | $u(t)$ | $\pi\delta(\omega) + \dfrac{1}{j\omega}$ |
| 复指数函数 | $e^{j\omega_0 t}$ | $2\pi\delta(\omega - \omega_0)$ |
| 周期信号 | $\displaystyle\sum_{n=-\infty}^{\infty} F_n e^{jn\omega_c t}$ | $2\pi\displaystyle\sum_{n=-\infty}^{\infty} F_n\delta(\omega - n\omega_c)$ |
| 常数 | $k$ | $2\pi k\delta(\omega)$ |
| 余弦函数 | $\cos\omega_0 t$ | $\pi\delta(\omega + \omega_0) + \pi\delta(\omega - \omega_0)$ |
| 正弦函数 | $\sin\omega_0 t$ | $j\pi\delta(\omega + \omega_0) - j\pi\delta(\omega - \omega_0)$ |
| 单位冲激脉冲序列 | $\displaystyle\sum_{n=-\infty}^{\infty} \delta(t - nT)$ | $\dfrac{2\pi}{T}\displaystyle\sum_{n=-\infty}^{\infty} \delta\left(\omega - \dfrac{2\pi n}{T}\right)$ |
| 周期门函数的傅立叶级数 | $\displaystyle\sum_{n=-\infty}^{\infty} AG_\tau(t - nT)$ | $\dfrac{2\pi A\tau}{T}\displaystyle\sum_{n=-\infty}^{\infty} Sa\left(\dfrac{n\pi\tau}{T}\right)\delta\left(\omega - \dfrac{2n\pi}{T}\right)$ |

| n＼x | 0.5 | 1 | 2 | 3 | 4 | 6 | 8 | 10 | 12 |
|---|---|---|---|---|---|---|---|---|---|
| 0 | 0.9385 | 0.7652 | 0.2239 | −0.2601 | −0.3971 | 0.1506 | 0.1717 | −0.2459 | 0.0477 |
| 1 | 0.2423 | 0.4401 | 0.5767 | 0.3391 | −0.0660 | −0.2767 | 0.2346 | 0.0435 | −0.2234 |
| 2 | 0.0306 | 0.1149 | 0.3528 | 0.4861 | 0.3641 | −0.2429 | −0.1130 | 0.2546 | −0.0849 |
| 3 | 0.0026 | 0.0196 | 0.1289 | 0.3091 | 0.4302 | 0.1148 | −0.2911 | 0.0584 | 0.1951 |
| 4 | 0.0002 | 0.0025 | 0.0340 | 0.1320 | 0.2811 | 0.3576 | −0.1054 | −0.2196 | 0.1825 |
| 5 | | 0.0002 | 0.0070 | 0.0430 | 0.1321 | 0.3621 | 0.1858 | −0.2341 | −0.0735 |
| 6 | | | 0.0012 | 0.0114 | 0.0491 | 0.2458 | 0.3376 | −0.0145 | −0.2437 |
| 7 | | | 0.0002 | 0.0025 | 0.0152 | 0.1296 | 0.3206 | 0.2167 | −0.1703 |
| 8 | | | | 0.0005 | 0.0040 | 0.0565 | 0.2235 | 0.3179 | 0.0451 |
| 9 | | | | 0.0001 | 0.0009 | 0.0212 | 0.1263 | 0.2919 | 0.2304 |
| 10 | | | | | 0.0002 | 0.0070 | 0.0608 | 0.2075 | 0.3005 |
| 11 | | | | | | 0.0020 | 0.0256 | 0.1231 | 0.2704 |
| 12 | | | | | | 0.0005 | 0.0096 | 0.0634 | 0.1953 |
| 13 | | | | | | 0.0001 | 0.0033 | 0.0290 | 0.1201 |
| 14 | | | | | | | 0.0010 | 0.0120 | 0.0650 |

误差函数　　　　　　$\mathrm{erf}(x) = \dfrac{2}{\sqrt{\pi}} \int_0^x e^{-t^2} \mathrm{d}t$

互补误差函数　　　　$\mathrm{erfc}(x) \approx 1 - \mathrm{erf}(x) = \dfrac{2}{\sqrt{\pi}} \int_x^{\infty} e^{-t^2} \mathrm{d}t$

当 $x \gg 1$ 时，$\mathrm{erfc}(x) \approx \dfrac{e^{-x^2}}{\sqrt{\pi x}}$

当 $x \leqslant 5$ 时，$\mathrm{erfc}(x), \mathrm{erfc}(x)$ 与 $x$ 的关系表

| $x$ | $\mathrm{erf}(x)$ | $\mathrm{erfc}(x)$ | $x$ | $\mathrm{erf}(x)$ | $\mathrm{erfc}(x)$ |
|---|---|---|---|---|---|
| 0.05 | 0.05637 | 0.94363 | 1.65 | 0.98037 | 0.01963 |
| 0.10 | 0.11246 | 0.88745 | 1.70 | 0.98379 | 0.01621 |
| 0.15 | 0.16799 | 0.83201 | 1.75 | 0.98667 | 0.01333 |
| 0.20 | 0.22270 | 0.77730 | 1.80 | 0.98909 | 0.01091 |
| 0.25 | 0.27632 | 0.72368 | 1.85 | 0.99111 | 0.00889 |
| 0.30 | 0.32862 | 0.67138 | 1.90 | 0.99279 | 0.00721 |
| 0.35 | 0.37938 | 0.62062 | 1.95 | 0.99418 | 0.00582 |
| 0.40 | 0.42839 | 0.57163 | 2.00 | 0.99532 | 0.00486 |
| 0.45 | 0.47548 | 0.52452 | 2.05 | 0.99626 | 0.00347 |
| 0.50 | 0.52050 | 0.47950 | 2.10 | 0.9970 | 0.00298 |
| 0.55 | 0.56332 | 0.43668 | 2.15 | 0.99763 | 0.00237 |
| 0.60 | 0.60385 | 0.39615 | 2.20 | 0.99814 | 0.00186 |
| 0.65 | 0.64203 | 0.35797 | 2.25 | 0.99854 | 0.00146 |
| 0.70 | 0.67780 | 0.32220 | 2.30 | 0.99886 | 0.00114 |
| 0.75 | 0.71115 | 0.28885 | 2.35 | 0.99911 | $8.9 \times 10^{-4}$ |
| 0.80 | 0.74210 | 0.25790 | 2.40 | 0.99931 | $6.9 \times 10^{-4}$ |
| 0.85 | 0.77066 | 0.22934 | 2.45 | 0.99947 | $5.3 \times 10^{-4}$ |
| 0.90 | 0.79691 | 0.20309 | 2.50 | 0.99959 | $4.1 \times 10^{-4}$ |
| 0.95 | 0.82089 | 0.17911 | 2.55 | 0.99969 | $3.1 \times 10^{-4}$ |
| 1.00 | 0.84270 | 0.15730 | 2.60 | 0.99976 | $2.4 \times 10^{-4}$ |
| 1.05 | 0.86244 | 0.13756 | 2.65 | 0.99982 | $1.8 \times 10^{-4}$ |
| 1.10 | 0.88020 | 0.11980 | 2.70 | 0.99987 | $1.3 \times 10^{-4}$ |
| 1.15 | 0.89912 | 0.10388 | 2.75 | 0.99990 | $1.0 \times 10^{-4}$ |
| 1.20 | 0.91031 | 0.08969 | 2.80 | 0.999925 | $7.5 \times 10^{-5}$ |
| 1.25 | 0.92290 | 0.07710 | 2.85 | 0.999944 | $5.6 \times 10^{-5}$ |
| 1.30 | 0.93401 | 0.06599 | 2.90 | 0.999959 | $4.1 \times 10^{-5}$ |
| 1.35 | 0.94376 | 0.05624 | 2.95 | 0.999970 | $3.0 \times 10^{-5}$ |
| 1.40 | 0.95228 | 0.04772 | 3.00 | 0.999978 | $2.2 \times 10^{-5}$ |
| 1.45 | 0.95969 | 0.04031 | 3.50 | 0.999993 | $7.0 \times 10^{-7}$ |
| 1.50 | 0.96610 | 0.03390 | 4.00 | 0.999999984 | $1.6 \times 10^{-8}$ |
| 1.55 | 0.97162 | 0.02838 | 4.50 | 0.9999999998 | $2.0 \times 10^{-10}$ |
| 1.60 | 0.97635 | 0.02365 | 5.00 | 0.9999999999985 | $1.5 \times 10^{-12}$ |

$$\sin(\alpha \pm \beta) = \sin\alpha\cos\beta \pm \cos\alpha\sin\beta$$

$$\cos(\alpha \pm \beta) = \cos\alpha\cos\beta \mp \sin\alpha\sin\beta$$

$$\cos\alpha\cos\beta = \frac{1}{2}[\cos(\alpha+\beta) + \cos(\alpha-\beta)]$$

$$\sin\alpha\sin\beta = \frac{1}{2}[\cos(\alpha-\beta) - \cos(\alpha+\beta)]$$

$$\sin\alpha\cos\beta = \frac{1}{2}[\sin(\alpha+\beta) + \sin(\alpha-\beta)]$$

$$\sin\alpha + \sin\beta = 2\sin\frac{1}{2}(\alpha+\beta)\cos\frac{1}{2}(\alpha-\beta)$$

$$\sin\alpha - \sin\beta = 2\sin\frac{1}{2}(\alpha-\beta)\cos\frac{1}{2}(\alpha+\beta)$$

$$\cos\alpha + \cos\beta = 2\cos\frac{1}{2}(\alpha+\beta)\cos\frac{1}{2}(\alpha-\beta)$$

$$\cos\alpha - \cos\beta = -2\sin\frac{1}{2}(\alpha+\beta)\sin\frac{1}{2}(\alpha-\beta)$$

$$\cos 2\alpha = 2\cos^2\alpha - 1 = 1 - 2\sin^2\alpha = \cos^2\alpha - \sin^2\alpha$$

$$Sa(t) = \frac{\sin t}{t}$$

$$\sin 2\alpha = 2\sin\alpha\cos\alpha$$

$$\sin\frac{1}{2}\alpha = \sqrt{\frac{1}{2}(1-\cos\alpha)}$$

$$\cos\frac{1}{2}\alpha = \sqrt{\frac{1}{2}(1+\cos\alpha)}$$

$$\sin^2\alpha = \frac{1}{2}(1-\cos 2\alpha)$$

$$\cos^2\alpha = \frac{1}{2}(1+\cos 2\alpha)$$

$$\sin x = \frac{e^{jx} - e^{-jx}}{2j}$$

$$\cos x = \frac{e^{jx} + e^{-jx}}{2}$$

$$e^{jx} = \cos x + j\sin x$$

$$\sin(-\alpha) = -\sin\alpha$$

$$\cos(-\alpha) = \cos\alpha$$

$$\mathrm{sinc}(x) = \frac{\sin(\pi x)}{\pi x}$$

$$(1+x)^n = 1 + nx + \frac{n(n-1)}{2!}x^2 + \cdots + \frac{n(n-1)(n-2)\cdots(n-k+1)}{k!}x^k + \cdots$$

$$(p+q)^n = \sum_{k=0}^{n}\binom{n}{k}p^k q^{n-k}, \quad \text{其中} \binom{n}{k} = \frac{n!}{(n-k)!k!}$$

第一类 $n$ 阶贝塞尔函数 $J_n(x) = \dfrac{1}{2\pi}\displaystyle\int_{-\pi}^{\pi}\exp(jx\sin\theta - jn\theta)\mathrm{d}\theta$

第一类零阶修正贝塞尔函数 $I_0(x) = \dfrac{1}{2\pi}\displaystyle\int_{-\pi}^{\pi}\exp(x\cos\theta)\mathrm{d}\theta$

## 第1章

1-1　1.75bit/符号

1-2　4.17bit；2.58bit。

1-3　（1）$R_b = 100$　bit/s；（2）$R_b = 99.25$ bit/s

1-4　（1）1.415比特，2比特，2比特，3比特。

　　（2）$I = 87.8$ 比特，平均每个符号携带的信息量 1.95 比特/符号，或 $H(x) = 1.906(\text{bit}/\text{符号})$

1-5　（1）0.415 bit，2bit；　（2）0.81bit/符号

1-6　（1）0.811bit/符号；（2）$200 - (100 - m)\log_2 3$　（bit）；（3）81bit/序列

1-7　$10^6$ 波特；　$2.5 \times 10^{-8}$

1-8　1200bit/s；9600 bit/s

1-9　$10^6$ Baud；　$2 \times 10^6$ bit/s

1-10　$0.25 \times 10^{-6}$

1-11　（1）$33.89 \times 10^3$ bit/s；（2）最小信噪比为 1.66（倍）或 2.2dB

1-12　$1.95 \times 10^7$ bit/s

1-13　$2.4 \times 10^4$ bit/s，0

## 第2章

2-1　0，$a^2/3$

2-2　（1）0.1587　　（2）0.0228　　（3）0.4013　　0.106

2-3　(1)$\dfrac{A^2}{8}$　　　(2)$\dfrac{A^2}{8}\cos 400\pi\tau$　　　(3)$\dfrac{A^2}{8}\pi\left[\delta(\omega + 400\pi) + \delta(\omega - 400\pi)\right]$

2-4　$\dfrac{1}{100}$

2-5　（1）0，$\sigma^2$；（2）$f(z) = \dfrac{1}{\sqrt{2\pi}\sigma}\exp\left(-\dfrac{z^2}{2\sigma^2}\right)$

　　（3）$\sigma^2\cos\omega_0\tau, \sigma^2\cos\omega_0\tau$

2-6　（1）证明略；（2）略

（3） $\dfrac{1}{4}[Sa^2\left(\dfrac{\omega+\omega_0}{2}\right)+Sa^2\left(\dfrac{\omega-\omega_0}{2}\right)]$

2-7 （1）是宽平稳随机过程；（2）43；（3）18

2-8 （1）均值 $0$；（2） $2\cos\omega_0\tau+2\cos\omega_0(t_1+t_2)$；（3）非宽平稳

2-9 （1） $\pm\sqrt{20}$；（2）50；（3）30

2-10 $E[Y(t)]=3$ ； $D[Y(t)]=4=\sigma_Y^2$

$$P_Y(\omega)=18\pi\delta(\omega)+\dfrac{8}{1+\omega^2}$$

2-11 （1） $R(\tau)=A_0^2+\dfrac{A_1^2}{2}\cos\omega_1\tau$

（2） $R(0)=A_0^2+\dfrac{A_1^2}{2}$ ，直流功率 $A_0^2$ ，交流功率 $\dfrac{A_1^2}{2}$ ，功率谱密度

$$P_X(\omega)=2\pi A_0^2\delta(\omega)+\dfrac{\pi A_1^2}{2}[\delta(\omega+\omega_1)+\delta(\omega-\omega_1)]$$

2-12 （1）是宽平稳； （2） $P_Y(\omega)=\dfrac{P_X(\omega+\omega_c)+P_X(\omega-\omega_c)}{4}$

2-13 $P_c(\omega)=P_n(\omega+\omega_c)+P_n(\omega-\omega_c)$ ； $P_s(\omega)=P_n(\omega+\omega_c)+P_n(\omega-\omega_c)$

2-14 $\dfrac{2\omega_0}{\pi}Sa(\omega_0\tau)+\dfrac{\omega_0}{\pi}Sa(\omega_0\tau)\cos 4\omega_0\tau$

2-15 （1）图略，自相关函数 $R_X(\tau)=1+f_0Sa^2(\pi f_0\tau)$

（2）1；（3） $f_0$

2-16 $\dfrac{n_0}{2[1+(\omega cR)^2]}$ ， $\dfrac{n_0}{4RC}\mathrm{e}^{-|\tau|/RC}$

2-17 （1） $R_0(\tau)=\dfrac{Rn_0}{4L}\mathrm{e}^{-\frac{R}{L}|\tau|}$

（2） $\sigma_n^2=\dfrac{Rn_0}{4L}$

2-18 （1） $2R_x(\tau)-R_x(\tau-2a)-R_x(\tau+2a)$ ；（2） $4P_X(\omega)\sin^2(a\omega)$

2-19 $\dfrac{2}{3}\times10^7\,(\mathrm{W})$

2-20 $R_y(\tau)=25\times10^{-11}\mathrm{e}^{-5|\tau|}$ ， $P_Y(\omega)=\dfrac{n_0}{2}\dfrac{25}{25+\omega^2}$ $P_Y=2.5\times10^{-10}\,(\mathrm{W})$

2-21 $P_\xi(\omega)=\pi\displaystyle\sum_{n=-\infty}^{\infty}Sa^2(\dfrac{n\pi}{2})\delta(\omega-n\omega_0)$ ，图略

2-22 （1） $P_Y(f)=3.95\times10^{-5}f^2\,\mathrm{W/Hz}$ ； （2）0.0263W

2-23 $\dfrac{n_0}{2}E$

2-24 $P_Z(\omega)=\begin{cases}\dfrac{36\pi\alpha\beta}{\beta^2+\omega^2}+\dfrac{9b}{2W}, & |\omega|\leqslant W\\[3mm]\dfrac{36\pi\alpha\beta}{\beta^2+\omega^2}, & |\omega|>W\end{cases}$

2-25 $R_0(\tau)=2R_\xi(\tau)+R_\xi(\tau-T)+R_\xi(\tau+T)$

$$P_0(\omega) = 2P_\xi(\omega)(1 + \cos \omega T)$$

2-26　（1）$\dfrac{A^2}{\sigma_n^2} \cos^2 \theta$；（2）$\dfrac{A^2}{2\sigma_n^2}(1 + e^{-2\sigma^2})$

2-27　（1）图略。（2）$2\mu W$；$0.5\mu W$

# 第 3 章

3-1　图略

3-2　（1）$\hat{f}(t) = Asa(\dfrac{\omega}{2}t)\sin(\dfrac{\omega}{2}t)$；（2）$|z(t)| = \sqrt{2}Asa(\dfrac{\omega}{2}t)$

3-3　（1）$M(\omega) = M_1(\omega) + \dfrac{1}{2}[M_2(\omega + 2\Omega) + M_2(\omega - 2\Omega)]$，图略。

（2）
$$S(\omega) = \dfrac{1}{2}[M_1(\omega + \omega_c) + M_1(\omega - \omega_c)] + $$
$$\dfrac{1}{4}[M_2(\omega + \omega_c + 2\Omega) + M_2(\omega - \omega_c - 2\Omega) + M_2(\omega + \omega_c - 2\Omega) + M_2(\omega - \omega_c + 2\Omega)]$$

（3）图略

3-4　$5 \times 10^6 \, W$

3-5　（1）不能

　　（2）图略

3-6　（1）100，（2）优于常规调幅 7.8 分贝

3-7　$\dfrac{a}{4n_0}$

3-8　$\dfrac{S_0}{N_0} = \dfrac{\overline{m^2(t)}\cos^2\theta}{2n_0 f_m}$

3-9　$s_{\mathrm{VSB}}(t) = \dfrac{m_0}{2}\cos 20000\pi t + \dfrac{A}{2}(0.55\sin 20100\pi t - 0.45\sin 19900\pi t + \sin 26000\pi t)$

3-10　$s(t) = \dfrac{1}{2}m(t)\cos(\omega_2 - \omega_1)t - \dfrac{1}{2}\hat{m}(t)\sin(\omega_2 - \omega_1)t$

　　　$s(t)$ 是一个载波角频率为 $(\omega_2 - \omega_1)$ 的上边带信号。

3-11　（1）$S_{\mathrm{DSB}} = \dfrac{1}{4}W$，$S_{\mathrm{SSB}} = \dfrac{1}{8}W$；（2）$\left.\dfrac{S_0}{N_0}\right|_{\mathrm{DSB}} = 250$，$\left.\dfrac{S_0}{N_0}\right|_{\mathrm{SSB}} = 125$

　　　（3）$\left.\dfrac{S_0}{N_0}\right|_{\mathrm{DSB}} = \left.\dfrac{S_0}{N_0}\right|_{\mathrm{SSB}} = 125$

3-12　$A = 0.126V$

3-13　$|S_{\mathrm{SSB}}(t)| = \dfrac{A}{2}\sqrt{1 + \left(\dfrac{1}{\pi}\ln\dfrac{t-T}{t}\right)^2}$

3-14　证明略

3-15　（1）$m_f = 4$，$B_{\mathrm{FM}} = 10^4 \, \mathrm{Hz}$；（2），$B_{\mathrm{FM}} = 1.2 \times 10^4 \, \mathrm{Hz}$

3-16　45000

3-17　$B_{\mathrm{AM}} = 20\mathrm{kHz}$，$B_{\mathrm{SSB}} = 10\mathrm{kHz}$，$B_{\mathrm{FM}} = 120\mathrm{kHz}$

3-18 （1）$m(t) = 50\cos\omega_m t$；（2）$m(t) = -50\omega_m\sin\omega_m t$；（3）$\Delta f_{max} = 100 f_m$ Hz

3-19 $P_{FM} = 5000\text{W}$，$\Delta f_{max} = 10^4\text{Hz}$，$m_f = 5$，$B_{FM} = 2.4\times10^4\text{(Hz)}$

3-20 （1）$B_{DSB} = 30\text{kHz}$，$S_i = 3\text{W}$；（2）$B_{SSB} = 15\text{kHz}$，$S_i = 3\text{W}$

     （3）$B_{AM} = 30\text{kHz}$，$S_i = 9\text{W}$；（4）$B_{FM} = 180\text{kHz}$，$S_i = 0.08\text{W}$

3-21 （1）$S_{FM}(t) = 200\cos\left[\omega_0 t + 3\sin 2\pi\times23\times10^3 t\right]$；（2）$B_{FM} = 184\text{kHz}$

     （3）$\dfrac{S_0}{N_0} = 2700$或$34.3\text{dB}$

3-22 （1）约$2.56\text{MHz}$；（2）略

3-23 证明略

3-24 证明略

3-25 证明略

## 第 4 章

4-1 （1）$f_s \geqslant 2000\text{Hz}$

    （2）$f_s = 400\text{Hz}$

    （3）略

4-2 （1）$f_s \geqslant 2f_1$

    （2）略

    （3）通过一个低通滤波器，其传输特性为$H(f) = \dfrac{1}{H_1(f)}$，$|f| \leqslant f_1$。

4-3 $M_S(\omega) = \dfrac{\tau}{T}\sum\limits_{n=-\infty}^{\infty} Sa^2(n\omega_H\tau)M(\omega - 2n\omega_H)$

4-4 略

4-5 $B = 10^6\text{Hz}$

4-6 10000000, 11111110, 11110010, 01110010, 01111110

4-7 $N_q = 1/48$，$S/N_q = 8$

4-8 64k 波特；64kbit/s

4-9 8/7 倍

4-10 $8\times10^4$ 波特，$8\times10^4$ bit/s

4-11 （1）略

     （2）100, 110, 111, 111, 110, 000, 010, 011, 011, 010

4-12 （1）8 位码为 1 101 1000

     （2）量化电平为$784\text{mV}$，量化误差为$12\text{mV}$；

     （3）12 位线性码为 001100010000。

4-13 （1）8 位码为 0 110 1011

     （2）量化电平为$-880\Delta$，量化误差为$10\Delta$

4-14 解码电平为$7.5\Delta$，12 位线性码为 001100010000

4-15 （1）量化信噪比为$10^6$（或 60 分贝）

（2）出现的概率为 $\dfrac{1}{256}$；该码字所对应的量化电平 $I_{\mathrm{D}}=1.19\mathrm{V}$

4-16　200.9

4-17　8000，256，2.048Mbit/s，TS21，F5 的 TS16 后 4bit

4-18　1.544Mbit/s

4-19　2.54Gbit，96.33 分贝

4-20　（1）14 kHz；（2）480k 波特

4-21　（1）125 $\mu$s；3 （2）192 kbit/s

4-22　（1）640 k 波特；（2）640 kHz

# 第 5 章

5-1　略

5-2　略

5-3　略

5-4　（1）$P_s(f)=\dfrac{A^2T_s}{16}Sa^4\left(\dfrac{\pi fT_s}{2}\right)+\dfrac{A^2}{16}\sum\limits_{m=-\infty}^{+\infty}Sa^4\left(\dfrac{\pi m}{2}\right)\delta(f-mf_s)$，功率谱密度图略；

　　（2）能，$S=\dfrac{2A^2}{\pi^4}$

5-5　（1）$h(t)=\dfrac{\omega_0}{2\pi}Sa^2\left(\dfrac{\omega_0 t}{2}\right)$；（2）不能实现无码间干扰传输

5-6　（1）有码间串扰；（2）采用四进制时可实现无码间干扰

5-7　（1）$R_B=1600\mathrm{Baud}$；（2）$T_s=\dfrac{1}{1600}\mathrm{s}$

5-8　（1）$h(t)=\dfrac{\sin(64000\pi t)}{64000\pi t}\cdot\dfrac{\cos(25600\pi t)}{1-2621440000t^2}$；（2）频谱图略

　　（3）$B=44.8\mathrm{kHz}$；（4）$\eta=1.43\mathrm{Baud/Hz}$

5-9　（1）$R_B=500\mathrm{Baud}$、$R_B=1000\mathrm{Baud}$ 和 $R_B=2000\mathrm{Baud}$ 时无码间串扰；

　　（2）$R_B=500\mathrm{Baud}$、$R_B=1000\mathrm{Baud}$ 时无码间串扰。

5-10　除（c）之外，（a）（b）（d）均不满足无码间干扰传输的条件。

5-11　（c）最好

5-12　不能

5-13　$R_B=\dfrac{1}{2\tau_0}\mathrm{Baud}$，$T_s=2\tau_0$。

5-14　（1）$P_e=6.21\times10^{-3}$；（2）$A\geqslant8.53\sigma_n$

5-15　（1）$\dfrac{n_0}{2}\mathrm{W}$；（2）$\dfrac{1}{2}\mathrm{e}^{\frac{A}{2\lambda}}$

5-16　（1）$2\dfrac{W_c}{2\pi}(\mathrm{Baud})$；（2）$0.75\times10^{-12}$

5-17　$P_e\approx3.5\times10^{-7}$；$r_{\text{双}}=26.6$

5-18　（1）$h(t)=\begin{cases}1-t/T & 0\leq t\leq t\\ 0 & 其他\end{cases}$，图略；

（2）当 $t\leq 0$ 或者 $t>2T$ 时，$y(t)=0$；

当 $0<t\leq T$ 时，$y(t)=\int_{T-t}^{T}\dfrac{x}{T}\times\dfrac{x-T+t}{T}\mathrm{d}x=\dfrac{t^2}{6T^2}(3T-t)$

当 $T<t\leq 2T$ 时，$y(t)=\int_{0}^{t-T}\dfrac{x}{T}\times\dfrac{x-T+t}{T}\mathrm{d}x=\dfrac{(t-2T)^2}{6T^2}(t+T)$

（3）$r_{o\max}\dfrac{2T}{3n_0}$

5-19　（1）$t_0\geq T$；

（2）$h(t)=f(t-1)=\begin{cases}-A,0\leq t\leq\dfrac{T}{2}\\ A,\dfrac{T}{2}<t\leq T\\ 0,\text{else}\quad t\end{cases}$，$y(t)=\begin{cases}-A^2t,0\leq t\leq\dfrac{T}{2}\\ A^2(3t-2T),\dfrac{T}{2}<t\leq T\\ A^2(4T-3t),T<t\leq\dfrac{3}{2}T\\ A^2(t-2T),\dfrac{3}{2}T<t\leq 2T\\ 0,\text{else}\end{cases}$

（3）$r_{o\max}=\dfrac{2A^2T}{n_0}$

5-20　图略，$h_1(t)$ 和 $h_2(t)$ 均为 $s(t)$ 的匹配滤波器。

5-21

| $a_k$ | 1 | 0 | 1 | 1 | 1 | 0 | 1 | 0 | 0 | 0 | 1 | 1 | 1 | 0 |
|---|---|---|---|---|---|---|---|---|---|---|---|---|---|---|
| $b_{k-1}$ | 0 | 1 | 1 | 0 | 1 | 0 | 0 | 1 | 1 | 1 | 1 | 0 | 1 | 0 |
| $b_k$ | 1 | 1 | 0 | 1 | 0 | 0 | 1 | 1 | 1 | 1 | 0 | 1 | 0 | 0 |
| $C_k$ | 1 | 2 | 1 | 1 | 1 | 0 | 1 | 2 | 2 | 2 | 1 | 1 | 1 | 0 |
| $[C_k]_{\mathrm{mod}2}$ | 1 | 0 | 1 | 1 | 1 | 0 | 1 | 0 | 0 | 0 | 1 | 1 | 1 | 0 |

5-22　$h(t)=Sa\left(\dfrac{\pi}{T_s}t\right)-Sa\left[\dfrac{\pi}{T_s}(t-2T_s)\right]$，$H(\omega)=\begin{cases}T_s\left(1-\mathrm{e}^{-j\omega T_s}\right),|\omega|\leq\dfrac{\pi}{T_s}\\ 0,\text{else}\end{cases}$

5-23　图略

# 第 6 章

6-1　（1）图略；（2）2000Hz

6-2　图略

6-3 （1）图略；（2）$B_{2PSK} = B_{2DPSK} = 2400Hz$

6-4 （1）略；（2）略；

6-5 （1）略；（2）略；（3）略；

　　（4）$B_{2ASK} = 2000Hz$，$B_{2FSK} = 4000Hz$，$B_{2PSK} = B_{2DPSK} = 2000Hz$

6-6 图略

6-7 （1）$a = 4.24V$；（2）$a = 4.65V$

6-8 2ASK 信号传输距离为 45.4 公里，2FSK 信号传输距离为 51.4 公里，2PSK 信号传输距离为 51.4 公里。

6-9 略

6-10 （1）$2.36 \times 10^{-5}$；（2）$1.24 \times 10^{-4}$

6-11 （1）衰减分贝数 $k = 111.8dB$，$V_d = 6.36 \times 10^{-6} V$

　　（2）小；（3）$P_e = 12.7 \times 10^{-3}$

6-12 $P_{e2ASK} = 4.1 \times 10^{-2}$，$P_{e2PSK} \approx 4.04 \times 10^{-6}$

6-13 略

6-14 $r = 11.675$

6-15 $S_{i2ASK} = 14.4 \times 10^{-6} W$，$S_{i2FSK} = 8.65 \times 10^{-6} W$，$S_{i2DPSK} = 4.33 \times 10^{-6} W$，

　　$S_{iPSK} = 3.6 \times 10^{-6} W$

6-16 略

6-17 3200Hz。

6-18 （1）略；（2）$1bps / Hz$

6-19 $B_{8ASK} = 400Hz$，$R_{b8} = 600bit/s$；

　　$B_{2ASK} = 400 Hz$，$R_{b2} = 200bit/s$

6-20 $B_{8FSK} = 3200Hz$；$R_b = 600bit/s$

6-21 $B = 400Hz$；$R_b = 600bit/s$

6-22 （1）$B_{信道带宽} = 43.2MHz$，$\eta = 0.83bit/s/Hz$；

　　（2）$B_{信道带宽} = 14.4MHz$，$\eta = 2.5bit/s/Hz$

6-23 略。

# 第 7 章

7-1 略

7-2 $\theta_1 = -\frac{3}{4}\pi$，$I_1 = -\frac{\sqrt{2}}{2}$，$Q_1 = -\frac{\sqrt{2}}{2}$，$\theta_2 = 0$，$I_2 = 1$，$Q_2 = 0$

　　$\theta_3 = -\frac{3}{4}\pi$，$I_3 = -\frac{\sqrt{2}}{2}$，$Q_3 = -\frac{\sqrt{2}}{2}$

7-3 略

7-4 略

7-5 带宽 $B = 81kHz$

7-6 略

7-7  6bit/s/Hz

7-8  $0.48A$，$0.39A$；16QAM 抗干扰能力较强。

7-9  （1）$r = 1.306A$，（2）$P = 1.707A^2$，（3）$R_B = 10\text{MBaud}$

7-10  略

7-11  （1）b 较有效；（2）$R_B = 10\text{M}$ 波特

7-12  略

7-13  5000Hz，0.8Baud/Hz

## 第 8 章

8-1  $H(\omega) = \dfrac{j\omega RC}{Hj\omega RC}$，产生幅频失真和相频失真

8-2  $y(t) = K_0 s(t - t_d)$，信号在传输过程中无畸变。

8-3  $y(t) = As(t - t_d) + \dfrac{Ab}{2} s(t - t_d + T_0) - \dfrac{Ab}{2} s(t - t_d - T_0)$

8-4  略

8-5  $Z_1(\omega) = 0$, $Z_2(\omega) = -\dfrac{RC}{1 + (\omega RC)^2}$  图略，信号经过信道（a）时无群迟延失真，而经过信道（b）时会产生群迟延失真。

8-6  输出 $y(t) = m(t - t_0)\cos\omega_c t$。输出信号整体有失真，但包络 $m(t)$ 无失真。

8-7  $V = \sigma$

8-8  $E(V) = \sqrt{\dfrac{\pi}{2}}\sigma$，$D(V) = \left(2 - \dfrac{\pi}{2}\right)\sigma^2$

8-9  图略

8-10  码元脉冲宽度 $T = (3 \sim 5)T_m = (9 \sim 15)\text{ms}$

## 第 9 章

9-1  略

9-2  $P_E = 1 - [(1 - P_e)^5 + \dbinom{5}{1} P_e (1 - P_e)^4 + \dbinom{5}{2} P_e^2 (1 - P_e)^3] = 8.56 \times 10^{-3}$

9-3  （1）生成矩阵 $\boldsymbol{G} = \begin{bmatrix} 1 & 0 & 0 & 1 & 1 & 1 \\ 0 & 1 & 0 & 1 & 1 & 0 \\ 0 & 0 & 1 & 0 & 1 & 1 \end{bmatrix}$；（2）监督矩阵 $\boldsymbol{H} = \begin{bmatrix} 1 & 1 & 0 & 1 & 0 & 0 \\ 1 & 1 & 1 & 0 & 1 & 0 \\ 1 & 0 & 1 & 0 & 0 & 1 \end{bmatrix}$

（3）略；（4）检 2 位错码；纠正 1 位错码。（5）出错。

9-4  检 2 位错码；纠正 1 位错码。

9-5  （1）$n=6$，$k=3$

（2）$\text{H} = \begin{bmatrix} 1 & 1 & 0 & 1 & 0 & 0 \\ 0 & 1 & 1 & 0 & 1 & 0 \\ 1 & 0 & 1 & 0 & 0 & 1 \end{bmatrix}$

（3）000000，001011，010110，011101，100101，101110，110011，111000

（4）纠正 1 位错码

9-6 （1）$G = \begin{bmatrix} 1 & 0 & 0 & 0 & 1 & 0 & 1 \\ 0 & 1 & 0 & 0 & 1 & 1 & 1 \\ 0 & 0 & 1 & 0 & 1 & 1 & 0 \\ 0 & 0 & 0 & 1 & 0 & 1 & 1 \end{bmatrix}$, $H = \begin{bmatrix} 1 & 1 & 1 & 0 & 1 & 0 & 0 \\ 0 & 1 & 1 & 1 & 0 & 1 & 0 \\ 1 & 1 & 0 & 1 & 0 & 0 & 1 \end{bmatrix}$

（2）略

（3）监督子分别为 000 和 100；译码结果分别为 1111111 和 1010011。

9-7 （1）$G = \begin{bmatrix} 1 & 0 & 0 & 0 & 1 & 0 & 1 \\ 0 & 1 & 0 & 0 & 1 & 1 & 1 \\ 0 & 0 & 1 & 0 & 1 & 1 & 0 \\ 0 & 0 & 0 & 1 & 0 & 1 & 1 \end{bmatrix}$

（2）1101001　0110001　1010011

9-8 $g(x) = x^3 + x + 1$, $G(x) = \begin{bmatrix} x^6 + x^4 + x^3 \\ x^5 + x^3 + x^2 \\ x^4 + x^2 + x \\ x^3 + x + 1 \end{bmatrix}$

9-9 （0010111）中 $r_0$ 错，应为（0010110）；（1000101）无错。

9-10

| 信息码元 | 用 $G_1$ 生成的码字 | 用 $G_2$ 生成的码字 |
|---|---|---|
| 000 | 000000 | 000000 |
| 001 | 111000 | 001101 |
| 010 | 110101 | 010011 |
| 011 | 001101 | 011110 |
| 100 | 101011 | 100110 |
| 101 | 010011 | 101011 |
| 110 | 011110 | 110101 |
| 111 | 100110 | 111000 |

9-11 （1）$G = \begin{bmatrix} 1 & 1 & 1 & 0 & 1 & 0 & 0 \\ 0 & 1 & 1 & 1 & 0 & 1 & 0 \\ 0 & 0 & 1 & 1 & 1 & 0 & 1 \end{bmatrix}$

$H = \begin{bmatrix} 1 & 0 & 1 & 1 & 0 & 0 & 0 \\ 1 & 1 & 1 & 0 & 1 & 0 & 0 \\ 1 & 1 & 0 & 0 & 0 & 1 & 0 \\ 0 & 1 & 1 & 0 & 0 & 0 & 1 \end{bmatrix}$

（2）1110100

9-12

| $(n,k)$ 码 | $g(x)$ |
|---|---|
| (7,4) | $x^3+x+1$ 或 $x^3+x^2+1$ |
| (7,3) | $(x+1)(x^3+x+1)$ 或 $(x+1)(x^3+x^2+1)$ |
| (7,1) | $(x^3+x^2+1)(x^3+x+1)$ |

9-13　略

9-14　略

9-15　（1）$G_\infty = \begin{bmatrix} 11 & 10 & 11 & & & \\ & 11 & 10 & 11 & & \\ & & 11 & 10 & 11 & \\ & & & \cdots & & \\ & & & & \cdots & \end{bmatrix}$

（2）略

（3）输出的码序列 $C$＝(11，01，01，00，10，11，…)。

（4）估值码序列 $\hat{C}$ = (11，10，00，01，10，01，11)，信息序列 $\hat{M}$ =（1011100）。

9-16　（1）24.5k 波特

（2）略

9-17　r=4；R =11/15

9-18　略

9-19　略

## 第 10 章

10-1　（1）

（2）0011101

（3）$2^n-1=2^3-1=7$

10-2　8 个游程

10-3　略

10-4　256 个游程

10-5　略

10-6　29dB

10-7　$R_{(\tau)}=\dfrac{A-D}{A+D}=\begin{cases} 1, \tau=0 \\ -\dfrac{1}{7}, \tau \neq 0 \end{cases}$

10-8　略

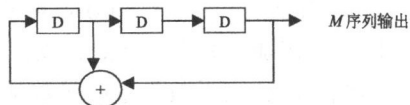

$M$ 序列输出

# 参 考 文 献

[1] 樊昌信等.通信原理.（第 6 版）.北京：国防工业出版社，2008.

[2] 周炯槃，等. 通信原理. 第 3 版. 北京：北京邮电大学出版社，2008.

[3] 王福昌，等. 通信原理. 北京：清华大学出版社，2006.

[4] Proakis J. G. Digital Communications, 4$^{th}$ Edition, Publishing House of Electronics Industry, 2001.

[5] StremblerF. G. Introduction to Communication System, 2$^{nd}$ edition, Addison-Wesley Publishing Co., 1982.

[6] Davenport W. B.Jr. and W. L. Root, An Introduction to the Theory of Random Signals and Noise, McGraw-Hill, 1958.

[7] 徐家恺等，通信原理教材（第二版）. 北京：科学出版社，2007.

[8] Thomas M. Cover & Joy A. Thomas, Elements of Information Theory, Tsing University Press, 2003.

[9] Jayant N. S. & P. Noll, Digital Coding of Waveforms, Prentice-Hall, 1984.

[10] Cooper G. R. et al., Modem Communication and Spread Spectrum, McGraw-Hill, 1986.

[11] Smith D. R, Digital Transmission System, Van Nostrand Reinhold, 1985.

[12] 鲜继清，等.现代通信系统与信息网.北京：高等教育出版社，2005.

[13] 王秉钧，等.通信原理.北京：清华大学出版社，2006.

[14] 冯玉珉.通信系统原理.北京：清华大学出版社，2003.

[15] 丁玉美，高西全.数字信号处理（第二版）. 西安：西安电子科技大学出版社，2002.

[16] Rodger E. Ziemer, William H. Tranter.通信原理——系统、调制与噪声.袁东风、江铭炎译. 北京：高等教育出版社，2005.

[17] 田丽华.编码理论. 西安：西安电子科技大学出版社，2003.

[18] 浙江大学数学系高等数学教研组编.概率论与数理统计.北京：高等教育出版社，1984.

[19] 刘永健.信号与线性系统（修订本）. 北京：人民邮电出版社，2002.

[20] 吴伟陵.移动通信中的关键技术. 北京：北京邮电大学出版社，2000.

[21] 张贤达，保铮.通信信号处理.北京：国防工业出版社，2000.

[22] 啜刚，等. 移动通信原理与系统.北京：北京邮电大学出版社，2005.

[23] 桑林.数字通信.北京：北京邮电大学出版社，2002.

[24] JohnG. Proakis.数字通信（第三版）.张力军译. 北京：电子工业出版社，2001.

[25] 王文博，等.宽带无线通信 OFDM 技术. 北京：人民邮电出版社，2003.

[26] 查光明，等.扩频通信. 西安：西安电子科技大学出版社，1997.

[27] 王新梅，等. 纠错码-原理与方法（修订版）. 西安：西安电子科技大学出版社，2001.